홍원표의 지반공학 강좌 기초공학편 3

흙막이굴착

홍원표의 지반공학 강좌　기초공학편 3

흙막이굴착

흙막이벽공법에 의한 지하굴착으로 인한 배면지반의 변형은 지반조건, 흙막이벽의 종류, 근입장, 시공 방법, 시공 시기, 지하수 그리고 인접구조물의 상호작용 등 불확정 요소에 많은 영향을 받고 있다. 공학적 요구에 의해 개발 발전된 공법이 지중연속벽공법 및 주열식 흙막이공법이다. 이들 벽체는 가설구조물로 도입되기도 하고 본체 굴착 완료 후 지중구조물의 일부로도 이용할 수 있는 공법이다.

홍원표 저

중앙대학교 명예교수
홍원표지반연구소 소장

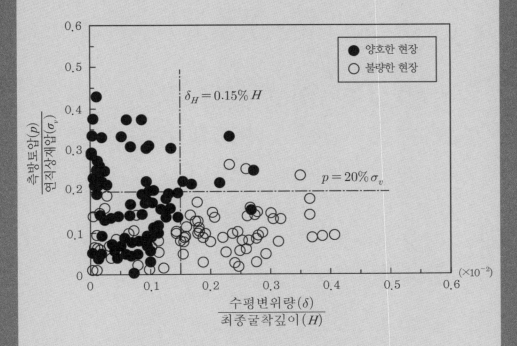

씨아이알

'홍원표의 지반공학 강좌'를
시작하면서

2015년 8월 말 필자는 퇴임강연으로 퇴임식을 대신하면서 34년간의 대학교수직을 마감하였다. 이후 대학교수 시절의 연구업적과 강의노트를 서적으로 남겨놓는 작업을 시작하였다. 퇴임 당시 주변에서 이제부터는 편안히 시간을 보내면서 즐기라는 권유도 많이 받았고 새로운 직장을 권유받기도 하였다. 여러 가지로 부족한 필자의 여생을 편안하게 보내도록 진심어린 마음으로 해준 조언도 분에 넘치게 고마웠고 새로운 직장을 권하는 사람들도 더없이 고마웠다. 그분들의 고마운 권유에도 귀를 기울이지 않고 신림동에 마련한 자그마한 사무실에서 막상 집필 작업에 들어가니 황량한 벌판에 외롭게 홀로 내팽겨진 쓸쓸함과 정작 집필을 수행할 수 있을까 하는 두려운 마음이 들었다.

그때 필자는 자신의 선택과 앞으로의 작업에 대하여 많은 생각을 하였다. '과연 나에게 허락된 남은 귀중한 시간을 무엇을 하는 데 써야 행복할까?' 하는 질문을 수없이 되새겨보았다. 이제 드디어 나에게 진정한 자유가 허락된 것인가? 자유란 무엇인가? 자신에게 반문하였다. 여기서 필자는 "진정한 자유란 자기가 좋아하는 것을 하는 것이며 행복이란 지금의 일을 좋아하는 것"이라고 한 어느 글에서 해답을 찾을 수 있었다. 그 결과 퇴임 후 계획하였던 집필작업을 차질 없이 진행해오고 있다. 지금 돌이켜보면 대학교수직을 퇴임한 것은 새로운 출발을 위한 아름다운 마무리에 해당한 것이라고 스스로에게 말할 수 있게 되었다. 지금도 힘들고 어려우면 초심을 돌아보면서 다짐을 새롭게 하고 마지막에 느낄 기쁨을 생각하면서 혼자 즐거워한다. 지금부터의 세상은 평생직장의 시대가 아니고 평생직업의 시대라고 한다. 필자에게 집필은 평생직업이 된 셈이다.

이러한 평생직업을 가질 수 있는 준비작업은 교수 재직 중 만난 수많은 석·박사 제자들과의 연구에서부터 출발하였다고 생각한다. 그들의 성실하고 꾸준한 노력이 없었다면 오늘 이런 집필작업은 꿈도 꾸지 못하였을 것이다. 그 과정에서 때론 크게 격려하기도 하고 나무라기도 하였던 점이 모두 주마등처럼 지나가고 있다. 그러나 그들과의 동고동락하던 시기가 내 인생 최고의 시기였음을 이 지면에서 자신 있게 분명히 말할 수 있고 늦게나마 스승으로서보다는 연구동반자로 고마움을 표하는 바이다.

신이 허락한다는 전제 조건하에서 100세 시대의 내 인생 생애주기를 세 구간으로 나누면 제1구간은 탄생에서 30년까지로 성장과 활동의 시기였고, 제2구간인 30세에서 60세까지는 노후 집필의 준비 시기였으며, 제3구간인 60세 이상에서는 평생직업을 갖는 인생 마무리 주기로 정하고 싶다. 이 제3구간의 시기에 필자는 즐기면서 지나온 기록을 정리하고 있다. 프랑스 작가 시몬드 보부아르는 "노년에는 글쓰기가 가장 행복한 일"이라고 하였다. 이 또한 필자가 매일 느끼는 행복과 일치하는 말이다. 또한 김형석 연세대 명예교수도 "인생에서 60세부터 75세까지가 가장 황금시대"라고 언급하였다. 필자 또한 원고를 정리하다 보면 과거 연구가 잘못된 점도 발견할 수 있어 늦게나마 바로 잡을 수 있어 즐겁고 연구가 미흡하여 계속 연구를 더 할 필요가 있는 사항을 종종 발견하기도 한다. 지금이라도 가능하다면 더 계속 진행하고 싶으나 사정이 여의치 않아 아쉬운 감이 들 때도 많다. 어찌하였든 지금까지 이렇게 한발 한발 자신의 생각을 정리할 수 있다는 것은 내 인생 생애주기 중 제3구간을 즐겁고 보람되게 누릴 수 있다는 것이 더없는 영광이다.

우리나라에서 지반공학 분야 연구를 수행하면서 참고할 서적이나 사례가 없어 힘든 경우도 있었지만 그럴 때마다 "길이 없으면 만들며 간다."라는 신용호 교보문고 창립자의 말을 생각하면서 묵묵히 연구를 계속하였다. 필자의 집필작업뿐만 아니라 세상의 모든 일을 성공적으로 달성하기 위해서는 불광불급(不狂不及)의 자세가 필요하다고 한다. 미치지(狂) 않으면 미치지(及) 못한다고 하니 필자도 이 집필작업에 여한이 없도록 미쳐보고 싶다. 비록 필자가 이 작업에 미쳐 완성한 서적이 독자들 눈에 차지 못할 지라도 그것은 필자에겐 더없이 소중한 성과일 것이다.

지반공학 분야의 서적을 기획집필하기에 앞서 이 서적의 성격을 우선 정하고자 한다. 우리 현실에서 이론 중심의 책보다는 강의 중심의 책이 기술자에게 필요할 것 같아 이름을 「지반공학 강좌」로 정하였고 일본에서 발간된 여러 시리즈 서적물과 구분하기 위해 필자의 이름을 넣어 「홍원표의 지반공학 강좌」로 정하였다.

강의의 목적은 단순한 정보전달이어서는 안 된다고 생각한다. 강의는 생각을 고취하고 자극해야 한다. 많은 지반공학도들이 본 강좌서적을 활용하여 새로운 아이디어, 연구테마 및 설계·시공 안을 마련하기를 바란다. 앞으로 이 강좌에서는 말뚝공학편, 토질역학편, 기초공학편, 건설사례편 등 여러 분야의 강좌가 계속될 것이다. 주로 필자의 강의노트, 연구논문, 연구프로젝트보고서, 현장자문기록 등을 정리하여 서적으로 구성하였고 지반공학도 및 설계·시공기술자에게 도움이 될 수 있는 상태로 구상하였다. 처음 시도하는 작업이다 보니 조심스러운 마음이 많다. 옛 선현의 말에 "눈길을 걸어갈 때 어지러이 걷지 마라. 오늘 남긴 내 발자국이 뒷사람의 길이 된다."라고 하였기에 조심 조심의 마음으로 눈 내린 벌판에 발자국을 남기는 자세로 진행할 예정이다. 부디 필자가 남긴 발자국이 많은 후학들의 길 찾기에 초석이 되길 바란다.

2015년 9월 '홍원표지반연구소'에서

저자 **홍원표**

「기초공학편」 강좌
서 문

　인생을 전반전, 후반전, 연장전의 세 번의 시대 구간으로 구분할 경우 전반전은 30세에서 50세까지로 구분하고 후반전은 51세에서 70세까지로 구분하며 연장전은 71세 이후로 구분한다. 이렇게 인생을 구분할 경우 필자는 이제 막 후반전을 끝마치고 연장전을 준비하는 선수에 해당한다. 인생 전반전과 같이 젊었을 때는 삶의 시간적 여유가 길어 20년, 30년의 계획을 세워보기도 한다. 그러다가 50 고개를 넘기게 되면 10여 년씩의 설계를 해보게 된다. 그러나 필자와 같이 연장전에 들어가야 할 시기에는 삶의 계획을 지금까지와 같이 여유 있게 정할 수는 없어 2년이나 3년으로 짧게 정한다.

　70세 이상의 고령자가 전체 인구의 20%가 되는 일본에서는 요즈음 70세가 되면 '슈카쓰(終活)연하장'을 쓰며 내년부터는 연하장을 못 보낸다는 인생정리단계에 진입하였음을 알리는 것이 유행이란다. 이런 인생정리단계에 저자는 70세가 되는 2019년 초에 「홍원표의 지반공학 강좌」의 첫 번째 강좌로 '수평하중말뚝', '산사태억지말뚝', '흙막이말뚝', '성토지지말뚝', '연직하중말뚝'의 다섯 권으로 구성된 「말뚝공학편」 강좌를 집필·인쇄 완료하였다. 이는 저자가 정년퇴임하면서 결정하였던 첫 번째 작품이었기에 가장 뜻깊은 일이라 스스로 만족하고 있다.

　지금까지의 시리즈 서적은 대부분이 수 명 혹은 수십 명의 공동 집필로 되어 있다. 이는 개별 사안에 대한 전문성을 높인다는 점에서 장점이 있겠으나 서술의 일관성이 결여되어 있다는 단점도 있다. 비록 부족한 점이 있다 하더라도 한 사람이 일관된 생각에서 꿰뚫어보는 작업도 필요하다. 그런 의미에서 「홍원표의 지반공학 강좌」용 서적 집필은 저자가 평생 연구하고 느낀 바를 일관된 생각으로 집필하는 것이 목표이다. 즉, 저자가 모형실험, 현장실험, 현장자문 등으로 파악한 지식을 독자인 연구자 및 기술자 여러분과 공유하고자 빠짐없이 수록하려 노력하고 있다.

두 번째 강좌로는 「기초공학편」 강좌를 집필할 예정이다. 「기초공학편」 강좌에는 '얕은기초', '사면안정', '흙막이굴착', '지반보강', '지하구조물'의 내용을 다룰 것이다. 첫 번째 강좌인 「말뚝공학편」 강좌에서는 말뚝에 관련된 내용을 위주로 취급하였던 점과 비교하면 「기초공학편」 강좌에서는 말뚝 관련 내용뿐만 아니라 말뚝이외의 내용도 포괄적으로 다룰 것이다.

「말뚝공학편」 강좌를 집필하는 동안 느낀 바로는 노후에 어떤 결정을 하냐는 물론 중요하지만 결정 후 어떻게 실행하느냐가 더 중요하였던 것 같다. 늙는다는 것은 약해지는 것이고 약해지니 능률이 떨어짐은 당연한 이치이다. 그러나 우리가 사는 데 성실만 한 재능은 없다고 스스로 다짐하면서 지난 세월을 묵묵히 쉬지 않고 보냈다. 사실 동토아래에서 겨울을 지내지 않고 열매를 맺는 보리가 어디 있으며, 한여름의 따가운 햇볕을 즐기지 않고 영그는 열매들이 어디 있겠는가. 이와 같이 보람은 항상 대가를 필요로 한다.

인생의 나이는 길이보다 의미와 내용에서 평가되는 것이다. 누가 오래 살았는가를 묻기보다는 무엇을 남겨주었는가를 묻는 것이 더 중요하다. 법륜스님도 그동안의 인생이 사회로부터 은혜를 받아왔다면 이제부터는 베푸는 삶을 살아야 한다고 하였다. 이 나이가 들어 손해볼 줄 아는 사람이 진짜 멋진 사람이라는 사실을 느끼게 되어 다행이다. 활기찬 하루가 행복한 잠을 부르듯 잘 산 인생이 행복한 죽음을 가져다준다. 그때가 오기 전까지 시간의 빈 공간을 무엇으로 채울까? 이에 대한 대답으로 '내가 하고 싶은 일을 하고 그것도 내가 할 수 있는 일을 하자'를 정하고 싶다. 큰일을 하자는 것이 아니다 그저 할 수 있는 일을 하자는 것이다.

2019년 1월 '홍원표지반연구소'에서

저자 **홍원표**

『흙막이굴착』
머리말

2019년 3월 15일, 필자의 70회 생일을 맞이하여 '홍원표의 지반공학 강좌'의 첫 번째 시리즈인 「말뚝공학편」의 출판 기념을 겸하여 제자들과 함께 조촐한 식사 자리를 가졌다. 그날 바라본 다섯 권의 서적인 『수평하중말뚝』, 『산사태억지말뚝』, 『흙막이말뚝』, 『성토지지말뚝』, 『연직하중말뚝』은 나에게 더없는 생일 선물이 되었다. 그 기쁨을 집필에 도움이 된 연구를 수행한 제자들과 함께 나눌 수 있어 무한한 행운을 느꼈다. 다만 더 많은 사람들을 초청하지 못한 것이 못내 미안하긴 하였으나 원래 필자의 성격이 펼쳐 보이는 것을 선호하지 않아 조촐하게 지냈음을 그 자리에 함께하지 못한 분들께 지면을 통해 송구스런 말을 전하는 바이다.

사실 처음에 '지반공학 강좌' 집필을 구상할 때는 걱정도 많았다. 과연 내가 이 일을 해낼 수 있을까? 그러나 셰익스피어도 "산은 올라가는 사람에게만 정복된다"라고 한 말에 힘입어 과감히 도전의 첫 발걸음을 내디뎠고 출판기념회에서 그 첫 번째 기쁨을 맛볼 수 있었다. 역시 희망은 산과 같은 것이다. 단단히 마음먹고 떠난 사람들은 모두 산꼭대기에 도착할 수 있다고 굳게 믿는 마음이 틀리지 않았다.

영국 빅토리아 시대의 사상가 토머스 칼라일은 "역경을 이기는 사람이 백 명이면 풍요를 누리는 사람은 한 명이다"라고 하였다. 집필 과정의 고달픔도 이 풍요의 기쁨을 누리기 위해 꼭 필요한 인내의 과정이 아니겠는가.

우리나라는 세계에서 가장 늦게까지 일하는 나라라고 한다. 경제협력기구(OECD)의 평균 은퇴 나이가 남자는 64.6세이고 여자는 63.1세라고 한다. 반면에 한국은 은퇴 나이가 남자는 72.9세이고 여자는 70.6세로 상당히 늦게까지 일을 하는 나라라고 한다.

그러나 실제 우리나라에서는 50대 초반에 자의든 타의든 다니던 직장에서 나와 비정규직으로 20여 년을 더 일한다. 반면에 한국인의 기대수명은 남자가 79.3세 여자가 85.4세이므로 은퇴하자마자 평균 수명이 다하는 슬픈 시대에 우리는 살고 있다. 이런 시대에 필자는 집필 작업을 스스로 선택하여 매진할 수 있게 되어 행복함을 느낄 수 있어 다행이다.

사실 오래 사는 것도 중요하지만 어떻게 사느냐는 더욱 중요하다. 우리는 끝이 유한한 존재이지만 그 사이 무엇을 선택할지는 우리가 정할 수 있다. 이런 점에서 필자가 지반공학 강좌 집필을 시작하였다는 것은 나 자신을 위해 무척 잘된 일이라 생각한다.

필자는 '홍원표의 지반공학 강좌'의 첫 번째 시리즈 주제로 「말뚝공학편」에 이어 두 번째 강좌시리즈 주제로 「기초공학편」을 선택하였고, 「기초공학편」의 세 번째 주제로 『흙막이굴착』을 선택하였다.

인류는 지금까지 육지의 지상공간을 주로 사용해왔다. 앞으로 인류가 활용 가능한 공간으로는 지하공간(underground space), 해양공간(water apace), 우주공간(arero space)이 남아 있다. 이 중 가장 먼저 접근 가능한 공간으로 지하공간을 들 수 있다. 지하공간개발을 위해서는 본 서적의 주제와 관련 있는 지하굴착을 실시해야 한다.

『흙막이굴착』은 '홍원표의 지반공학 강좌'의 첫 번째 시리즈에 속한 주제의 교재였던 『흙막이말뚝』과 중복되는 부분이 존재한다. 『흙막이말뚝』에서는 엄지말뚝 흙막이벽, 널말뚝 흙막이벽, 주열식 흙막이벽과 같이 말뚝을 사용하여 조성한 흙막이벽을 설치하고 지하굴착공사를 진행하는 공법을 취급하였다.

그러나 현재는 도심지 지하굴착공사에 말뚝을 사용한 공법이외에도 지중연속벽체, 쏘일네일링 등 여러 가지 발달된 흙막이공법이 적용되고 있다. 따라서 『흙막이굴착』에서는 현재 적용되고 있는 말뚝공을 포함한 모든 굴착기술에 대하여 종합적으로 정리·설명한다. 특히 지중연속벽에 대하여는 필자의 연구팀에서 그동안 수행해온 연구 결과를 정리·기술하였고 지지시스템으로 쏘일네일링에 대한 연구결과도 함께 수록하였다.

이러한 연구는 그동안 필자가 여러 제자들과 함께 현장의 자료를 중심으로 우리나라 지반에 설치된 지중연속벽과 쏘일네일링 흙막이벽에 대한 각종 연구를 수행할 수 있는 행운을 가질 수 있었기 때문에 가능하였다. 이 지면을 통하여 그들 제자들의 노고를 치하하며 감사의 말을 전하고 싶다.

『흙막이굴착』은 전체가 12장으로 구성되어 있다. 먼저 제1장 '서론'에서는 지하공간과 흙막이굴착에 대한 개론을 설명하면서 본 서적에서 설명할 내용을 총괄적으로 설명한다. 그리고

제2장에서는 개착식 굴착공법과 흙막이벽체에 대한 개요를 설명한다. 즉, 제2장에서는 지하공간개발 목적으로 현재 가장 많이 적용되는 각종 개착식 굴착과 흙막이벽의 설계 시공 기술을 자세히 설명하고, 제3장에서는 흙막이벽에 작용하는 측방토압 산정이론으로 활용되는 산정이론에 대한 기존연구를 정리·설명한다.

다음으로 제4장에서 제11장까지는 각종 흙막이벽에 작용하는 측방토압과 흙막이벽 거동에 관한 제반 사항을 정리·설명한다. 이 서적에서 취급한 흙막이벽으로는 엄지말뚝 흙막이벽, 강널말뚝 흙막이벽, 쏘일네일링 흙막이벽, 지중연속벽, 주열식 흙막이벽을 들 수 있다.

끝으로 제12장에서는 흙막이굴착 시 필요한 흙막이벽 작용 측방토압과 흙막이벽 변형거동을 관리하여 흙막이벽을 활용한 안전한 지하굴착이 가능하도록 정리한다.

흙막이굴착은 필자의 관심이 많았던 주제 중에 하나로, 많은 대학원생의 석사학위논문 및 박사학위논문 지도를 수행한 주제이므로 본 서적에 수록된 연구성과 또한 크다. 우선 엄지말뚝 흙막이벽에 관련된 박사학위논문을 쓰고 이 분야의 연구성과에 크게 기여한 제자로는 윤중만 군을 열거할 수 있고, 연약지반 속에 설치한 강널말뚝 흙막이벽에 관련된 박사학위논문을 쓰고 이 분야 연구성과에 기여가 큰 제자로는 김동욱 군을 열거할 수 있다. 그리고 지중연속벽에 관련된 박사학위논문을 쓰고 이 분야 연구성과를 많이 축적한 제자로는 이문구 군과 강철중 군을 들 수 있다. 특히 강철중 군은 흙막이벽에 작용하는 측방토압의 적합성을 기존 상용 프로그램으로 검증하는 연구를 수행하였다.

홍원표 연구팀에서 말없이 연구에 전념하고 석사학위논문을 쓴 수많은 제자들의 공헌이 컸다. 이들 모두의 연구성과 또한 본 서적의 집필에 많은 도움이 되었음을 밝히며 이 자리를 빌려 감사의 뜻을 표하는 바이다. 그 밖에도 흙막이굴착 분야 연구에 공헌이 컸던 제자로는 여규권 박사, 이재호 박사 및 송영석 박사를 들 수 있으며, 음으로 양으로 흙막이굴착 분야 연구에 많은 제자들이 기여하였다. 그들 모두에게 감사의 뜻을 표하는 바이다.

끝으로 본 서적이 세상의 빛을 볼 수 있게 된 데는 도서출판 씨아이알의 김성배 사장의 도움이 가장 컸다. 이에 고마운 마음을 여기에 표하는 바이다. 또한 도서출판 씨아이알의 박영지 편집장의 친절하고 성실한 도움은 무엇보다 큰 힘이 되었기에 깊이 감사드리는 바이다.

2019년 7월 '홍원표지반연구소'에서

저자 **홍원표**

목 차

CHAPTER 01 **서 론**

CHAPTER 02 **개착식 굴착공법**

CHAPTER 11 역타공법이 적용된 흙막이굴착 설계

CHAPTER 12 주변 지반의 변형거동 및 안전성

서 론

우리가 살고 있는 사회는 18세기 이후 농경사회에서 산업사회로 변화되었다. 우리 사회의 이러한 큰 변화는 급격한 경제 발전과 인구의 도시 집중 현상을 가속시켰다. 이러한 급격한 인구의 도시 집중 현상은 도심지의 가용 용지 부족 현상을 초래하였으며, 나아가 토지의 가치에 대한 판단 기준을 변화시켰다. 즉, 토지에서 농산물의 생산이 아닌 축조건축물에 따라 그 가치가 다양하게 결정되었다.

특히 지난 반세기 동안의 급격한 경제 발전을 통해 인간의 생활을 보다 윤택하게 할 수 있는 각종 사회기반시설(Infra-structure) 공사가 급증하고 있다.

이와 같이 산업의 발달과 더불어 인간이 활용하고자 하는 토지의 수요는 계속 증대하고 있으며, 이에 부응하기 위해 지상공간의 고층화 및 토지의 평면적 확장(산지 개발이나 해안 매립)을 계속해오고 있다.

대도시권의 인구 집중 현상이 심하여 도시 기능의 유지 및 향상을 위해서는 사회간접자본의 투자가 어느 때보다 절실히 요구되고 있으나 지가 상승 등의 이유로 토지 수요 증대에 부응하기가 나날이 어려워지고 있는 실정이다.

이러한 토지 수요 증대에 대한 타개책으로 지상공간 이외에 다른 공간의 활용 방안이 제시되고 있다.[9] 인간이 지구상에서 지상공간 이외에 앞으로 활용할 수 있는 공간으로는 지하공간, 해양공간 및 우주공간을 생각할 수 있으며 현재 이들 공간에 대한 개발이 각각 활발히 진행되고 있다.[9]

이 중 인간이 가장 쉽게 먼저 접근할 수 있는 공간으로는 지하공간을 들 수 있다. 특히 지하공간 중 비교적 지표 부분에 해당하는 지표공간은 오래전부터 인류에게 유익한 공간을 많이 제공해주고 있다.[9] 이는 지하공간이 타 공간보다 인간에게 친밀감이 있으며 현재 사용하고 있는 지상공간 및 지표공간과의 연결성이 용이하기 때문이다.

이와 같이 인구의 도시 집중화는 여러 가지 사회기반시설의 확충이 요구됨과 동시에 정치 논리, 전쟁 등의 각종 재난에 대한 피해방지를 이유로 하여 지하공간의 확보가 필요하게 되었다. 지하공간 개발에 대한 이와 같은 욕구는 지하구조물의 구축에 따른 공학적인 기술 발전이 전제가 되었으며 실제적으로 비약적인 발전이 있었다.[1-8]

인간이 혈거생활을 할 때 자연적으로 생성된 동굴은 주거공간 기능을 주로 제공해주었으며, 지상에 주거공간을 마련하게 된 후에도 인공적인 지표공간을 마련하여 음식물 및 각종 물자의 저장, 교통, 통신, 도시 공급 시설, 상업, 군사, 폐기물 처리 등의 기능공간으로 활용되어왔다. 이러한 지표공간 활용 경험을 활성화시켜 지하공간을 보다 적극적으로 활용하고자 하는 연구가 추진되고 있다. 이로 인하여 또 하나의 지구를 얻는 효과를 가질 수 있어 미래의 급증할 토지 수요에 부흥한 공간 공급의 효과를 가질 수 있게 되었다.

공간의 입체적 활용은 지상공간만 사용하던 반무한공간의 활용 시대에서 지하공간을 활용하는 완전무한공간 활용 시대로의 변천을 초래하게 될 것이다. 이 경우 지상과 지하의 공간을 체계화하여 기능적으로 잘 배치 활용함으로써 서로 조화를 이루게 하고 인간의 도시생활을 원활히 할 수 있게 해야 한다.

이와 같은 토지의 급격한 가치상승은 적은 면적에서 고부가가치를 확보하기 위하여 지하권까지 개발하는 계기가 되었다. 즉, 지상으로 축조된 건축물의 높이만큼이나 지하로도 내려가고 싶은 욕구가 현실화되었다. 그러나 지하공간을 개발하기 위해서는 안전한 지하구조물의 설계 시공 기술과 지하굴착기술도 병행 발전되어야 한다.[1-8]

특히 도심지에서는 용지의 효율적인 이용을 위하여 터널, 지하철 및 지하주차장 등의 대규모 지하구조물을 경제적이고 안전하게 축조하기 위해서는 지하굴착기술도 발전해야만 한다. 이 지하굴착 과정에서 안정되어 있는 주변 지반 또는 주변 건축물에 미치는 영향을 최소화시키면서 지하구조물을 안전하고 효율적으로 개발하기 위해 수많은 신공법이 개발되었다.[13-17]

우리는 지난 반세기 동안 도심지에서 기존의 주변 구조물과 각종 지하구조물에 근접하여 지하공간을 개발하는 과정에서 수많은 실패를 경험하였다. 이러한 실패는 재산상의 막대한 피해를 가져옴은 물론이고 심한 경우에는 인명피해가 발생하는 대형 사고로 귀결되기도 한다.

지하 개발 초기에는 지하공간을 활용하려는 욕구를 충족시키기 위해 경제성 측면에서 주로 접근하였으나 요즈음은 지하구조물의 안전성과 활용도를 최대한 활용할 수 있는 지하굴착공법의 필요성이 요구되고 있다. 이러한 필요성에 의해 개발된 지하굴착공법들을 총칭하여 개

착식 굴착공법의 흙막이굴착공법이라고 하고 주로 지하굴착공사에 개발 사용하였다.[13-17]

최근에는 지하구조물의 설치 심도도 점차 깊어지고 기존 인접 건물의 영향을 억제시켜야 하는 규정도 많이 제정되었으며, 지하수 관리에 대한 차수 대책도 마련해야 하는 등 여러 가지 어려운 제약이 제기됨에 따라 보다 안전한 지하굴착기술의 개발이 지속적으로 요구되고 있다.

이와 같이 도심지에서 지하굴착공사가 기존의 인접구조물과 지하매설물에 근접하여 실시되는 경우, 대부분의 지하굴착현장에서는 흙막이벽을 설치하고 지하굴착을 실시하는 경우가 많아졌다. 그러나 흙막이벽의 변형이 크게 되면 주변 지반에도 상당한 영향을 미치게 되어 시공 중에 배면지반의 변형(침하), 인접구조물의 균열이나 붕괴사고가 종종 발생하게 된다.[10-12]

지금까지 지하굴착공사에 적용된 흙막이벽으로는 엄지말뚝 흙막이벽과 강널말뚝 흙막이벽과 같은 연성벽체가 주로 사용되었으며 이들 벽체는 주로 버팀보나 앵커로 지지하였다.[13-17] 저자는 이들 일반적인 흙막이공법에 대하여 이미 「말뚝공학편」 강좌에서 '흙막이말뚝'이란 주제로 집중적으로 설명한 바 있다.[8] 즉, 흙막이공법 중 말뚝을 사용하는 흙막이굴착공법에 대하여는 이전의 '흙막이말뚝' 강좌[8]에서 자세히 설명한 바 있다. 그러나 흙막이말뚝에 의한 연성벽체를 사용할 경우 흙막이벽의 강성이 충분하지 않아 발생하는 안전사고는 대형 사고로 이어지는 경우가 많았다.

흙막이벽공법에 의한 지하굴착으로 인한 배면지반의 변형은 지반조건, 흙막이벽의 종류, 근입장, 시공 방법, 시공 시기, 지하수 그리고 인접구조물의 상호작용 등 불확정 요소에 많은 영향을 받고 있다.

그러나 불행하게도 이들 요소에 의한 영향을 정확히 예측하는 데는 상당한 어려움이 있다. 이런 상황에서 기존 연성벽체를 이용한 흙막이벽공법의 단점인 흙막이벽체의 강성을 증진시켜 굴착 시 흙막이벽체에 작용하는 측방토압에 충분히 저항하도록 하고 지하수 및 토사 유출을 최소화하면서 흙막이벽의 변형과 주변 지반의 변형을 억지시킬 수 있는 공법의 개발이 필요하게 되었다. 이러한 공학적 요구에 의해 개발 발전된 공법이 지중연속벽공법 및 주열식 흙막이공법이다.[1,3,6,9] 이들 벽체는 가설구조물로 도입되기도 하고 본체 굴착 완료 후 지중구조물의 일부로도 이용할 수 있는 공법이다.

본 서적 '흙막이굴착'에서는 말뚝을 사용하는 흙막이말뚝 굴착공법은 물론이고 그 외의 흙막이굴착공법에 대해서도 자세히 설명할 예정이다. 이와 같이 본 서적 『흙막이굴착』에서는 현재까지 개발되어 현장에 많이 적용되고 있는 다양한 흙막이 굴착공법을 정리 설명한다.

이 책에서 취급하는 흙막이벽체로는 엄지말뚝 흙막이벽체, 널말뚝 흙막이벽체, 지중연속벽, 주열식 흙막이벽 모두에 대하여 각각 자세히 설명한다. 또한 이들 흙막이벽체의 지지구조로는 버팀보지지, 앵커지지, 네일링지지, 슬래브지지, 레이커지지와 같은 다양한 지지방식이 있으며, 본 서적에서는 이들 지지구조에 대하여 자세히 정리·설명한다. 끝으로 최근 개착식 굴착공법에서 많이 적용하는 순타공법과 역타공법도 비교·설명한다.

이 책은 총 12장으로 구성되어 있다. 먼저 제1장 서론에서는 지하공간과 흙막이굴착에 대한 개론을 설명하면서 본 서적에서 설명할 내용을 총괄적으로 설명한다. 그리고 제2장에서는 개착식 굴착공법과 흙막이벽체에 대한 개요를 설명한다. 제3장에서는 흙막이벽체에 작용하는 측방토압에 대하여 설명한다. 또한 제3장에서는 지금까지 제안된 측방토압의 수많은 경험식을 정리·설명한다.

그런 후 제4장과 제5장에서는 각각 엄지말뚝 흙막이공법과 강널말뚝 흙막이공법에 대하여 자세히 정리한다.[8] 이들 흙막이벽체를 지지하는 구조로는 버팀보지지공법과 앵커지지공법의 두 가지 지지공법을 각각 분리 설명한다.[7]

다음으로 제6장과 제7장에서는 최근에 이들 흙막이벽체의 지지구조형식으로 새롭게 많이 채택되는 쏘일네일링에 대하여 설명하고, 제8장과 제9장에서는 지중연속벽에 대하여 제10장에서는 주열식 흙막이벽에 대하여 설명한다. 특히 제11장에서는 역타공법과 순타공법에 대하여 비교·설명한다. 끝으로 제12장에서는 주변 지반의 변형거동 및 안전성에 대하여 설명한다. 즉, 지하굴착으로 인해 유발되는 지반변형의 형상을 관찰하여 지하굴착시공관리기준을 경험적으로 마련한다.

참고문헌

1. 강철중(2013), Top-Down 공법에 적용된 지중연속벽의 측방토압과 변위거동, 중앙대학교 대학원 박사학위논문.

2. 김동욱(2004), 강널말뚝흙막이벽 지지형태에 따른 굴착연약지반의 안정성, 중앙대학교 대학원 박사학위논문.

3. 이문구(2006), 지중연속벽을 이용한 지하굴착 시 주변 지반의 거동, 중앙대학교 대학원 박사학위논문.

4. 홍원표(1985a), 흙막이공법, 삼성종합건설주식회사 전문실무교재.

5. 홍원표(1985b), "주열식 흙막이벽의 설계에 관한 연구", 대한토목학회논문집, 제5권, 제2호, pp.11~18.

6. 홍원표·권우용·고정상(1989), "점성토지반 속 주열식 흙막이벽의 설계", 대한토질공학지, 제5권, 제3호, pp.29~38.

7. 홍원표·윤중만(1995), "지하굴착 시 앵커지지 흙막이벽에 작용하는 측방토압", 한국지반공학회지, 제11권, 제1회, pp.63~77.

8. 홍원표(2018), 흙막이말뚝, 도서출판 씨아이알.

9. 홍원표(2020), 지하구조물, 도서출판 씨아이알(출간 예정).

10. Clough, G.W. and O'Rourke, T.D.(1990), "Construction induced movements of in-situ walls", Design and Performance of Earth Rataining Structures, Geotechnical Special Publication, No.25, ASCE, pp.439~470.

11. Juran, I. and Elias, V.(1991), "Ground anchors and soil nails in retaining structures", Foundation Engineering Handbook, 2nd, Ed., Fang, H.Y. pp.892~896.

12. Mana, A.I. and Clough, G.W.(1981), "Prediction of movements for braced cuts in clay", Jour. GED, ASCE, Vol.107, No.GT6, pp.759~777.

13. Peck, R.B.(1969), "Deep excavations and tunnelling in soft ground", 7th ICSMFE. State-of-the-Art Volume, pp.225~290.

14. Terzaghi, K. and Peck, R.B.(1948), Soil Mechanics in Engineering Practice, 1st Ed., John Wiley and Sons, New York, pp.354~352.

15. Terzaghi, K. and Peck, R.B.(1957), Soil Mechanics in Engineering Practice, 2nd Ed., John Wiley and Sons, New York, pp.394~413.

16. Tschebotarioff, G.P.(1951), Soil Mechanics, Foundations and Earth Structure, McGraw-Hill, New York.

17. Tschebotarioff, G.P.(1973), Soil Mechanics, Foundations and Earth Structure, McGraw-Hill, New York. pp.415~457.

CHAPTER

02

개착식 굴착공법

CHAPTER

02   개착식 굴착공법

제1장에서 설명한 바와 같이 토지의 급격한 가치 상승은 적은 면적에서 고부가가치를 확보하기 위하여 지하공간까지 개발하는 계기가 되었다. 즉, 지상으로 축조된 건축물의 높이만큼이나 지하로도 내려가고 싶은 욕구가 현실화되었다. 특히 도심지에서는 용지의 효율적인 이용을 위하여 터널, 지하철 및 지하주차장 등의 대규모 지하구조물을 축조하기 위한 대규모 지하굴착공사가 증가하였다.

현재 지하공간을 굴착하는 데는 터널공법과 개착식 굴착공법이 적용된다. 특히 지표공간을 개발할 경우에는 터널공법보다는 개착식 굴착공법이 주로 적용되고 있다. 이 과정에서 안정되어 있는 주변 지반 또는 주변 건축물에 미치는 영향을 최소화시키면서 토지의 지하 부분을 안전하고 효율적으로 굴착하기 위하여 흙막이굴착공법이 개발되었다. [11,15]

도심지에서 굴착공사가 주변 구조물과 지하매설물에 근접하여 실시되는 경우, 흙막이벽의 변형이 크게 되면 지반의 강도가 저하되어 굴착지반의 안정성에 문제가 발생하게 된다. 그리고 주변 지반에도 상당한 영향을 미치게 되어 시공 중에 배면지반의 변형(침하), 인접구조물의 균열이나 붕괴사고가 종종 발생하게 된다. [4,6,7,17] 이러한 사고는 재산상의 막대한 피해를 가져옴은 물론이고 심한 경우에는 인명피해가 발생하는 대형사고로 귀결되기도 한다.

초기에는 지하공간을 활용하려는 욕구를 충족시키기 위해 경제성 측면에서 주로 비탈면부착굴착공법을 이용하였으나 굴착부지확보가 어려워지면서 부지경계를 최대한 활용할 수 있는 연직흙막이벽 공법의 필요성이 요구되었다. 이러한 필요성에 의해 개발된 공법들을 총칭하여 흙막이공법이라고 하고 주로 지하굴착용 가시설공사에 한정되어 개발·사용되었다.

현재 지하굴착공사에 적용되는 흙막이벽으로는 엄지말뚝 흙막이벽 및 강널말뚝 흙막이벽과 같은 연성벽체가 주로 사용되는 가시설구조물이다. 지하굴착을 진행하면서 이들 벽체는 주로 버팀보나 앵커로 지지하는데, 버팀보는 흙막이벽에 작용하는 측방토압을 직접 지지하도록 설치하는 지지기구이며 앵커는 흙막이벽을 배면지반에 고정시켜 측방토압에 저항하도록 하는 지지기구이다.[38]

그러나 이러한 형태의 연성벽체를 이용한 굴착공사에서는 측방토압의 증가와 지하수 및 배면토사의 유출로 인해 흙막이벽의 변형은 물론이고 배면지반의 변형을 수반하고 있어 굴착에 따른 안정성 확보에 상당한 주의가 필요하다.

특히 흙막이벽의 강성이 충분하지 않아 발생하는 안전사고는 대형사고로 이어지는 경우가 많다. 굴착으로 인한 배면지반의 변형에는 지반조건, 흙막이벽의 종류, 근입장, 시공 방법, 시공 시기, 지하수 그리고 인접구조물의 상호작용 등 불확정 요소가 많이 포함되어 있어 이를 정확히 예측하는 데는 상당한 어려움이 있다. 이런 상황에서 기존 연성벽체를 이용한 흙막이굴착의 단점인 흙막이벽체의 강성을 증진시켜 굴착으로 인한 측방토압에 충분히 저항하도록 하고 지하수 및 토사유출을 최소화하면서 흙막이벽의 변형과 주변 지반의 변형을 억지시킬 수 있는 공법의 개발이 필요하게 되었다. 이러한 공학적 요구에 의해 개발된 공법 중에 하나가 지중연속벽공법이다. 이 지중연속벽의 벽체는 가설구조물로 도입되기도 하고 본체 구조물의 일부인 영구구조물로도 이용할 수 있는 공법이다.

2.1 굴착공법 분류

지하굴착방식은 여러 가지 방법으로 분류할 수 있다. 먼저 터널굴착방식과 개착식 굴착(open cut)방식으로 크게 구분할 수 있다. 이 중 본 서적의 취급 범위는 개착식 굴착방식에 국한하여 설명한다. 개착식 굴착방식은 굴착현장에 적용하는 흙막이공의 종류에 따라 다양한 공법이 현재 적용되고 있다. 이들 흙막이공에 대하여는 제2.3절과 제2.4절에서 상세히 설명한다.

한편 개착식 굴착방식은 굴착할 부분을 한 번에 전부 굴착하느냐 부분적으로 나누어 굴착하는가에 따라 전단면굴착과 부분굴착으로 구분할 수 있다. 그리고 굴착과 본건물의 축조 순서에 따라 순타공법(純打工法, Bottom-up 공법)과 역타공법(逆打工法, Top-down 공법)으로 구분할 수 있다. 즉, 활용할 지하공간의 깊이까지 먼저 굴착한 후 굴착바닥부터 본건물을 축조해 올라오는 경우의 공법을 순타공법이라 부르고 지표면에서 건물의 기둥과 벽체를 설계

위치에 먼저 시공한 후 이 벽체를 흙막이벽체로 활용하면서 지하를 굴착하고 지하구조물을 축조함과 동시에 지상구조물축조공사를 진행하는 경우를 역타공법이라 부른다. 순타공법은 현재까지 가장 많이 굴착현장에 적용해온 공법이다.

2.1.1 전단면굴착과 부분굴착

성토, 절토, 굴착, 등을 실시하게 되면 통상 굴착면에 비탈을 두어 지반의 안정을 유지시켜 준다. 그러나 보다 효율적인 토지활용도를 확보하기 위해서나 혹은 도시 내의 구조물의 기초 및 건물의 지하실을 구축하기 위한 굴착 시에는 비탈면을 두지 못하고 통상 연직굴착을 실시 하게 된다. 따라서 이로 인한 지반의 붕괴를 방지시켜주기 위해 이 연직면 위치에 여러 가지 종류의 연직흙막이벽을 설치하게 된다.

지반을 개착식 굴착방식으로 굴착하는 경우 굴착구역을 구간별로 나눠 순차적으로 굴착하 는가 여부에 따라 크게 전단면굴착공법과 부분굴착공법으로 구분한다. 즉, 굴착구역을 일시 에 굴착하는 경우를 전단면굴착이라 하고 굴착구역을 두 개 이상의 구역으로 나눠 굴착하는 경우를 부분굴착이라 한다. 부분굴착은 굴착인근지역의 안전상 전단면굴착이 위험할 경우 적 용된다.

전단면굴착공법은 건물의 기초가 차지하는 범위 전역에 걸쳐 일시에 굴착하는 방법이다. 이 방법은 다시 비탈면부착굴착공법 및 지지공에 의한 굴착공법(braced excavation)으로 대 별할 수 있다. 비탈면부착굴착공법은 그림 2.1에 개략적으로 도시한 바와 같이 굴착 구간에 비탈면을 조성하여 지반안정성을 확보하면서 소정 깊이까지 굴착하는 공법이다. 따라서 가장 단순한 굴착공법이나 도심지굴착지역에서는 비탈면의 부지확보가 어려워 부적합하다.

반면에 지지공굴착공법은 그림 2.2에 개략적으로 도시한 바와 같이 흙막이벽, 버팀보, 띠 장 등의 흙막이구조물로 연직흙막이벽을 지지시켜 토사의 붕괴를 방지하면서 굴착을 실시하 는 방법이다.

여기서 흙막이벽은 가설구조물과 영구구조물로 대별할 수 있다. 즉, 어떤 본 공사를 행하기 위한 보조적 수단으로 일시적으로 마련하였다가 그 공사가 종료되면 제거하는 흙막이벽을 가 설구조물이라 한다. 대표적인 예로 엄지말뚝(H-pile)과 나무널판을 사용하는 흙막이벽을 들 수 있다.

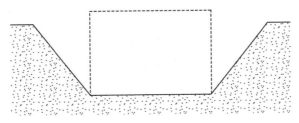

그림 2.1 비탈면부착굴착공법

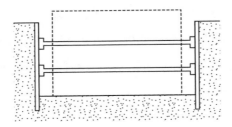

그림 2.2 지지공굴착공법

　한편 영구구조물은 옹벽, 교대, 호안벽 등과 같이 본체 구조물로서 장기적으로 흙막이벽 역할을 영구히 할 수 있도록 설치되는 구조물을 의미한다. 경우에 따라서는 지중연속벽과 같이 굴착 기간 중에는 가설구조물로 사용되며 굴착 완료 후에는 그대로 영구구조물로 사용되는 경우도 있다. 이와 같이 광의의 흙막이벽은 가설구조물과 영구구조물 모두에 해당한다. 그러나 우리 주변에서 통상 흙막이벽이라 하면 가설구조물의 축조를 의미하는 경우가 많다.

　부분굴착공법은 굴착지역을 두 개 이상의 구간으로 나누어 순차적으로 굴착하는 공법이며 아일랜드공법과 트렌치공법이 있다. 우선 아일랜드공법의 시공 순서는 그림 2.3에서 보는 바와 같이 굴착 구간의 경계부에 말뚝을 박아 흙막이벽을 마련한 후 내측에 사면을 남겨두면서 내부를 굴착한다. 소정의 깊이까지 굴착하고 중앙부에 건물의 기초 부분을 섬 모양으로 먼저 축조한 후 기초 부분에서 경사지게 버팀보를 설치하여 흙막이 역할을 할 수 있게 하면서 나머지 부분을 굴착하여 건물축조를 완성하는 방법이다 이 방법은 기초뿐만 아니라 건물의 상부를 축조하여 수평 버팀보지지 위치로 사용하는 경우도 있다. 이 공법은 전단면굴착공법에 비해 공사 기간이 오래 걸리고 이에 따른 간접비도 많이 들어 비경제적인 단점이 있으나 주변의 기존 건물에 미치는 영향을 상당히 감소시킬 수 있는 장점이 있다.

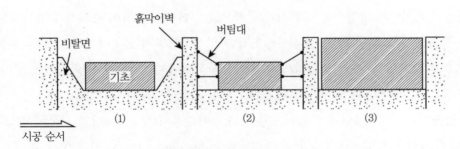

그림 2.3 아일랜드공법 시공 순서

한편 트렌치공법의 시공 순서는 그림 2.4에 도시한 바와 같이 우선 구조물의 외주부에 해당하는 부분에 흙막이공을 설치하면서 트렌치 모양으로 굴착하여 건물의 외주부를 먼저 축조한다. 그 다음 축조된 외주부를 지지물로 이용하여 내부를 굴착하는 공법이다. 이 공법은 지반의 상황이 나쁘면서 깊고 넓게 굴착해야 하는 경우 적합하다.

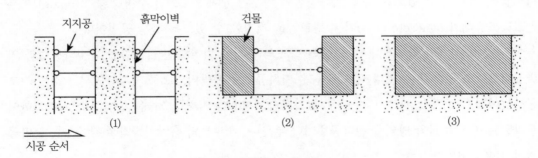

그림 2.4 트렌치공법 시공 순서

2.1.2 순타공법과 역타공법

종래에 지하굴착공사에 적용되는 흙막이벽에는 크게 엄지말뚝 흙막이벽, 강널말뚝 흙막이벽 등과 같은 연성벽체로서 주로 버팀보(strut)로 토압에 저항하도록 하거나 앵커(anchor)를 이용하여 흙막이벽을 배면 지반에 고정시켜 측방토압에 저항하도록 하는 공법으로서 가설공사에 주로 사용되어왔다. [18,19]

그러나 1960년대 이후 근접시공이 늘어나고 특히 구조물이 밀집되어 있는 도심지에서 굴착을 할 경우 지중의 응력 해방으로 인해 지반의 변형과 침하 등 주변 지반의 움직임을 초래하게 된다.

따라서 흙막이벽체의 강성을 증진시켜 굴착으로 인한 측방토압에 충분하게 견디도록 하고 지하수 유출을 최소화시키면서 토사유출현상을 억제함으로써 흙막이벽의 변위와 주변 지반의 변위를 최소화할 수 있는 공법의 필요성과 공학적 욕구에 의해 개발 및 발전된 공법 중 하나가 지중연속벽공법이며 벽체는 본체구조물의 일부로도 이용할 수 있다.

지중연속벽의 시공은 1단계 트렌치굴착 및 지중연속벽의 시공과 2단계 지하굴착으로 구분되며 1단계 굴착은 트렌치굴착을 위한 가이드벽(guide concrete-wall)을 설치 후 공벽(孔壁) 보호를 위해 트렌치 내부에 벤트나이트 안정액(安定液)을 주입하면서 굴착하고 굴착 완료 후 미리 조립해놓은 철근(鐵筋)망을 삽입하고 트레미로 콘크리트를 타설하여 지중철근콘크리트 패널(reinforced concrete panel)을 만든다. 이와 같은 작업을 연속적으로 시행하여 철근콘크리트 패널을 완전하게 연결시킨 벽체를 지중에 시공한 다음 양생이 완료되면 2단계 과정으로 본체구조물을 위한 지하굴착을 실시한다.

이때 지중연속벽의 지지는 순타공법인 경우는 버팀대나 앵커를 사용하여 지중연속벽이 수평토압을 지지할 수 있도록 하고 역타공법인 경우는 본체구조물의 수평방향 보(beam) 또는 콘크리트슬래브(concrete slab)가 수평토압을 지지할 수 있도록 하는 공법이다.

이와 같이 지반의 굴착과 본 구조물의 축조의 순서에 따라 지반굴착공법을 순타공법과 역타공법으로도 구분할 수 있다. 순타공법은 지하공간을 흙막이벽으로 지지하면서 소정의 기초 굴착깊이까지 굴착을 완료하고 난 후 굴착바닥에서부터 지하구조물을 순차적으로 축조하여 올라오는 방식의 굴착 방법을 순타공법이라 부른다. 대부분의 흙막이굴착 현장에서는 순타공법이 적용되어왔다.

반면에 역타공법은 지하공간에 설치될 벽체(주로 지중연속벽)나 기둥을 지표면에서 먼저 설치한 후 지중연속벽을 흙막이구조물로 활용하면서 지표면에서부터 굴착심도에 따라 시공된 각 지하층의 콘크리트슬래브로 지지하면서 지하를 굴착하는 공법을 역타공법이라 부른다. 이 지중연속벽은 굴착시공과정에서는 흙막이구조물로 활용되나 시공 후에는 본체구조물의 영구벽체로 활용한다.

역타공법에서는 지표면에서부터 지하를 굴착하면서 지하 1층, 지하 2층, … 순으로 지하 구간의 본체구조물 시공도 병행한다. 또한 역타공법에서는 지하 구간 속의 구조물 부분을 시공함과 동시에 지표면에서 지상 구간의 본체구조물도 시공할 수 있어 효율적이다.

역타공법에 주로 적용되는 지중연속벽은 강성이 뛰어나며 특히 역타공법 적용 시 공기 단축효과가 뛰어난 장점으로 복잡한 도심이나 중요 구조물 주변의 흙막이 시설물로 많이 사용되고 있다.

순타공법에서는 먼저 굴착을 기초심도까지 굴착한 후 본 구조물을 기초바닥에서부터 위로 시공하여 올라오지만 역타공법에서는 본 구조물의 축조를 지표면에서부터 기초바닥으로 내려가는 방식이므로 지반굴착 방향이 순타공법과 역타공법에서 서로 정반대가 된다.

역타공법 또는 순타공법 어느 쪽을 적용하든지 지중연속벽과 같은 강성벽체를 흙막이벽체로 사용하여 굴착공사를 실시하면 흙막이벽체와 지반의 거동은 기존의 연성벽체의 흙막이 구조물과는 다른 형태의 거동을 보인다. 따라서 강성벽체를 흙막이벽으로 사용하여 지하굴착공사로 실시할 경우 흙막이벽의 수평변위를 정밀하게 예측할 수 있어야 안전한 설계가 가능하다. 이 수평변위를 정확히 해석하기 위해서는 흙막이벽에 작용하는 측방토압을 합리적으로 결정해야 한다.

2.1.3 역타공법의 특징

역타공법의 장단점을 정리하면 표 2.1과 같다. 일반적으로 지하굴착에 적용하는 적합한 공법의 선정은 안정성, 시공성, 경제성 등이 우선적으로 검토되어야 한다.

표 2.1 역타공법의 장단점

장점	단점
• 구조물 본체를 지보재로 이용하므로 응력에 충분한 여유가 있고 변형에도 안전하다. • 1층 바닥을 먼저 시공하고 이 바닥 위를 작업장이나 야적장으로 이용하므로 공사 진행이 원활하고 도심지공사에 유리하다. • 지하층과 지상층의 동시시공으로 공기 단축 효과 크다.	• 선행되는 지중연속벽 공사가 타공법에 비해 많은 비용과 공사 기간이 소요된다(특히 국내는 암반층이 높게 형성). • 바닥층으로 막힌 공간에서 작업하므로 별도의 환기시설이 필요하다. • 상부 구조의 형태와 배치 여부에 따라 하부 토사 반출방식을 다양하게 검토하여 적용해야 한다.

첫째, 역타공법에서 건축 구조용으로 계획되는 영구 콘크리트 슬래브와 빔은 일반 버팀 시스템(strut, ground anchor)재에 비하여 강성이 크고 안전한 구조체의 역할을 하므로 월등한 구조적 안정성을 가지고 있다.

둘째, 시공성 측면에서는 선 시공되는 1층 슬래브가 지하층 공사 시의 지붕 역할을 함으로써 외부환경에 영향을 받지 않고 전천후 건설작업이 가능하며, 효율적인 공간 활용이 가능하다. 그러나 각 공정의 동시작업으로 인해 공정간 간섭이 발생될 수 있으므로 면밀한 세부 공사계획의 수립이 필요하다.

셋째, 공사 기간 및 경제성 부분에서는 단순비교가 다소 곤란하나 대심도의 고층빌딩(약 15층 이상)일수록 지하와 지상의 병행공사 기간이 길어지는 관계로 공기 단축 효과를 노릴 수 있다.

본체 구조물인 건축구조용 콘크리트 슬래브를 굴착 시 흙막이벽 버팀재로 이용하므로 별도의 지보재 시스템이 필요 없어 유리하나 기둥기초(barrette 혹은 RCD 등) 공사 등 추가 공정이 발생하므로 일반적으로 대규모, 대심도 공사일수록 경제적이다.

넷째, 그 외에 대지경계에 인접하여 영구벽체인 지중연속벽을 시공할 수 있어 내부에 별도의 벽체를 조성할 필요가 없으므로 대지 활용도를 극대화할 수 있다.

(1) 역타공법 시공 순서

그림 2.5는 역타공법의 일반적인 시공 순서를 개략적으로 도시한 그림이다. 먼저 지표면에서 지중연속벽과 기초말뚝을 설계위치에 시공한다. 본체구조물의 외벽은 지중연속벽으로 시공하고 본체구조물의 기초말뚝과 기둥은 PRD 공법이나 RCD 공법으로 설치한다. 기초말뚝용 현장타설말뚝은 굴착작업과정에서는 중간말뚝의 기능을 발휘한다. 만약 본체구조물의 기초로 선기초를 설치할 위치가 존재한다면 Barrette 공법으로 연속기초를 시공한다.

역타공법의 일반적인 시공 순서를 설명하면 다음과 같다. 먼저 흙막이벽 위치의 지표면에서 지중연속벽을 설치한다(그림 2.5(a) 참조). 이 벽체는 본 구조물의 외벽으로 활용된다. 다음은 본 건물의 기둥부에 해당하는 위치의 지표면에서 대구경 말뚝의 지중기둥을 설치한다(그림 2.5(b) 참조).

지중연속벽과 지중기둥을 설치한 후 제1단계 굴착을 실시한다(그림 2.5(c) 참조). 이때 지표면에서 지중벽체와 기둥위에 바닥슬래브를 타설하며 동시에 본 건물의 상부구조물도 축조한다. 계속하여 제2단계 이상의 굴착을 실시한다(그림 2.5(d) 참조). 이와 같이 하여 구조물의 상부와 하부의 공사를 동시에 실시한다.

각 층의 슬래브가 지하굴착을 실시하는 동안 지중연속벽체의 버팀기구 역할을 하게 된다. 이 공법은 인접구조물을 보호하고 연약지반에서 안전한 시공을 할 수 있는 공법이다. 지하와 지상 구조물을 동시에 시공할 수 있으므로 공기가 단축된다. 또한 도심지에서 소음, 분진, 진동 등의 공해가 적어 유리하며 깊은 심도의 공사에서는 경제성이 우수한 장점이 있다.

그러나 시공이 완료된 바닥 슬래브 아래에서 토공을 진행해야 됨으로 공기 및 공사비 면에서 불리한 단점이 있다.

또한 시공 중 토압 및 작업하중을 영구구조물인 슬래브가 지지해야 하므로 많은 구조계산 검토와 바닥두께를 증가시킬 필요가 있는 단점도 있다.

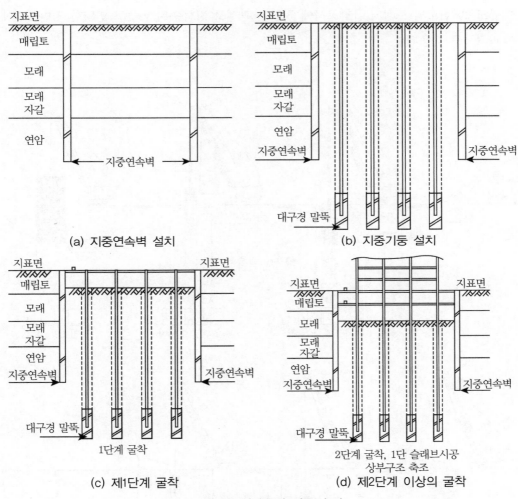

(a) 지중연속벽 설치

(b) 지중기둥 설치

(c) 제1단계 굴착

(d) 제2단계 이상의 굴착

그림 2.5 역타공법 시공 순서

(2) 지중연속벽 설치 공법

그림 2.6은 일반적인 지중연속벽의 시공 순서를 개략적으로 도시한 그림이다. 지상에서 일정 규격의 폭(60~120cm)과 길이(2.4~2.8m)를 가진 그래브 혹은 트렌치커터를 이용하여 지중을 트렌치(trench) 형태로 굴착한 후 지중에 연속된 철근콘크리트벽체를 조성하는 공법으로서 굴착 중 트렌치 내부측벽의 안정을 유지할 수 있도록 벤트나이트 안정액을 트렌치 내로

계속적으로 주입·순환·관리한다.

　지중연속벽은 저진동·저소음의 기계화 시공에 의한 건설공해 대책으로 유효하며, 차수성이 양호하고 단면의 강성이 크므로 주변 구조물 보호에 적합하다. 또한 주변 지반의 침하가 작아 대규모, 대심도의 도심지 굴착공사에 적합한 관계로 지하수위가 높고 연약한 지반조건에도 효과적으로 적용된다.

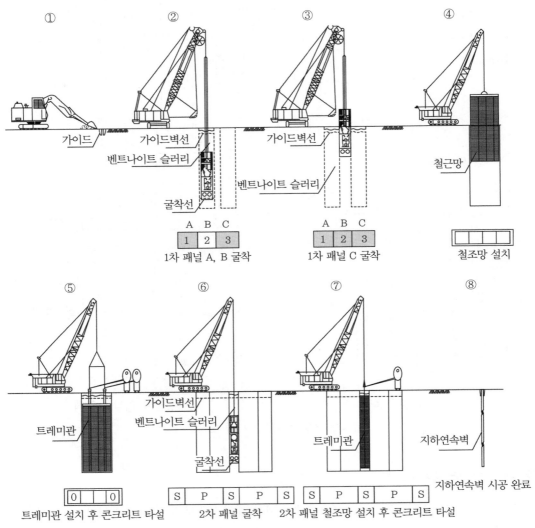

그림 2.6 지중연속벽 시공 순서

이 외에도 높은 강성 및 큰 단면력은 지지체의 간격을 넓게 할 수 있으므로 내부 굴착 공사를 용이하게 하고 시공단계를 줄여 공사 기간을 단축할 수 있다. 또한 불규칙한 평면 형상을 비교적 자유롭게 구사함과 동시에 벽체의 두께에 대한 융통성이 있게 벽체의 단면력을 증가시킬 수 있다. 따라서 영구 지하벽체로 적용 가능하므로 역타공법에 적합하다.

그러나 일반적인 가시설 벽체공법에 비해 상당한 시공경험과 기술이 요구되고 공사용 특수장비 및 플랜트 시설은 규모가 크고 복잡하여 일정 규모(약 300평) 이하의 대지에는 적용이 곤란하며, 타 공법과 단순 비교 시 공사비가 비교적 고가이다.

지중연속벽공법은 댐의 차수벽(cut-off wall)에서부터 지하층 구조체의 영구벽체 및 기초까지 다양하게 적용되고 있으며, 최근에는 코퍼댐 및 쓰레기 폐기물 처리장의 차수목적으로 D-월의 적용과 연약지반 아파트 기초로 바렛(barrette)의 시공이 확대되고 있는 실정이다.

현장 여건에 따라 계속적으로 벽체의 시공성 향상과 강성증대를 위한 연구가 전행되고 있다. 이러한 지중연속벽에 대한 발전사항을 크게 대별하면 ① 벽체의 강성 증대, ② 벽체의 슬림(Slim)화, ③ 연·경암 굴진, ④ 트렌치 내부 발파형식, ⑤ 트렌치 내부 선보링 방식으로 구분할 수 있다.

(3) 중간기둥 설치 공법

사진 2.1은 역타공법을 적용한 현장에 중간말뚝을 설치하는 현장타설말뚝 시공 전경이다. 일반적으로 적용되는 기둥은 표 2.2에 정리된 바와 같이 세 가지 종류의 공법으로 시공된다.

사진 2.1 중간말뚝용 현장타설말뚝 시공 전경

표 2.2 기둥 시공법의 종류

구분	P.R.D	Barrette	R.C.D
적용 공법	간이 역타	완전, 부분 역타	완전, 부분 역타
적용 단면	$\Phi 400 \sim \Phi 1,200$(원형)	$(2.4 \sim 2.8) \times (0.6 \sim 1.0)$	$\Phi 1,500 \sim \Phi 2,500$(원형)
굴착장비	중, 소구경 장비	연속벽 굴착기	R.C.D, 케이싱
기둥강재	강관, H-BEAM	대형 철골	대형 철골
장점	• 중형 장비로 시공 가능 • 시공속도 빠름 • 단순공정	• 단면 조정 가능 • 비교적 단순공정 • 수직도 양호(hydro 장비)	• 경암 굴착 가능 • 비교적 단면이 큼 • 소음, 진동 비교적 작음
단점	• 허용하중이 적음 • 깊은 심도 오차 큼 • 소음진동 비교적 큼	• 경암굴착 어려움 • 대형 부지 필요 • 하부 선단그라우팅 필요 • 측면마찰력의 발생 적음	• 시공속도 비교적 느림 • 대형 부지 필요 • 공정이 복잡 • 철골 설치 불편

먼저 현장타설말뚝 형태의 말뚝기초를 설치하는 공법으로는 PRD 공법과 RCD 공법이 주로 사용되며 띠기초 형태의 지중연속벽을 설치하는 곳에서는 Barette 공법이 사용된다. 우선 PRD 공법은 직경이 400~1,200mm의 원형 기둥을 설치할 수 있는 반면에 RCD 공법은 직경이 1,500~2,500mm으로 대형 기둥을 설치할 때 사용할 수 있다. 한편 Barrette 공법으로는 두께 0.6~1.0m이고 폭이 2.4~2.8m인 지중연속벽의 패널을 연속하여 설치할 수 있다.

(4) 역타공법의 설계 및 시공 시 유의사항

역타공법 적용을 위해 설계 시 고려되어야 할 사항으로는, 다음 세 가지를 열거할 수 있다.

① 지중연속벽 설계 부분은 시공 단계별 검토가 필요하며, 건축 설계와 충분한 협의를 통한 지하 바닥 슬래브 형태와 장비 반입구(opening) 위치와 크기 결정, 기둥기초 형태 결정, 각 부재별 접합부의 응력 보강 방법 등이 필요하다.

② 수압 및 하중조건과 관련하여 부력을 고려한 기초바닥 슬래브 형태 선정 및 기초바닥 슬래브와 기둥의 공사 중 하중조건과 영구적 구조물의 하중조건을 만족시키는 검토를 수행하여야 한다.

③ 공법의 특성상 도심지에서의 시공이 빈번한 관계로 주변 건물의 허용 침하 및 변형 검토가 필요하다.

한편 역타공법 적용을 위해 시공 시 고려되어야 할 사항은 다음과 같다.

① 지중연속벽 시공 시에는 벽체의 수직도와 패널 조인트의 슬라임 제거와 확인이 필수적
  이며, 하부 연속벽의 근입은 지지력이 충분하고 불투수대에 근입되도록 해야 한다. 굴착
  중에는 벤트나이트 안정액의 용액관리 및 트레미 콘크리트 공사관리에 유의하여야 하
  며, 벤트나이트 안정액의 수위를 주변 지하수위보다 1.5m 이상 높이로 유지하여 시공
  시 공벽의 안정성을 확보할 수 있도록 하여야 한다.
② 기둥 및 기초공사는 기둥의 수직도와 좌굴 점검 및 공사 시방 준수 시공이 기본적으로 우
  선되어야 하며, 그 외에도 바닥 슬래브와 기둥 상부 채움부 그라우팅을 실시하여 상부
  하중에 대한 안정성을 확보하여야 한다.
③ 지하바닥 슬래브 시공은 연속벽과 기둥의 전단연결 철근의 손실이 없도록 유의하여야
  하며, 시공과 함께 연속벽 주변의 연결부위의 반입구는 가급적 피하여 장비 반입구 설치
  계획을 수립하여야 한다.
④ 바닥 슬래브 아래의 토사굴착과 관련하여 굴착 규정깊이를 준수하고 밀폐된 지하공간에
  서 능률적으로 굴토작업을 할 수 있는 장비조합 선정이 요구된다(토사반출구, 집토거리,
  작업 순서 고려).
⑤ 그 외에도 시공여건을 고려한 역타공법의 슬래브 거푸집 작업 방법 결정과 설계 및 시공
  여건을 고려한 역타 채용 범위의 결정, 슬래브와 기둥의 접합 방법 고려, 콘크리트 타설
  순서에 따른 타설 이음부 처리 방법의 결정 등이 선행되어야 한다.

2.2 흙막이벽의 설계

2.2.1 흙막이벽에 작용하는 측방토압

지하굴착공사를 실시할 때 주변 지반의 토사와 지하수의 유입을 방지하고 인접구조물을 보
호하기 위하여 흙막이벽이 설치된다. 종래 지하굴착현장에서는 엄지말뚝공법을 이용한 흙막
이벽이 가장 많이 사용되었으며 엄지말뚝 흙막이벽은 버팀보에 의하여 지지되는 구조가 많았
다. 이와 같은 굴착면에 설치되는 흙막이구조물의 설계 시 가장 중요한 요소 중의 하나는 흙막

이벽에 작용하는 측방토압이다. 그러나 흙막이벽에 작용하는 측방토압은 흙막이벽의 변형, 흙막이벽과 지반 사이의 상호작용에 의하여 결정되므로 지반특성, 굴착깊이, 벽체의 강성 및 구속조건, 시공 방법 등과 같은 여러 가지 요인에 의하여 영향을 받는다. 따라서 이 측방토압을 해석적으로 산정하기는 매우 어렵다. 이러한 어려움을 해결하기 위해 측방토압을 경험적으로 정하는 데 Terzaghi & Peck(1948, 1967)[44,45] 및 Tschebotarioff(1951, 1973)[46,47] 등의 업적이 크게 기여했다. 최근까지도 흙막이구조물 설계에 적용하는 흙막이벽 측방토압 분포는 Terzaghi & Peck(1948, 1967) 및 Tschebotarioff(1951, 1973)에 의하여 제안된 경험식이 굴착현장에서 많이 사용되고 있다.[31,37,40]

Peck(1969)은 제7회 국제 토질 및 기초 국제회의의 State of the Art 보고서에서 이 분야에 대한 연구 결과를 정리함으로써 각종 굴착현장에서 많은 참고로 삼고 있다.[42] 그 후 현장 계측이나 수치해석으로 이 문제를 해결하려는 연구도 많이 실시되고 있다.[28,32]

최근에는 굴착 구간에서의 작업공간을 넓게 확보하기 위하여 앵커지지방식의 흙막이벽을 사용하는 경우가 많이 늘어나고 있어 앵커지지 흙막이벽에 작용하는 측방토압에 관한 연구도 진행되었다.[41,48] 그러나 국내에서는 버팀보지지 흙막이벽을 대상으로 제시되었던 측방토압 분포가 앵커지지 흙막이벽의 설계에도 적용될 수 있는지 검토됨이 없이 Terzaghi & Peck(1948, 1967) 및 Tschebotarioff(1951, 1973)의 경험적 토압 분포가 그대로 적용되고 있는 실정이다.

또한 이들 토압산정식은 대부분 단일 지반을 대상으로 하였으며 여러 가지 가정과 제한 조건이 전제된 경험식인 관계로 우리나라와 같이 암반층이 포함된 다층지반에 설치된 흙막이벽에 작용하는 측방토압과는 상당한 차이가 있다. 국내에서도 이러한 문제점을 해결하기 위하여 가설흙막이벽에 작용하는 측방토압에 대하여 연구가 수행된 바 있다.[9,10,16,19,34,35]

2.2.2 흙막이벽의 안전성

한편 흙막이벽을 설치하고 굴착공사를 실시하는 경우에는 흙막이벽에 작용하는 측방토압뿐만 아니라 흙막이벽의 변형, 굴착배면지반의 변형 및 그 영향 범위도 중요한 검토 항목이 된다.

흙막이굴착 시에 흙막이벽의 변형 예측은 주로 현장 계측이나 탄소성법을 이용하여 실시하고 있다. 탄소성법에서는 실제의 흙막이공의 구조, 하중조건, 시공 순서를 적절하게 평가하는 것이 가능하다면 굴착에 따른 흙막이벽의 변형을 정확히 예측하는 것이 가능하다. 그러나 굴착으로 인한 주변 지반의 변형은 지반조건, 흙막이벽의 종류, 근입장, 시공 방법, 지하수 그리고 인접구조물의 상호작용 등 불확정 요소가 많이 포함되어 있어 정확히 예측하는 데는 상당히 어려움이 있다.

흙막이벽의 변형에 대한 연구로는 Mana & Clough(1981) 등의 굴착저면의 히빙에 대한 안전율을 이용하여 흙막이벽의 변위를 예측하는 연구[39]와 Clough & O'Rourke(1990),[30] Hong et al.(1997)[36] 등의 흙막이벽의 최대수평변위를 굴착깊이의 비로 예측하는 연구 등이 있다.

그리고 흙막이굴착에 따른 흙막이벽 및 굴착배면지반의 변형 예측에 대한 대표적인 연구로는 실측 결과를 토대로 배면지반의 침하범위를 나타낸 Peck(1969)의 연구[42]를 비롯하여 흙막이벽의 최대변위량으로부터 배면지반의 최대침하량을 예측하는 Mana & Clough(1981)의 연구,[39] 그리고 Clough & O'Rourke(1990)[30]는 각 지반조건에 따른 배면지반의 거리별 침하량을 추정하였다.

굴착공사에 의한 흙막이벽과 주변 지반의 변형 문제를 검토하기 위하여 1960년대 후반부터 유한요소법을 이용한 연구가 활발히 진행되고 있다. 초기에는 전응력해석법에 의해 연구가 주로 진행되었지만 최근에는 Sandhu & Wilson(1969)[43]과 Christian & Boumer(1970)의 압밀해법을 도입한 유효응력해석법[29]까지 확대되고 있다. 또한 벽체와 지반 사이의 불연속면의 활동을 고려하기 위하여 Goodman & Tayor(1968)[33]와 Zienkiewicz et al.(1970)[49] 등이 제안한 Joint 요소 해석 방법을 이용하는 해석도 수행되었다. 그 밖에도 Joint 요소를 이용하지 않고 불연속면의 하중전달과 변위구속조건만을 고려하는 해석 방법도 제안되고 있다.[50]

최근에는 굴착에 따른 흙막이벽과 배면지반의 변형거동을 조사하기 위하여 현장 계측을 통한 시공관리를 실시하는 경향이 늘고 있다. 굴착공사 중에 측정된 흙막이벽 및 배면지반의 변형이 설계 시 설정된 관리기준치[26,51]를 초과한 경우에는 시공법의 변경이나 보조공법 등의 대응책을 검토하고 있다. 그러나 국내에서는 아직까지 현장 계측을 이용한 흙막이벽의 변형이나 굴착배면지반의 안정성을 판단하는 연구가 미비하여 흙막이구조물의 관리기준치가 확립되어 있지 않아 굴착공사 시 합리적인 시공관리를 실시하는 것이 어려운 실정에 있다. 또한 산지나 구릉지 등을 절토하고 흙막이벽을 설치하는 경우에는 도심지에서 실시되는 굴착공사와는 달리 흙막이벽 배면 지반은 경사진 사면이 대부분이다. 이와 같이 굴착배면지반이 경사진 절토사면에 설치된 흙막이벽의 변형거동에 대한 연구는 거의 실시되지 않고 있다.

따라서 본 서적에서는 흙막이구조물 설계 시 보다 합리적이고 경제적인 설계가 될 수 있도록 굴착현장으로부터 계측자료를 수집·축적하여 지하굴착 공사 중 흙막이구조물의 안정성을 판단할 수 있는 정량적인 기준을 마련한다. 이 관리기준에 의거 위험 가능성이 있다고 판단되는 경우에는 신속히 대처할 수 있도록 대책을 마련해야 한다.

2.3 흙막이벽의 종류

2.3.1 간이흙막이벽

소형 강널판이나 나무판으로 구성된 흙막이벽이다. 혹은 낡은 레일(rail)을 지중에 타설하고 굴착하면서 레일 사이에 나무널판을 끼워 두는 공법도 간이흙막이벽이라 할 수 있다. 이 흙막이벽은 단면성능(강성)이 작고 차수성은 별로 좋지 않아 소규모 주택건설공사를 위한 지하굴착공사에 주로 채택된다.

사진 2.2는 간이흙막이벽을 설치한 주택건설공사 현장의 한 사례이다. 이 사진에서는 H말뚝을 재활용하여 엄지말뚝으로 활용하였고 이들 엄지말뚝 사이에 나무널판을 끼워 넣어 간이흙막벽을 설치한 모습을 볼 수 있다. 그러나 시공 상태가 그다지 양호해 보이지 않는다. 이와 같은 간이흙막이벽은 흙막벽으로서의 기능을 충분히 발휘하기가 어려워 굴착공사 중 종종 붕괴사고가 발생한다.

사진 2.2 간이흙막이벽의 사례

2.3.2 엄지말뚝 흙막이벽

H형강(혹은 I형강)의 엄지말뚝을 1~2m 간격으로 지중에 타설한 후(경우에 따라서는 천공을 하여 설치하기도 한다) 굴착하면서 말뚝 사이에 나무널판을 끼워 흙막이벽으로 조성하는 공법이다.[19] 양질 지반에서 표준공법으로 널리 사용되고 있으나 차수성이 좋지 않고 굴착 저면 아래 근입부의 벽체연속성이 확보될 수 없는 등의 이유로 지하수위가 높은 지반이나 연약지반 등에서 사용 시에는 지하수위저하공법, 생석회 말뚝공법 등의 보조공법에 의한 지반개량을 병행할 필요가 있다.

그림 2.7은 엄지말뚝 흙막이벽의 정면도와 단면도이다. 이 그림에서 보는 바와 같이 H말뚝을 엄지말뚝으로 일정 간격으로 설치하고 이 엄지말뚝 사이에 흙막이판(나무널판)을 삽입하여 흙막이벽을 조성한다.

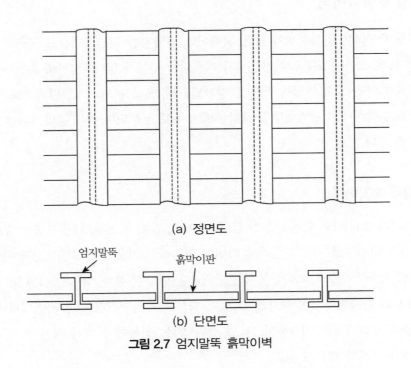

(a) 정면도

(b) 단면도

그림 2.7 엄지말뚝 흙막이벽

사진 2.3은 엄지말뚝 흙막이벽을 설치한 건설공사현장의 한 사례이다. 좌측 사진(사진 2.3(a))은 엄지말뚝 흙막이벽이 띠장과 버팀보로 지지되고 있는 사진이며 우측 사진(사진 2.3(b))은 굴착공간이 넓어 굴착 공간 내부에 중간말뚝이 설치되어 있는 사진이다.

(a) 엄지말뚝 흙막이벽   (b) 중간말뚝

사진 2.3 엄지말뚝 흙막이벽의 사례

2.3.3 널말뚝 흙막이벽

널말뚝 흙막이벽은 지하수위가 높은 지반이나 연약지반에서의 대규모 굴착공사에 적용된다.[2,14,22,23] 특히 호안구조물공사 현장에서 적용되는 사례가 많다. 널말뚝 흙막이벽은 널말뚝의 구성재료에 따라 ① 강널말뚝,[22,23] ② 강관널말뚝,[14] ③ 콘크리트널말뚝으로 구분된다. 이중 강널말뚝 흙막이벽과 강관널말뚝 흙막이벽이 주로 적용되며 이들 흙막이벽에 대하여 설명하면 다음과 같다.

(1) 강널말뚝 흙막이벽

그림 2.8에서 보는 바와 같은 다양한 단면, 즉 U형, Z형, 직선형, H형 단면의 강널말뚝(steel sheet pile)의 연결부를 서로 맞물리게 하면서 연속하여 지중에 타설하여 흙막이벽으로 사용하는 공법이다.[22,23] 일반적으로 U형 강널말뚝을 많이 사용한다. 차수성이 좋고 굴착저면 아래 근입 부분의 벽체연속성이 확보될 수 있기 때문에 지하수위가 높은 지반이나 연약지반 및 호안구조물에 일반적으로 이용된다. 타설 시의 소음, 진동이 문제가 되는 경우에는 무소음, 무진동공법을 고려할 필요가 있다.

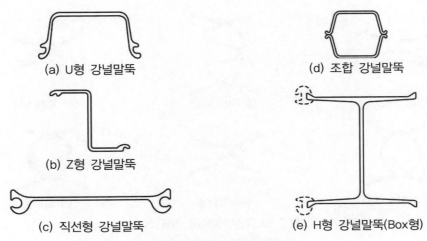

(a) U형 강널말뚝

(d) 조합 강널말뚝

(b) Z형 강널말뚝

(c) 직선형 강널말뚝

(e) H형 강널말뚝(Box형)

그림 2.8 강널말뚝의 종류

(2) 강관널말뚝 흙막이벽

그림 2.9는 강관말뚝을 서로 인접시켜 흙막이벽으로 활용하는 강관널말뚝 흙막이벽의 단면도이다. 이들 강관말뚝의 측면에 형강이나 파이프 등을 부착시켜 서로 물리게 연결시키면서 연속하여 지중에 타설하여 흙막이벽으로 사용하는 흙막이공법이다.[14] 이 흙막이벽은 차수성이 좋고 굴착저면 아래 근입 부분의 연속성이 확보될 수 있으며 단면성능도 크기 때문에 지하수위가 높은 지반이나 연약지반에서의 대규모 굴착공사에 적용된다. 그러나 말뚝 타설 시에는 진동과 소음 문제가 발생되는 단점이 있다.

이들 강관널말뚝을 서로 연결시키는 이음장치는 그림 2.10에서 보는 바와 같이 T형, 파이프형, 프레스형, 파이프 T형, 앵글형, 고리형과 같은 여러 형상이 사용되고 있다.

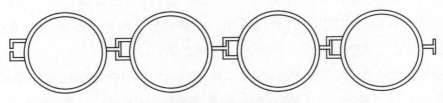

그림 2.9 강관널말뚝의 연결단면도

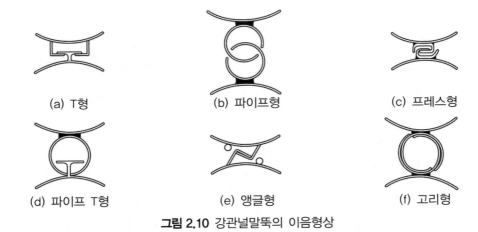

(a) T형   (b) 파이프형   (c) 프레스형

(d) 파이프 T형   (e) 앵글형   (f) 고리형

그림 2.10 강관널말뚝의 이음형상

2.3.4 지중연속벽

흙막이벽 위치의 지반을 먼저 트렌치굴착을 한 후 그 위치에 철근콘크리트를 타설하여 현장에서 지중에 철근콘크리트벽체를 연속적으로 설치하여 조성하는 흙막이벽이다.[1,3,8,24,27,53] 지반을 굴착할 때는 트렌치 모양으로 굴착하며 이때 굴착벽의 붕괴를 방지하기 위해 벤트나이트(Bentonite) 슬러리 용액을 사용한다. 이 벤트나이트 슬러리 용액의 지반안정작용을 이용하여 지반을 굴착한 후 조립철근망을 트렌치에 넣고 콘크리트를 타설하여 현장에서 지중에 철근콘크리트벽을 연속적으로 설치하는 흙막이공법이다.

흙막이벽체의 차수성, 굴착저면 아래의 벽체연속성, 단면강성이 높기 때문에 대규모 굴착공사 및 굴착으로 인한 피해가 예상되는 중요한 구조물에 인접한 공사, 연약지반공사 등에 적용된다.

또한 본체구조물의 일부로도 이용될 수 있고 소음, 진동이 적은 점 등의 특징이 있다. 그러나 작업시간이 길고, 작업대가 커지는 등의 이유로 본 공법의 채용 시는 공사비, 공기면에서 적합성을 검토할 필요가 있다.

시공 순서를 개략적으로 도시하면 그림 2.11과 같다. 먼저 제1단계에서는 지표면에 가이드벽(guide wall)을 설치하고 크램셸(cramshell)로 굴착을 실시하면서 트렌치굴착벽의 안정을 유지하기 위해 벤트나이트 슬러리 안정액을 트렌치 내에 채운다.

제2단계에서는 벤트나이트 역순환에 의해 트렌치 바닥의 잔토를 제거한다. 제3단계에서는 스톱엔드 파이프를 설치하고 별도 조립해놓은 철근망을 트렌치 내에 삽입한다. 마지막으로

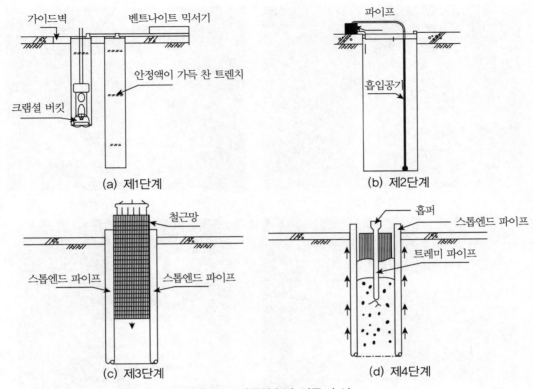

(a) 제1단계   (b) 제2단계

(c) 제3단계   (d) 제4단계

그림 2.11 지중연속벽 시공 순서

제4단계에서는 홉퍼를 통해 굴착 바닥에서부터 트레미 파이프로 콘크리트를 주입하여 지중 철근콘크리트벽체를 조성한다.

사진 2.4는 지중연속벽 시공 순서의 현장사진이다. 우선 사진 2.4(a)와 같이 지중연속벽이 설치될 위치에 가이드벽을 콘크리트로 설치하고 이 가이드벽 위에 트렌치굴착용 장비인 BC커터기를 장착하고 슬러리용액을 넣으면서 굴착을 진행한다(사진 2.4(b) 참조).

이 굴착단계에서는 그림 2.11(a)와 같이 크램셸로 굴착하기도 한다. 트렌치굴착이 완료되면 트렌치 내 슬라임을 제거한 후 별도로 조립한 철근망을 크레인에 매달아 트렌치 속에 삽입한다(사진 2.4(c) 참조).

이 철근망을 가이드벽에 가로 지른 I빔에 매달아놓는다(사진 2.4(d) 참조). 레미콘으로 운반해온 콘크리트를 홉퍼와 트레미 파이프를 통해 트렌치 바닥에서부터 천천히 주입한다(사진 2.4(e) 참조). 이때 굴착 중 지중연속벽의 변위를 모니터링하기 위해 계측용 파이프를 벽체 내부에 매몰 설치한다(사진 2.4(f) 참조).

(a) 가이드벽 설치

(b) BC커터기 장착

(c) 철근망 건입

(d) 철근망을 I빔에 매담

(e) 콘크리트 타설

(f) 계측용 파이프 설치

사진 2.4 지중연속벽시공 현장사진

2.3.5 쏘일네일링 흙막이벽

지반공학 분야에서는 기초의 지내력, 사면활동, 구조물의 토압 및 지하구조물의 안정 등에 발생되는 문제점을 해결하기 위해 여러 방법이 사용되고 있다. 이런 문제를 해결하는 방법 중의 한 공법으로 지반을 강화시키는 지반보강공법이 있다.

지반보강공법에는 지반 자체의 역학적 성질을 바꾸는 화학적 보강 방법과 문제가 되는 흙 속에 다른 재료, 즉 보강재를 삽입하거나 설치하여 지반의 역학적 특성을 개선함으로써 지반의 안정을 도모하는 물리적 보강 방법이 있다. 특히 후자의 경우로는 보강토공법을 예로 들 수 있다. 보강토공법은 과거 수십 년 전부터 각종 구조물공사에 폭 넓게 사용하고 있다. 뿐만 아니라 새로운 보강재를 개발함으로써 종래 가설구조물로 취급되던 보강구조물에 주로 적용하던 것을 영구구조물에 적용도 가능하게 하였다.

보강토공법의 종류를 구별해보면 현장 원지반을 보강하는 보강토공법과 성토지반을 보강하는 보강공법으로 나눌 수 있다. 전자의 경우에 해당하는 쏘일네일링공법은 사면이나 굴착지반에 보강재를 삽입하여 원지반의 역학적 성질을 개선함으로써 지반을 보강하여 안정화시켜 활동을 방지하게 하는 보강토공법 중의 하나이다.

쏘일네일링공법은 20여 년 전부터 유럽에서 개발되어 외국에서는 흙막이구조물, 사면안정대책 및 대체옹벽 등 다양한 형태로 적용해오고 있다. 국내에서도 1980년대 말 도입되기 시작하여 최근 흙막이벽, 사면보강 등에 적용되는 시공사례가 늘어가는 실정이다.

그림 2.12에 쏘일네일링을 시공하는 순서를 개략적으로 도시하였다.[5,21] 먼저 지반을 소정의 깊이로 굴착하고(그림 2.12(a)) 굴착한 위치에 네일을 설치한 후(그림 2.12(b)) 굴착면에 쇼크리트를 타설한다(그림 2.12(c)). 방금 설치한 네일 하부를 다시 굴착하고 지금까지의 과정을 반복하여 최종 깊이까지 굴착한다(그림 2.12(d)).

비탈면이나 터파기 굴착면을 자립할 수 있는 안정높이로 굴착함과 동시에 쇼크리트 표면보호공을 시공하고 굴착 배면 지반에는 천공 또는 기타의 방법으로 보강재를 삽입하는 작업을 반복하여 보강토체를 조성한다.

이 공법은 굴착지반 내 작업공간 확보가 용이하며 경량의 시공장비로 신속하게 시공이 가능하여 공기단축과 공사비 절감의 장점이 있다. 또한 동적하중 작용 시 저항능력이 크다. 각단계별 연직굴착깊이는 최대 2m로 제한하며 설치하고자 하는 네일과 네일 사이의 중간 위치까지 굴착한다. 네일 천공 직경은 10~30cm로 한다.

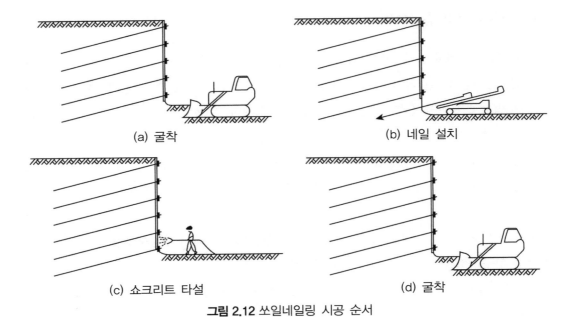

(a) 굴착   (b) 네일 설치

(c) 쇼크리트 타설   (d) 굴착

그림 2.12 쏘일네일링 시공 순서

네일로는 이형 철근이나 강봉 및 유리섬유로 합성된 재료를 이용한다. 연결 시 용접으로 연결하지 않고 커플러를 이용한다. 쇼크리트의 최소 두께를 확보해야 하고 네일이 천공구멍의 중간에 위치하도록 간격제를 사용한다. 벽체를 형성할 때는 와이어메쉬 위에 쇼크리트를 분사하고 섬유질 콘크리트에 의한 전면판이나 프리캐스트 패널을 이용한다. 설계 시에는 국부적 안정성과 전체 안정성에 대한 검토를 모두 해야 한다.

2.3.6 주열식 흙막이벽

지표면에서 지중기둥의 위치를 먼저 천공한 후 조립철근이나 형강을 천공한 지중기둥공간에 넣어 현장타설 콘크리트 원형기둥을 일정한 간격으로 지중에 설치하여 조성한 흙막이벽을 주열식 흙막이벽이라 부른다.[12,13,52] 즉, 기둥 속에 조립철근이나 형강을 넣어 현장타설 콘크리트 기둥을 연속하여 지중에 설치하여 만든 흙막이벽이다.

차수성 흙막이벽을 설치할 필요가 있을 경우는 콘크리트 원형 기둥 사이에 몰탈 기둥을 추가로 주입 설치한다. 벽체의 강성이 크며 소음, 진동이 적어 시가지 등에서 강널말뚝 흙막이공의 대용으로 사용되는 사례가 많다. 그러나 공사비, 공기의 면에서 불리한 면이 있다.

지중 기둥의 배치는 그림 2.13(a)와 같이 기둥 사이에 아무런 약액 그라우팅보강이 없는 경우에서부터 그림 2.13(b) 및 (c)와 같이 기둥 사이를 약액으로 그라우팅 보강한 경우까지 있다. 그 밖에도 기둥을 서로 중첩시켜 차수성을 확보시키기도 한다(그림 2.13(d) 참조).

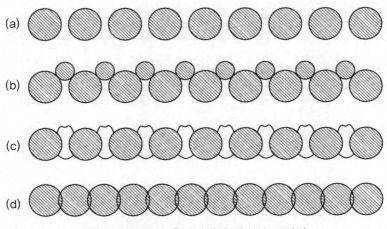

그림 2.13 주열식 흙막이벽의 차수성 보강법

이들 기둥의 배열 방법을 더욱 세분하면 그림 2.14에 도시된 바와 같이 ① 1열 분리형 (seperate style), ② 1열 접촉형(contact style), ③ 1열 겹치기형(overlapping style), ④ 갈지자형(zigzag style), ⑤ 조합형 등이 있다. 1열 분리형은 그림 2.13(a)에 도시된 바와 같이 지중기둥을 단지 일정 간격으로 배치 설치하는 형태이다. 이 경우는 기둥 사이에 그라우팅을 실시하지 않아 지하수위가 높은 곳에서는 사용할 수 없다. 이 경우보다 좀 더 차수효과가 개선된 형태가 그림 2.14(b)의 1열 접촉형과 그림 2.13(c)의 1열 겹치기형 및 그림 2.14(d)의 갈지자 형태이다. 그 밖에도 그림 2.14(e)와 같이 조립철근과 H형강으로 보강한 기둥을 조합하여 사용하는 경우도 있다.

천공한 기둥에 소일시멘트를 사용하여 주열식 흙막이벽을 설치할 경우 벽체의 강성을 확보하기 위해 강재의 삽입 방법에 따라 주열식 흙막이벽의 종류는 그림 2.15와 같이 다양하게 제작할 수 있다. 즉, 그림 2.15(a)는 소일시멘트 기둥 속에 H형강을 삽입한 경우이고 그림 2.15(b)는 소일시멘트 기둥 속에 강관말뚝을 삽입한 경우이다. 강널말뚝으로 강성을 보강한 경우는 그림 2.15(c)이고 특수 강관말뚝과 PC말뚝을 사용한 경우의 단면은 각각 그림 2.14(d) 및 2.14(e)와 같다. 그 밖에도 그림 2.15(f)와 같이 특수한 널말뚝을 넣어 흙막이벽을 조성하기도 한다.

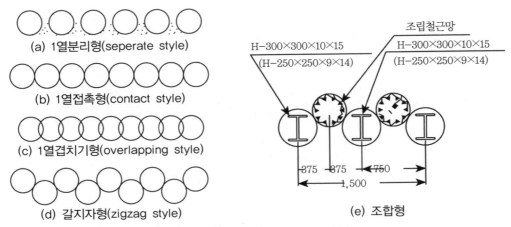

(a) 1열분리형(seperate style)

(b) 1열접촉형(contact style)

(c) 1열겹치기형(overlapping style)

(d) 갈지자형(zigzag style)

(e) 조합형

그림 2.14 주열식 말뚝의 배치 방법

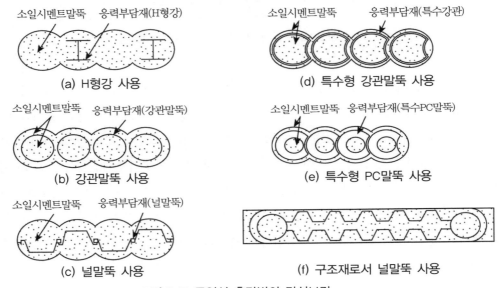

(a) H형강 사용

(b) 강관말뚝 사용

(c) 널말뚝 사용

(d) 특수형 강관말뚝 사용

(e) 특수형 PC말뚝 사용

(f) 구조재로서 널말뚝 사용

그림 2.15 주열식 흙막벽의 강성보강

사진 2.5는 주열식 흙막이벽을 시공한 현장에서의 시공 순서 사진이다. 사진 2.5(a)는 세 개의 지중기둥을 한 번에 천공할 수 있는 다련식 천공장비이고 사진 2.5(b)는 천공한 지중기둥 공간에 조립철근을 삽입 설치하는 장면이다. 사진 2.5(c)와 (d)는 지중에 기둥의 설치가 완료된 장면이며 이들 기둥 두부에 캡콘크리트를 타설하는 장면이다. 마지막으로 사진 2.5(e)와 (f)는 각각 굴착을 시작하는 사진과 굴착이 완료된 사진이다.

(a) 다련식 천공장비

(b) 조립철근 삽입

(c) 지중기둥 시공 후 상태

(d) 기둥두부 캡콘크리트 타설

(e) 제1단 띠장 설치

(f) 굴착 후 주열식 흙막이벽 전경

사진 2.5 주열식 흙막이벽 현장사진

2.4 흙막이벽 지지형식

흙막이벽을 지지하는 방식으로는 그림 2.16에 정리한 바와 같이 자립식과 지지식의 두 가지로 대별할 수 있다. 자립식은 흙막이벽을 지지하는 지지공을 별도로 두지 않고 흙막이벽체의 강성과 흙막이벽 근입부의 저항만으로 흙막이벽을 캔틸레버식으로 지지하는 형식이다.[20,25] 이러한 지지형식은 흙막이 굴착깊이가 비교적 작은 경우나 널말뚝을 사용한 호안구조물에서 종종 볼 수 있다.

그림 2.16 흙막이벽지지공의 분류

2.4.1 자립식

그림 2.17은 흙막이벽을 자립식으로 지지한 경우의 개략도이다. 이 지지공은 지반의 강도가 크고 비교적 얕은 굴착에서 사용된다. 그림 2.17에서 보는 바와 같이 굴착부에 소단과 비탈면을 부착하면 굴착의 안전성을 향상시킬 수 있다. 보통 5~6m 깊이까지의 굴착현장에 적용 가능하다. 그러나 연약지반에는 적합하지 않다.

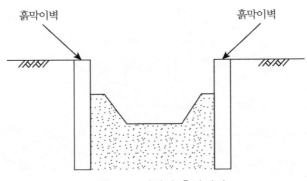

그림 2.17 자립식 흙막이벽

최근에는 쏘일네일링으로 흙막이벽을 벽체 배면의 지반에 지지시키는 방식도 많이 적용한다. 또한 역타공법을 적용할 때는 지중연속벽을 지표면에서부터 지중으로 순차적으로 타설하는 각 지하층의 슬래브로 지지시키는 방법도 많이 적용한다. 그 밖에 벽체와 굴착 바닥 사이에 경사 버팀보를 설치하여 지지시키는 레이커식도 유용하게 적용하고 있다.

2.4.2 버팀보식

그림 2.18(a)는 버팀보지지 흙막이벽의 단면 개략도이며 그림 2.18(b)는 현장사례 사진이다. 버팀보로 지지하는 흙막이벽은 주로 엄지말뚝 흙막이벽의 경우가 많다.[19] 즉, 굴착 경계부에 엄지말뚝과 나무널판으로 흙막이벽을 설치하고 강재보로 지지하면서 굴착을 수행한다. 굴착 내부가 넓을 경우는 그림 2.18(a)의 개략도에서 보는 바와 같이 중간에 중간말뚝을 설치하여 버팀보의 좌굴장을 짧게 한다.

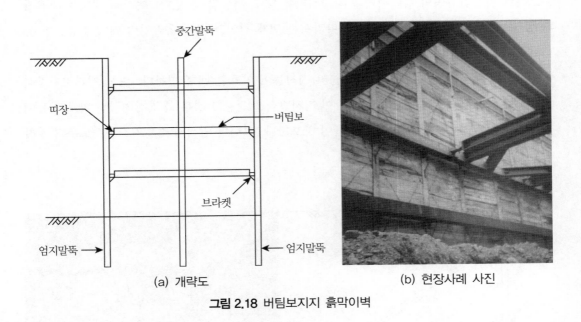

(a) 개략도 (b) 현장사례 사진

그림 2.18 버팀보지지 흙막이벽

흙막이벽은 우선 띠장으로 서로 연결시킨 후 이 띠장 부위에 버팀보를 설치한다. 이 지지형식은 굴착면적이 중규모 이하이고 굴착평면형상이 사각형일 때 적합하다. 특히 흙막이벽 배면부지의 여유가 없을 때 적합하다.

이 지지시스템은 중규모 이하 굴착현장에 적용하기 용이하고 흙막이벽의 재질이 균일하고 재사용이 가능하다. 대규모 굴착현장에 사용하는 것은 바람직하지 않다. 굴착심도가 깊을 경우 버팀보가 많이 요구되어 시공이 곤란하다. 이 지지공은 시공실적이 풍부하며 실제 대규모 굴착현장에도 과감하게 적용한 사례도 많다. 물론 지금까지 이 지지시스템을 적용한 현장에서 붕괴사고가 많이 발생하여 실패한 경험 또한 많다.

2.4.3 앵커식

그림 2.19(a)는 앵커지지방식의 흙막이벽 단면 개략도이며 그림 2.19(b)는 현장사례 사진이다. 이 현장사례에서는 띠장을 단순보로 설치하였으나 연속보로도 설치할 수 있다. 즉, 흙막이벽체를 앵커로 지지시킴으로써 벽체에 작용하는 토압을 흙막이벽 배면 지반에 지지시키는 방식이다.[16,23,34-36] 여기서 흙막이 벽체는 여러 가지 형태의 흙막이벽체에 모두 적용할 수 있다. 즉, 엄지말뚝과 나무널판으로 조성한 흙막이벽이나 널말뚝 흙막이벽뿐만 아니라 철근 콘크리트 지중연속벽의 흙막이벽을 지지시키는 데도 적용할 수 있다. 여기서 앵커는 자유장과 정착장으로 구성되어 있고 경우에 따라서는 전체 길이가 길어 흙막이벽 배면에 충분한 공간이 확보되어야만 적용할 수 있다.

앵커식 지지공은 굴착면적이 넓고 앵커 정착층이 양호할 때 유리하다. 또한 앵커지지방식은 지하수위가 높지 않을 때 유리하다. 이 지지방식을 적용할 경우 굴착 작업공간 확보가 용이하여 중장비 운용이 향상되며 시공능률이 양호하다. 그러나 인접지역 토지소유자로부터 지하

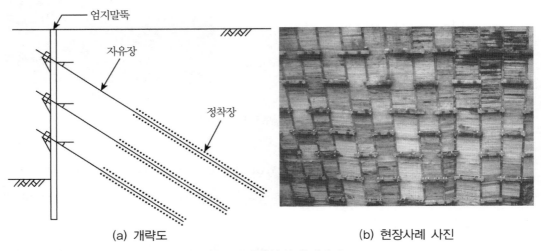

(a) 개략도　　　　　　　　　(b) 현장사례 사진

그림 2.19 앵커지지 흙막이벽

지반의 사용허락을 얻어야 적용할 수 있는 단점이 있다. 또한 주변 지하수위 저하로 지반침하를 유발할 수 있으며 정착장 지반이 불량한 경우 적용하기 부적합한 단점이 있다.

2.4.4 슬래브식(역타공법)

슬래브식 지지방식은 역타공법으로 지하굴착공사를 수행할 때 적용하는 지지방식이다.[1] 따라서 슬래브식 지지방식은 역타공법의 적용을 전제 조건으로 하는 지지방식이다. 그림 2.5의 역타공법 시공 순서도에서 설명한 바와 같이 지표면에서 구조물의 외부벽체와 중간기둥을 먼저 설치·시공하고 제1단계 굴착을 실시한다. 지표면에서 지중벽체와 기둥위에 바닥슬래브를 타설하며 동시에 본 건물의 상부구조물도 축조한다.

이 바닥슬래브에 마련한 개구부를 통하여 굴착장비를 지하로 반입하기도 하고 굴착토사 배출도 이 개구부를 통하여 지상으로 배출한다. 계속하여 제2단계 이상의 굴착을 실시하여 소정의 기초깊이까지 굴착을 진행한다. 이와 같이 하여 구조물의 상부와 하부의 공사를 동시에 실시한다. 이때 설치한 지하 각 층의 슬래브가 지하굴착을 실시하는 동안 굴착으로 인한 측방토압을 받는 지중연속벽체의 버팀기구 역할을 하게 된다.

시공이 완료된 바닥 슬래브 아래에서 토공을 진행해야 됨으로 공기 및 공사비 면에서 불리한 단점이 있다. 또한 시공 중 토압 및 작업하중을 영구구조인 슬래브가 지지해야 하므로 많은 구조계산 검토와 바닥두께를 증가시킬 필요가 있는 단점도 있다.

그러나 이 공법은 인접구조물을 보호하고 지하와 지상 구조물을 동시에 시공할 수 있으므로 공기를 단축할 수 있는 유리한 점도 있다. 또한 도심지에서 소음, 분진, 진동 등의 공해가 적어 유리하며 깊은 심도의 공사에서는 경제성이 우수한 장점이 있다.

2.4.5 쏘일네일링식

그림 2.20은 쏘일네일링 흙막이벽의 개략도이다. 쏘일네일링 흙막이벽의 경우는 네일로 굴착지반을 보강지지하는 굴착 형태이므로 흙막이벽은 자연히 쏘일네일링으로 지지하게 된다.

비탈면이나 터파기 굴착면을 자립할 수 있는 안정높이로 굴착함과 동시에 쇼크리트 표면보호공을 시공하고 굴착 배면 지반에는 천공 또는 기타의 방법으로 보강재를 삽입하는 작업을 반복하여 보강토체를 조성한다.

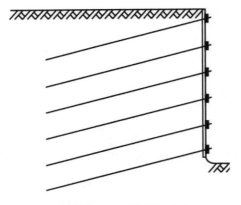

그림 2.20 쏘일네일링 지지

네일로는 이형 철근이나 강봉 및 유리섬유로 합성된 재료를 이용한다. 벽체를 형성할 때는 와이어메쉬 위에 쇼크리트를 분사하고 섬유질 콘크리트에 의한 전면판이나 프리캐스트 패널을 이용한다.

이 공법은 굴착지반 내 작업공간 확보가 용이하며 경량의 시공장비로 신속하게 시공이 가능하여 공기 단축과 공사비 절감의 장점이 있다. 또한 동적하중 작용 시 저항능력이 크다. 각 단계별 연직굴착깊이는 최대 2m로 제한하며 설치하고자 하는 네일과 네일 사이의 중간 위치까지 굴착한다. 네일 천공 직경은 10~30cm로 한다.

쏘일네일링공법은 록볼트공과 앵커공 그리고 보강토공법의 혼합된 상태로 그 유래를 파악할 수 있다. 쏘일네일링은 NATM과 유사성을 가진 공법으로 사면이나 굴착지반에서 원위치 지반보강공법으로서 주로 사용되고 있다.

2.4.6 레이커식

그림 2.21(a)는 레이커지지공의 단면도이다. 이 그림에서 보는 바와 같이 흙막이벽과 굴착바닥 사이에 경사 지보재를 설치하여 흙막이벽을 지지시킨다. 흙막이벽은 여러 가지 형태의 흙막이벽에 다 적용이 가능하며 경사 지보재는 H형강이나 강관말뚝을 사용할 수 있다.

그림 2.21(b)는 H말뚝이 들어갈 공간을 먼저 천공으로 마련하고 시멘트몰탈로 천공 내부를 충진시킨 후 H말뚝을 삽입하여 엄지말뚝으로 하고 굴착을 하면서 상부는 자립식으로 굴착을 실시하다가 하부에서는 강관 레이커로 지지시킨 현장사례 사진이다.

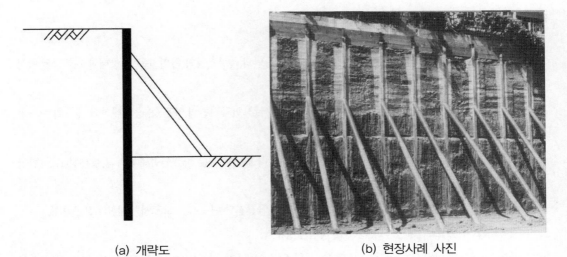

(a) 개략도   (b) 현장사례 사진

그림 2.21 레이커지지 흙막이벽

참고문헌

1. 강철중(2013), Top-Down 공법에 적용된 지중연속벽의 측방토압과 변위거동, 중앙대학교 대학원 박사학위논문.

2. 김동욱(2004), 강널말뚝 흙막이벽지지 형태에 따른 굴착연약지반의 안정성, 중앙대학교 대학원 박사학위논문.

3. 김동준·이병철, 김동수·양구승(2001), "대규모 굴착공사에 따른 지중연속벽체의 변형특성(II)", 한국지반공학회논문집, 제17권, 제4호, pp.107~115.

4. 김주범·이종규·김학문·이영남(1990), "서우빌딩 안전진단 연구검토 보고서", 대한토질공학회.

5. 김홍택(2001), "쏘일네일링의 원리 및 지침", 평문각.

6. 문태섭·홍원표·최완철·이광준(1994), "두원 PLAZA 신축공사로 인한 인접자생의원 및 독서실의 안전진단 보고서", 대한건축학회.

7. 백영식·홍원표·채영수(1990), "한국노인복지보건의료센터 신축공사장 배면도로 및 매설물파손에 대한 검토연구 보고서", 대한토질공학회.

8. 이문구(2006), 지중연속벽을 이용한 지하굴착 시 주변 지반의 거동, 중앙대학교 대학원 박사학위논문.

9. 이종규·전성곤(1993), "다층지반 굴착 시 토류벽에 작용하는 토압 분포", 한국지반공학회지, 제9권, 제1호, pp.59~68.

10. 채영수·문일(1994), "국내 지반조건을 고려한 흙막이벽체에 작용하는 토압", 한국지반공학회지, 94가을학술발표회논문집, pp.129~138.

11. 홍원표(1985a), "흙막이공법", 삼성종합건설주식회사 전문실무교재.

12. 홍원표(1985b), "주열식 흙막이벽의 설계에 관한 연구", 대한토목학회논문집, 제5권, 제2호, pp.11~18.

13. 홍원표·권우용·고정상(1989), "점성토지반 속 주열식 흙막이벽의 설계", 대한토질공학지, 제5권, 제3호, pp.29~38.

14. 홍원표 외 3인(1990), "편재하중을 받는 연약지반속의 벽강관식 안벽의 안정 해석", 한국강구조학회논문집, 제2권, 제4호, pp.213~226.

15. 홍원표·김학문(1991), "흙막이구조물 설계계획 및 조사", 흙막이 구조물 강좌(I), 지반공학회지, 제7권, 제3호, pp.73~92.

16. 홍원표·이기준(1992), "앵커지지 굴착흙막이벽에 작용하는 측방토압", 한국지반공학회지, 제8권, 제4호, pp.87~95.

17. 홍원표·임수빈·김홍택(1992), "일산전철 장항정차장 구간의 굴토공사에 따른 안전성 검토연구", 대한토목학회.

18. 홍원표 · 윤중만(1995), "지하굴착 시 앵커지지 흙막이벽에 작용하는 측방토압", 한국지반공학회지, 제 11권, 제1회, pp.63~77.

19. 홍원표 외 3인(1997), "버팀보로 지지된 흙막이벽의 거동에 관한 연구", 중앙대학교 기술과학연구소 논 문집, 제28집, pp.49~61.

20. 홍원표(1998), "안산 고잔지구 풍림아파트 신축부지 지하굴착에 관한 연구보고서", 중앙대학교.

21. 홍원표 · 윤만 · 송영석 · 공준현(2001), "깊은 굴착 시 쏘일네일링 흙막이벽의 변형거동", 대한토목학회 논문집, 제21권, 제2C호, pp.141~150.

22. 홍원표 · 송영석 · 김동욱(2004a), "연약지반에 설치된 버팀보지지 강널말뚝 흙막이벽의 거동", 대한토목 학회논문집, 제24권, 제3C호, pp.183~191.

23. 홍원표 · 송영석 · 김동욱(2004b), "연약지반에 설치된 앵커지지 강널말뚝 흙막이벽의 거동", 한국지반 공학회논문집, 제20권, 제4호, pp.65~74.

24. 홍원표 · 윤중만 · 이문구 · 이재호(2007), "지하굴착 시 앵커지지 지중연속벽에 작용하는 측방토압 및 벽 체의 변형거동", 한국지반공학회 논문집, 제23권, 제5호, pp.77~88.

25. 홍원표(2007), "2열 H-Pile을 이용한 자립식 흙막이 공법의 연약지반 적용방안 연구보고서", 중앙대학교.

26. Bjerrum, L.(1963), Discussion to European Conference on Soil Mechanics and Foundation Engineering, Wiesbaden, Vol.II, p.135.

27. Bolton, M. D., and Powrie, W.(1988), "Behaviour of Diaphragm Walls in Clay Prior to Collaspe", Geotechnique, Vol.38, No.2, pp.167~189.

28. Chandrasekaran, V.S. and King, G.J.W.(1974), "Simulation of excavation using finite elements", Jour. GED, ASCE. Vol.100, No.GT9, pp.1064~1089.

29. Christian, J.T. and Boumer, J.W.(1970), "Plane strain consolidation by finite elements", Jour., SMFD, ASCE, Vol.96, No.SM4, pp.1435~1457.

30. Clough, G.W. and O'Rourke, T.D.(1990), "Construction induced movements of insitu walls", Design and Performance of Earth Rataining Structures, Geotechnical Special Publication, No.25, ASCE, pp.439~470.

31. Dismuke, T.D.(1991). Retaining Structures and Excavations, Foundation Engineering Handbook, 2nd, Ed., Fang, H.Y., pp.447~510.

32. Finno, P.J. and Harahop, I.S.(1991), "Finite Element Analyses of HDR-4 Excavation", Jour. GED, ASCE, Vol.117, No.10, pp.1590~1609.

33. Goodman, R.E. and Taylor, R.L.(1968), "A model for the mechanics of jointed rock", Jour.,

GED, ASCE, Vol.94, No.SM3, pp.637~658.

34. Hong, W.P. and Yun, J.M.(1996), "Lateral earth pressure acting on anchored excavation retention walls for building construction", Proc. 12th Southeast Asian Geotechnical Conference, 6-10 May, 1996, Kuala Lumpur. Malaysis, Vol.1, pp.373~378.

35. Hong, W.P., Yun, J.M. and Lee, J.H.(1997), "Horizontal displacement of anchored retention walls for underground excavation", Proc., International Symposium of IAEA-Athens, Engineering Geology and Environment, Athens, Greece, pp.1319~1322.

36. Hong, w.p., Yun, J.M. & Lee, J.H.(1997), "Horizontal Displacement of Anchored Retention Walls for Underground Excavation", Proc., Inter. Symp. on Engineering Geology and the Environment, The Greek National group of IAEG/Athens/ Greece, 23-27 June, 1997, pp.2705~2710.

37. Hunt, R.E.(1986), Geotechnical Engineering Tcchniques and Practices, McGraw-Hill, pp.598~612.

38. Juran, I. and Elias, V.(1991), "Ground anchors and soil nails in retaining structures", Foundation Engineering Handbook, 2nd, Ed., Fang, H.Y. pp.892~896.

39. Mana, A.I. and Clough, G.W.(1981), "Prediction of movements for braced cuts in clay", Jour. GED, ASCE, Vol.107, No.GT6, pp.759~777.

40. NAVFAC DESIGN MANUAL(1982), pp.7.2-85~7.2-116.

41. Otta, L.H., Pantucek, H. and Goughnour, P.R.(1982), "Permanent ground anchors, stump design criteria", Office of Research and Development, Fed. Hwy, Admin, SS Cept Transp, Washington, D.C.

42. Peck, R.B.(1969), "Deep excavations and tunnelling in soft ground", 7th ICSMFE. State-of-the-Art Volume, pp.225~290.

43. Sandu, R.S. and Wilson, E.I.(1969), "Finite-Element Analysis of seepage in elastic media", Jour., EDD, ASCE, Vol.95, No.EM3, pp.641~652.

44. Terzaghi, K. and Peck, R.B.(1948), Soil Mechanics in Engineering Practice, 1st Ed., John Wiley and Sons, New York, pp.354~352.

45. Terzaghi, K. and Peck, R.B.(1967), Soil Mechanics in Engineering Practice, 2nd Ed., John Wiley and Sons, New York, pp.394~413.

46. Tschebotarioff, G.P.(1951), Soil Mechanics, Foundations and Earth Structure, McGraw-Hill, New York.

47. Tschebotarioff, G.P.(1973), Soil Mechanics, Foundations and Earth Structure, McGraw-Hill,

New York. pp.415~457.

48. Xanthakos, P.P.(1991), Ground Anchors and Anchored Structures, John Wiley and Sons, Vol.4, pp.552~553.

49. Zienkiewicz, O.C., Best, B., Dullage, C. and Stagg, K.G.(1970), "An analysis of nonlinear problems in rock mechanics with particular reference to jointed system", Proc., 2nd., Cong ISRM, Belgrade, pp.8~14.

50. 伊勢田, 棚橋, 樋口(1979), "壁面摩擦を考慮したFEM解析", 第14會土質工學研究發表會講演集, pp.989~992.

51. 機田(1980), "計測管理と安全管理：根切り山止について", 基礎工, Vol.8, No,4.

52. 梶原和敏(1993), 柱列式地中連屬壁工法, 鹿島出版會.

53. 日本土質工學會(1988), 連續地中壁工法, 現場技術者のための土と基礎シリーズ.

흙막이벽의 측방토압
기존 연구

03 흙막이벽의 측방토압 기존 연구

3.1 흙막이벽의 변위와 측방토압

3.1.1 흙막이벽 전후면 토압

일반적으로 임의의 구조물에 발생하는 응력 및 변형은 구조계(형상, 크기, 강성, 지지조건)와 하중계(작용 위치, 하중, 강도) 등이 결정되면 정적인 문제의 해석에 대해서 쉽게 계산할 수 있다. 그러나 흙막이공은 굴착에 따른 하중뿐만 아니라 구조물도 변형되므로 토압 문제가 복잡하게 된다. 따라서 토압의 크기는 지반조건, 흙막이벽의 종류, 휨강성, 지보공의 강성, 굴착 순서, 시공관리 등 여러 가지 요인에 영향을 받기 때문에 일률적으로 결정할 수 없다.

흙막이벽에 작용하는 토압의 크기는 그림 3.1과 같이 흙막이벽의 변위에 따라 달라진다. 즉, 굴착작업이 시작되기 전에는 흙막이벽의 변위가 발생하지 않으므로 $\delta = 0$에서 수평토압은 정지토압 p_0가 작용한다. 이런 상태에서 굴착 측으로 벽체가 이동하면 토압이 점차 감소하여 한계치인 주동토압 p_a에 도달하게 된다. 이때의 지반 상태는 탄성영역에서 소성영역(주동역)에 도달한다. 그리고 흙막이벽에 작용하는 측방응력은 p_0에서 p_a로 감소하며, 흙막이벽 변위량은 δ_{0a}에 이르게 된다. 반면에 벽체가 흙막이벽배면 측으로 이동하면 토압이 점차 증가하여 한계치인 수동토압 p_p에 도달하게 된다.[6,10] 이때의 지반 상태는 탄성영역에서 또 다른 소성영역(수동역)에 도달한다. 이 사이 흙막이벽에 작용하는 측방응력은 p_0에서 p_p로 증가하며 흙막이벽 변위량은 δ_{0p}에 도달하게 된다.

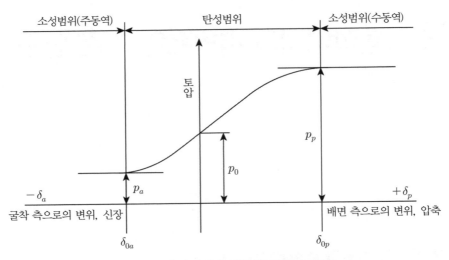

그림 3.1 흙막이벽의 변위와 토압의 관계

여기서, p_a : 주동토압

p_0 : 정지토압

p_p : 수동토압

δ_{0a} : 측방응력이 p_0에서 p_a로 감소할 때의 흙막이벽변위량

δ_{0p} : 측방응력이 p_0에서 p_p로 증가할 때의 흙막이벽변위량

δ_a : 굴착 측으로의 흙막이벽의 변위량

δ_p : 배면 측으로의 흙막이벽의 변위량

흙막이벽체에 응력·변형이 발생하는 것은 굴착에 의해서 흙막이벽의 좌우 토압이 불균형하게 되기 때문이다. 즉, 굴착 전 상태에서는 흙막이벽의 양측에 동일한 크기의 정지토압이 작용하고 있으므로 벽체의 변형은 발생하지 않지만 한쪽 부분을 굴착하게 되면 굴착된 토괴로부터의 토압이 해방되기 시작해서 그림 3.2와 같이 굴착지반 측과 굴착배면지반 측의 응력 상태가 동일하게 되지 않으므로 변형이 발생하게 된다.

즉, 굴착배면지반에서는 연직응력은 변하지 않으나 굴착으로 인하여 수평응력이 감소하여 주동역에 도달하게 되고, 굴착저면지반에서는 굴착으로 인하여 연직응력이 감소하고 수평응력이 증가하여 수동역에 도달하게 된다.

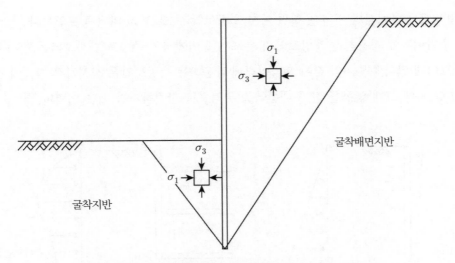

그림 3.2 흙막이벽 전면과 배면 지반의 응력 상태

3.1.2 강성벽과 연성벽

흙막이벽의 배면에 작용하는 토압은 벽체의 변위나 변형의 형태에 따라 그 크기와 형태가 다르게 된다. 벽체의 변위나 변형에 의해 토압의 크기와 형태가 다르다는 것은 토압을 대상으로 하는 벽체의 종류에 따라 다르게 된다는 것이다.

흙막이벽은 크게 강성벽과 연성벽으로 대별할 수 있다. 즉, 옹벽과 같은 강성벽은 하나의 구조체가 일체가 되어 강체운동을 하고 파괴 시에도 전체가 동일하게 파괴되지만 버팀대로 지지된 흙막이벽과 같은 연성벽은 상당한 유연성이 있어 흙막이벽에 작용하는 측방토압은 국부적인 집중현상이 발생하게 되어 개개의 부재에 큰 응력을 발생시킨다. 이로 인하여 버팀대 일부가 파괴되면 인접부재의 응력이 증가되면서 전체의 파괴가 유발된다. 이와 같은 흙막이굴착에 따른 배면지반의 응력 상태를 흔히 아칭 주동 상태라고 한다. 따라서 벽체의 이동이나 회전으로 인하여 옹벽에 작용하는 토압과 비교적 변형되기 쉽고 굴착의 진행에 따라 변형하는 흙막이벽에 작용하는 토압은 토압의 크기나 분포 형태도 다르게 된다.

옹벽과 같은 강성벽은 그림 3.3(a)와 같이 하단을 중심으로 회전하여 상단의 변형은 크고 하단의 변형은 매우 작게 되므로, Coulomb(1776)[4]이나 Rankine(1857)[15]의 고전적 주동토압이론으로 벽체에 작용하는 측방토압 분포를 구할 수 있다.

그러나 가설흙막이벽의 변형은 옹벽과는 달리 그림 3.3(b)와 같이 굴착깊이에 따라 증가한다. 흙막이벽의 상단에서의 변형은 매우 작아서 이때 작용하는 수평토압은 정지토압에 가까우며, 벽체의 하단에서의 변형은 훨씬 커서 측방토압은 Rankine의 주동토압보다 작게 된다. 따라서 흙막이벽에 작용하는 측방토압의 분포는 옹벽에서의 주동토압 분포와는 현저히 다른 분포를 보이게 된다.[6,10] 이와 같이 흙막이벽에 작용하는 측방토압은 시시각각 벽체의 변형 상태, 변형량 등에 크게 영향을 받기 때문에 이론적으로 산정하기가 매우 어렵다.[25]

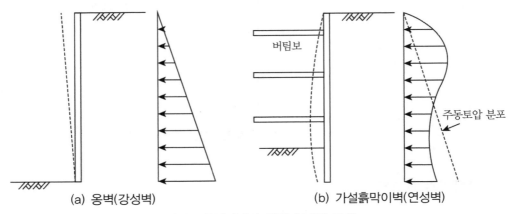

(a) 옹벽(강성벽) (b) 가설흙막이벽(연성벽)

그림 3.3 흙막이벽의 변형 형태와 토압

3.1.3 굴착단계별 토압의 변화

가설흙막이벽에 작용하는 토압의 변화 및 흙막이벽의 변위는 굴착단계에 따라 그림 3.4와 같이 개략적으로 나타낼 수 있다.[33,34] 각 굴착단계에서 응력·변형은 그 이전 단계까지의 굴착에 의한 변화량의 누계로 얻어진다. 지지공을 설치하기 전후를 기준으로 1단계 굴착과 2단계 굴착으로 구분하여 각 굴착단계에서의 흙막이벽체의 변위와 토압 분포를 도시하면 그림 3.4와 같다.

우선 1단계 굴착에서의 거동은 그림 3.4(a)에서 보는 바와 같다. 흙막이벽 시공 시의 영향도 있지만 굴착전의 토압을 정지토압(p_0)으로 할 때 굴착에 의해 흙막이벽에 변형이 발생하면 굴착배면지반 측의 토압은 흙막이벽의 변형에 따라 감소하여 최종적으로는 주동토압(p_a)이 된다. 한편 흙막이벽 근입부 굴착저면지반의 토압은 굴착에 의한 연직응력의 감소에 따른 토압의 감소와 굴착지반 측으로의 흙막이벽의 변형에 따른 토압 증가의 합력으로써 변화하여 최종적으로는 수동토압(p_p)이 된다. 또한 굴착으로 인하여 굴착 측의 상재하중은 감소하며 이에 따라 토압도 감소한다. 그러나 흙막이벽의 강성도 영향을 미치지만, 굴착저면 이하의 깊이에서는 흙막이벽이 굴착지반 측으로 변형함으로써 굴착배면 측 토압은 감소하는 반면 굴착지반 측 토압은 증가한다. 이러한 경향은 굴착바닥보다 깊은 부분에서 1단계 굴착 시, 2단계 굴착 시 모두 동일한 경향을 보인다. 단, 굴착깊이가 깊을수록 굴착배면 측 토압이 최소주동토압이 되고, 그 이상 흙막이벽의 변형에 따른 토압의 감소가 일어나지 않기 때문에 결과적으로 흙막이벽의 변형은 크게 된다.

다음으로 2단계 굴착에서는 그림 3.4(b)에서 보는 바와 같이 ①~④ 단계 거동은 1단계 굴착에서와 동일하다. 그러나 굴착이 진행됨에 따라 흙막이벽 배면지반 측으로 발생한 벽체의 변위로 배면 측의 토압이 증가한다. 다음으로 버팀보 설치에 따른 버팀보 축력이 가해진다. 이로 인하여 흙막이벽체의 변위가 변화되고 그에 따른 토압도 변하게 된다.

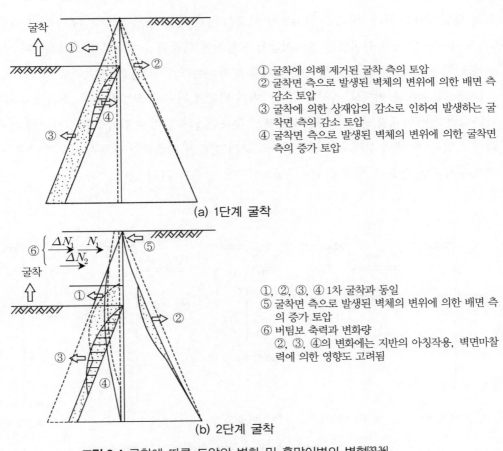

① 굴착에 의해 제거된 굴착 측의 토압
② 굴착면 측으로 발생된 벽체의 변위에 의한 배면 측 감소 토압
③ 굴착에 의한 상재압의 감소로 인하여 발생하는 굴착면 측의 감소 토압
④ 굴착면 측으로 발생된 벽체의 변위에 의한 굴착면 측의 증가 토압

(a) 1단계 굴착

①, ②, ③, ④ 1차 굴착과 동일
⑤ 굴착면 측으로 발생된 벽체의 변위에 의한 배면 측의 증가 토압
⑥ 버팀보 축력과 변화량
　②, ③, ④의 변화에는 지반의 아칭작용, 벽면마찰력에 의한 영향도 고려됨

(b) 2단계 굴착

그림 3.4 굴착에 따른 토압의 변화 및 흙막이벽의 변형[33,34]

이와 같이 흙막이벽체에 작용하는 토압은 굴착단계에 따라 시시각각으로 변하게 되므로 강성벽에 작용하는 토압 분포와는 차이가 있다. 따라서 연성벽의 흙막이벽체나 지지공의 설계에서는 어떤 경우에도 안전을 확보하도록 설계하게 되므로 고전적인 토압인 Coulomb 토압이나 Rankine 토압과는 다른 경험적인 토압 분포를 적용하게 된다. 이 경험적인 토압 분포는 굴착시공이 진행되는 동안 발생될 수 있는 최대토압을 계측 등으로 파악하여 그 최대토압의 포괄적인 분포를 구하여 적용하게 된다. 즉, 이러한 경험토압은 버팀보(strut)나 앵커(anchor)에 작용하는 축력의 계측치 혹은 흙막이벽 배면지반에 설치한 토압계로부터 측정된 측방토압을 환산 정리한 것이다. 이들 방법에 의하여 산정된 토압은 실제토압이 이들 산정값과 같이 분포한다는 것이 아니고 흙막이벽의 버팀보에 예상되는 최대하중을 산정하기 위하여 만든 토압의 포락선이다. 또한 이런 경험적인 토압 분포는 지역에 따라 다를 수 있으므로 많은 경험에 의거 확립되어야 한다. 이러한 경험토압 분포들은 여러 굴착공사에서 얻은 계측자료들을 정리·도시하여 얻어진 최대토압 분포점들을 포함시켜 단순화하여 얻은 것으로서, 대부분의 경우에 안전 측의 토압 분포를 설정하여 과다 설계하는 요인이 되고 있다.

Bowles(1996)은 버팀보 지지된 흙막이벽의 변형에 따른 측방토압 분포를 그림 3.5와 같이 나타내었다.[3] 단계별 굴착에 따른 측방토압 분포는 굴착깊이가 깊어질수록 사각형 분포를 나타내고 있다. 이때의 수평토압 분포는 버팀보의 반력에 직접적인 관계가 있으며 굴착 시 흙막이벽을 굴착면 쪽으로 변형시키는 주동토압과는 관계가 거의 없다고 하였다.

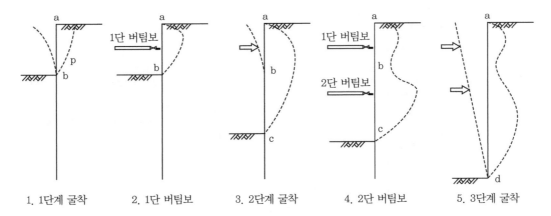

1. 1단계 굴착   2. 1단 버팀보   3. 2단계 굴착   4. 2단 버팀보   5. 3단계 굴착

그림 3.5 굴착단계별 측방토압의 변화(Bowles, 1996)[3]

끝으로 현재 흙막이벽의 설계에 사용하는 토압은 근입 부분의 토압 분포를 합리적으로 파악하는 방법이 확립되어 있지 않기 때문에, 흙막이벽의 근입깊이를 산정하는 경우와 흙막이 구조물 단면을 결정하는 경우에 각각 다르게 토압을 가정하여 적용하고 있다.

3.2 흙막이벽에 작용하는 측방토압의 기존 이론

3.2.1 강성벽체에 작용하는 토압

일반적으로 강성벽체에 작용하는 토압의 크기 및 분포는 벽체의 변위 형태 및 변위량, 뒤채움 흙의 다짐 정도 등을 감안하여 결정함이 원칙이다. 그러나 대부분의 경우는 벽체의 움직임이 충분할 것으로 가정하여, 한계평형상태(limiting equilibrium state)에 관련된 주동토압 또는 수동토압을 이용해 설계가 이루어지고 있는 실정이며, 이를 위해 잘 알려진 Rankine 토압이론 또는 Coulomb 토압이론이 일반적으로 적용되고 있다.

(1) Rankine & Resal 토압

Rankine(1856)[15]은 흙을 중력만이 작용하는 균질하고 등방인 반무한체로 가정하여 지반이 평형 상태에 있을 때 지반 내의 응력을 구하였다. 이때 옹벽배면에 옹벽과 지반 사이의 벽면마찰이 없는 것으로 가정하고, 소성평형 상태는 지반이 파괴되기 직전의 상태로서 지반 내의 응력을 나타내는 Mohr 원이 파괴포락선에 접하는 상태이며, 이때의 응력 상태를 이용하여 작용하는 토압을 구하였다.

그림 3.6(a)는 벽체의 변위가 전혀 없어서 뒤채움 흙이 정지되어 있을 때의 토압을 의미하는데, 일반적으로 옹벽과 같은 구조물은 약간의 벽체변위를 허용하므로 흙은 정지 상태에 있지 않고 체적 변화가 일어난다.

벽체의 변위를 허용하여 체적 변화가 발생되는 상태를 주동 상태 및 수동 상태라고 한다. 우선 그림 3.6(b)와 같이 뒤채움 지반의 압력에 의해 벽체가 지반으로부터 멀어지는 변위를 일으키는 경우에 뒤채움 지반은 수평방향으로 서서히 신장하면서 결국 파괴가 일어나게 되는데, 이때의 토압을 주동토압(p_a)이라 한다. 그림 3.6(b)에 한 흙요소의 변형 전후 모양이 도시되어 있다. 이 흙요소는 수평방향으로 늘어나는 상태를 신장이라 부르는 것에 반하여 일부 문헌에서는 이 상태를 인장이라 표현하였는데 이는 잘못된 표현이다.

원래 흙은 인장응력을 받을 수 없는 재료이다. 그러나 응력을 잘 조절하면 예를 들어 수평으로 잡아당기지 않고 수평응력을 줄여주면 흙요소는 마치 수평으로 잡아당긴 것 같은 변형을 한다. 이는 다른 고체재료의 인장변형과 같은 모양으로 변형하지만 토질역학에서는 인장(tension)이라 하지 않고 신장(extension)이라고 표현한다.

한편 어떤 외력으로 벽체가 그림 3.6(c)와 같이 뒤채움 흙 쪽으로 변위를 일으켜서 흙이 수평방향으로 서서히 압축되는 경우에도 파괴가 발생하게 되는데, 이때의 토압을 수동토압(p_p)이라 한다. 이때 뒤채움 흙 속에 발생되는 파괴면은 그림 3.6(b)에 도시된 주동토압에서의 파괴면보다 크게 발달하고 토압도 수동토압이 주동토압보다 크게 발생된다.

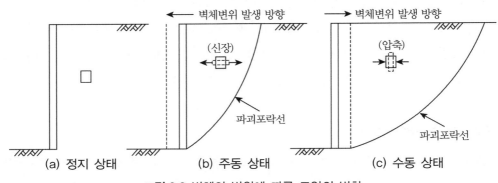

그림 3.6 벽체의 변위에 따른 토압의 변화

결과적으로 정지토압은 파괴되지 않는 탄성평형 상태(state of elastic equilibrium)를 의미하고, 주동토압과 수동토압은 소성극한평형 상태(state of limiting equilibrium)를 나타낸다. 그리고 옹벽 뒤채움 흙이 정지 상태(단, $K_0<1$)로부터 전술한 주동 상태나 수동 상태까지의 응력경로(stress path)로 나타내면 그림 3.7에서 각각 AC 및 AB와 같다.

Rankine 토압론은 당초 흙을 점착력이 없는 것으로 보고 토압을 구하였으나 후에 Resal (1910)에 의하여 점착력이 있는 흙으로 확장되었으며 이를 Rankine & Resal의 토압이라 부르기도 하며 식 (3.1) 및 (3.2)와 같다.

$$\text{주동토압응력}: \sigma_{ha} = (q+\gamma z)\tan^2(45°-\phi/2) - 2c\tan(45°-\phi/2) \qquad (3.1)$$

$$\text{수동토압응력}: \sigma_{hp} = (q+\gamma z)\tan^2(45°+\phi/2) + 2c\tan(45°+\phi/2) \qquad (3.2)$$

여기서, q : 지표면위의 상재하중(t/m²)

ϕ : 흙의 내부마찰각(°)

γ : 흙의 단위체적 중량(t/m³)

c : 흙의 점착력(t/m²)

z : 지표면에서의 깊이(m)

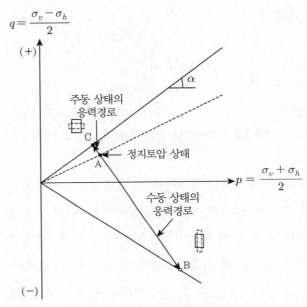

그림 3.7 옹벽 배면지반에서의 정지토압(A) 상태에서 주동토압(AC) 상태의 응력경로 및 수동토압(AB) 상태의 응력경로

　　Rankine 이론은 벽면마찰을 무시하였으나 실제로는 벽체의 재료에 따라 상당한 마찰이 발생하므로 벽면마찰을 무시한 Rankine의 주동토압은 과대평가되고 수동토압은 과소평가되는 경향이 있다. 하지만 설계에서는 안전 측으로 평가되고 사용이 편리하므로 Rankine 이론이 실제로 많이 이용되고 있다.

(2) Coulomb 토압

　　Coulomb(1776)[4]은 옹벽배면지반에서의 파괴가 흙쐐기 형태로 일어난다고 가정하고 옹벽과 배면지반 사이의 벽면마찰계수를 고려하여 토압 분포를 제안하였다. Coulomb 토압이론에서 그림 3.8과 같이 벽면마찰 때문에 파괴면의 형상에 곡선 부분이 생기며, 주동인 경우에는 이러한 곡선 부분이 적기 때문에 파괴면의 형상을 직선으로 가정할 수 있으나, 수동의 경우에는 벽면마찰각 δ가 뒤채움 흙의 내부마찰각 ϕ의 $\phi/3$보다 작으면 주동인 경우처럼 직선으로 가정하고 δ가 $\phi/3$보다 크면 곡선 부분의 영향까지 고려해야 한다.

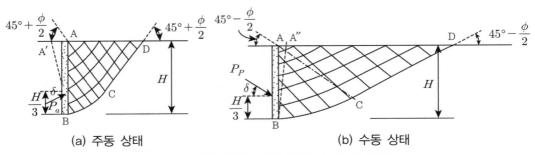

(a) 주동 상태 (b) 수동 상태

그림 3.8 벽면마찰로 인한 활동 파괴면의 형상

그러나 Coulomb은 파괴면을 직선으로 가정하여 그림 3.8(a)에서 보는 바와 같이 뒤채움지반 내의 지반파괴면을 고려하였다. 즉, 벽체가 강성벽체의 바깥쪽으로 변형을 일으키게 되면 흙쐐기 ABC는 파괴면 BC를 따라 아래로 이동하려고 한다. 이때 AB면에서 저항하는 힘 P_a와 활동파괴면 BC에서 저항하는 힘 R이 발생하게 된다. 여기서 AB면에서의 힘 P_a의 극한값이 주동토압이며 식 (3.3)과 같이 구하였다. 강성벽체의 배면 흙이 내부마찰각과 함께 점착력을 가지고 있을 경우에는 가상파괴면을 여러 가지로 바꾸어 극댓값을 구하면 이 값이 주동토압이 된다.

$$\text{주동토압}: P_a = \frac{\gamma H^2}{2} \frac{\cos^2(\phi-\theta)}{\cos^2\theta \cdot \cos(\delta+\theta)\left[1+\sqrt{\dfrac{\sin(\delta+\theta)\sin(\phi-i)}{\cos(\delta+\theta)\cos(\theta-i)}}\right]^2} \tag{3.3}$$

여기서, θ : 벽체배면의 경사도(°)

δ : 벽면마찰각(°)

i : 뒤채움지표면 경사도(°)

H : 옹벽 높이

수동토압인 경우에는 주동토압과 반대로 옹벽이 뒤채움지반 쪽으로 압축됨에 따라 흙쐐기 ABC가 위쪽으로 이동되려고 하므로 그림 3.8(b) 같이 벽면 AB에 작용하는 힘 P_P는 AB의 법선에서 벽면마찰각 δ만큼 위쪽으로 기울어져 작용하게 되며 활동파괴면 BC에서 ϕ만큼 기울어져 저항하는 힘 R이 작용하게 된다. 이때 AB면에서의 힘 P_P의 극댓값이 Coulomb 수동토압이며 식 (3.4)와 같이 구하였다.

$$\text{수동토압}: P_P = \frac{\gamma H^2}{2} \frac{\cos^2(\phi+\theta)}{\cos^2\theta \cdot \cos(\delta+\theta)\left[1+\sqrt{\frac{\sin(\delta+\theta)\sin(\phi+i)}{\cos(\delta+\theta)\cos(\theta+i)}}\right]^2} \tag{3.4}$$

강성벽체의 배면 흙이 내부마찰각과 함께 점착력을 가지고 있을 경우에는 가상파괴면을 여러 가지로 바꾸어 극댓값을 구하면 이 값이 수동토압이 된다. 강성벽체가 연직($\theta=0°$)이고 지표면이 수평($i=0°$)일 때 벽면마찰을 무시하면 Coulomb 이론토압은 Rankine 이론토압과 동일한 값이 된다.

3.2.2 연성벽체(가설흙막이벽)에 작용하는 측방토압

(1) Terzaghi & Peck의 측방토압 분포

Terzaghi(1934, 1936)는 버팀보지지 흙막이벽과 같은 연성벽체에서는 흙막이벽체의 변형과 기타 다른 여러 가지 요인으로 Rankine 토압이나 Coulomb 토압과 같은 토압이 작용하지 않는다는 것을 확인한 후 버팀보의 반력을 계측하여 흙막이벽에 작용하는 측방토압을 추정하는 경험적인 방법을 최초로 시도하였다.[20,21]

일찍이 Terzaghi & Peck(1948)[23]은 버팀보로 지지된 흙막이벽을 도입한 흙막이 굴착현장에서 얻은 측정토압으로 흙막이벽체와 버팀보의 설계를 위한 측방토압 분포도를 그림 3.9와 같이 제안하였다. 이러한 토압 분포는 점성토지반의 경우는 시카고 지하철공사의 굴착현장에서 버팀보에 작용하는 하중의 계측치를 근거로 하였고,[12] 사질토지반의 경우는 베를린 지하철공사의 굴착현장에서 버팀보 하중의 계측치를 근거로 하였다.[18] 이 도면에서 p_a는 Rankine 주동토압이고 q_u는 흙의 일축압축강도이다. 또한 γ는 흙막이벽배면지반의 단위체적중량이고 δ는 흙막이벽체와 지반 사이의 마찰각이다.

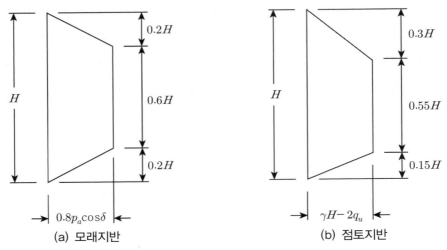

(a) 모래지반   (b) 점토지반

그림 3.9 Terzaghi & Peck(1948)[23]의 버팀보지지벽의 측방토압 분포

　　그 후 더욱 많은 버팀보지지 흙막이벽 굴착현장에서 측정된 버팀보의 반력을 근거로 하여 그림 3.10과 같이 수정토압 분포도를 제안하였다.[23,24] 이 토압 분포는 굴착깊이가 약 8.5m에서 약 12m까지 한정된 범위에서 측정된 결과로부터 얻은 것이기 때문에 이보다 깊은 굴착에 적용할 경우에는 주의를 요한다고 하였다.

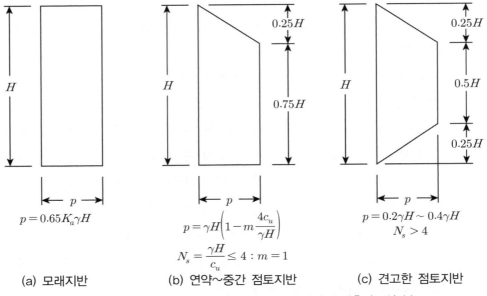

$$p = 0.65 K_a \gamma H$$

$$p = \gamma H \left(1 - m\frac{4c_u}{\gamma H}\right)$$

$$N_s = \frac{\gamma H}{c_u} \le 4 : m = 1$$

$$p = 0.2\gamma H \sim 0.4\gamma H$$
$$N_s > 4$$

(a) 모래지반   (b) 연약~중간 점토지반   (c) 견고한 점토지반

그림 3.10 Terzaghi & Peck(1967)[24]의 버팀보지지벽의 수정측방토압 분포

Terzaghi & Peck은 Rowe(1952)[16]와 Bejrrum & Duncan(1952)[1] 등의 사질토지반에 대한 실내실험 결과를 근거로 흙막이벽의 변형에 의해 배면지반의 토립자 사이에 지반아칭현상이 발생하여 토압 분포가 재분배된다는 점도 강조하였다.

Peck(1969),[13] Peck et al.(1974)[14] 등은 연약 또는 중간 정도의 점토지반의 토압 분포에 대해서는 안정계수 $N_b = \gamma H/c_u$를 도입하여 굴착저면지반의 안정성을 판정하였다. 즉, $N_b >$ 6~8인 깊은 굴착에서는 굴착저면 부근에서의 소성영역이 확대되기 때문에 추정하는 값보다 큰 토압이 발생한다고 하여 전단강도의 저감계수 m(통상 0.4~1.0)을 고려하여 측압계수 (K_a)를 산정하도록 하였다. 보통은 1.0을 적용한다. 한편 사질토와 점성토가 함께 있는 지반에 흙막이벽을 설치할 경우에는 Peck(1943)[12]이 제안한 등가점착력($\phi = 0$) 개념을 이용하여 평균점착력과 평균단위중량을 구한 다음에 흙막이벽에 작용하는 토압 분포를 그림 3.10의 점성토지반의 토압 분포를 사용할 것을 제안하였다.

(2) Tschebotarioff의 측방토압 분포

한편 Tschebotarioff(1973)[26]는 Terzaghi & Peck(1948)[23]의 토압 분포를 수정하여 그림 3.11과 같은 버팀보 설계를 위한 측방토압 분포를 제안하였다. 즉, 그림 3.11은 모래지반을 대상으로 버팀보지지 흙막이벽에 작용하는 측방토압 분포도로 Tschebotarioff(1973)[26]가 제안한 바 있다. 이 그림에서 보는 바와 같이 측방토압의 최대치는 $0.25\gamma H$이고 상하부 $0.1H$와 $0.2H$ 구간에서는 토압이 감소되는 분포로 되어 있다.

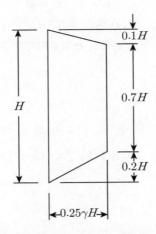

그림 3.11 Tschebotarioff(1973)의 버팀보지지벽 측방토압 분포(모래지반)[26]

그러나 점토지반(연약점토)에 대해서는 버팀보의 계측 결과로부터 Terzaghi & Peck(1948) 의 토압 분포[23]는 굴착깊이가 얕은 경우에는 과대하게 산정된다고 반론을 제기하고 그림 3.12(a) 와 같은 삼각형 분포를 제안하였다.

한편 소성점토에 대해서는 모래와 같이 지반아칭작용에 의해 상부토압의 증가가 없다고 생 각하고 측압계수를 압밀평형 상태의 측압계수와 거의 같다고 하여 $K_o = 0.5$를 사용하고 굴착 깊이 구간의 토압을 수압 분포 형태로 하였다.

또한 점토(견고한 점토 및 중간 정도 점토)의 경우는 그림 3.12(b)와 (c)에서 보는 바와 같이 굴착저면 일정 깊이 상부에서 하부로 갈수록 토압이 감소하여 굴착저면에서는 토압이 0이 되 도록 토압 분포를 수정하였다. 이와 같은 토압 감소의 이유로 Tschebotarioff는 굴착저면의 상부에서 하부로 전단응력이 전달되기 때문이라 하였다.

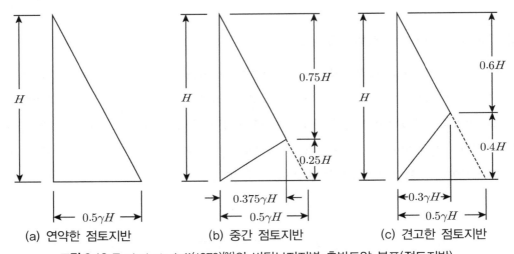

| (a) 연약한 점토지반 | (b) 중간 점토지반 | (c) 견고한 점토지반 |

그림 3.12 Tschebotarioff(1973)[26]의 버팀보지지지벽 측방토압 분포(점토지반)

(3) NAVFAC의 측방토압 분포

NAVFAC(1982)의 설계시방서[11]에서는 그림 3.13과 같이 버팀보로 지지된 흙막이벽에 작 용하는 측방토압 분포뿐만 아니라 그림 3.14와 같이 어스앵커로 지지된 흙막이벽에 작용하는 측방토압 분포도 제시하고 있다.

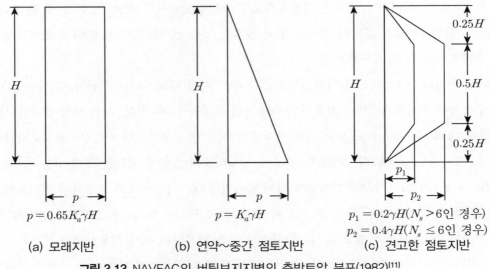

$p = 0.65K_a\gamma H$

(a) 모래지반

$p = K_a\gamma H$

(b) 연약~중간 점토지반

$0.25H$

$0.5H$

$0.25H$

$p_1 = 0.2\gamma H (N_s > 6$인 경우)
$p_2 = 0.4\gamma H (N_s \leq 6$인 경우)

(c) 견고한 점토지반

그림 3.13 NAVFAC의 버팀보지지벽의 측방토압 분포(1982)[11]

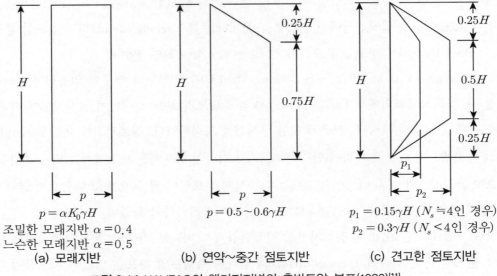

$p = \alpha K_0 \gamma H$
조밀한 모래지반 $\alpha = 0.4$
느슨한 모래지반 $\alpha = 0.5$
(a) 모래지반

$0.25H$

$0.75H$

$p = 0.5 \sim 0.6\gamma H$

(b) 연약~중간 점토지반

$0.25H$

$0.5H$

$0.25H$

$p_1 = 0.15\gamma H (N_s \doteqdot 4$인 경우)
$p_2 = 0.3\gamma H (N_s < 4$인 경우)

(c) 견고한 점토지반

그림 3.14 NAVFAC의 앵커지지벽의 측방토압 분포(1982)[11]

3.2.3 경험적인 측방토압의 문제점

앞에서 열거한 여러 가지 경험적인 측방토압 분포 이외에도 여러 기관에서 경험적인 측방
토압분포를 정하여 적용하고 있다. 그 대표적인 예로는 일본의 여러 기관기준을 들 수 있다.
예를 들면 일본건축학회(1974),[28] 일본도로협회(1977),[29] 일본토질공학회(1978)[30] 등의 기준을 들 수 있다. 이러한 기준들은 기본적으로 Tschebotarioff의 측방토압분포 및 Terzaghi & Peck의 수정측방토압 분포에 근거를 두고 있지만 실측 결과를 토대로 하여 부분적으로 수정한 측방토압 분포를 적용하고 있다.

한편 우리나라에서도 서울지하철공사를 비롯한 여러 대도시 지하철공사, 지하철기술협력회에서 정한 버팀보지지벽에 작용하는 측방토압 분포를 들 수 있다. 이들 토압 분포는 사질토지반에 대해서는 Terzaghi & Peck의 측방토압 분포에 상재하중의 영향을, 점성토지반에 대해서는 Tschebotarioff의 측방토압 분포에 상재하중의 영향을 고려한 형태이다.

Terzaghi(1943)는 일반쐐기이론에 의해 파괴면을 대수나선형으로 가정하여 버팀보로 지지된 흙막이벽에 작용하는 토압 분포를 제안하였으며,[22] Das & Seeley(1975)는 일반쐐기이론을 점성토지반에서의 버팀보로 지지된 흙막이벽을 해석하기 위해 사용하였다.[5]

그러나 이들 경험적인 측방토압 분포에 대한 문제점들이 여러 학자들에 의해 지적되고 있다. Lambe et al.(1970)[9]과 Golder et al.(1970)[8] 등은 이 제안된 측방토압 분포를 정규압밀점토에서 사용할 경우에는 과다설계가 될 수 있다고 하였으며 Swatek et al.(1972)[19]은 굴착깊이가 20m 이상인 굴작현장에서 버팀보를 설계하는 데 Tschebotarioff의 측방토압 분포가 Terzaghi & Peck의 측방토압 분포보다 잘 맞는다는 것을 확인하였다.

Tschebotarioff et al.(1973)[27]은 Swatek et al.(1972)[19] 등의 연구를 인용하여 Moscow 토질 및 기초 국제회의에서 Terzaghi & Peck의 측방토압 분포에 대하여 굴착깊이에 따른 안정수(N_s) 및 저감계수(m)의 적용에 대한 문제점을 지적하였다. 점토지반에 대한 Terzaghi & Peck의 측방토압 분포에 대하여 안정수(N_s)가 4 이하인 경우에는 과소설계가 되는 결과를 가져오고 굴착깊이가 20m 이상인 경우에는 과다설계의 요인이 될 수 있다고 하였으며 굴착깊이가 깊은 경우에는 저감계수(m)를 2로 하는 것이 바람직하다고 하였다.

한편 玉置(1973, 1976)는 점토지반의 굴착현장에서 버팀보 하중의 계측 결과로부터 얻은 토압 분포를 근거로 하여 Tschebotarioff의 삼각형 측방토압 분포는 상단의 지보공에 대해 위험 측의 설계가 되고 굴착깊이가 깊어지면 과대한 설계가 된다고 지적하였다.[31,32]

Bjerrum, Clausen & Duncan(1972)[2]은 제5회 유럽회의에서 앵커로 지지된 흙막이벽에 작용하는 측방토압은 벽의 변형, 앵커의 이완 및 아칭에 지배적인 영향을 받으며, 버팀보로 지지된 흙막이벽은 점토의 전단강도와 아칭에 영향을 받는다고 지적하였다. 특히 벽체의 거동과 버팀보의 반력은 단순히 굴착깊이뿐만 아니라 굴착저면 하부의 견고한 지층까지의 깊이에도 크게 관련이 있다는 것을 설명하고 토압 문제를 해석하기 위하여 벽체의 휨강성이나 근입부분의 흙의 저항을 고려하여 토압과 지보공을 상호작용의 결과로 취급해야 한다고 하였다.

Skempton & Ward(1952)는 점토지반에 설치된 흙막이벽에 작용하는 토압은 흙막이말뚝의 타입으로 인하여 점토의 전단강도가 저하되어 굴착하부의 버팀보응력은 60% 정도 감소된다고 하였다.[17] Di Bagio & Bjerrum(1957)은 지반의 동결융해작용으로 인하여 버팀보의 응력이 실제보다 상당히 차이가 있다고 하였다.[7] 즉, 지반동결은 응력이 실제보다 5배 정도 크게 증가하며 지반이 융해되면 버팀보의 응력은 감소한다고 하였다.

참고문헌

1. Bjerrum, L. and Duncan, J.M.(1952), "Earth pressure on flexible structures", A State of the Art Report, Norwegium Geotechnical Institute.

2. Bjerrum, L., Clausen, C.J.F. and Duncan, J.M.(1972), "Earth pressure on flexible structures", State of the Art Report, Proc. 5th ICSMFE. Vol.2, pp.169~225.

3. Bowles, J.E.(1996), Foundation Analysis and Design, 5th Ed., McGraw-Hill, pp.644~681.

4. Coulomb, C.A.(1776), "Essai sur une Application des Regles de Maximis et Minimis a quelques de Statique, relatifs a l'Architecture", Mem. Roy. des Sciences, Paris, Vol.3, p.38.

5. Das, B.M. and Seeley, G.R.(1975), "Active thrust on braced cut in clay", Jour., Construction Division, ASCE, Vol.101, No.CO5, pp.945~949.

6. Das, B.M.(1990), Advanced Soil Mechanics, McGraw-Hill Book Co.

7. Di Bagio, E. and Bjerrum, L.(1957), "Earth pressure measurements in trench excavated in stiff marine clay", Proc., 4th ICSMFE, London, Vol.2, pp.196~202.

8. Golder, H.Q. et al.(1970), "Predicted-performance of braced excavations", Jour. of SMFD, ASCE, Vol.96, No.SM3, Proc. Paper 7292, pp.801~815.

9. Lambe, T.W., Wolfskill, L.A. and Wong, H.(1970), "Measured performance of a braced excavation", Jour. of SMFD, ASCE, Vol.69, No.SM3, pp.817~836.

10. Lambe, T.W. and Whiteman, R.V.(1979), Soil Mechanics(SI version), John Wiley & Sons, Inc., New York.

11. NAVFAC(1982), Design Manual for Soil Mechanics, Dept. of the Navy, Naval Facilities Engineering Command, pp.DM7.2-85-116.

12. Peck, R.B.(1943), "Earth pressure measurements in open cuts", Trans., ASCE. Vol.108, pp.1008~1058.

13. Peck, R.B.(1969), "Deep excavations and tunnelling in soft Ground", 7th ICSMFE., State-of-the Art Volume, pp.225~290.

14. Peck, R.B., Hanson, W.E. and Thornburn, T.H.(1974), Foundation Engineering, 2nd Ed., John Wiley and Sons, New York.

15. Rankine, W.M.J.(1857), "On stability on loose earth", Philosophic Transactions of Royal Society, London, Part I, pp.9~27.

16. Rowe, P.W.(1952), "Anchored sheet-pile walls", ICE, London, Proc., Vol.1, part1, pp.27~70.

17. Skempton, A.W., Ward, W.H.(1952), "Investigations concerning a deep cofferdam in the Thames estuary clay at Shellhaven", Geotechnique, Vol.3, pp.119~139.

18. Spilker, A.(1937), "Mitteilung über die Messung der Kräfte in reiner Baugruben-aussteifung", Bautechnik, 15, p.16.

19. Swatek, E.P., Asrow, S.P. and Seitz, A.M.(1972), "Performance of bracing for deep Chicago excavation", Proc., ASCE Special Conferance Performance of Earth and Earth Support Struture, Perdue Univ, Vol.1, Pt 2, pp.1303~1322.

20. Terzaghi, K.(1934), "Large retaining wall tests, Parts I~V, Eng. New Rec, No.112.

21. Terzaghi, K.(1936), "Discussion of the lateral pressure of sand on timbering of cuts", Proc., 1st ICSMFE, Vol.1, pp.211~215.

22. Terzaghi, K.(1943), Theoretical Soil Mechanics, New York, Wiley, p.510.

23. Terzaghi, K. and Peck, R.B.(1948), Soil Mechanics in Engineering Practice, 1st Ed., John Wiley and Sons, New York, pp.354~352.

24. Terzaghi, K. and Peck, R.B.(1967), Soil Mechanics in Engineering Practice, 2nd Ed., John Wiley and Sons, New York, pp.394~413.

25. Tschebotarioff, G.P.(1951), Soil Mechanics, Foundations and Earth Structure.

26. Tschebotarioff, G.P.(1973), Foundations, Retaining and Earth Structure, McGraw-Hill, New York, pp.415~457. McGraw-Hill, New York.

27. Tschebotarioff, G.P., Klein, G.K., Malyshev, M.V. and others(1973), "Lateral pressure of clayey soils on structures", Specialty Session 5, 8th ICSMFE, Moscow, Vol.4, pp.227~266.

28. 日本建築學會(1974), 建築基礎構造設計基準·同解說, 東京, pp.400~403.

29. 日本道路協會(1977), 道路土工擁壁·カルバト·假設構造物工指針, 東京, pp.179~183.

30. 日本土質工學會(1978), 土留め構造物の設計法, 東京, pp.30~58.

31. 玉置 修, 失作 樞, 中川誠志(1973), "多數の切梁反力實測値から求めた土留土壓について." 土と基礎, Vol.21, No.5, pp.21~26.

32. 玉置 修, 和田克哉, 中川誠志(1976), "たわみ性山留め壁に作用土壓について." 土と基礎, Vol.24, No.12, pp.17~22.

33. 윤중만(1997), 흙막이굴착지반의 측방토압과 변형거동, 중앙대학교 박사학위 논문, pp.8~41.

34. 홍원표(2018), 흙막이말뚝, 도서출판 씨아이알.

엄지말뚝 흙막이벽

04 엄지말뚝 흙막이벽

　최근 도심지 지하공간의 활용도를 증대시키기 위하여 대형 건축물이나 지하철 등의 건설 시 각종 흙막이벽체와 지지구조를 활용하여 대규모 지하굴착작업이 수반되는 공사가 급증하고 있다.[17,23,30,31] 여러 종류의 흙막이벽체 중 엄지말뚝 흙막이벽은 가장 오래된 흙막이벽의 형태이면서도 아직까지도 가장 많이 적용되고 있는 벽체이다.

　지반을 깊게 굴착할 경우 굴착현장에 인접한 지반은 상당한 영향을 받게 되어 시공 중에 지반변형이나 붕괴사고가 종종 발생하고 있다.[2-5] 이러한 사고는 재산상에 막대한 피해를 가져옴은 물론이고 심한 경우 인명피해가 발생되는 대형사고로 나타나기도 한다. 이런 사고를 사전에 예방하기 위해서는 먼저 흙막이벽의 설계에서부터 안전한 설계를 실시해야 한다. 흙막이벽을 안전하게 설계하기 위해서는 흙막이벽에 작용하는 측방토압을 보다 정확하게 예측해야 한다. 그와 더불어 시공 중에는 흙막이벽과 지반변형에 각별한 안전관리를 실시해야 한다. 최근에는 지하굴착작업의 안전대책으로 현장 계측을 통하여 흙막이 구조물의 안전시공을 관리하려는 경향이 늘어나고 있다.[9,10]

　통상적으로 우리나라의 지반특성은 내륙지역과 해안지역의 둘로 크게 구분하여 설명한다. 이들 두 지역은 사질토지반과 점성토지반으로도 구분될 수 있다. 즉, 내륙지역 지반특성은 사질토 성분을 많이 포함하고 있는 다층지반이고 해안지역 지반특성은 연약한 점성토지반의 특성을 대표할 수 있다. 사질토지반인 도심지 공사에는 엄지말뚝 흙막이벽이 많이 적용되고 해안지역의 연약한 점성토지반에는 널말뚝 흙막이벽이 많이 적용되고 있다.

　따라서 제4장에서는 먼저 엄지말뚝 흙막이벽에 대하여 설명하고 제5장에서는 널말뚝 흙막이벽에 대하여 설명한다. 내륙지역의 엄지말뚝 흙막이벽체는 버팀보와 앵커로 지지하는 경우가 많으므로 이들 지지구조에 대한 현장 계측 사례를 중심으로 설명한다.

즉, 제4장에서는 엄지말뚝 흙막이벽에 작용하는 측방토압과 변형 거동을 현장 계측을 통하여 조사하고 그 자료를 종합·분석하여 우리나라 내륙지역의 지반특성에 맞는 측방토압의 분포와 크기를 검토하며 흙막이벽 시공 중 수평변위의 안전관리기준을 설명한다.

제4장에서 설명할 범위는 먼저 제4.1절에서 버팀보로 지지된 사질토지반 속 흙막이벽에 작용하는 측방토압과 벽체의 수평변위에 관하여 설명하고[6,11] 제4.2절에서 앵커로 지지된 사질토지반 속 흙막이벽에 작용하는 측방토압과 수평변위에 관하여 설명한다.[12,13]

다음으로 제4.1절과 제4.2절에서 검토한 내용을 근거로 제4.3절에서는 우리나라 내륙지반을 암반층의 비율에 따라 토사지반과 암반지반으로 구분하여 엄지말뚝 흙막이벽의 설계에 적용할 수 있는 측방토압의 분포와 크기를 제안한다.

끝으로 제4.4절에서는 이렇게 설계된 엄지말뚝 흙막이벽을 버팀보지지와 앵커지지로 안전하게 시공하기 위해 흙막이벽의 수평변위에 대한 안전시공관리기준을 설정한다.

4.1 버팀보지지 엄지말뚝 흙막이벽

홍원표 등(1997)은 버팀보지지 흙막이구조물 설계를 보다 합리적이고 경제적으로 실시하기 위해 우리나라지반에 설치 시공한 6개 버팀보지지 굴착현장으로부터 계측자료를 수집하여 버팀보지지 흙막이벽에 작용하는 측방토압 분포를 분석하였다.[6,11] 그림 4.1은 이들 6개 굴착현장에 대한 주변 현황 및 계측기기의 설치 위치에 대한 개략도이다.

그림에 나타낸 바와 같이 이들 굴착현장 주변에는 대규모 아파트단지, 고층빌딩, 인접공사현장, 상가 및 주택지가 밀집되어 있으며 인접도로 지하에는 각종 지하매설물들이 묻혀 있다. 이들 굴착현장의 일부는 개착식 터널공법이 적용된 지하철건설 현장이며 일부는 빌딩을 축조하기 위한 굴착공사현장이다.

각 현장의 지층구성은 그림 4.2에 나타난 바와 같이 우리나라 내륙지역의 지반특성을 대표하는 지층으로 구성되어 있다.

즉, 지표면으로부터 표토층, 풍화대층, 기반암층의 순으로 구성되어 있다. 표토층은 상부 매립층과 하부 퇴적층으로 구성되어 있으며 매립층은 실트질 모래, 모래질 실트, 자갈, 전석 등이 혼재되어 있다. 퇴적층은 모래, 실트질 점토, 모래자갈로 이루어져 있고 풍화대층은 풍화도가 매우 심한 풍화잔류토층과 모암조직이 존재하며 비교적 단단한 풍화암층으로 구분되

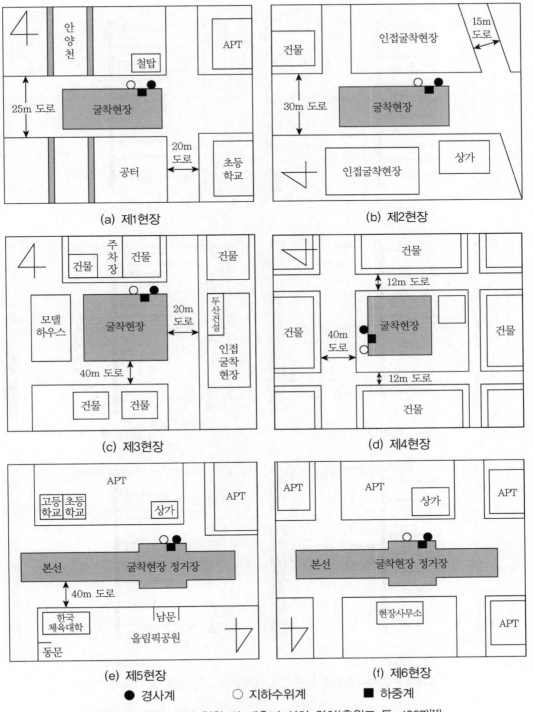

(a) 제1현장   (b) 제2현장

(c) 제3현장   (d) 제4현장

(e) 제5현장   (f) 제6현장

● 경사계   ○ 지하수위계   ■ 하중계

그림 4.1 현장 주변 현황 및 계측기 설치 위치(홍원표 등, 1997)[11]

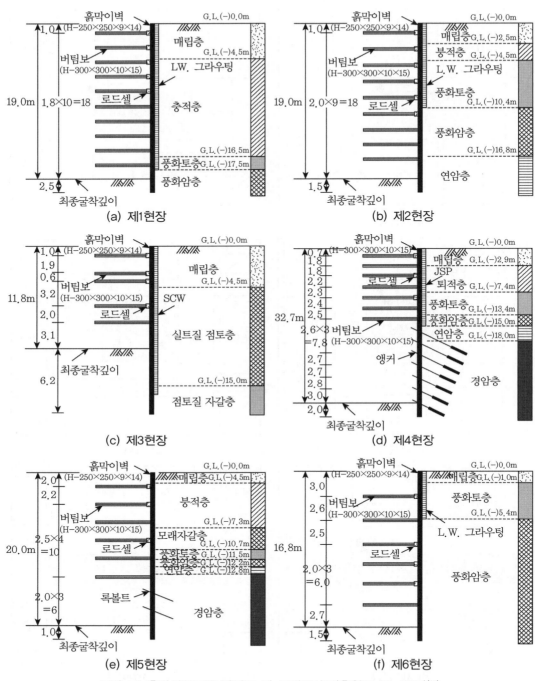

그림 4.2 흙막이구조물 단면도 및 토질주상도(홍원표 등, 1997)[11]

어 있다. 표토층과 풍화대층은 사질토의 성분이 많은 관계로 단순화시키기 위해 내부마찰각만 가지는 토층으로 취급하였다. 풍화대층 하부에는 기반암인 연암 및 경암으로 구분되는 암층이 분포하고 있으며 대부분 현장의 연암층과 경암층에는 균열과 절리가 발달되어 있다.

굴착현장에 대한 흙막이구조물의 단면을 개략적으로 나타내면 그림 4.2와 같다. 굴착현장의 흙막이벽은 엄지말뚝(H말뚝)과 나무널판으로 구성되어 있으며 이 흙막이벽은 버팀보지지 방식으로 지지되어 있다. 엄지말뚝으로는 H말뚝을 사용하였는데, 규격은 주로 H−250×250×9×14 및 H−300×300×10×15의 강재를 많이 사용하였고, 1.6~2.0m 간격으로 설치되었으며 길이는 최종굴착바닥보다 1.0~2.5m 정도 더 깊게 지중에 관입되어 있다. 그리고 굴착이 진행됨에 따라 80~100mm 두께의 나무널판을 엄지말뚝(H말뚝)의 프렌지 전면에 끼워 설치하였다. 버팀보의 설치 간격은 연직으로 1.0~3.1m, 수평으로 2.0~5.6m 정도이며 버팀보 및 띠장은 주로 H−300×300×10×15인 강재를 사용하였다.

한편 제4현장은 연암층 이하 굴착 구간에서 버팀보 대신 앵커를 설치하여 흙막이벽을 지지시켰다. 그리고 흙막이벽은 풍화암 상단까지는 H말뚝 사이에 흙막이판 대신 제트그라우팅을 시공하였으며 그 하부 구간부터 엄지말뚝과 흙막이판으로 이루어졌다. 제5현장은 굴착저부 경암층 구간에 버팀보 대신 2단의 록볼트를 설치하여 흙막이벽을 지지시켰다. 흙막이벽 배면에는 지하수의 차수공으로 제1, 2, 6현장에서는 L.W. 그라우팅을 시공하였다. 제3현장에서는 SCW공을 제4현장에서는 JSP공을 시공하였다. 그러나 제5현장에서는 아무런 차수공도 실시하지 않았다.

4.1.1 버팀보축력

그림 4.3은 굴착이 진행됨에 따라 하중계가 설치되어 있는 버팀보축력의 변화를 굴착단계별로 도시한 결과이다. 그림에서 보는 바와 같이 대부분의 현장에서 버팀보축력은 굴착이 어느 정도 진행되는 동안에는 급격하게 증가하고 있으나 굴착이 완료되는 시점에 이르게 되면서 버팀보축력은 거의 일정하게 수렴하는 경향을 보였다.

그러나 일부 현장에서는 굴착 완료 시점에서 버팀보축력이 감소하는 경향을 보이고 있다. 이러한 경향은 굴착깊이가 깊어짐에 따라 벽체의 수평변위가 더욱 진행되어 벽체의 변형에 따른 굴착배면지반의 응력의 재분배 현상이 발생되었음을 의미한다. 각 현장에서 측정된 버팀보의 최대축력은 약 40~70t 정도를 나타내고 있다. 제5현장과 제6현장의 경우는 버팀보를 설치하고 나서 선행하중을 2~10t 가한 후 버팀보축력을 측정한 결과이다.

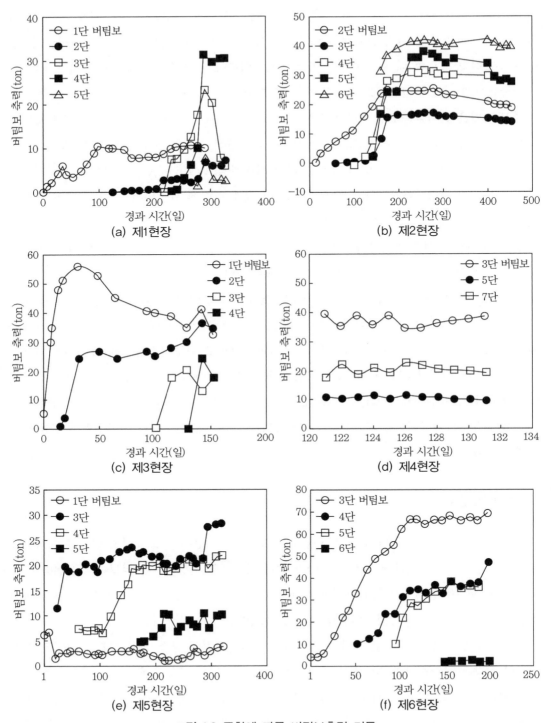

그림 4.3 굴착에 따른 버팀보축력 거동

4.1.2 벽체의 수평변위와 지하수위 변화

그림 4.4는 굴착단계별 발생한 흙막이벽 수평변위의 거동을 보이고 있다. 그림에서 횡축을 벽체의 수평변위(mm), 종축을 굴착깊이로 표시하였다.

흙막이벽의 수평변위는 굴착이 진행되는 동안 굴착깊이에 비례하여 점진적으로 증가하고 있으며 굴착저부에서도 수평변위는 어느 정도 발생하고 있다. 그러나 굴착저면 지반이 견고한 암반층으로 이루어져 있는 제5현장의 경우는 경암층에서의 수평변위가 거의 발생하지 않고 있는 것으로 나타났다. 또한 제5현장과 제6현장의 경우는 다른 현장에 비해 벽체의 수평변위가 작게 나타나고 있다. 이것은 앞 절에서 언급한 바와 같이 버팀보에 선행하중을 도입하였

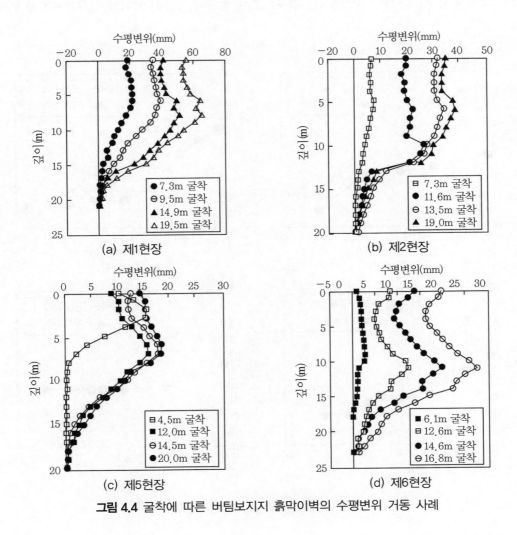

그림 4.4 굴착에 따른 버팀보지지 흙막이벽의 수평변위 거동 사례

기 때문이다.

그림 4.5는 굴착에 따른 지하수위 변화를 도시한 그림이다. 이들 현장에서는 흙막이벽 배면에 지하수위 저하를 방지하기 위하여 차수공법으로 L/W, SCW, JSP공을 풍화암층이나 연암층 상단까지 시공하였다. 그러나 그림에 나타난 바와 같이 지하수위는 현장에 따라 다소 차이가 있다. 즉, 굴착깊이가 깊어짐에 따라 굴착현장내로의 누수에 의해 완만한 지하수위하강곡선을 그리며 점진적으로 낮아지는 것으로 나타나고 있으나 굴착 완료 시점에 이르러서 일정한 수위를 유지하고 있다. 결국 차수공을 실시하여 굴착을 실시한 현장에서 지하수위를 차단시켜 지하수위의 하강을 방지시키려는 효과는 거두지 못한 것으로 생각된다. 따라서 지하수에 의한 수압의 영향은 비교적 적어 흙막이벽 배면에 수압은 거의 작용하지 않았을 것으로 생각된다. 그러나 차수공이 배면지반의 전단강도보강에 효과가 상당히 발휘되어 흙막이벽의 수평

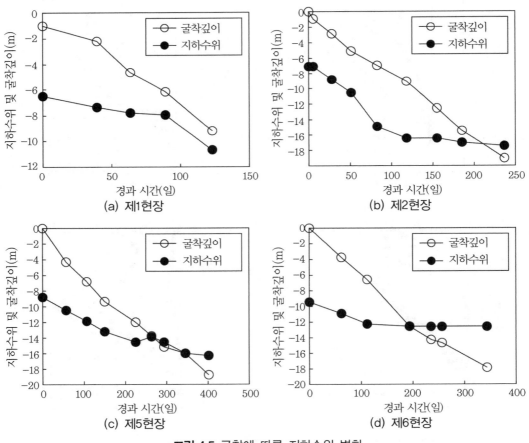

그림 4.5 굴착에 따른 지하수위 변화

변위를 감소시킬 수는 있었다고 생각된다(윤중만, 1997).[6]

4.1.3 환산측방토압 분포

버팀보지지 엄지말뚝 흙막이벽에 작용하는 측방토압은 굴착현장에서 측정한 버팀보축력을 측방토압으로 환산하여 파악할 수 있었다. 여기서 버팀보축력은 버팀보와 띠장 사이에 설치된 하중계로 측정하였다. 측정된 버팀보축력에 의한 굴착단계별 환산측방토압은 각 단에 설치된 버팀보가 분담하는 방법으로 중점분할법을 이용하여 산정하였다(Flaata, 1966).[18]

이와 같이 버팀보축력의 측정치로부터 환산된 엄지말뚝 흙막이벽에 작용하는 측방토압 분포는 다음과 같은 경향을 보였다.[15]

① 굴착단계별 환산측방토압 분포는 흙막이벽 상부 구간에서는 지표면의 제로토압에서 굴착깊이에 비례하여 일정 깊이까지 선형적으로 증가하고 있다.
② 굴착단계별 환산측방토압의 변화를 보면 하중계에 의한 환산측방토압 분포는 일정 깊이 이하에서는 불규칙한 분포를 보이고 있으나 수평변위에 의한 환산측방토압 분포는 굴착깊이에 비례하여 증가하며 최대측방토압 발생 위치는 변하지 않고 있다.
③ 환산측방토압 분포에서는 흙막이벽 하부 구간의 토압 분포 형태를 명확히 알 수 없으나 수평변위에 의한 환산측방토압 분포에서는 굴착하단부의 일정 깊이부터 토압이 선형적으로 감소하여 굴착바닥에서는 제로토압이 작용하는 구간이 존재한다.

이와 같은 환산측방토압 분포 특성을 토대로 하여 굴착상부에서 선형적으로 증가하는 측방토압 증가 구간을 H_1으로, 굴착하단부에서 선형적으로 감소하는 측방토압 감소 구간을 H_2로 표시하면, 다층지반에 설치된 버팀보지지 흙막이벽에 작용하는 측방토압 분포는 그림 4.6과 같이 개략적으로 도시할 수 있다.

먼저 측방토압 분포 중 지표 부분의 0에서 시작되어 지중으로 선형적으로 증가하는 측방토압 증가 구간 H_1과 최종굴착깊이 H와의 상관성을 조사하면 그림 4.7과 같다. 이 그림에 의하면 측방토압 증가 구간 H_1값은 최종굴착깊이 H의 0.1~0.26배의 범위에 분포되어 있다. 즉, 측방토압 증가 구간 H_1값은 최종굴착깊이 H의 0.1배 이상으로 나타나고 있음을 알 수 있다. 따라서 안전한 설계를 수행하기 위해 측방토압 증가 구간 $H_1 = 0.1H$을 선택할 수 있다. 이는

제3장의 그림 3.11에 도시된 바와 같이 Tschebotarioff(1973)[29]가 모래지반을 대상으로 제안한 $H_1 = 0.1H$과 동일하다.

한편 흙막이벽 하단에서의 측방토압 분포는 하중계에 의한 계측치로는 알 수가 없다. 왜냐하면 대부분의 현장에서 최하단부 버팀보에는 하중계를 설치하지 못하였기 때문이다. 그러나 다음의 앵커지지 흙막이벽에서 설명할 경사계로 측정한 수평변위로 역산하여 파악한 바에 의하면 최종굴착바닥의 일정 구간에서는 흙막이벽 중앙 구간에서 일정하였던 측방토압이 감소

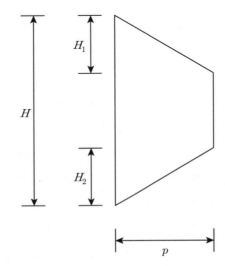

그림 4.6 흙막이벽에 작용하는 측방토압 분포 개략도

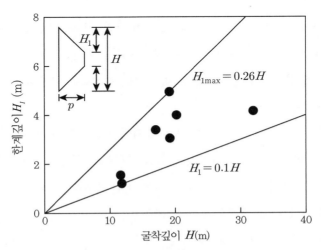

그림 4.7 최종굴착깊이 H와 측방토압 증가 구간 H_1의 상관성[11]

하는 경향이 있었다.[13] 따라서 여기서는 버팀보지지 흙막이벽에서 흙막이벽 하단부 측방토압 분포를 그림 3.11에 도시된 Tschebotarioff(1973)가 제시한 측방토압 분포[29]와 같이 흙막이벽 하단의 측방토압 감소 구간으로 $H_2 = 0.2H$를 적용하기로 한다. 이에 대한 타당성은 다음의 제4.2절의 앵커지지 흙막이벽 부분에서 자세히 설명하기로 한다.[13]

결론적으로는 우리나라 내륙지역의 사질토 다층지반 속에 설치되는 버팀보지지 흙막이벽의 설계에는 그림 3.11에 도시된 Tschebotarioff(1973)의 측방토압 분포를 그대로 적용할 수 있다.

그림 4.8은 흙막이벽 중앙깊이 구간의 일정 토압 p의 크기를 최종굴착깊이에서의 여러 토압과 비교한 결과이다. 우선 그림 4.8(a)는 최종굴착깊이에서의 Rankine의 주동토압 $p_a = K_a \gamma H$와 비교한 결과이다. 이 그림에서 보는 바와 같이 버팀보지지 흙막이벽에 작용하는 최대측방토압은 Rankine의 주동토압보다 상당히 적게 나타나고 있음을 알 수 있다. 즉, 측방토압은 Rankine 주동토압의 50~85% 사이에 분포하고 있으며 Terzaghi & Peck(1967)[28]이 제안한 $p = 0.65 K_a \gamma H$ 측방토압은 측정값의 거의 평균치에 해당한다. 따라서 버팀보지지 흙막이벽의 설계에서 흙막이벽에 작용하는 측방토압은 최종굴착깊이에서의 Rankine 주동토압의 65~85%을 적용할 수 있다. 즉, 경제적인 설계를 실시할 경우에는 평균치인 $p = 0.65 K_a \gamma H$을 적용하며 특별히 안전한 설계를 실시할 경우에는 최대치인 $p = 0.85 K_a \gamma H$를 적용하는 것이 바람직하다.

한편 그림 4.8(b)는 흙막이벽 중간부의 일정 토압 p의 크기를 최종굴착깊이에서의 연직상재압 $\sigma_v (= \gamma H)$와 비교한 결과이다. 이 그림에서 보는 바와 같이 버팀보지지 흙막이벽에 작용하는 측방토압은 연직상재압 $\sigma_v (= \gamma H)$의 13~25% 사이에 분포하고 있다. 이들 측방토압 측정치는 앞장의 그림 3.11에 도시된 Tschebotarioff(1973)가 제시한 토압[29] $p = 0.25 \gamma H$보다 모두 작게 나타났다. 또한 그림 4.8(b)에서는 이들 측방토압의 평균치가 $p = 0.20 \gamma H$로 나타났음을 보여주고 있다. 따라서 버팀보지지 흙막이벽의 설계에서 흙막이벽에 작용하는 측방토압은 최종굴착깊이에서의 연직상재압 $\sigma_v (= \gamma H)$의 20~25%를 적용할 수 있다. 즉, 우리나라 내륙지역에서의 다층지반에 설치된 버팀보지지 흙막이벽의 안전한 설계를 실시할 경우에는 Tschebotarioff(1973)가 모래지반 속 버팀보지지 흙막이벽을 대상으로 제안한 측방토압 $p = 0.25 \gamma H$를 그대로 적용할 수 있다. 그러나 경제적인 설계를 실시할 경우에는 측방토압의 평균치인 $p = 0.20 \gamma H$를 적용할 수도 있다.

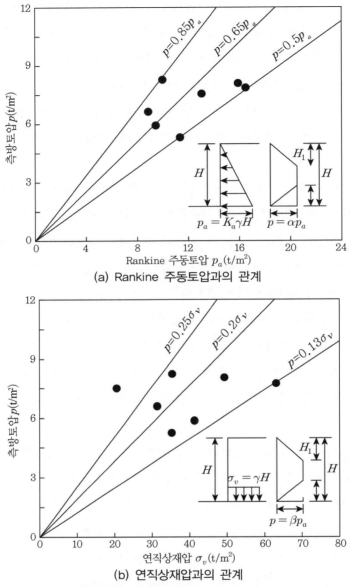

(a) Rankine 주동토압과의 관계

(b) 연직상재압과의 관계

그림 4.8 실측 측방토압과 최종굴착깊이에서의 토압과의 관계

4.1.4 측방토압과 수평변위의 관계

지난 반세기 동안 우리나라 건설현장에서 수많은 지하굴착공사를 진행하여왔다. 특히 1960년대부터 시작된 지하철 건설에서부터 지하공간의 활용을 위한 흙막이지하굴착 시공이 실시

되었다. 이때부터 도심지 흙막이지하굴착 기술은 설계와 시공 분야에서 비약적인 발전을 이뤄왔으며 아직도 기술발전은 진행 중이다.[2,5,8]

그 결과 이제는 도심지에서 30m 이상의 대심도 굴착에도 흙막이벽을 설치하고 과감히 굴착시공을 할 수 있게 되었다. 기존 자료에 의하면 외국에서 1980년대 이전에는 흙막이 굴착깊이가 대략 20m 이내였던 것에 비하면 비약적인 발전을 해왔음을 알 수 있다. 물론 이 성장과정에서 뼈아픈 붕괴사고의 대가를 많이 치루기도 하였다.[1,7]

지금은 상당히 고도의 기술이 개발되어 다양한 흙막이벽 설치 기술이 활용되고 있으나 초창기는 엄지말뚝 흙막이벽이 대부분 적용되었다. 따라서 엄지말뚝 흙막이벽의 설계·시공 기술은 상당히 많이 축적되어 있다. 그러나 체계적인 기술의 정리가 부족하여 밝혀지고 기록된 기술이 그다지 많지 못하다. 이에 제4.1.3절에서는 버팀보지지 흙막이벽의 사례 조사를 통하여 금후 활용 가능한 시공관리기준을 정리하여 설명한다.

굴착에 따른 흙막이벽 및 주변 지반의 안정성은 벽체의 강성, 버팀기구, 선행하중, 과다굴착, 시공과정 등에 크게 영향을 받고 있다. 굴착공사의 안전을 위한 계측관리용으로 경사계와 하중계가 주로 이용되고 있다. 이들 계측 결과를 토대로 하여 굴착공사의 안정성에 관련된 흙막이벽의 변형에 대한 정보를 얻을 수 있다.

그림 4.9는 측방토압비와 상대적인 수평변위량과의 관계를 도시한 그림이다(홍원표 등, 1997).[11] 측방토압비는 각 굴착현장에서 버팀보축력에 의해 산정된 환산측방토압(p)를 연직상재압($\sigma_v = \gamma H$)으로 나눠 무차원화시킨 것이며, 상대적인 수평변위량은 벽체의 수평변위량(δ)을 최종굴착깊이(H)로 나눠 무차원화시켜 나타낸 것이다.

그림 4.9에 정리된 버팀보지지 방식으로 실시된 굴착공사현장으로부터 얻은 계측자료는 굴착이 진행되는 동안 시공 상황에 따라 양호한 현장과 불량한 현장이 확실하게 구분되고 있음을 볼 수 있다. 여기서 양호한 현장과 불량한 현장의 구분은 공사 진행 중 주변 지반 및 인접구조물에 영향을 미친 정도, 버팀보의 설치 시기, 띠장의 설치 상태 등을 토대로 판단하였다. 즉, 띠장의 시공 상태 불량이나 버팀보 설치 시기 지연에 따라 벽체의 수평변위가 크게 발생하여 인접건물이나 공공시설물에 인장균열이나 손상을 끼친 굴착현장은 굴착시공 상태가 불량한 현장으로 분류하였다.

굴착시공 상태가 양호한 대부분의 현장에서는 그림 4.9에서 보는 바와 같이 흙막이벽의 수평변위는 측방토압의 크기에 상관없이 굴착깊이의 0.25% 이내로 발생하는 것으로 나타났다. 반면에 굴착시공 상태가 불량한 대부분의 현장에서는 흙막이벽의 수평변위가 크게 발생하였으며 흙막이벽에 작용하는 측방토압이 최종굴착깊이에서의 연직상재압의 15% 이내에 분포하는 것으로 나타났다. 따라서 흙막이벽에 작용하는 측방토압은 흙막이벽의 변형과 밀접한 관계가 있음을 알 수 있다.

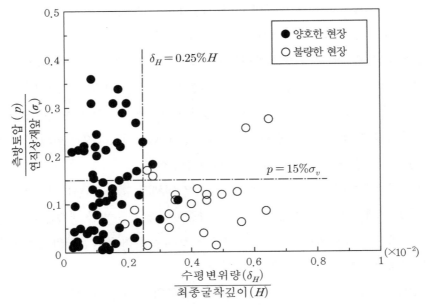

그림 4.9 측방토압과 버팀보지지벽의 수평변위의 관계(홍원표 등, 1997)[11]

4.2 앵커지지 엄지말뚝 흙막이벽

지하굴착현장에서는 엄지말뚝공법에 의한 흙막이벽이 많이 사용되었으며 엄지말뚝 흙막이벽은 버팀보에 의하여 지지되는 구조가 많다. 이러한 형태의 흙막이벽에 작용하는 측방토압 분포로는 Terzaghi & Peck(1967)[28]이나 Tschebotarioff(1973)[29]에 의하여 제안된 경험식이 많이 사용되었다. 특히 Peck(1969)은 제7회 토질 및 기초 국제회의의 State-of-the-Art 보고서[26]에서 당시까지의 이 분야에 관한 연구를 잘 정리하였으며 지금까지 각종 굴착현장에서 많은 참고로 삼아 오고 있다. 그 후에도 현장 계측 및 수치해석에 의하여 이 문제를 해결하려는 연구도 많이 실시되고 있다.[21,24,27,30]

최근에는 지하굴착 심도도 깊어지고 도심지에서의 인접건물에의 영향도 되도록 억제시켜야 하며 지하수에 대한 차수대책을 마련해야 하는 등 여러 가지 어려운 제약이 제기됨에 따라 흙막이구조물도 다양해졌고 여러 가지 우수한 공법도 발달하게 되었다. 그중에서도 특히 굴착 구간에서의 작업능률을 향상시키기 위하여 앵커를 사용하는 경우가 많이 늘어났다.[32] 즉, 앵커로 흙막이벽을 지지시킴으로써 버팀보로 지지하는 경우보다 굴착작업공간을 넓게 확보할 수 있게 되었다. 그러나 현재 버팀보지지 흙막이벽을 대상으로 제시되었던 Terzaghi & Peck(1967)[28] 및 Tschebotarioff(1973)[29]의 경험적 측방토압 분포가 앵커지지 흙막이벽에도 적용될 수 있는지는 검토가 필요한 사항이다.

이에 일찍이 홍원표 연구팀은 국내에서 시공된 8개 앵커지지 흙막이벽 굴착현장의 실측자료[12]를 분석하여 국내의 지반특성에 부합되는 앵커지지 흙막이벽에 작용하는 측방토압 분포를 조사하였다. 이후 현장 계측 자료를 27개로 확장하여 분석의 심도를 더욱 깊이 하였다.[13]

검토 대상 굴착현장은 모두 도심지에서 시공된 굴착현장으로서 대규모 아파트단지, 고층빌딩 인접공사현장, 상가 및 주택지가 밀집되어 있다. 또한 인접도로 지하에는 지하철이 통과하고 있거나 각종 지하매설물이 묻혀 있다. 따라서 주변 지반의 침하로 인하여 인접건물이나 지하구조물에 피해를 줄 수 있어 근접시공에 대한 중요성이 매우 큰 현장들이다.[12,13]

지반조건은 우리나라 내륙지방의 전형적인 지층구조인 표토층, 풍화대층, 기반암층으로 구성된 다층지반이다. 표토층은 대부분 실트질 모래, 모래질 실트, 자갈 등이 혼재되어 있는 매립토와 퇴적토로 이루어져 있다. 이 표토층에는 모래의 성분이 많다. 풍화대층은 풍화도가 매우 심한 풍화잔류토층과 모암조직이 존재하며 비교적 단단한 풍화암층으로 구성되어 있다. 풍화대 하부에는 기반암인 연암 및 경암으로 구분되는 암층이 분포하고 있으며 대부분 현장의 연암층과 경암층에는 균열과 절리가 발달되어 있다.

이들 지반을 토사지반현장과 암반지반현장으로 구분하였는데, 구분기준은 풍화암 이하의 암반층의 두께가 전체 굴착깊이의 50% 이상이거나 연암 이하의 암반층이 전체 굴착깊이의 30% 이상이 되면 암반지반으로 분류하였다.

흙막이공으로는 전 현장에서 엄지말뚝과 나무널판을 사용한 연성벽체의 흙막이벽을 앵커로 지지하였다. 대부분의 현장에서 흙막이벽 배면에는 차수 및 지반보강 목적으로 L/W 그라우팅 및 쏘일시멘트(SCW, Soil Cement Wall)를 시공하였으며 벽체의 강성을 높이기 위해 풍화암층과 연암층 상단까지 엄지말뚝 사이에 CIP 공법을 적용하였다.

계측기기로는 앵커축력 측정용 하중계, 경사계 및 지하수위계를 설치하였다. 하중계는 앵커의 두부에 부착하였으며 지하수위는 지하수위 측정용 홀을 흙막이벽체 배면에 천공하고 이 천공홀 내에 피에조메터(piezometer)를 삽입하여 측정하였다.

4.2.1 앵커축력

(1) 시공단계별 앵커축력 변화

  그림 4.10은 흙막이벽에 대한 1단 앵커의 굴착단계별 앵커축력 변화를 나타낸 그림이다. 이 그림에서 앵커두부에 설치된 하중계로부터 측정된 굴착단계별 앵커축력의 변화는 선행인장력을 가한 후 선행인장력 해방(jacking free) 시 1차적으로 감소하고, 그 후 계속적으로 감소하다가 다음 단의 앵커가 설치될 때마다 앵커축력은 재분배된 후 마지막 4단 앵커 설치 후 거의 수렴하는 경향을 보이고 있다.

  즉, 그림 4.10은 1단 앵커축력의 변화를 나타낸 결과인데, 1단계 굴착이 완료된 후 1단 앵커에 인장력을 55t 도입하였으나 하중계로 측정된 앵커축력은 52.1t이었고 선행인장력 해방 시에는 47.8t으로 나타났다. 2단계 굴착이 완료되고 2단 앵커에 인장력이 도입된 직후 1단 앵커축력은 급속히 감소하여 35.2t 정도로 나타났다. 그러나 1단 앵커축력에는 4단 앵커 설치에 의한 영향이 크게 나타나지는 않고 거의 일정하게 유지되는 것으로 나타났다.

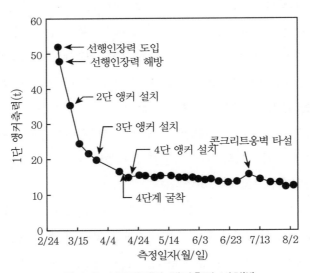

그림 4.10 시공단계별 앵커축력 변화[14]

  더욱이 흙막이벽 전면에 옹벽의 합벽시공으로 인하여 앵커축력은 13.8t에서 15.8t으로 일시적으로 2.0t 증가하였으나 다시 점차 감소하는 경향을 보이고 있다. 합벽식 옹벽은 전면에 거푸집을 대고 거푸집지지 경사버팀보를 설치하여 시공하였다. 따라서 일시적인 축력의 증가는 옹벽시공으로 인하여 흙막이벽의 강성이 증대되고 벽체의 변형이 억제되었기 때문이다. 그리고 합벽식 옹벽 시공 완료 후 거푸집을 지지하고 있던 경사버팀보를 해체함에 따라 축력은 다시 감소되어 옹벽 설치 이전 값으로 수렴하게 된다.

(2) 앵커축력 거동

그림 4.11은 굴착단계별 앵커두부에 설치된 하중계로부터 측정한 각 앵커 설치단의 앵커축력이다. 그림 4.11(a)는 토사지반에 정착된 앵커축력의 측정 결과이고 그림 4.11(b)는 암반지반에 정착된 앵커축력의 측정 결과이다. 그림 4.11(a) 및 (b)에서 보는 바와 같이 토사지반에 정착된 앵커축력은 10~35t 범위에서 작용하고 있으며 암반지반의 앵커축력은 25~40t 범위에서 작용하고 있다. 암반지반의 앵커축력이 토사지반의 앵커축력보다 크게 나타나는 것은 암반지반에 시공된 앵커의 정착장이 대부분 연암 및 경암층에 위치하고 있어 앵커의 정착 상태가 양호하여 선행인장력을 크게 가하였기 때문이라 생각된다.

한편 대부분의 앵커축력은 지반조건에 관계없이 정착 후에 나타난 초기의 선행인장력이 굴착 완료 시점까지 큰 변화 없이 비교적 안정된 상태를 보이고 있는데, 이는 굴착이 진행됨에 따라 연성벽체의 변형에 따른 흙막이벽배면 흙입자의 배열이 재배치되어 응력의 재분배현상이 발생되었기 때문이다.

그러나 그림 4.12의 사례처럼 그림 4.11에서 본 앵커축력의 안정된 거동이 보이지 않는 경우도 있다.[12] 이 사례에서는 앵커축력의 측정치는 30t 이하의 값을 보이며 굴착이 진행됨에 따라 각 앵커 설치단의 앵커축력이 점진적으로 감소하는 경향을 보이고 있어 최종굴착 시의 측정치가 굴착 진행 중과 비교할 때 가장 적은 값을 나타내고 있다. 이는 굴착 진행에 따라 연성벽체의 변형이 진행되어 벽체의 변형에 따른 응력의 재분배 현상이 발생되었음을 의미한다.

연성벽체로 시공된 경우 종종 이런 거동을 볼 수 있는데 앵커축력은 30t 이하를 보이며 초기의 측정치가 굴착의 진행에 따라 강성벽체의 경우와 달리 매우 감소하여 최종굴착 시 안정된 값을 유지하는 현상이 나타나고 있다. 이와 같이 연성벽체는 굴착에 따라 벽체의 변형량이 강성벽체의 경우보다 크므로 측방토압이 감소한다.

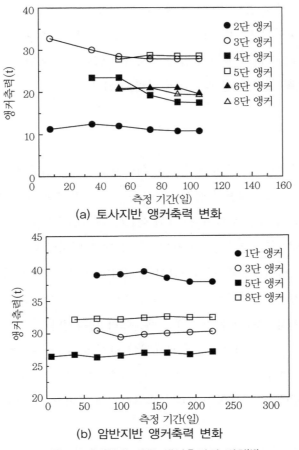

(a) 토사지반 앵커축력 변화

(b) 암반지반 앵커축력 변화

그림 4.11 굴착에 따른 앵커축력의 변화[13]

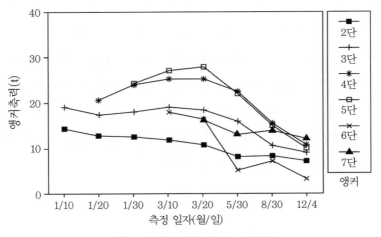

그림 4.12 앵커축력 감소 사례[12]

(3) 앵커축력의 손실

앵커에 가한 선행인장력은 여러 가지 원인에 의하여 손실된다. 이러한 선행인장력 감소의 원인으로는 정착장치의 활동, PC강재와 쉬즈 사이의 마찰, 정착장의 탄성변형 등 선행인장력을 가하자마자 발생하는 즉시손실과 정착장의 건조수축, PC강재의 릴렉세이션 등 선행인장력 도입 후에 시간 경과와 함께 발생하는 시간적 손실이 있다. 흙막이벽을 지지하고 있는 앵커에 가한 선행인장력 P_j는 일반적으로 선행인장력을 도입하자마자 즉시손실에 의하여 감소하게 된다. 이때의 앵커축력을 초기앵커축력(initial anchor force) P_i라고 한다.

그림 4.13은 앵커의 선행인장력과 초기앵커축력과의 관계를 나타낸 결과이다.[13] 여기서 앵커의 선행인장력은 잭압력계로부터 측정된 인장력을 말한다. 그림에서 초기앵커축력은 선행인장력의 45~95% 정도에 해당하며 평균적으로 70% 정도에 해당된다. 즉, 앵커의 선행인장력은 평균적으로 초기에 30% 정도가 즉시손실에 의하여 감소함을 알 수 있다. 이 즉시손실 값은 현장 여건에 따라 달라질 수 있다.

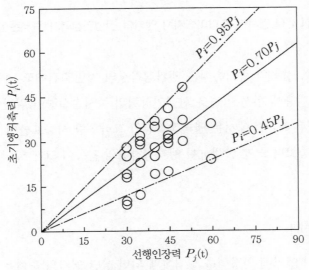

그림 4.13 앵커의 선행인장력과 즉시손실[13]

예를 들면 경사면 흙막이벽에서 측정한 한 사례[14]에서는 그림 4.14에서 보는 바와 같이 초기앵커축력은 선행인장력(jacking force)의 75~90% 정도에 해당하는 것으로 나타났으며, 평균 82% 정도에 해당한다. 즉, 이 경우는 앵커의 선행인장력은 평균적으로 초기에 18% 정도만 즉시손실에 의하여 감소하였다.

따라서 이러한 앵커의 선행인장력의 즉시손실을 고려하여 흙막이벽을 지지하고 있는 앵커의 축력을 설계하면 흙막이벽의 변형은 감소시킬 수 있으므로 보다 안전한 굴착시공을 수행할 수 있다.

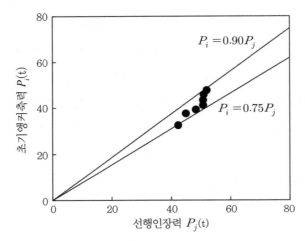

그림 4.14 경사면 흙막이벽지지 앵커의 선행인장력과 즉시손실[14]

한편 앵커의 선행인장력의 즉시손실은 앵커정착장의 지반조건에도 영향을 받고 있다. 즉, 앵커의 정착장이 토사층에 형성된 경우 선행인장력의 즉시손실량이 암반층에 형성된 경우보다 크게 발생하는 것은 토사층에서는 앵커정착장의 그라우팅 시공효율이 떨어지는 것과 배면지반의 변형이 암반층보다 크게 발생하여 앵커정착장의 활동이 크게 일어났기 때문이라고 판단된다.

(4) 앵커축력의 재분배

굴착을 진행하면서 앵커에 인장력을 도입하게 되면 상단 앵커의 축력은 하단앵커의 선행인장력에 영향을 받아 앵커축력이 재분배되는 현상이 발생하게 된다. 즉, 앵커에 선행인장력을 도입하면 제일 인접한 기존 앵커의 축력 감소가 심하게 발생한다.

한 현장사례[14]에 의하면 2단 앵커에 선행인장력을 도입하자마자 1단 앵커의 축력은 감소하여 손실률이 12.3%로 나타났으며 3단 앵커에 선행인장력이 도입되었을 때는 1단 앵커의 손실률은 1.6%인 반면, 2단 앵커축력의 손실률은 17.6%로 크게 나타났다. 또한 4단 앵커에 선행인장력이 도입되었을 때는 1단 및 2단 앵커축력의 손실률은 각각 2.3%와 2.2%인 반면, 3단 앵커축력의 손실률은 14.2%로 나타났다.

한편 다른 위치에서의 앵커의 경우도 2단 앵커에 선행인장력을 도입하자마자 1단 앵커축력은 크게 감소하여 손실률이 24.1%로 나타났다. 이 결과에서 보는 바와 같이 하단에 설치된 앵커의 선행인장력 도입에 따른 상단 앵커축력의 감소는 바로 인접한 상단에 설치된 기존 앵커에서 가장 크게 나타나고 있음을 알 수 있다.

또한 1단 앵커에 인장력을 도입하였을 때 흙막이벽의 수평변위는 감소하는 것으로 나타났다. 특히 앵커가 설치된 G.L.(−)1.2m 지점에서는 흙막이벽의 수평변위가 약 50mm 정도 감소하였다. 이러한 흙막이벽의 변형은 Bowles(1996)이 제시한 연성벽체의 변형거동에서 1~2단계에서의 거동과 유사한 경향을 보이고 있음을 알 수 있다(Bowles, 1996).[16]

4.2.2 앵커지지벽체의 수평변위와 지하수위 변화

종래 지하굴착현장에서는 버팀보에 의해 지지되는 흙막이벽이 많이 사용되었으나 최근에는 흙막이벽 지지구조로 앵커지지방식도 많이 채택되고 있다.[12-15] 버팀보지지 흙막이벽의 현장 계측 자료인 버팀보축력과 벽체의 수평변위를 토대로 우리나라의 지반특성에 적합한 버팀보지지 흙막이벽에 측방토압 분포는 이미 앞 절인 제4.1절에서 설명하였다.

여기서는 지하굴착 시공 중 앵커지지 흙막이구조물의 안정성을 판단할 수 있는 정량적인 기준을 조사하여 위험 가능성이 있는 경우에는 신속히 대처하게 함으로써 지하굴착공사의 안전관리를 도모하고자 한다. 즉, 현장에서 측정된 계측자료를 토대로 앵커지지 흙막이벽체의 거동 상태를 분석하고, 흙막이구조물의 안정성에 직접적인 영향을 미치는 측방토압, 벽체의 수평변위 및 굴착깊이와의 관계로부터 벽체수평변위의 허용범위를 제시하여 벽체의 설계 및 시공 시 안정성을 판단하는 기준을 결정한다.

홍원표·윤중만(1995)은 앵커지지 방식에 의해서 굴착작업이 실시된 국내 21개 현장에서 앵커두부에 설치된 하중계와 흙막이벽체 배면지반 속에 설치된 경사계의 현장 계측 결과로부터 앵커지지 흙막이벽의 변형거동을 관찰하였다.[13]

21개 사례 현장[13]은 도심지에서 실시된 지하굴착공사로서 현장 주변에 대규모 아파트단지, 고층빌딩, 공사현장 등이 인접해 있다. 또한 인접도로 지하에는 지하철이 통과하고 있으며 각종 지하매설물이 묻혀 있어 근접시공의 문제점이 대두될 수 있는 굴착공사현장이다. 이들 21

개 현장을 시공 상태가 양호한 현장과 불량한 현장으로 구분하였다. 사례 현장의 지반은 지표면으로부터 표토층, 풍화대층, 기반암층 순으로 구성되어 있는 다층지반였다.

흙막이벽체는 엄지말뚝과 흙막이판을 사용한 연성벽체이며 흙막이벽의 지지구조는 앵커지지방식으로 되어 있다. 흙막이벽체의 차수목적으로 흙막이벽 배면지반에 L/W 그라우팅 및 SCW 벽체를 시공한 현장도 있으며 특히 벽체의 보강 및 지반보강 목적으로 CIP를 시공한 현장도 있었다.

그림 4.15와 그림 4.16은 각각 현장관리가 양호한 현장과 불량한 현장을 대상으로 굴착단계별 흙막이벽체에 발생한 수평변위거동을 도시한 결과다. 그림의 횡축에는 벽체의 수평변위를 종축에는 깊이를 나타내었다. 굴착시공 시의 관리 상태에 따라 그림 4.15는 현장 상태가 안전하게 잘 관리된 사례이고 그림 4.16은 현장 상태가 안전하게 관리되지 못한 사례이다. 이들 그림 속 우측 하단의 표식과 숫자는 각 단계별 굴착깊이를 나타낸다.

우선 그림 4.15에서 보는 바와 같이 현장 상태가 안전하게 잘 관리된 사례에서는 현장의 수평변위가 굴착이 진행됨에 따라 점진적으로 증가하고 있으나 급격한 증가추세를 보이지 않고 있으며 최종굴착단계까지 안정된 상태를 보이고 있다. W1 현장은 굴착 초기에 앵커의 긴장 작업이 늦어져 G.L.(−)6.0m까지 굴착이 진행되는 동안 벽체의 수평변위가 다소 크게 발생하였으나 앵커긴장 후 굴착이 완료될 때까지 벽체의 수평변위는 안정된 상태를 유지하고 있다. 암반층이 두껍게 분포되어 있는 W2 현장은 굴착이 진행됨에 따라 상부 풍화대에서는 수평변위가 증가하는 반면 연암 및 경암층에서는 수평변위가 거의 발생하지 않고 있다. 대부분 현장의 수평변위량은 20~30mm 범위에 발생하고 있다.

한편 현장 상태가 불량한 사례 현장에서는 그림 4.16에서 보는 바와 같이 흙막이벽의 수평변위가 40~60mm 범위에 분포하고 있어 그림 4.15의 양호한 현장보다 크게 발생하고 있다.

이는 앵커 시공 상태의 불량이나 과다한 상재하중으로 인해 어느 굴착단계에 이르러서 벽체의 수평변위가 급격하게 크게 발생하게 되었고 벽체가 불안정한 상태를 보였음을 의미한다. 이와 같은 과다한 수평변위의 발생 원인으로는 P1 현장에서는 앵커의 시공 상태 불량으로 인한 것이며, P2 현장에서는 굴착도중 앵커의 일부 PC 스트랜드의 파손으로 인한 것으로 판단되었다.

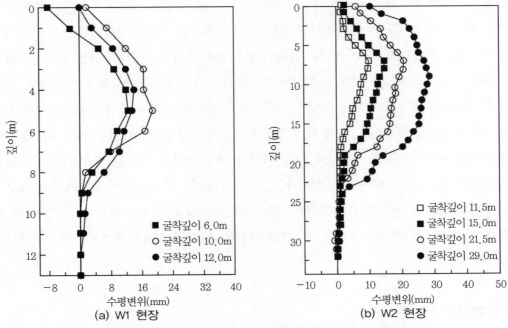

그림 4.15 앵커지지 흙막이벽의 수평변위 거동(양호한 현장)

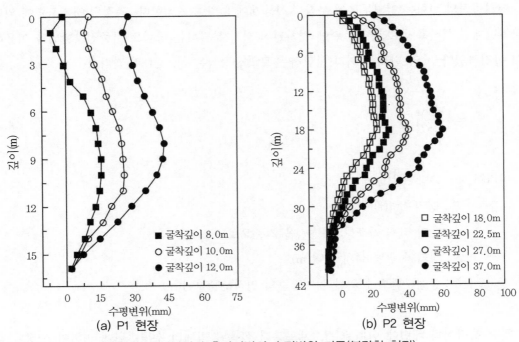

그림 4.16 앵커지지 흙막이벽의 수평변위 거동(불량한 현장)

한편 흙막이벽 배면에 설치한 지하수위계로 지하수위를 측정한 결과 지하수위는 굴착이 진행되는 동안 대부분 낮아져 풍화암 이하 암반층에 형성되는 것으로 나타났다. 즉, 흙막이벽 배면에 시공한 차수공법이 완벽한 차수효과를 얻지 못하여 굴착깊이가 깊어짐에 따라 굴착현장 내로의 누수에 의해 지하수위는 완만한 하강곡선을 그리며 점진적으로 낮아져 굴착 완료 시점에 이르러서 일정한 수위를 유지하는 것으로 나타났다. 따라서 흙막이벽에는 수압이 작용하지 않은 것으로 생각된다. 다만 이 경우도 여름철에 강우강도가 대단히 커서 지중의 지하수가 신속히 배제되지 못한 경우는 수압이 흙막이벽에 작용될 수 있었을 것이다. 저자의 경험에 의거하면 여러 가지 차수공법을 실시하였을 경우 완전배수효과는 얻을 수 없었으나 배수속도는 상당히 지연시킬 수 있었다. 따라서 지하수위 강하속도는 매우 지연시킬 수 있었다고 생각된다. 그 밖에 이러한 차수공법은 지반보강효과도 상당히 발휘되어 흙막이벽의 수평변형을 감소시킬 수 있다.

4.2.3 환산측방토압 분포

(1) 앵커축력으로부터 측방토압 환산 방법

앵커축력의 변화는 앵커두부에 부착된 하중계에 의하여 측정한다. 측정된 앵커축력에 의한 굴착단계별 환산측방토압은 각 단에 설치된 앵커가 분담하는 방법으로 중점분할법을 이용하여 산정하였다.[18] 각 단의 앵커가 부담하는 토압산정식은 식 (4.1)과 같다.

$$p = \frac{P\cos\beta}{SL} \tag{4.1}$$

여기서, p : 측방토압(t/m^2)

P : 앵커축력(t)

β : 앵커 타설 각도($°$)(수평축을 기준으로)

S : 앵커의 수평 설치 간격(m)

L : 중점분할법에 의한 엄지말뚝의 연직분담길이(m)

한편 흙막이벽 배면에 설치된 경사계로부터 실측된 벽체의 수평변위에 의하여 산정된 각 굴착단계별 측방토압 산정은 흙막이벽 배면에 단위하중(t/m^2)을 작용시켰을 때 발생된 벽체의 수평변위와 흙막이벽의 실측변위는 탄성영역 내에서 비례한다는 조건하에서 식 (4.2)와 같이 산정한다.

$$p = \frac{\delta_2 W}{\delta_1}$$

(4.2)

여기서, p : 수평변위에 의한 수평토압(t/m^2)

δ_1 : 벽체의 가상변위(m)

δ_2 : 벽체의 실측변위(m)

W : 가상단위하중(t/m^2)

앵커지지 흙막이벽과 같은 연성벽체에서 앵커로 지지하고 있는 각 절점의 스프링계수 K는 식 (4.3)과 같이 산정하였다.

$$K = \frac{A E \cos \beta}{L_s S}$$

(4.3)

여기서, A : 앵커의 총단면적(m^2)

E : 앵커의 탄성계수(t/m^2)

S : 앵커의 수평 설치 간격(m)

L_s : 앵커 자유장(m)

β : 앵커 타설 각도(°)(수평축을 기준으로)

각 단계별 굴착에 따른 환산측방토압을 산정하는 과정에서 서로 다른 지층의 토질정수를 구하기 위해 최종굴착심도 H에 대한 평균내부마찰각 ϕ_{avg} 및 단위체적중량 γ_{avg}은 각 지층별 ϕ_i, γ_i를 이용하여 식 (4.4) 및 (4.5)와 같이 산정한다.

$$\phi_{avg} = \frac{\sum_{i=1}^{n} H_i \phi_i}{i = \sum_{i=1}^{n} H_i} \qquad\qquad (4.4)$$

$$\gamma_{avg} = \frac{\sum_{i=1}^{n} H_i \gamma_i}{i = \sum_{i=1}^{n} H_i} \qquad\qquad (4.5)$$

여기서, H_i : 각 지층별 지층 두께(m)

γ_i : 지층 두께 H_i 흙의 단위중량(t/m^3)

ϕ_i : 지층 두께 H_i 흙의 내부마찰각($^\circ$)

(2) 환산측방토압

배면이 수평지표면인 암층이 포함된 다층지반에 설치된 앵커지지 흙막이벽체에 대한 현장계측(앵커축력, 벽체의 수평변위)으로부터 산정된 환산측방토압 분포는 버팀보지지 흙막이벽에서와 동일한 경향이 있다.

즉, 다층지반에 설치된 앵커지지 흙막이벽에 작용하는 측방토압 분포는 버팀보지지 흙막이벽의 경우와 동일하게 그림 4.6과 같이 생각할 수 있다. 이와 같은 환산측방토압 분포를 토대로 하여 흙막이벽 상부에서 선형적으로 증가하는 측방토압 증가 구간을 H_1으로, 흙막이벽 하부에서 선형적으로 감소하는 측방토압 감소 구간을 H_2로 표시하기로 한다.

그림 4.17은 토사지반과 암반지반에서의 H_1과 굴착깊이 H의 상관성을 보여주고 있다. 토사지반에서의 H_1은 그림 4.17(a)에서 보는 바와 같이 최종굴착깊이 H의 (0.1~0.43)배 범위 내에 분포되어 있고 암반지반에서는 그림 4.17(b)에서 보는 바와 같이 0.1~0.35H 범위 내에 분포되어 있다. 결국 토사지반과 암반지반에서 측방토압 증가 구간 H_1의 모든 측정값은 최종굴착깊이 H의 10%가 되는 상관관계선 $H_1 = 0.1H$의 상부에 위치하게 된다. 따라서 $H_1 = 0.1H$ 선은 최소상관관계선에 해당하며 모든 현장에서 만족하는 기준으로 정할 수 있다.

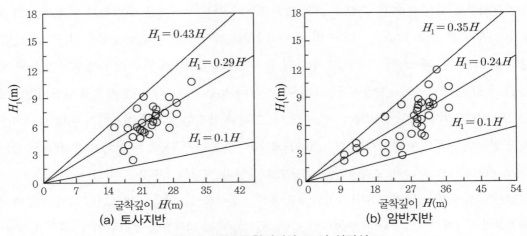

그림 4.17 최종굴착깊이와 H_1의 상관성

한편 그림 4.18은 토사지반과 암반지반에서의 측방토압 감소 구간 H_2과 최종굴착깊이 H 의 상관성을 보여주고 있다. 토사지반에서의 H_2는 그림 4.18(a)에서 보는 바와 같이 최종굴 착깊이 H의 (0.20~0.45)배 범위 내에 분포되어 있다. 암반지반에서는 그림 4.18(b)에서 보 는 바와 같이 (0.20~0.57)H 범위 내에 분포되어 있다. 결국 토사지반과 암반지반에서 측방 토압 감소 구간 H_2의 모든 측정값은 최종굴착깊이 H의 20%가 되는 상관관계선 $H_2 = 0.2H$ 의 상부에 위치하게 된다. 따라서 $H_2 = 0.2H$ 선은 최소상관관계선에 해당하며 모든 현장에 서 만족하는 기준으로 정할 수 있다.

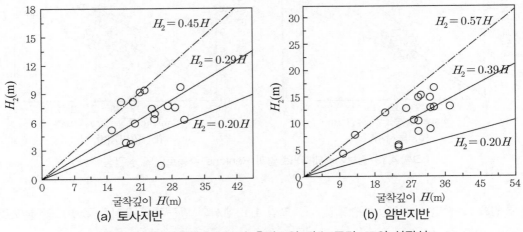

그림 4.18 최종굴착깊이 H와 측방토압 감소 구간 H_2의 상관성

결론적으로 그림 4.17과 그림 4.18의 결과로부터 안전한 설계를 수행하기 위해서는 그림 4.6의 H_1과 H_2를 각각 $H_1 = 0.1H$ 및 $H_2 = 0.2H$로 정하는 것이 좋을 것임을 알 수 있다. 윤중만(1997)은 H_1과 H_2를 그림 4.17과 그림 4.18에서의 평균치에 유사한 측방토압 분포를 제안한 바 있다.[13] 즉, 토사지반에서는 $H_1 = 0.30H$와 $H_2 = 0.30H$를 제안하였고 암반지반에서는 $H_1 = 0.25H$과 $H_2 = 0.40H$을 제안하였다. 그러나 안전한 설계를 실시하기 위해 토사지반과 암반지반 모두에서 동일하게 $H_1 = 0.1H$과 $H_2 = 0.2H$을 적용하는 것이 바람직하다. 이는 Tschebotarioff(1973)가 모래지반을 대상으로 제안한 그림 3.11[29]과 동일하다.

한편 그림 4.19는 앵커지지 흙막이벽에 작용하는 실측측방토압을 지반조건에 따라 구분하여 최종굴착깊이에서의 Rankine 주동토압 $p_a (= K_a \gamma_{avg} H)$와 비교분석한 결과이다. 그림 4.19(a) 및 (b)에서 보는 바와 같이 실측최대측방토압은 지반조건에 관계없이 최종굴착깊이에서의 Rankine 주동토압 $p_a (= K_a \gamma_{avg} H)$보다 작게 나타나고 있다.

즉, 토사지반에 작용하는 실측최대측방토압은 최종굴착깊이에서의 Rankine 주동토압 p_a의 0.50~0.84배 사이에 분포하고 있으며 평균적으로 0.62배로 나타났다. 암반지반에서는 실측최대측방토압은 최종굴착깊이에서의 주동토압의 0.38~0.73배 사이에 분포하고 있으며 평균적으로 0.53배로 토사지반보다 작게 나타났다.

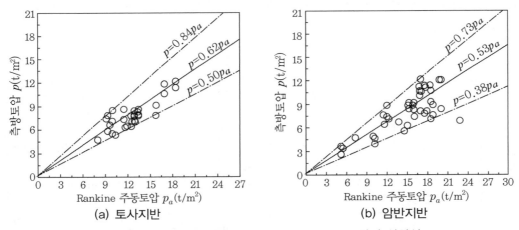

(a) 토사지반   (b) 암반지반

그림 4.19 겉보기최대측방토압과 Rankine 주동토압의 상관성

홍원표·윤중만(1995)은 측방토압 p를 그림 4.19에서의 평균치에 유사한 측방토압 분포를 제안한 바 있다.[13] 즉, 토사지반과 암반지반에서 각각 $p = 0.65 K_a \gamma H$과 $p = 0.55 K_a \gamma H$를 제

안하였다. 그러나 평균치를 적용하여 흙막이공을 설계할 경우 그림 4.19에서 보는 바와 같이 평균치보다 측방토압이 크게 발달한 현장에서는 과소설계, 즉 위험한 설계의 우려가 있게 된다. 따라서 특별히 안전한 설계를 실시하려면 그림 4.19의 실측측방토압 중 최대치에 유사한 측방토압을 설계기준으로 정하면 토사지반에서는 $p = 0.85 K_a \gamma H$가 되고 암반지반에서는 $p = 0.75 K_a \gamma H$를 적용하게 된다.

그림 4.20은 실측최대측방토압과 최종굴착깊이에서의 연직상재압 $\sigma_v (= \gamma H)$와의 상관성을 조사한 결과이다. 이 그림에서 토사지반에서는 측방토압의 크기가 최종굴착깊이에서의 연직상재압 σ_v의 (0.13~0.26)배 사이에 분포하였으며 암반지반에서는 연직상재압 σ_v의 (0.08~019)배 사이에 분포하였다.

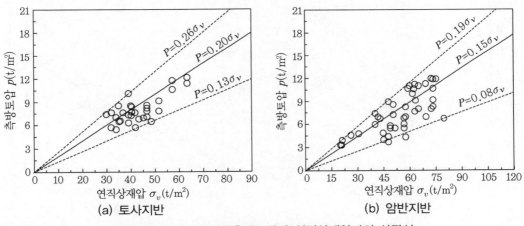

그림 4.20 겉보기 최대측방토압과 연직상재압과의 상관성

홍원표·윤중만(1995)은 측방토압 p를 그림 4.20에서의 평균치를 적용하여 측방토압 분포를 제안한 바 있다.[13] 즉, 토사지반과 암반지반에서 각각 $p = 0.2 \gamma H$과 $p = 0.15 \gamma H$를 제안하였다.

그러나 평균치를 적용하여 흙막이공을 설계할 경우 그림 4.20에서 보는 바와 같이 평균치보다 측방토압이 크게 발달한 현장에서는 과소설계, 즉 위험한 설계의 우려가 있게 된다. 따라서 특별히 안전설계를 실시해야 하는 경우에는 최대측방토압을 택하여 토사지반에는 $p = 0.25 \gamma H$를 적용하는 것이 바람직하다. 이는 Tschebotarioff(1973)가 모래지반을 대상으로 제안한 값과 동일하다. 동일하게 암반지반에서도 최대측방토압을 택하여 $p = 0.20 \gamma H$를 적용하는 것이 바람직하다.

한편 그림 4.21은 최종굴착깊이에서의 정지토압과의 상관성을 조사한 결과이다. 이 그림에서 토사지반과 암반지반에 각각 최대측방토압은 정지토압의 (0.30~0.55)배 및 (0.23~ 0.48)배로 조사되었다. 홍원표 · 윤중만(1995)은 측방토압 p를 그림 4.21에서의 평균치를 적용하여 측방토압 분포를 제안한 바 있다.[13] 즉, 토사지반과 암반지반에서 각각 $p = 0.40K_0\gamma H$과 $p = 035K_0\gamma H$를 제안하였다. 그러나 평균치를 적용하여 흙막이공을 설계할 경우 그림 4.21에서 보는 바와 같이 평균치보다 측방토압이 크게 발달한 현장에서는 과소설계, 즉 위험한 설계의 우려가 있게 된다. 따라서 특별히 안전설계를 실시해야 하는 경우에는 토사지반과 암반지반에 각각 최대측방토압을 $p = 0.55K_0\gamma H$ 및 $p = 0.50K_0\gamma H$가 되도록 적용하는 것이 바람직하다.

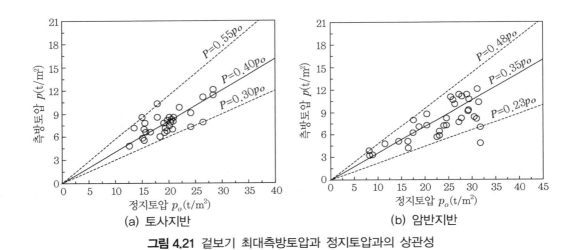

그림 4.21 겉보기 최대측방토압과 정지토압과의 상관성

위에서 검토한 결과를 정리 · 요약하면 다음과 같다. 토사지반에 설치된 흙막이벽에 작용하는 측방토압의 평균치와 최대치의 크기는 식 (4.6)~(4.8)의 하한치와 상한치에 해당한다.

결론적으로 사질토지반 속에 설치된 흙막이벽체에 작용하는 측방토압 분포의 기하학적 형상은 그림 4.6으로 제안한 분포와 동일하다. 즉, 지표면에서 흙막이 벽체의 상부 10% 깊이까지는 측방토압이 선형적으로 증가하여 식 (4.6)~(4.8)의 측방토압에 도달하여 이 측방토압의 크기를 유지하다가 흙막이벽체의 하부 20% 위치에서부터는 이 측방토압이 선형적으로 감소하여 최종굴착바닥에서는 0이 되는 사다리꼴 분포이다. 여기서 흙막이벽체의 중앙 70% 구간에서는 최대치의 측방토압이 작용하는데 이 최대측방토압은 세 가지 방법으로 결정할 수 있다. 즉, Terzaghi & Peck(1967)이 제안한 최종굴착바닥에서의 주동토압과 연계하는 방법,[28] Tschebotarioff(1973)이 제안한 최종굴착바닥에서의 연직상재압과 연계하는 방법,[29] NAVFAC (1982)에서 제안된 최종굴착바닥에서의 정지토압과 연계하는 방법[25]의 세 가지로 식 (4.6)~ (4.8)과 같이 결정할 수 있다. 이들 식의 계수는 실측측방토압의 평균치를 하한값으로 하고 최대치를 상한값으로 하여 결정하였다.

$$p = (0.65 \sim 0.85)K_a\gamma H \tag{4.6}$$

$$p = (0.20 \sim 0.25)\gamma H \tag{4.7}$$

$$p = (0.40 \sim 0.55)K_0\gamma H \tag{4.8}$$

이 결과에 의하면 Terzaghi & Peck(1967)이 제안한 $p = 0.65K_a\gamma H$[28]와 NAVFAC(1982)의 단단한 모래지반의 $p = 0.40K_0\gamma H$[25]는 우리나라 내륙지역 다층지반 속의 흙막이벽에 작용하는 측방토압의 평균치에 해당한다. 그러나 Tschebotarioff(1973)가 모래지반을 대상으로 제안한 측방토압[29] $p = 0.25\gamma H$은 우리나라 내륙지역 다층지반의 흙막이벽에 작용하는 측방토압의 최대치에 해당한다.

결국 국내에서 실시된 앵커지지 굴착현장의 계측자료로부터 환산한 측방토압의 최대치는 Tschebotarioff(1973)가 제안한 값과 가장 잘 일치하고 평균치는 Terzaghi & Peck(1967) 및 NAVFAC(1982)의 제안 값과 잘 일치하고 있음을 알 수 있다. 이 결과는 앞 절에서 설명한 버팀보지지 흙막이벽에서의 측방토압과도 동일하다.

따라서 Tschebotarioff(1973)가 모래지반을 대상으로 흙막이벽에 작용하는 측방토압 분포로 제안한 그림 3.11의 분포는 버팀보지지 흙막이벽 설계뿐만 아니라 앵커지지 흙막이벽 설계에도 적용할 수 있다. 즉, 국내 내륙지역 다층지반의 경우를 모래지반으로 취급하면 그림 3.11에서와 같이 제안한 측방토압 분포 속에 현장 계측으로 환산한 모든 측방토압이 분포함을 알 수 있다.

한편 암반지반에 설치된 흙막이벽에 작용하는 설계측방토압의 크기는 식 (4.9)~(4.11)과 같다. 우선 측방토압 분포의 기하학적 형상은 그림 3.11로 제안한 토사지반에서의 분포와 동일하다. 그러나 흙막이벽의 중앙 70%에서는 측방토압의 실측 평균치와 최대치는 각각 식 (4.9)~(4.11)과 같이 토사지반에서의 측방토압보다는 작다. 이 측방토압도 토사지반에서와 동일하게 세 가지 방법으로 정리할 수 있다.

$$p = (0.55 \sim 0.75)K_a\gamma H \tag{4.9}$$

$$p = (0.15 \sim 0.20)\gamma H \tag{4.10}$$

$$p = (0.35 \sim 0.50)K_0\gamma H \tag{4.11}$$

암반지반의 경우는 일반토사지반에서보다도 토압이 적게 작용함을 고려하여 토사지반에 대한 경험식에 의해 제시된 측방토압 크기의 75~85% 정도만 고려하여 적용하는 것이 합리적이라 생각된다. 예를 들어 식 (4.10)의 측방토압 $p = 0.20\gamma H$은 식 (4.7)의 $p = 0.25\gamma H$의 80%에 해당하는 측방토압이다.

따라서 토사지반 속 흙막이벽에 작용하는 측방토압 분포로 제안한 그림 3.11의 측방토압 분포를 그대로 적용하되 측방토압의 크기를 암반지반에서의 토압감소율 80%를 적용하여 $p = 0.20\gamma H$로 결정함이 바람직하다. 동일하게 식 (4.9)와 (4.11)도 각각 식 (4.6)과 (4.8)에 토압 감소율 75~85%를 적용한 값에 해당한다.

단, 암반층 굴착 시 흙막이벽 하부 최하단지지공 설치 위치에서 근입심도의 설계 시 근입심도가 과다하게 산정되거나 단층, 파쇄대, 바람직하지 않은 절리가 발달된 경우에는 하단에 지지공을 추가로 설치하여야 한다.

여기서 제안된 측방토압 분포는 암반층에서의 점착력을 무시하고 산정된 것이므로 실제 흙막이벽에 작용하는 측방토압보다 크게 산정될 수 있으나 흙막이공 설계 시 안전 측을 고려하면 그대로 적용하여도 무방하다고 판단된다.

그러나 실제 굴착현장에서 굴착배면지반의 뒤채움재 및 상재하중으로 인하여 상부 지표면에서 토압이 0이 되지 않는 경우가 있으며 지하수에 의한 수압이 작용하여 앵커지지 흙막이벽체에 작용하는 측방토압 분포는 제안된 토압 분포와는 약간 상이할 수 있으므로 주의를 요한다.

그러나 앵커지지 엄지말뚝 흙막이벽체와 같은 연성벽체의 경우 흙막이벽 배면의 지하수위를 계측한 결과 굴착이 진행되는 동안 지하수위는 대부분 감소하므로 수압의 영향을 고려하지 않아도 무방할 것으로 판단된다.

4.2.4 앵커축력과 수평변위와의 관계

앵커두부에 설치된 하중계로부터 측정된 앵커축력과 흙막이벽체 배면에 설치된 경사계로부터 측정된 수평변위와의 관계를 도시하면 그림 4.22~4.23과 같다. 그림 4.22는 현장 상태가 안전하게 잘 관리된 사례이고 그림 4.23은 현장 상태가 잘 관리되지 못한 사례이다.

우선 그림 4.22에서 보는 바와 같이 시공 상태가 양호한 현장에서는 앵커의 축력에 비해 벽체의 수평변위가 비교적 작게 발생하고 있다. 이는 앵커축력이 대부분 20~45t으로 벽체의 변형을 억제하는 효과가 양호하기 때문이라 판단된다. 굴착깊이가 12.2m인 W1 현장에서는 최대수평변위가 20.0mm 정도이며, 굴착깊이가 30m인 W2 현장에서도 30mm 이내의 수평변위가 발생하여 굴착깊이에 비해 벽체의 수평변위가 비교적 작게 발생하였다.

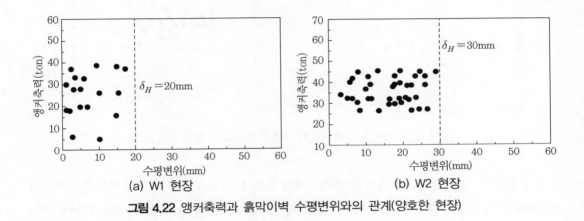

(a) W1 현장 (b) W2 현장

그림 4.22 앵커축력과 흙막이벽 수평변위와의 관계(양호한 현장)

시공 상태가 불량한 P1 현장에서는 그림 4.23(a)에서 보는 바와 같이 앵커의 선행인장력이 매우 작아 어느 굴착단계에 이르러서 벽체의 수평변위가 급격히 증가하여 앵커의 최대축력에 비해 벽체의 수평변위는 상당히 크게 발생하였다. 이는 앵커축력이 20t 이하로 매우 작아 벽체의 변형을 억제하는 효과가 불량하기 때문이라 판단된다. 한편 P2 현장에서 앵커축력은 20~60t 정도를 유지하고는 있으나 일부 앵커의 파손 및 시공관리의 미숙으로 인해 벽체의 수평변위가 크게 발생하였다. 굴착깊이가 11.6m인 P1 현장의 최대수평변위는 43mm 정도이며 굴착깊이가 37m인 P2 현장의 최대수평변위는 65mm로 나타났다.

따라서 시공 상태가 양호한 현장에 비해 시공 상태가 불량한 현장의 벽체 수평변위는 2~3배 정도가 크게 발생하고 있음을 알 수 있다. 즉, 벽체 수평변위는 앵커의 시공 상태에 큰 영향을 받고 있으므로 앵커지지 방식의 흙막이벽을 채택하여 지하굴착을 실시할 경우는 앵커축력에 대한 철저한 계측관리가 이뤄져야 한다.

굴착공사현장에서 단계별 굴착에 따른 벽체의 수평변위 발생에 영향을 주는 요소로 지반상태와 지하수위, 굴착심도와 굴착 형태, 흙막이 벽체와 지보재의 종류 및 강성, 시공 방법,

앵커의 정착 상태 등을 들 수 있다. 이와 같이 벽체의 수평변위는 여러 가지 복합적인 요인에 의해 발생되지만 이 가운데 가장 크게 영향을 미치는 요소는 벽체 및 지보재의 강성, 지지기구 (버팀보, 앵커)의 설치 상태, 지지기구의 설치 시기를 들 수 있다.

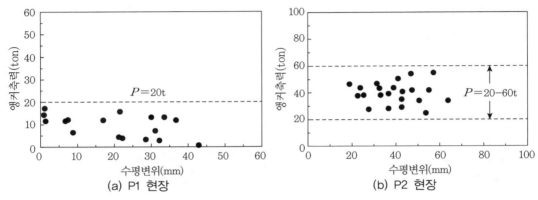

(a) P1 현장   (b) P2 현장

그림 4.23 앵커축력과 흙막이벽 수평변위와의 관계(불량한 현장)

그림 4.24는 굴착단계별로 측정된 앵커축력에 의해 산정된 측방토압과 벽체의 수평변위량 의 관계를 도시한 그림이다. 즉, 횡축에는 흙막이벽의 수평변위량(δ)을 최종굴착깊이(H)로

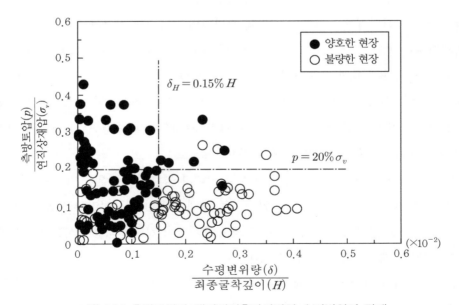

그림 4.24 측방토압과 앵커지지흙막이벽의 수평변위의 관계

나눠 무차원화시켜 나타내고 종축에는 앵커축력에 의해 산정된 측방토압을 최종굴착바닥에서의 연직상재압(γH)으로 나눠 무차원화시켜 측방토압비로 나타냈다. 이 그림에서 굴착이 진행되는 동안 시공 상태가 양호한 현장과 불량한 현장이 확실하게 구분되고 있음을 알 수 있다.

굴착시공 상태가 양호한 대부분의 현장에서는 그림 4.24에서 볼 수 있는 바와 같이 흙막이벽의 수평변위는 측방토압의 크기에 관계없이 최종굴착깊이의 0.15% 이내에서 발생하는 것으로 나타났다. 반면 굴착시공 상태가 불량한 현장에서는 수평변위의 크기에 관계없이 대부분의 측방토압이 최종굴착깊이에서의 연직상재압의 20% 이내에 분포하는 것으로 나타났다.

이 결과를 그림 4.9의 버팀보지지벽의 경우와 비교하면 앵커지지벽의 경우 수평변위는 버팀보지지벽의 경우보다 더 적게 발생하고 측방토압는 약간 더 크게 발생하였음을 알 수 있다.

4.2.5 산악지역 붕적토지반에 설치된 흙막이벽

산악지역에는 대규모 붕적층지반이 존재하는 경우가 많다. 붕적층지반에서 흙막이 굴착공사를 진행하게 되면 흙막이벽의 변형이 크게 발생되고 굴착지반의 안정성에 문제가 발생하게 되어 최악의 경우 지반붕괴 사고가 발생하게 된다.

장효석(2006)은 두꺼운 붕적토층이 존재하는 위치에서 터널공사를 실시하는 한 현장을 대상으로 터널 입구부에 앵커지지흙막이벽의 현장 계측 사례를 토대로 흙막이벽의 거동특성과 흙막이벽에 작용하는 측방토압을 조사한 바 있다.[9,22] 총길이 4.58km의 터널공사 구간 중 터널갱구 시점부에 앵커지지흙막이구조물을 시공하였다. 터널갱구 시점부는 붕적층이 발달한 지역으로 절토고를 줄여 환경 훼손을 최소화하기 위해 갱구부에 흙막이벽을 시공하였다.

흙막이벽을 계획하는 데 지형적인 원인, 시공장비의 원활한 통행 등으로 인하여 버팀보 설치가 곤란하여 흙막이벽 지지구조를 앵커지지 방식으로 시공하는 경우가 많다. 붕적층 지반에 앵커 시공 시 정착력 확보를 위하여 JS-CGM 그라우팅으로 차수벽을 형성한 후 시멘트 밀크 및 몰탈을 주입하여 보강하고 앵커를 설치한다.

붕적층 지반은 상부로부터 붕적층, 풍화암층, 연암층, 보통암, 경암층으로 구성되어 있으며 본 현장의 붕적층은 지표 아래 20m 정도까지 분포한다. 붕적층에는 암괴 함유량이 높으며 소량의 잔류토사가 함유되어 있어 투수성이 높다.

엄지말뚝 흙막이벽은 앵커지지방식으로 설치하였고 앵커 설치 각도는 30° 정도로 하였다. 앵커 속 PC강선은 4~6개를 사용하였으며 앵커는 자유장을 조정하여 가능한 정착장이 기반암층에 위치하도록 하였다. 그러나 부득이하게 붕적층에 정착장이 위치할 경우에는 팩앵커를 사용하였다.

그림 4.25는 다수의 붕적층 지반에 앵커지지 흙막이벽을 설치한 현장에서 측정한 환산측방토압이다. 이 그림 속에 일반사질토지반에 적용하도록 제안한 그림 4.6의 측방토압 분포도 함께 도시하였다.

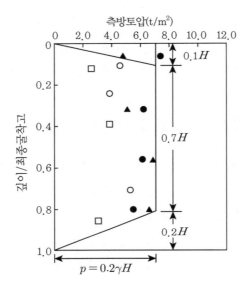

그림 4.25 산악지역 붕적토지반의 측방토압[9,22]

이 결과에 의하면 붕적토지반에 설치된 흙막이벽의 측방토압에 일반 사질토의 측방토압 분포를 적용하여도 지장이 없는 것으로 보인다. 즉, 사다리꼴모양의 측방토압 분포로 상부 $H_1 = 0.1H$ 부위에서 측방토압이 선형적으로 증가하고 하부 $H_2 = 0.2H$ 부위에서 측방토압이 선형적으로 감소하는 분포이다. 이때 최대측방토압의 크기는 최종굴착깊이에서의 연직토압의 20%인 $p = 0.20\gamma H$로 나타났으며 이는 식 (4.7)에 정리된 평균치의 측방토압에 해당한다. 따라서 붕적층지반도 토질정수의 차이만 감안한다면 일반 사질토지반으로 취급할 수 있음을 의미한다. 다만 붕적층에서 배면지반이 경사진 현장의 경우 지표면 경사에 의한 상재하중의 영향을 고려할 경우는 상부 $H_1 = 0.1H$ 부분의 토압 감소를 고려하지 않는 것이 바람직하다.[14]

4.3 사질토지반 속 엄지말뚝 흙막이벽에 작용하는 설계측방토압 분포

사질토지반 속에 설치된 흙막이벽에 작용하는 측방토압 분포는 흙막이벽 지지시스템에 상관없이 그림 4.6에 제시된 측방토압 분포를 적용할 수 있다. 즉, 지표면에서 $H_1 = 0.1H$ 깊이까지의 흙막이벽체에는 측방토압이 선형적으로 증가하여 일정치에 도달하였다가 최종굴착바닥 흙막이벽 하부에서 $H_2 = 0.2H$가 되는 구간에서부터는 측방토압이 점차 선형적으로 감소하는 사다리꼴 분포이다.

이때 일정치의 측방토압은 표 4.1과 같다. 즉, 표 4.1은 사질토 토사지반과 암반지반에 설치된 흙막이벽 설계에 적용될 수 있는 측방토압의 제안값을 정리한 표이다. 이들 측방토압은 흙막이벽 지지시스템에 상관없이 적용될 수 있다. 즉, 버팀보지지 흙막이벽과 앵커지지 흙막이벽 및 후에 설명할 쏘일네일링 흙막이벽체 모두에 적용할 수 있다.

표 4.1 흙막이벽에 작용하는 측방토압

관련 토압 (최종굴착깊이에서의 토압)	토사지반 속 흙막이벽 측방토압		암반지반 속 흙막이벽 측방토압	
	평균치	최대치	평균치	최대치
주동토압 p_a	$p = 0.65K_a\gamma H$[1]	$p = 0.85K_a\gamma H$	$p = 0.55K_a\gamma H$	$p = 0.75K_a\gamma H$
연직상재압 σ_v	$p = 0.20\gamma H$	$p = 0.25\gamma H$[2]	$p = 0.15\gamma H$	$p = 0.20\gamma H$
정지토압 p_0	$p = 0.40K_0\gamma H$[3]	$p = 0.55K_0\gamma H$	$p = 0.35K_0\gamma H$	$p = 0.50K_0\gamma H$

(1) : Terzaghi & Peck(1967) 제안치
(2) : Tschebotarioff(1973) 제안치
(3) : NAVFAC(1982) 제안치

그러나 실제 흙막이벽의 설계에서는 평균치의 측방토압을 선택할 것인지 최대치의 측방토압을 선택할 것인지를 결정해야 한다. 이에 저자는 설계 대상이 되는 구조물의 중요도 및 경제성에 따라 설계기술자가 적절하게 선택할 것을 제안한다. 만약 경제적 설계가 필요한 현장이라면 평균치의 측방토압을 적용하여 설계를 한 후 시공 시 현장 계측으로 시공관리를 충실히 해야 한다. 그러나 경제성보다는 전체적인 안전성이 특히 강하게 요구되는 프로젝트의 경우는 최대치의 측방토압을 적용하여 설계를 수행해야 한다.

사질토지반 속에 설치된 흙막이벽에 작용하는 측방토압 분포를 최종굴착깊이에서의 Rankine 주동토압과 연계하여 적용하려 할 경우 지지시스템에 관계없이 기존의 Terzaghi & Peck(1967)이 제안한 측방토압보다 크게 측정되는 경우가 많았다. 기존의 Terzaghi & Peck(1967)이 제

안한 측방토압 $p = 0.65K_a\gamma H$은 현장 계측치의 평균값 정도에 해당하였다. 이는 만약 Terzaghi & Peck(1967)이 제안한 측방토압 분포를 적용할 경우 실제 작용하는 측방토압이 예상치보다 클 경우가 발생할 수 있다는 것을 의미하므로 흙막이공의 설계는 위험한 경우가 발생할 수 있다. 특별히 안전한 설계가 요구될 때는 최대측방토압의 크기를 $p = 0.65K_a\gamma H$보다 큰 $p = 0.85K_a\gamma H$를 적용하는 것이 안전하다.

한편 정지토압과 연계하여 적용하는 경우도 NAVFAC(1982)이 제안한 측방토압 $p = 0.40K_0\gamma H$보다 약간 크게 $p = 0.55K_0\gamma H$을 적용해야 한다. 따라서 NAVFAC(1982)이 제안한 형태의 측방토압을 적용하려면 최대측방토압의 크기를 $p = 0.40K_0\gamma H$보다 큰 $p = 0.55K_0\gamma H$를 적용하는 것이 안전하다.

그러나 최종굴착깊이에서의 연직응력과 연계하여 적용한 Tschebotarioff(1973)가 제안한 측방토압의 경우는 현장 계측 측방토압의 최댓값과 잘 일치하여 수정 없이 적용할 수 있다.

결론적으로 우리나라 내륙지역 지반과 같이 다층지반구조로 되어 있는 지역에서는 그림 4.6과 같은 측방토압 분포로 제안한 $p = 0.25\gamma H$ 측방토압 분포를 버팀보지지든 앵커지지든 모든 사질토사지반 속의 흙막이벽 설계에 적용하는 것이 가장 안전할 것으로 생각된다.

그러나 암반지반으로 판정한 경우는 그림 4.6에 제시한 측방토압 분포에 동일한 측방토압 분포를 적용하되 토사지반의 최대측방토압값을 80% 정도만을 최대측방토압으로 반영할 필요가 있다. 따라서 암반지반에서의 흙막이 설계에는 $p = 0.20\gamma H$의 측방토압을 적용함이 바람직하다.

우리나라 내륙지역지반은 지질특성상 장·노년기지층에 속하므로 암반이 지표면에서 비교적 얕게 존재한다. 암반지역에서는 측방토압이 일반적으로 토사지반보다 작게 발생하는 특성이 있다. 물론 절리방향에 따라 다르긴 해도 절리방향이 굴착에 불리하지 않은 경우는 측방토압이 일반 토사지반에서보다 작게 발생한다. 따라서 이 특성을 고려하기 위해 내륙지역지반을 토사지반과 암반지반으로 구분한다. 여기서 암반지반의 구분 방법으로는 굴착깊이 대비 암반층의 두께로 결정한다. 풍화암층을 포함한 하부 암반층의 두께가 전체 굴착깊이의 50% 이상이거나 풍화암층을 제외시키고 연암층 이하의 암반층이 전체 굴착깊이의 30% 이상이 되는 지역지반을 암반지반으로 구분한다.

일반적으로 내륙지역지반은 대부분 지표로부터 표토층, 풍화토층, 풍화암층, 연암층, 경암층 순으로 존재하는 다층지반이다. 이러한 다층지반에서는 엄지말뚝 흙막이벽이 주로 적용되었으며 지지구조로는 버팀보와 앵커가 주로 적용되었다. 최근에는 쏘일네일링도 적극적으로 적용하는 추세이다. 표 4.1에 정리된 흙막이벽 측방토압은 지지구조의 종류에 무관하게 모두 적용할 수 있다.

내륙지역 지반 속 흙막이벽 설계용 측방토압 분포는 그림 4.6의 개략도에 정리되어 있는 바와 같이 사다리꼴 형태의 측방토압 분포가 적합하다. 즉, 지표로부터 흙막이벽체 상부 10% 깊이 구간에서는 측방토압이 선형적으로 증가하여 일정 토압 구간에 도달하며 이 일정 측방토압 구간을 지나 흙막이벽체 하부 20% 깊이 구간에서는 측방토압이 선형적으로 감소하는 사다리꼴 형태로 결정할 수 있다. 다만 굴착배면지반이 경사진 사면이면 상부 10% 토압 감소 구간은 고려하지 않은 것이 바람직하다.

여기서 일정 측방토압 구간에 작용하는 측방토압은 평균치와 최대치의 두 가지로 적용할 수 있다. 먼저 평균치의 측방토압은 경제적인 설계를 실시할 경우 적용할 수 있다. 이때는 현장 계측 모니터링 시스템을 반드시 병행해야 한다. 반면에 특별히 안전한 설계가 요구될 때는 보다 큰 최대치의 측방토압을 적용한다.

사질토지반의 측방토압의 크기는 세 가지 방법으로 정의하는데, 최종굴착깊이에서의 주동토압($p_a = K_a \gamma H$), 연직상재압($\sigma_v = \gamma H$) 및 정지토압($p_0 = K_0 \gamma H$)과 연계하여 결정한다. 토사지반과 암반지반에 대한 측방토압의 평균치와 최대치는 표 4.1에 정리된 바와 같다. 암반지반에서의 측방토압은 토사지반에서의 측방토압의 75~85%의 값에 해당된다.

4.4 사질토지반 속 엄지말뚝 흙막이벽의 안전시공관리기준

4.4.1 버팀보지지 흙막이벽의 안정성

그림 4.26은 굴착깊이와 흙막이벽체의 수평변위와의 관계를 나타낸 그림이다(홍원표 등, 1997). 이 그림에서 종축의 벽체수평변위는 그림 4.9의 횡축에 도시된 상대변위량과 동일한 값이다. 굴착깊이(z)는 각 굴착현장의 최종굴착깊이(H)로 무차원화시켜 나타냈다.

그림 4.26은 굴착시공 상태가 양호한 현장에서 측정된 흙막이벽체의 수평변위는 불량한 현장에서 측정된 수평변위와 확실하게 구분되는 것을 보여주고 있다. 즉, 굴착 상태가 불량한 현장에서 측정된 벽체의 수평변위는 대부분 굴착깊이의 0.25%보다 크게 발생하였으며 굴착 상태가 양호한 현장에서 측정된 벽체의 수평변위는 굴착깊이의 0.25%보다 작게 발생하였다.

굴착깊이의 0.25%에 해당하는 수평변위는 외국의 이전 연구인 Goldberg et al.(1976)[20]나 Clough & O'Rourke(1990)[17]이 측정한 수평변위의 평균치에 해당한다.

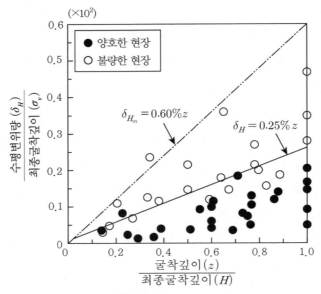

그림 4.26 버팀보지지벽의 수평변위와 굴착깊이와의 관계(홍원표 등, 1997)

따라서 $\delta_H = 0.25\%\,z$는 버팀보로 지지된 흙막이 굴착공사의 안정성을 판단할 수 있는 기준으로서 제시할 수 있다. 즉, 경사계로부터 측정된 흙막이벽의 수평변위량이 굴착깊이의 0.25%보다 크게 발생하면 굴착공사를 주의 깊게 관찰해야 하며, 필요하다면 흙막이구조물을 보강해야 한다. 이 결과를 식으로 표현하면 식 (4.12)와 같다.

$$\delta_H \leq 2.5 \times 10^{-3}\,z \qquad\qquad : 양호한 현장$$
$$2.5 \times 10^{-3}\,z \leq \delta_H \leq 0.6 \times 10^{-3}\,z : 요주의 현장 \qquad\qquad (4.12)$$

여기서, δ_H : 흙막이벽체의 수평변위

　　　　z : 굴착깊이

한편 그림 4.26에는 버팀보지지 흙막이벽에서 발생되는 최대수평변위량이 굴착깊이의 0.6%로 조사되었다. 이는 Clough & O'Rourke가 제안한 굴착깊이의 0.5%와 거의 동일하게 발생

하는 것으로 나타났다.[17]

따라서 흙막이벽의 설계단계에서는 그림 4.26에 도시된 양호한 현장에서의 최대수평변위에 맞게 설계하여야 하며 흙막이벽의 시공단계에서는 불량한 현장에서 측정된 측방변위의 최대치를 시공 시의 안전관리 기준으로 정하는 것이 좋을 것이다. 이를 식으로 정리하면 식 (4.12)와 같다. 즉, 흙막이벽의 단면을 설계할 때는 제4.1절에서 규정한 측방토압을 흙막이벽에 가한 상태로 해석을 실시하여 예상수평변위가 굴착깊이의 0.25% 이내가 되는지를 검토하여야 한다.

반면에 시공단계에서는 현장의 여건상 설계단계에서의 예상수평변위를 초과할 수 있다. 그 이유는 시공 시 버팀보 설치 시기가 지연되었다거나 일시적인 장비하중 및 자재야적 등에 의하여 수평변위가 크게 발생할 수 있기 때문이다. 따라서 시공과정에서는 현장 계측으로 항상 흙막이벽체의 거동을 모니터링해야 한다. 그러나 아무리 수평변위가 크게 발생하여도 굴착깊이의 0.6%를 넘어서는 안 된다. 따라서 이를 흙막이벽의 시공관리기준으로 정하는 것이 바람직하다.

$$\delta_H \leq 2.5 \times 10^{-3} z : 설계기준$$
$$\delta_H \leq 6.0 \times 10^{-3} z : 시공관리기준 \tag{4.13}$$

이상과 같이 분석한 결과 버팀보지지 흙막이벽체 배면에 설치된 경사계로부터 측정된 벽체의 수평변위를 토대로 흙막이구조물의 안정성을 판단할 수 있는 기준을 정할 수 있다. 또한 흙막이벽체의 안정성은 굴착심도 및 토압의 크기보다는 지보재의 설치 상태 및 설치 시기와 같은 시공 상황에 큰 영향을 받는다.

다만 여기서 경사계로 측정된 수평변위는 흙막이벽체의 수평변위나 지반의 실제 수평변위와는 반드시 일치할 수는 없다. 왜냐하면 경사계 설치 위치는 천공 후 관측용 파이프를 삽입하고 파이프 주변을 그라우팅재로 채우기 때문에 원지반보다 강성이 어느 정도 클 것이 예상되어 실제 지반변형보다는 다소 작게 나타날 가능성이 있다. 그러나 굴착시공 시 안전시공을 목적으로 할 경우는 이 경사계에 의한 측정치만으로 안정성 판단을 실시하여도 무방할 것으로 생각된다.

4.4.2 앵커지지 흙막이벽의 안정성

한편 경사계로부터 측정된 앵커지지흙막이벽의 수평변위와 굴착깊이와의 관계를 도시하면 그림 4.27과 같다. 이 그림에서 횡축은 최종굴착깊이에 대한 단계별 굴착깊이(z/H)로 나타내고, 종축은 최종굴착깊이(H)로 무차원화시킨 수평변위(δ_H/H)로 나타냈다.

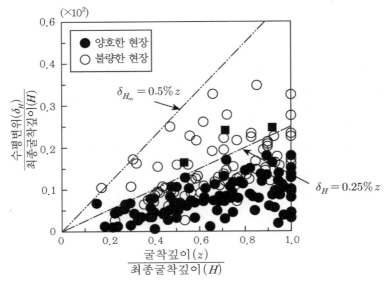

그림 4.27 굴착깊이와 앵커지지 흙막이벽의 수평변위와의 관계

이 그림에서 수평변위는 시공 상태가 양호한 현장과 불량한 현장이 분명히 구분되어 있음을 알 수 있다. 불량한 현장의 계측 결과는 상부에 도시되고 양호한 현장의 결과는 하부에 도시되어 있다. 이 결과를 활용하면 수평변위에 의한 흙막이구조물의 안정성을 판단할 수 있는 기준을 식 (4.14)와 같이 나타낼 수 있다. 즉, 각 굴착단계별 굴착깊이(z)에 대한 흙막이벽체의 수평변위(δ)가 굴착깊이의 0.25% 이하이면 흙막이벽체의 안정성이 양호한 현장이며, 0.25% 이상이면 흙막이벽체의 안정성이 불량한 현장으로 판단할 수 있다.

$$\delta_H \leq 2.5 \times 10^{-3} z \qquad\qquad : \text{양호한 현장}$$
$$2.5 \times 10^{-3} z \leq \delta_H \leq 5 \times 10^{-3} z : \text{요주의 현장} \qquad\qquad (4.14)$$

굴착 상태가 불량한 현장에서 측정된 벽체의 수평변위는 대부분 굴착깊이의 0.25%보다 크게 발생하고 있으며 굴착 상태가 양호한 현장에서 측정된 벽체의 수평변위량은 굴착깊이의 0.25%보다 작게 발생하고 있다. 따라서 $\delta_H = 2.5 \times 10^{-3} z$는 앵커로 지지된 흙막이벽 굴착공사의 안정성을 판단할 수 있는 기준으로서 제시할 수 있다. 즉, 경사계로부터 측정된 수평변위량이 굴착깊이의 0.25%보다 크게 발생하면 굴착공사를 주의 깊게 관찰해야만 하며, 필요하다면 흙막이구조물을 보강해야만 한다.

그림 4.27에서 흙막이벽의 최대수평변위는 굴착깊이의 0.5%로 측정되었다. 이는 그림 4.26에서 검토된 버팀보지지 흙막이벽에서 조사된 굴착깊이의 0.6%와 거의 동일한 수평변위이다. 또한 이 수평변위의 최댓값은 Clough & O'Rourke(1990)[17]가 제안한 굴착깊이의 0.5%와 동일하다.

이 결과에 근거하여 앵커지지 흙막이벽을 설계할 때는 양호한 현장에서의 최대수평변위에 맞게 설계하여야 하며 현장에서 측정된 측방변위의 최대치는 시공 시의 안전관리기준으로 정하는 것이 좋을 것이다. 이를 식으로 정리하면 식 (4.15)와 같다.

$$\delta_H \leq 2.5 \times 10^{-3} z : \text{설계기준}$$
$$\delta_H \leq 5.0 \times 10^{-3} z : \text{시공관리기준} \tag{4.15}$$

식 (4.15)의 기준은 설계단계와 시공단계에서의 관리기준을 달리 정하기를 의미한다. 즉, 흙막이벽의 설계단계에서는 그림 4.22에 도시된 양호한 현장에서의 최대수평변위에 맞게 설계하여야 하며 흙막이벽의 시공단계에서는 현장에서 측정된 측방변위의 최대치를 시공 시의 안전관리기준으로 정하는 것이 좋을 것이다.

이는 흙막이벽의 단면을 설계할 때는 앞 절에서 규정한 측방토압을 흙막이벽에 가한 상태로 해석을 실시하여 예상수평변위가 굴착깊이의 0.25% 이내가 되는지를 검토하여야 함을 의미한다.

반면에 시공단계에서는 현장의 여건상 예상수평변위를 초과할 수 있다. 그러나 아무리 수평변위가 크게 발생해도 굴착깊이의 0.5%를 넘어서는 안 됨을 의미한다. 따라서 이를 우리나라 내륙지역 사질토다층지반 속 앵커지지 흙막이벽의 시공관리기준으로 정하는 것이 바람직하다.

4.4.3 설계기준과 시공관리기준

흙막이벽체의 수평변위의 설계치는 굴착현장에서의 실제 수평변위와 여러 가지 원인으로 일치하지 않는다. 일반적으로 현장에서 실제 발생하는 수평변위가 설계 시의 예상수평변위를 초과하는 경우가 많다.

그림 4.28은 19개 엄지말뚝 흙막이벽체의 설계수평변위(δ_{Hd})와 굴착현장에서 계측으로 확인된 실제 수평변위(δ_{Hm})와의 관계를 나타내고 있다.[1] 이 그림에 의하면 수평변위의 현장 계측치는 설계수평변위보다 60~350%나 더 크게 발생하였다. 그 이유는 시공과정에서 과굴착 및 각종 지보재(앵커, 버팀보, 레이커, 슬래브)의 설치 지연이 가장 큰 원인이었다. 즉, 실제 시공 시의 현장 상황은 설계 시에 가정한 조건과 일치하지 않는 경우가 많기 때문이다.

설계 시의 조건은 설계 대상물의 종류에 따라 크게 차이가 난다. 예를 들면 건축물의 설계 시의 순서는 ① 전체 건축물의 형식·형상·치수·설비 및 사용 재료를 결정하고, ② 전체 건축물의 안정과 각부에 걸리는 힘을 역학적으로 계산하고, ③ 세부구조·설비·유지·내구성(耐久性) 등과 같은 실제면에서 각 부분의 세목(細目)을 결정한다. 그런 다음에 이들을 종합해서 설계도를 만든다.

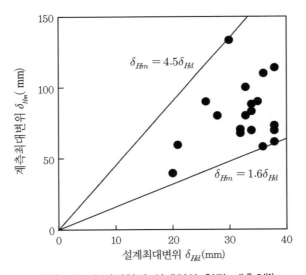

그림 4.28 수평변위의 설계치와 현장 계측치[1]

이러한 흙막이벽체 설계에서는 우선 지반과 지하수 및 각종 상재하중에 의하여 벽체 및 지지구조물에 가해지는 하중을 산정해야 한다. 그러나 이러한 하중의 분포는 흙막이 벽체 및 지지구조물의 강성, 흙막이구조물의 설치 시공 과정 등에 따라서 다르다. 흙막이구조물의 설계에 앞서 흙막이구조물의 해석에서는 지반과 구조물의 상호작용 문제를 고려해야 한다. 그러나 이러한 지반구조물의 상호작용 문제는 실제 거동에 영향을 미칠 수 있는 요소들이 매우 많으므로 이들 요소들을 모두 고려하여 설계에 반영하는 것은 어려울 뿐만 아니라 비경제적인 설계를 초래할 수 있다.

따라서 흙막이구조물의 해석을 간편하게 하기 위해서는 모든 조건을 단순화하는 작업을 거치게 된다. 이로 인하여 흙막이 굴착현장에서의 흙막이벽체의 실제 수평변위는 그림 4.28에서 보는 바와 같이 설계에서 단순화시켜 산정한 수평변위와 차이가 나게 된다. 그러므로 안전한 굴착시공을 실시하기 위해서는 현장에서 수평변위를 모니터링하여 붕괴사고를 미리 감지하여 관리해야 한다. 그러기 위해서는 현장 계측을 실시하여 흙막이벽체의 수평변위에 대하여 설계수평변위와 현장수평변위를 비교함으로써 현장에서의 수평변위 관리의 중요성이 강조된다.

Greenwood(1970)는 계측이란 "작업 대상이 되는 지반이 시공과정에서 어떻게 다루어지느냐에 따라 여러 가지 다른 거동이 나타나기 때문에 지반의 특성을 미리 완벽하게 결정하거나 정의할 수는 없다."라고 하였다.[19] 따라서 계측은 이러한 지반의 예측 불가능한 변화를 현장에서 직접 관찰·관리(real-time)하며 더 나아가서는 다음 단계를 보다 나은 방향으로 진행시키기 위한 기초자료를 제공하는 데 있다."라고 하였다.[19]

이와 같이 계측의 목적을 계획단계에서 지반조건에 관한 정보 부족에 기인한 설계상의 결점을 시공 기간 중에 발견하여 제거하기 위한 수단이며 굴착공사가 지반에 미치는 영향과 그에 따른 지반의 변화가 구조물에 미치는 영향에 대해서 시공 중 및 시공 후에 정보를 주기 위한 수단이다.

이와 같이 현장 계측은 흙막이굴착 시공 및 안전관리, 설계법의 확인, 사전조사, 유지관리 등의 목적으로 행해지고 있으며, 매 순간마다 안전성을 평가하여 관리치를 상회할 경우 이에 대한 대책의 결정과 필요에 따라서는 시공법의 변경 및 현재의 계측자료를 이용한 다음 단계의 설계(feed-back)를 하기 위한 자료 제공에 계측의 의의가 있다고 할 수 있다.

따라서 흙막이 굴착 시의 흙막이벽체의 안전성 확보를 위한 시공관리기준은 설계 시의 기준과 차이가 있을 수 있다. 일반적으로 굴착시공 시의 수평변위 관리기준은 설계 시의 수평변위 기준보다는 보수적으로 크게 정한다.

현재 흙막이 굴착현장에서의 시공관리기준은 설계기준보다 크게 규정하고 있다. 이에 바람직한 것은 흙막이 굴착현장에서의 관리기준을 1차 관리기준과 2차 관리기준의 두 단계로 정하여 실시함이 바람직하다. 여기서 1차 관리기준으로는 설계 시 목표로 정한 수평변위의 설계기준을 활용하고 2차 관리기준으로는 안전하게 시공을 완료한 현장에서의 계측 결과에 의해 최대수평변위로 시공관리기준을 활용할 수 있다.

흙막이벽의 안전성은 설계단계와 시공단계의 두 단계에서 검토해야 된다. 즉, 흙막이벽을 설계할 때 예상수평변위를 해석에 의하여 안전 여부를 확인할 필요가 있다. 이때 흙막이벽의 안정성을 확보하기 위해 기준을 정해야 한다. 이는 흙막이벽에 적용하는 측방토압과 흙막이공의 부재설계와 관련이 있다.

우선 제4장에서 정한 측방토압을 적용하여 이 토압에 견딜 수 있도록 흙막이공의 부재단면을 설계한다. 그런 후 설계된 부재단면에 제4장에서 규정한 측방토압을 가한 조건에서 흙막이벽의 거동해석을 실시한다. 이 해석 결과 예상되는 흙막이벽의 수평변위를 해석하여 구한 후 안전 여부를 판단하기 위해 기준수평변위를 정해야 한다. 이 기준수평변위는 앞의 여러 절에서 검토한 바와 같이 현장 계측으로부터 파악된 결과에 근거하여 규정하였다. 이 기준수평변위를 설계기준으로 설정한다.

이와 같은 과정에서 안정성이 확보되었다고 판단되면 실제 현장에서 시공을 실시하면서 설계에서 예상되었던 수평변위를 계측 결과와 비교하여 안정성을 확인할 필요가 있다. 설계 예상 결과와 실제 현장에서의 거동은 다소 차이가 있을 수 있다. 그러나 흙막이벽의 거동이 너무 과도하게 되면 흙막이벽의 안정성이 확보되지 못하여 붕괴사고가 발생할 수 있다. 따라서 이 경우에도 흙막이벽의 현장안정성을 관리해야 한다. 그러기 위해서는 흙막이벽의 수평변위에 대한 안전규정을 마련할 필요가 있다. 이 안전규정은 설계단계에서의 안전규정보다는 다소 크게 되는 경향이 있다. 이 안전규정도 앞의 여러 절에서 검토한 바와 같이 현장 계측으로부터 파악된 결과에 근거하여 규정하였다. 이 안전규정을 흙막이벽의 시공관리기준으로 설정한다.

표 4.2는 우리나라 내륙지역에 설치하는 흙막이벽의 수평변위의 기준으로 정리·제안한 표이다. 우선 표 4.2에는 엄지말뚝 흙막이벽의 설계기준과 시공관리기준이 제시되어 있다. 엄지말뚝 흙막이벽은 지지구조에 따라 버팀보지지와 앵커지지로 구분하였다. 엄지말뚝 흙막이벽의 수평변위 설계기준은 흙막이벽 지지 방법에 무관하게 $\delta = 2.5 \times 10^{-3} z$을 적용함이 바람직하다. 여기서 z는 굴착깊이다. 즉, 흙막이벽을 버팀보로 지지하든 앵커로 지지하든 흙막이벽의 예상수평변위를 굴착깊이의 0.25%로 한정함이 안전하다.

표 4.2 사질토지반 속 흙막이벽의 수평변위(δ_H) 기준 제안값

기준	엄지말뚝 흙막이벽	
	버팀보지지	앵커지지
설계기준	$2.5 \times 10^{-3} z*$	
시공관리기준	$5.0 \times 10^{-3} z*$	

$z*$: 굴착깊이

그러나 일반적으로 흙막이벽의 실제 시공 시에는 설계 시의 예상수평변위보다는 흙막이벽의 수평변위가 크게 발생한다. 여기서 엄지말뚝 흙막이벽의 수평변위는 지지시스템에 관계없이 굴착깊이의 0.5%로 한정됨이 바람직하다. 이는 설계기준보다 훨씬 큰 값이다. 따라서 시공 시에는 현장 계측으로 흙막이벽의 수평변위를 주의 깊게 모니터링하여 시공관리기준을 초과할 시에는 즉시 공사를 중지하고 대책을 마련해야 한다.

앞에서 버팀보지지 흙막이벽의 수평변위 시공관리 기준은 앵커지지 흙막이벽보다 약간 크게 측정되었으나 보수적인 설계 입장에서 버팀보지지 흙막이벽도 앵커지지 흙막이벽과 동일하게 수평변위 시공관리기준을 정함이 바람직하다.

한편 연약지반 속 강널말뚝의 설계기준과 시공관리기준에 관해서는 제5.3절에서 설명할 예정이다.

참고문헌

1. 김승욱(2014), 안전한 도심지 깊은굴착을 위한 흙막이벽체 수평관리의 중요성, 중앙대학교 건설대학원 석사학위논문.

2. 김주범·이종규·김학문·이영남(1990), "서우빌딩 안전진단 연구검토보고서", 대한토질공학회.

3. 문태섭·홍원표·최완철·이광준(1994), "두원 PLAZA 신축공사로 인한 인접 자생위원 및 독서실의 안전진단 보고서", 대한건축학회.

4. 백영식·홍원표·채영수(1990), "한국노인복지 보건의료센타 신축공사장 배면도로 및 매설물 파손에 대한 연구보고서", 대한토질공학회.

5. 양구승·김명모(1997), "도심지 깊은 굴착으로 발생되는 인접지반 지표침하분석", 한국지반공학회지, 제13권, 제2호, pp.101~124.

6. 여규권(1996), 버팀보지지흙막이벽에 작용하는 측방토압에 대한 사례 연구, 중앙대학교 건설대학원 석사학위논문.

7. 이동현(2009), 연약지반굴착 시 강널말뚝 흙막이벽체의 변위특성 사례연구, 중앙대학교 대학원 석사학위논문.

8. 이종규·전성곤(1993), "다층지반 굴착 시 토류벽에 작용하는 토압 분포", 한국지반공학회지, 제9권, 제1호, pp.59~68.

9. 장효석(2006), 붕적층에 설치된 흙막이 구조물의 거동 특성, 중앙대학교 건설대학원 석사학위논문.

10. 채영수·문일(1994), "국내 지반조건을 고려한 흙막이벽체에 작용하는 토압", 한국지반공학회, '94 가을 학술발표회논문집, pp.129~138.

11. 홍원표·윤중만·여규권·조용상(1997), "버팀보로 지지된 흙막이벽의 거동에 관한 연구", 중앙대학교 기술과학연구소 논문집, 제28집, pp.49~61.

12. 홍원표·이기준(1992), "앵커지지 굴착흙막이벽에 작용하는 측방토압", 한국지반공학회지, 제8권, 제4호, pp.87~95.

13. 홍원표·윤중만(1995), "지하굴착 시 앵커지지 흙막이벽에 작용하는 측방토압", 한국지반공학회지, 제11권, 제1회, pp.63~77.

14. 홍원표·윤중만·송영석(2004), "절개사면에 설치된 앵커지지 흙막이벽에 작용하는 측방토압 산정", 대한토목학회논문집, 제24권, 제2C호, pp.125~133.

15. 홍원표(2018), 흙막이말뚝, 도서출판 씨아이알.

16. Bowles, J.E.(1988), Foundation Analysis and Design, Ch. 11 Lateral Earth Pressure, 4th Ed, McGraw-Hill International Ed, pp.483~489.

17. Clough, G.W. and O'Rourke, T.D.(1990), "Construction induced movements of insitu walls", Design and Performance of Earth Retaining Structures, Geotechnical Special Publication, No. 25, ASCE, pp.439~470.

18. Flaate, K.S.(1966), Stresses and Movements in Connection with Braced Cuts in Sand and Clay, PhD thesis, Univ. of Illinois.

19. Greenwood, D.A.(1970), "Mechanical improvement of soils below ground surface", Proc. Ground Engineering Conf. Institution of Civil Engineers, 11-12 June, pp.9~20.

20. Goldberg, D.T. Jaworski, W.E. and Gordon, M.D.(1976), "Lateral support systems and underpinning", Report FHWA-RD-75-128, Vol.1, Fedral Highway Administration, Washington D.C.

21. Hong, W.P. and Song, Y.-S.(2008), "Earth pressure diagram and field measurement of an anchored retention wall on a cut slope", Landslides, 5, pp.203~211.

22. Hong, W.P., Jang, H.S. and Yea, G.G.(2006), "The behavior characteristics of earth retaining structure to support colluvium soils", Proceeding of the 5th Japan/Korea joint semniar on geotechnical engineering, Sep. 29-30, 2006, Osaka University, Osaka, Japan, pp.117~123.

23. Hunt, R.E.(1986), Geotechnical Engineering Techniques and Practices, McGraw-Hill, pp.598~612.

24. Juran, I. and Elias, V.(1991), "Ground anchors and soil nails in retaining structures", Foundation Engineering Handbook, 2nd Ed., Fang, H.Y., pp.892~896.

25. NAVFAC DESIGN MANUAL(1982), pp.7.2-85~7.2-116.

26. Peck, R.B.(1969), "Deep Excavations and Tunnelling in Soft Ground", 7th ICSMFE, State-of-Art Volume, pp.225~290.

27. Song, Y.S. and Hong, W.P.(2008), "Earth pressure diagram and field measurement of an anchored retention eall on acut slope", Landslides, Vol.5, pp.203~211.

28. Terzaghi, K. and Peck, R.B.(1967), Soil Mechanics in Engineering Practice, 2nd Ed., John Wiley and Sons, New York, pp.394~413.

29. Tschebotarioff, G.P.(1973), Foundations, Retaining and Earth Structure, McGraw-Hill, New York, pp.415~457.

30. Xanthakos, P.P.(1991), Ground Anchors and Anchored Structures, John Wiley and Sons. Inc., pp.552~553.

31. Yoo, C.S.(2001), "Behavior of braced and anchored walls in soils overlying rock", Journal of Geotechnical and Geoenvironmental Engineering, ASCE, Vol.127, No.3, pp.225~233.

32. Shen, C., Bang, S. and Hermann, L.(1981), "Ground movement by an earth support system", Journal of The Geotechnical Engineering, ASCE, Vol.107, No.GT12.

강널말뚝 흙막이벽

05 강널말뚝 흙막이벽

최근 경제성장과 인구 증가로 인하여 공업용지와 주거용지의 수요가 날로 증가되고 있으나 조건이 양호한 토지를 확보하기는 매우 어려운 실정이다. 이러한 토지 수요를 충족시키기 위하여 해안매립으로 토지를 공급하는 경우가 급증하고 있다.[1,16]

해안매립지에 구조물을 건설하기 위해서는 기초공사와 지하구조물공사를 위한 지하굴착공사를 반드시 실시하여야 한다. 이와 같은 지하굴착공사를 실시할 경우 안전하고 합리적인 흙막이구조물을 선택하는 것은 매우 중요한 일이다.

해안지역에서 대규모 흙막이굴착공사를 실시할 경우, 굴착으로 인하여 지반의 강도가 저하되므로 흙막이벽의 변형은 증가하게 되고 굴착지반의 안정성에 문제가 발생한다.[29] 또한 연약점성토지반에서의 굴착은 사질토지반에서의 굴착과는 다른 변형특성을 나타내게 된다. 그러므로 연약지반에서의 흙막이굴착공사는 항상 불안정 요소를 지니고 있으며 이에 대한 대처방안이 반드시 필요하다.

해안매립지역의 연약지반에서 지하굴착작업을 수행할 경우 흙막이벽으로는 강널말뚝을 주로 사용한다. 이 강널말뚝 흙막이벽은 버티보나 앵커로 지지하는데 이 흙막이 설계에서는 흙막이벽에 작용하는 측방토압을 정확히 예측해야 한다.[13,14]

왜냐하면 이 측방토압을 실제보다 작게 예측하면 불안전 설계가 되어 시공 중 과다한 흙막이벽의 변형이 발생하거나 붕괴사고가 발생할 수 있다. 반면에 너무 과다하게 크게 산정하면 안전한 설계는 가능하지만 비경제적인 설계를 하게 되기 때문이다.

이와 같이 설계된 흙막이 구조물을 시공할 경우도 안전한 시공관리기준이 마련되어야 한다.[18] 이에 홍원표 연구팀은 영종도지역 해안매립지 연약지반에 축조된 인천국제공항건설현장에서의 지하굴착공사 시 흙막이 굴착단면에서 계측된 자료를 토대로 연약점성토지반에 버팀보지지 및 앵커지지 강널말뚝 흙막이벽에 작용하는 측방토압을 검토한 바 있다.[7-10] 또한 이 연구 결과를 송도지역[4]과 청라지역[3] 연약지반에서 시공한 버팀보지지 널말뚝 흙막이벽 굴착 현장에서의 현장 계측 자료와 비교한 바 있다.[11]

제5장에서는 우리나라 해안지역에서의 연약지반에 적용되는 널말뚝 흙막이벽의 설계와 시공에 적용할 수 있는 측방토압 설계기준과 시공관리기준에 대하여 설명한다. 내륙지역의 사질토지반에 적용하는 널말뚝의 경우는 앞장, 즉 제4장에서 설명한 엄지말뚝 흙막이벽의 설계기준과 시공기준을 그대로 적용할 수 있으므로 이곳에서는 설명을 생략하도록 하고 내륙지역과 해안지역에서의 흙막이벽에 대하여 종합적으로 정리할 때 함께 설명하도록 한다.

5.1 연약지반 속 강널말뚝 흙막이벽의 측방토압

5.1.1 강널말뚝 지지시스템의 영향

(1) 굴착현장 및 흙막이공 개요

영종도지역 해안을 매립하여 건설한 인천국제공항 1단계 건설현장에서는 4개의 평행활주로, 한 동의 여객터미널, 두 동의 탑승동 및 배수구조물, 중수 처리시설, 수하물 처리시설 그리고 건축 및 부대시설 등으로 분류하여 시공되었다.

그림 5.1은 전체 개략도이며 4개의 활주로(A-1, A-2, A-3, A-4) 구간 및 여객계류장(A-5) 구간으로 구성되어 있다. 이 공항 현장은 총길이 17.3km의 방조제를 쌓고 1,700만 평의 바다갯벌을 부지로 조성하였다.

지반조건은 지표면으로부터 매립층, 해성퇴적층, 풍화잔류토층, 풍화암층, 및 연암층의 순으로 구성되어 있다.

매립층은 지표면으로부터 약 3m 정도까지 분포하고 있으며, N치가 18~31인 양호한 지반이다. 해성퇴적층은 10~40m의 두께로 분포하고 있으며, 주로 실트, 점토, 가는 모래이고 최하부에서는 중간 또는 굵은 모래가 분포되어 있다. 지반의 연경도 또는 상대밀도는 깊이에 따라 증가하지 않으며 연경도의 변화가 매우 심한 것으로 조사되었다. 전반적인 해성퇴적층의 분포는 북측에서 남측으로 퇴적층 두께가 두꺼워지는 분포를 보였으며, 북측과 남측의 지층 분포도 다소의 차이를 보였다. 남측의 경우 주로 실트와 점토가 두껍게 분포하고 있지만 북측의 경우는 가는 모래의 분포가 우세하게 나타나고 있다. N치는 2~26으로 매우 다양하게 나타났다.

해성퇴적층의 비중은 평균 2.68이고, 함수비는 평균 35.1%이며, 단위중량은 평균 1.76g/cm³ 이다. 비배수전단강도는 삼축압축시험(UU-Test) 결과 평균 0.36kg/cm²이며, 일축압축시험 결과 평균 0.45kg/cm²으로 나타났다.

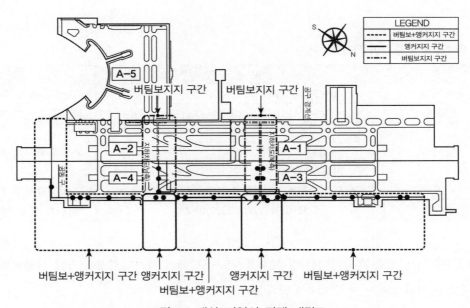

그림 5.1 대상 지역의 전체 개략도

풍화잔류토층은 주로 3~4m의 두께로 분포되어 있으며, 실트 섞인 모래로 구성되어 있다. N치는 43/30~50/16의 범위로 매우 조밀한 상대밀도를 보였다. 풍화잔류토 아래의 풍화암은 심하게 풍화된 상태로 암의 조직과 형태가 보존되어 있었다. 풍화암의 두께는 10m 이상이며 깊이가 깊어짐에 따라 풍화의 정도가 약하다.

풍화암층의 하부는 기반암인 연암이 존재하며, 연암의 암질은 매우 불량한 상태로서 코어 회수율이 저조한 편이다. 한편 지하수위는 G.L.(-)3~6m 정도이며, 굴착이 진행됨에 따라 미 소하게 하강하지만 굴착이 완료된 이후에는 거의 변화가 없는 것으로 나타났다.

이 공항의 신설부지는 강널말뚝 흙막이벽을 이용하여 굴착을 실시하였다. 대상 현장의 강 널말뚝 흙막이벽은 모두 공동구와 지하차도 건설을 위하여 설치된 것이다.

본 현장은 지하수위가 높은 연약점성토지반으로 구성되어 있으므로 흙막이벽의 강성이 우수하고 별도의 차수공법을 고려하지 않아도 되는 강널말뚝을 채택하였다. 강널말뚝의 이음부는 서로 맞물리게 하여 연속성을 확보할 수 있도록 하였다.

그리고 강널말뚝 흙막이벽의 형식은 U-Type(KWSP-IV)을 적용하였다. 최종굴착깊이는 10~17m이며, 대부분 현장의 굴착깊이는 12m 정도이다. 본 현장에 적용된 흙막이구조물의 제원을 요약·정리하면 표 5.1과 같으며 흙막이벽 지지방식에 따른 흙막이벽의 대표적 굴착단면도는 그림 5.2와 같다.

표 5.1 영종도현장 흙막이구조물의 제원

구분	단면 형태 및 단면 치수		주요 용도
흙막이벽	U-Type(KWSP-IV)(400×170×15.5)		가설흙막이벽체
버팀보	H-Pile(300×300×10×15)		가설흙막이벽 지지
앵커	설치 각도	40°	가설흙막이벽 지지
	강선수	7~8개	
	자유장 길이	23~28m	
띠장	H-Pile(300×300×10×15, 350×350×12×19)		가설흙막이벽 지지
중간말뚝	H-Pile(250×250×9×14)		버팀보 변형 방지

A-1공구의 강널말뚝 흙막이벽은 일부 지하차도 구간에서 앵커지지 방식으로 시공되었으나 거의 대부분 버팀보지지 방식으로 시공되었다.

또한 A-2공구의 강널말뚝 흙막이벽도 모두 버팀보지지 방식으로 시공되었다. 그러나 A-3 공구의 강널말뚝 흙막이벽은 버팀보와 앵커의 복합지지 방식으로 시공되었다. 즉, 상부 1, 2 단은 버팀보지지 방식이고 하부 3, 4, 5단은 앵커지지 방식이다. 그리고 A-4공구에서의 강널말뚝 흙막이벽은 버팀보지지, 앵커지지 및 복합지지 방식으로 다양하게 시공되었다.

즉, 남측 지하차도의 강널말뚝 흙막이벽은 버팀보지지 방식으로 시공되었고, 일부 공동구와 지하차도 램프 구간의 강널말뚝 흙막이벽은 앵커지지 방식으로 시공되었으며, 공동구 구간에서는 굴착면 상부의 1, 2단은 버팀보지지이고, 하부 3, 4, 5단은 앵커지지인 복합지지 방식으로 시공되었다.

버팀보, 띠장 및 중간말뚝은 모두 H말뚝을 사용하였다. 중간말뚝은 H-250×250×9×14를 사용하였으며 버팀보는 H-300×300×10×15를 사용하였고, 띠장은 H-300×300×10×15 또는 H-350×350×15×19를 사용하였다. 특이한 사항으로는 띠장의 단면이 두 가지 형태이며 2 열 띠장을 사용한 구간도 있다.

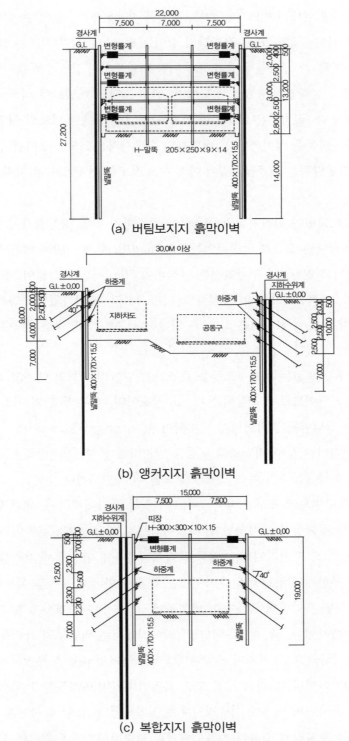

(a) 버팀보지지 흙막이벽

(b) 앵커지지 흙막이벽

(c) 복합지지 흙막이벽

그림 5.2 지지방식에 따른 흙막이벽의 굴착단면도 및 계측기 설치도

앵커는 주면마찰형 형태이며 PC 스트랜드 강선을 사용하였고, 강선 수는 7~8개로 하였다. 앵커의 자유장의 길이는 23~28m, 정착장의 길이는 8~10m, 설치 각도는 40°이다.

그림 5.2(a)는 지하박스구조물을 축조하기 위한 버팀보지지 강널말뚝 흙막이벽의 굴착단면도를 나타낸 것으로 굴착깊이는 13m 정도이며, 총 4~5단의 버팀보에 의하여 강널말뚝 흙막이벽이 지지되어 있다. 굴착폭은 22m이며, 굴착단면의 중앙에 버팀보의 처짐을 방지하기 위하여 2~3개의 중간말뚝을 설치하였다. 버팀보의 수평간격은 2.5m, 수직간격은 2.0~3.0m로 시공되었다. 이 강널말뚝은 최종굴착깊이 아래 14m 정도를 더 근입시켜 지지층에 도달하도록 하였다.

다음으로 그림 5.2(b)는 지하차도와 공동구를 축조하기 위한 앵커지지 강널말뚝 흙막이벽의 굴착단면도를 나타낸 것으로 굴착깊이는 7~10m이며, 총 3~4단의 앵커에 의해 강널말뚝 흙막이벽이 지지되고 있다. 이 구간에서는 굴착폭이 30m 이상으로 넓어 앵커공법을 적용하였으며 앵커공법을 적용함으로써 굴착작업공간 확보가 용이하였다. 앵커의 수직간격은 2.0~2.5m로 다양하며, 수평간격은 2.0m로 일정하다. 이 강널말뚝은 최종굴착깊이 아래 약 7m 정도를 더 근입시켰다.

마지막으로 그림 5.2(c)는 지하구조물을 축조하기 위한 버팀보와 앵커의 복합지지 강널말뚝 흙막이벽의 굴착단면도로 굴착깊이는 12.5m 정도이며, 상부 두 단의 버팀보와 하부 세 단의 앵커에 의하여 강널말뚝 흙막이벽이 지지되어 있다. 굴착폭은 15m이며, 굴착단면의 중앙에 중간말뚝을 설치하여 상부 버팀보의 처짐을 방지하였다. 이 강널말뚝은 앵커지지 흙막이벽과 마찬가지로 최종굴착깊이 아래 약 7m 정도를 더 근입시켰다.

그림 5.2의 굴착단면도에 표시된 바와 같이 강널말뚝 흙막이벽의 총 44개 단면에 계측기를 설치하여 흙막이벽의 거동을 조사하였다. 즉, 버팀보지지 강널말뚝 흙막이벽은 19개 단면에서 계측을 실시하였고, 앵커지지 강널말뚝 흙막이벽은 7개 단면에서 계측을 실시하였으며, 버팀보와 앵커의 복합지지 강널말뚝 흙막이벽은 18개 단면에서 계측을 실시하였다.

각각의 지지방식별 흙막이벽에 대하여 변형률계, 하중계, 지중경사계 및 지하수위계를 설치하여 계측을 수행하였다. 즉, 버팀보지지 흙막이벽에서는 버팀보의 축력을 측정하기 위해서 변형률계를 설치하였고, 앵커지지 흙막이벽에서는 앵커의 축력을 측정하기 위하여 앵커두부에 하중계를 설치하였다. 그리고 시공 도중 흙막이벽의 변형거동을 살펴보기 위해서 흙막이벽에 근접하여 흙막이벽 배면에 지중경사계를 설치하였다. 또한 굴착단계 및 강우에 따른 지하수위의 변화를 조사하기 위하여 지하수위계를 지중경사계에 인접하여 설치하였다.

(2) 버팀보지지 흙막이벽에 작용하는 측방토압

점성토지반에서의 버팀보지지 흙막이벽에 대한 연구로는 Bjerrum and Eide(1956),[12] Rodriguez and Flamand(1969),[23] Peck(1969),[22] Mana and Clough(1981),[20] Ulrich (1989),[27] Goh(1994),[19] Yoo(2001)[28] 등의 업적을 들 수 있다.

국내의 경우 버팀보지지 흙막이벽에 대한 연구로는 주로 사질토지반과 이를 포함한 다층지반을 대상으로 수행[5]되었다. 이는 해안지역이나 연약지반에서의 흙막이굴착공사에 대한 시공 및 계측사례가 부족하기 때문이다. 현제 국내에서는 연약지반 속 버팀보지지 흙막이벽의 설계 시 Tschebotarioff(1973)[26] 및 Terzaghi & Peck(1967)[24]의 측방토압 분포 형상 및 크기를 그대로 적용하고 있다.

그림 5.3은 그림 5.1에 도시한 굴착현장에서 버팀보지지 흙막이벽에 작용하는 측방토압의 분포와 최대측방토압의 크기를 구하기 위하여 각 굴착단계별 최대측방토압을 최종굴착깊이에서의 연직상재압으로 무차원화시킨 측방토압비(p/σ_v)로 도시한 그림이다.

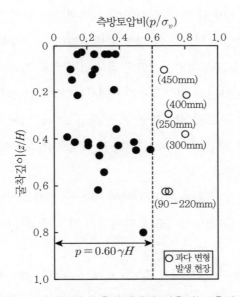

그림 5.3 버팀보지지 흙막이벽에 작용하는 측방토압

그림 5.3 중에는 일부 단면의 경우 급속굴착 및 과굴착으로 인하여 최대 450mm의 과대변형이 발생된 위치의 자료도 포함되어 있다. 이러한 과대한 변형은 타당한 측방토압을 적용하지 못하여 흙막이벽의 단면설계가 불안전하였기에 발생된 것으로 판단된다. 따라서 최대측방

토압의 크기를 산정할 경우 이러한 비정상적인 과대변형 자료로부터 합리적인 결과를 도출할 수가 없음으로 과대변형 자료를 제외하여 산정함이 바람직하다.

이 그림에서 보는 바와 같이 흙막이벽에 작용하는 측방토압 분포는 사각형 형태로 생각할 수 있으며, 최대측방토압의 크기는 $p = 0.6\sigma_v = 0.6\gamma H$로 정할 수 있다. 이 측방토압은 사질토지반에서의 측방토압 산정식 (4.9)의 $p = 0.25\gamma H$보다는 상당히 큰 토압에 해당한다.

측방토압의 분포 형태도 사질토지반에 제안된 측방토압 분포 형태와 상당한 차이가 있다. 특히 다른 차이점은 흙막이벽 상부에서 상당히 큰 측방토압이 굴착 초기부터 발생하였다는 점이다. 그리고 그림 4.6의 사질토지반에 제안된 측방토압 분포 형태에서 흙막이벽 상부 $H_1 = 0.1H$ 구간에서의 측방토압의 선형 증가 구간을 연약점토지반에서는 고려할 수가 없다.

한편 흙막이벽체 하부의 측방토압 분포는 그림 5.3에서 보는 바와 같이 측정치가 충분하지 못하여 결정하기가 용이하지 않다. 일반적으로 굴착현장에서 흙막이벽체 하부 구간에는 대개 계측기를 설치하지 않는다. 따라서 이 계측 결과만으로 흙막이벽 하부의 측방토압의 분포를 정하기는 어렵다.

그러나 흙막이벽체의 수평변위를 조사한 바에 의하면 최종굴착깊이에서 흙막이벽의 수평변위가 상당히 크게 발생하였다.[8] 이는 상당한 측방토압이 흙막이벽 하부에도 작용하였기 때문이라고 생각된다. 따라서 그림 4.6에 제안한 흙막이벽체 하부 $H_2 = 0.2H$ 구역에서 측방토압이 선형적으로 감소하는 구간도 연약점토지반에서는 고려할 수가 없다.

기존에 제안된 측방토압 분포를 살펴보면 Terzaghi & Peck(1967)[24]이 연약~중간 점토지반에서의 측방토압 분포로 제안한 그림 3.10(b)의 측방토압 분포에서도 흙막이벽체 하부의 측방토압은 감소시키지 않았다.

또한 Tschebotarioff(1973)[26]와 NAVFAC[21]이 제안한 연약점토지반에서의 측방토압 분포로 제안한 그림 3.12(a) 및 3.13(b)에서도 흙막이벽체 하부의 측방토압은 역시 감소시키지 않았다.

따라서 연약지반에 설치된 버팀보지지 흙막이벽에 작용하는 측방토압의 분포는 그림 5.3에 도시된 바와 같이 사각형 분포로 하고 최대측방토압의 크기는 $p = 0.6\sigma_v = 0.6\gamma H$로 정함이 바람직할 것이다. 이 최대측방토압의 크기는 Tschebotarioff(1973)가 연약점토지반 속 버팀보지지 흙막이벽에 작용하는 최대측방토압으로 제안한 $p = 0.5\gamma H$(그림 3.12(a) 참조)보다 약간 큰 값이다.

(3) 앵커지지 흙막이벽에 작용하는 측방토압

굴착 구간의 공간을 확보하여 작업능률을 향상시키기 위하여 흙막이벽 지지공으로 앵커를 사용하는 경우가 많이 늘어났다. 즉, 앵커로 흙막이벽을 지지시킴으로써 버팀보로 지지하는 경우보다 작업공간을 넓게 확보할 수 있게 되었다.

연약지반상 앵커지지 흙막이벽에 작용하는 측방토압에 대한 연구로는 Broms & Stille (1975),[15] Ulrich(1989)[27] 등의 업적을 들 수 있다. 국내에서는 앵커지지 흙막이벽의 설계 시 NAVFAC(1982)[21] 및 홍원표와 윤중만(1995)[6]이 제안한 경험토압을 적용하거나 버팀보지지 흙막이벽에 작용하는 경험토압[24,25]을 그대로 적용하고 있다. 그러나 이들 측방토압 분포에 대한 연구는 주로 사질토지반과 이를 포함한 다층지반을 대상으로 수행되었으며 연약지반에서의 흙막이벽에 대한 연구는 아직 미흡한 편이다.

그림 5.1에 도시한 굴착현장의 연약지반에서 측정된 앵커의 축력을 토대로 산정된 흙막이벽에 작용하는 측방토압 분포는 그림 5.4와 같다. 그림 5.4는 흙막이벽에 작용하는 측방토압의 분포와 최대측방토압의 크기를 구하기 위하여 각 굴착단계별 측정된 최대측방토압을 모두 도시한 결과이다.

그림 5.4에서 보는 바와 같이 연약지반에서 앵커지지 흙막이벽에 작용하는 측방토압 분포는 그림 5.3의 버팀보지지 흙막이벽의 경우와 동일하게 사각형 형태로 제안할 수 있으며, 최

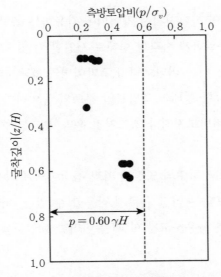

그림 5.4 앵커지지 흙막이벽에 작용하는 측방토압 분포

대측방토압의 크기는 $p = 0.60\gamma H$로 정할 수 있다. 이는 NAVFAC에 연약~중간 점토지반 속 앵커지지 흙막이벽에 작용하는 측방토압의 최대크기로 규정한 $p = (0.5 \sim 0.6)\gamma H$(그림 3.14(b) 참조)와 유사한 크기이다.

(4) 복합지지 흙막이벽에 작용하는 측방토압

통상적으로 흙막이벽 설계 및 시공에서는 버팀보지지 혹은 앵커지지 흙막이벽과 같이 단일 지지방식 흙막이벽을 대상으로 설계 및 시공이 이루어졌다. 그러나 연약지반상 버팀보지지 흙막이벽의 경우 최종굴착저면 부분에서 수평변위가 90~450mm 정도로 크게 발생되었다.[8]

이러한 버팀보지지 흙막이벽의 과대한 변형을 억제하고 굴착바닥면에서의 작업공간을 확보하기 위하여 흙막이벽의 상부에는 버팀보지지방식을 적용하고, 흙막이벽의 하부에는 앵커지지방식을 적용하는 복합지지방식을 적용하였다.

본 공사현장에서도 버팀보지지와 앵커지지의 복합지지 강널말뚝 흙막이벽이 시공되었다. 이 흙막이굴착공사에서 실제 계측된 자료를 토대로 연약지반에 설치된 버팀보지지와 앵커지지의 복합지지 강널말뚝 흙막이벽에 작용하는 측방토압을 조사하고, 복합지지방식의 지지효과를 검토해본다.

그림 5.5는 그림 5.1의 굴착현장에서 복합지지방식의 흙막이벽에 작용하는 측방토압의 분포와 최대측방토압의 크기를 구하기 위하여 각 굴착단계에서 발생한 최대측방토압을 함께 도시한 그림이다.

이 그림에서 보는 바와 같이 복합지지 흙막이벽에 작용하는 측방토압 분포도 버팀보지지나 앵커지지 흙막이벽에서와 동일하게 사각형 형태로 제안할 수 있으며, 최대측방토압의 크기는 $p = 0.60\gamma H$로 정할 수 있다. 이는 버티보지지 흙막이벽와 앵커지지 흙막이벽을 대상으로 검토한 그림 5.3 및 5.4의 사각형 형태의 측방토압 분포와 동일하다. 따라서 연약지반 속 복합지지 흙막이벽 설계에서도 버팀보지지나 앵커지지 흙막이벽 설계에 적용한 측방토압을 동일하게 적용할 수 있다.

그러나 실제 굴착현장에서 지하수의 영향에 따라 흙막이벽에 작용하는 측방토압 분포는 그림 5.5에서 제안된 토압 분포와는 약간 다르게 작용할 수 있다. 따라서 실무에서 그림 5.5와 같이 제안한 측방토압 분포를 사용하고자 할 때는 이러한 요인들을 고려하여 흙막이구조물을 설계하는 것이 바람직하다.

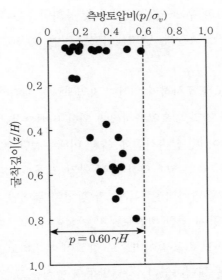

그림 5.5 복합지지 흙막이벽에 작용하는 측방토압 분포

5.1.2 타 연약지반 굴착현장에의 적용성

영종도와 동일하게 우리나라 서해안지역에 위치하고 있는 송도지역의 연약지반[4]에서 버팀 보지지 강널말뚝 흙막이벽을 설치하고 굴착을 실시하였을 때 흙막이벽에 작용하는 측방토압 분포를 조사하여 영종도 연약지반에서 파악된 측방토압 분포 특성과 비교해본다. 송도지역도 영종도지역과 동일하게 공유수면을 매립하여 조성한 지역으로 지층구조 또한 유사하다.

(1) 송도지역 연약지반 굴착현장 및 흙막이공 개요

본 현장은 인천도시철도 1호선 송도국제도시 연장사업에 속하는 현장이다. 대상 지역의 시 추조사 결과를 토대로 지층분석을 하면 지표로부터 매립층 퇴적층 잔류토층 풍화암층의 순으로 구성되어 있다. 매립층은 준설토와 복토로 이루어져 있으며 지표로부터 2.0~5.0m의 심도로 분포하고, 갈색~황갈색, 암색의 실트질 모래 및 자갈 섞인 실트질 모래로 구성되어 있다. 준설토에 의한 매립층의 N값은 4~11이고 습윤 상태이다. 퇴적층은 점토질 실트, 점토, 실트, 실트질 점토, 실트질 모래로 이루어져 있으며, 지표로부터 2.9~29.8m의 심도에서 나타나고 있다. 상부퇴적층은 N값이 4~14 정도인 실트질 점토 및 점토질 실트가 혼재되어 있으며 하부 퇴적층은 N값이 4/30~50/6으로 느슨~매우 조밀한 모래층이 분포하고 있다. 퇴적층 하부에 0.5~2.0m의 두께로 부분적으로 분포하고 있으며 갈색, 회갈색의 실트질 모래로 구성되어 있다. N값은 50 이상으로 매우 조밀한 상태이다. 풍화암층은 지표로부터 29.8~32.0m 심도에서 출현하며 색조는 갈색, 회갈색, 담회색이고 N값은 50/10 이상으로 매우 조밀한 상태이다.

연약지반의 비배수전단강도를 조사하기 위하여 자연시료를 채취하여 일축압축시험(q_u), 삼축압축시험(UU, CU)을 실시한 결과 일축압축시험에 의한 비배수전단강도는 0.14~0.46kgf/cm^{2}의 범위(평균 0.26kgf/cm^2)이고, 삼축시험에 의한 비배수전단강도는 0.14~0.56kgf/cm^{2}의 범위(평균 0.33kgf/cm^2)로 삼축압축에 의한 값이 약간 크게 나타났다.

흙막이구조물을 살펴보면 흙막이벽은 차수성과 강성이 뛰어난 강널말뚝이 사용되었으며, 흙막이벽의 지지방식은 H형강에 의한 버팀보지지 방식이다. 즉, 대상 현장은 지하수위가 높은 연약지반이 주 구성지층이므로 흙막이벽으로 강성이 우수하고 별도의 차수공법이 필요하지 않은 강널말뚝 흙막이벽을 채택하였다. 강널말뚝의 형식은 U-Type(KWSP-V)이며, 버팀보, 띠장 그리고 중간말뚝은 모두 H형강을 사용하였다. 이들 흙막이구조물의 제원을 요약하면 표 5.2와 같다.

표 5.2 송도현장에 적용된 흙막이구조물 제원

구분	단면 형태 및 단면치수	주요 용도
흙막이벽	U-Type(KWSP-V)(500×200×19.5)	가설흙막이벽체
버팀보	H말뚝(300×305×15×15)	가설흙막이벽 지지
띠장	H말뚝(300×305×15×15)	가설흙막이벽 지지
중간말뚝	H말뚝(300×305×15×15)	버팀보지지
주형보	I형강(700×300×13×24)	복공판 지지

그림 5.6은 흙막이벽과 지지공을 설치한 대표적 굴착단면도이다. 이 그림에서 보는 바와 같이 굴착폭은 27.0m이고 최종굴착깊이는 16.5m이다. 흙막이벽으로 사용된 강널말뚝은 최종굴착깊이에서 6m 더 근입되었고, 강널말뚝 흙막이벽은 H형강 버팀보에 의하여 지지되고 있다. 버팀보의 수평간격은 2.5m, 수직간격은 1.8~2.2m로 시공되었으며 버팀보의 처짐을 방지하기 위하여 굴착 구간 내에 중간말뚝 4개를 설치하였다.

총 24개의 버팀보지지 흙막이벽 단면에 대하여 지중경사계, 지하수위계, 지중침하계 등의 계측기를 설치하여 흙막이벽의 변위를 조사하였고, 각각의 버팀보에 하중계 및 변형률계를 설치하여 버팀보 축력의 변화량을 조사하였다.

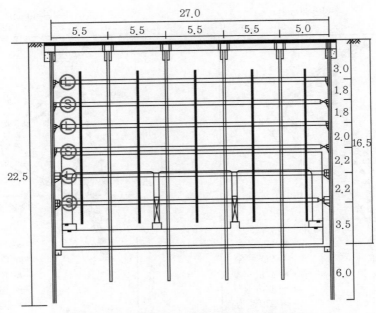

그림 5.6 흙막이공을 설치한 대표적 굴착단면도

(2) 흙막이벽수평변위

그림 5.7은 굴착단계별 강널말뚝 흙막이벽의 수평변위의 대표적 거동을 도시한 그림이다. 먼저 최종굴착깊이가 19m인 구간에서는 그림 5.7(a)에서 보는 바와 같이 굴착이 진행됨에 따라 흙막이벽의 중앙부인 8m 깊이 부근에서의 수평변위가 점차 증가하는 거동을 보였다. 반면에 흙막이벽체 상·하부에서는 수평변위가 그다지 크게 발생하지 않았다. 즉, 흙막이벽체 중앙부에서의 수평변위가 가장 크게 발생하는 불룩한 형태의 수평변위를 보였다. 굴착이 완료된 직후 8m 깊이 부근에서 100mm 정도의 최대수평변위가 발생하였으며 210일 경과 후에는 수평변위가 120mm로 증가하였다. 이는 버팀보지지력이 이완되었기 때문으로 생각된다.

다음으로 최종굴착깊이가 16.5m인 구간에서는 그림 5.7(b)에서 보는 바와 같이 굴착작업이 진행됨에 따라 12m 깊이 부근에서 최대수평변위가 발생하는 거동을 보였다. 초기 4m 깊이 굴착 시기까지는 흙막이벽 상부의 수평변위가 가장 크게 발생하는 캔틸레버 형태로 발생하였으나 그 후 흙막이벽 중앙부에서 수평변위가 크게 증가 발생하는 포물선 형태로 변하였다. 굴착이 완료된 직후는 12m 깊이 부근에서 120mm 정도의 최대수평변위가 발생하였으며 395일 경과 후에는 수평변위가 150mm로 증가하였다. 이 수평변위는 최종굴착심도의 0.9%에 해당하여 매우 크게 발생한 수평변위이다. 이와 같이 강널말뚝은 강성이 뛰어나서 큰 측방토압에

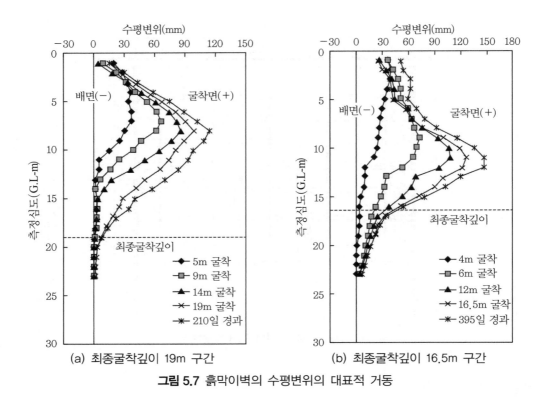

그림 5.7 흙막이벽의 수평변위의 대표적 거동

잘 견딜 수는 있었으나 그만큼 변위가 크게 발생하였다는 것을 의미한다.

(3) 버팀보축력

그림 5.8은 종축에 버팀보축력(tonf), 횡축에 측정 기간(일)을 표시하여 굴착작업이 진행되는 동안 버팀보축력의 변화거동을 도시한 그림이다. 즉, 시공과정에 따라 버팀보축력이 어떻게 변화하는지를 관찰하기 위해 버팀보에 설치한 하중계로 측정한 축력을 도시한 결과이다. 버팀보는 굴착이 진행되는 과정에서 1단 버팀보부터 굴착깊이별로 설치하여 최하단까지 설치하였고 이후 구조물을 설치한 후 흙막이벽을 철거하기 위해 최하단버팀보부터 순차적으로 철거한다. 이 과정에서 측방토압을 받는 흙막이벽을 지지하는 버팀보에 작용하는 하중은 토압의 재분배현상의 영향으로 변화하고 종국에는 일정한 값에 수렴하게 된다.

먼저 최종굴착깊이가 19m인 구간에서의 버팀보축력의 대표적인 변화거동을 도시한 그림 5.8(a)를 살펴보면 지표부를 어느 정도 굴착한 후 2단 버팀보를 설치하면서부터 축력을 측정하였다. 2단 버팀보와 4단 버팀보 모두 각각의 버팀보를 설치한 직후에는 해당 버팀보의 축력이 급격히 증가하였다. 또한 하부에 설치된 버팀보에 더 큰 축력이 작용하였다. 즉, 5단 버팀보 축력이 2단 및 4단 버팀보 축력보다 크게 작용하였다. 또한 하부 버팀보를 해체할 경우 얼마 후 상부 2단 버팀보의 축력이 급격하게 증가하는 경향도 보인다. 이러한 현상은 하부의 버팀보가 해체되면서 하부 버팀보가 받던 축력을 상부 버팀보가 분담함으로써 축력의 재분배가 발생하였기 때문이다.

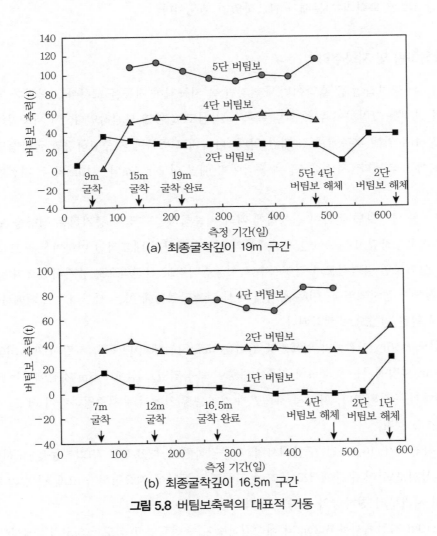

(a) 최종굴착깊이 19m 구간

(b) 최종굴착깊이 16.5m 구간

그림 5.8 버팀보축력의 대표적 거동

한편 최종굴착깊이가 16.5m인 구간에서의 버팀보축력의 변화거동을 도시한 그림 5.8(b)를 살펴보면 1단 버팀보 설치 직후에 축력이 급격히 증가하고 이후 토압의 재분배로 점차 수렴하는 거동을 보이고 있다. 그러나 바로 인접한 2단 버팀보를 설치하면 1단에 작용하던 축력은 약간 감소한다. 즉, 하부 버팀보가 설치되면서 상부 버팀보의 축력을 하부 버팀보가 분담하는 과정을 거쳐 일시적으로 축력이 변하게 되고 이후 다시 수렴하는 거동을 보이고 있다. 또한 하부 버팀보를 해체할 경우도 해체 얼마 후부터 상부 버팀보의 축력이 급격하게 증가하는 경향도 보인다. 즉, 그림 5.8(b)에서 제4단 버팀보 해체 후 1단 및 2단 버팀보 축력이 급격히 증가하였다. 이러한 현상은 하부의 버팀보가 해체되면서 하부 버팀보가 받던 축력을 상부 버팀보가 분담함으로써 축력의 재분배가 발생하였기 때문이다.

(4) 지중침하량 및 지하수위

그림 5.9는 굴착작업 중 흙막이벽 배면지반 속 지중침하 거동을 도시한 그림이다. 굴착작업 과정과의 관계를 고찰하기 위해 그림 속에 굴착심도도 함께 도시하였다. 이 지중침하량의 변화를 관찰하기 위해 횡축에 측정 기간(일)을 나타내고 종축에 지중침하량과 굴착심도를 각각 좌우 종축에 나타냈다. 지중침하량은 흙막이벽 배면 심도 −5m와 −10m의 두 지점에서 측정하였다.

그림 5.9를 살펴보면 굴착이 진행됨에 따라 지중침하량도 점차 증가하는 경향을 보이고 있다. 먼저 최종굴착깊이가 19m인 구간에서의 지중침하량의 대표적인 변화거동을 도시한 그림 5.9(a)를 살펴보면 굴착심도가 깊어질수록 지중침하량도 점진적으로 증가하였으며 굴착이 완료된 후 침하가 정지되었다. 이후 침하가 다시 관측되었는데 이는 시기적으로 되메움 시 버팀보 해체에 의한 영향으로 생각된다.

또한 심도 −10m 지점보다 지표면에 가까운 −5m 지점에서 더 큰 침하량이 계측되었다. 즉, 심도 −10m 지점에서는 7.5cm의 최종침하량이 측정되었고 심도 −5m 지점에서는 8.8cm의 최종침하량이 측정되었다. 따라서 지표면에 가까운 위치에서의 지중침하량이 더 크게 발생되었음을 알 수 있다.

최종굴착깊이가 16.5m인 구간에서의 지중침하량의 대표적인 변화거동을 도시한 그림 5.9(b)를 살펴보면 이 구간에서도 굴착이 진행되는 동안에 지중침하가 크게 진행되다가 굴착이 완료된 시기부터 침하량의 증가가 둔화되는 거동을 보였다.

심도 −10m 지점에서는 6.2cm의 최종침하량이 측정되었고 심도 −5m 지점에서는 8.8cm의 최종침하량이 측정되었다. 따라서 이 구간에서도 최종굴착깊이가 19m인 그림 5.9(a)에서와 동일하게 지표면에 가까운 위치에서의 침하량이 더 크게 발생함을 알 수 있다.

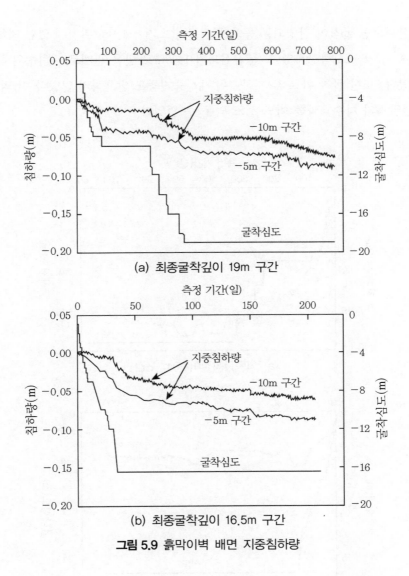

(a) 최종굴착깊이 19m 구간

(b) 최종굴착깊이 16.5m 구간

그림 5.9 흙막이벽 배면 지중침하량

한편 그림 5.10은 굴착작업 중 흙막이벽 배면지반 속 지하수위의 변화거동을 도시한 그림이다. 먼저 최종굴착깊이가 19m인 구간에서의 지하수위의 대표적인 변화거동을 도시한 그림 5.10(a)를 살펴보면 굴착심도가 깊어질수록 지하수위도 점진적으로 하강하여 14m 이상의 수위하강을 보였으며 굴착이 완료된 후 약간의 재상승거동을 보였다. 강널말뚝으로 흙막이벽을 설치하였으므로 흙막이벽 배면의 지하수위 하강은 없을 것으로 예상하였으나 상당히 크게 지하수위가 하강하였다. 따라서 이 구역에서는 강널말뚝의 차수효과는 얻지 못하였다.

그러나 최종굴착깊이가 16.5m인 구간에서의 지하수위의 대표적인 변화거동을 도시한 그림

5.10(b)를 살펴보면 굴착이 진행되는 동안에는 굴착 초기 −1.9m 위치에 있던 지하수위가 굴착이 완료 후 −5.6m로 하강하였다. 굴착심도가 16.5m로 얕은 관계로 지하수위 하강은 그다지 크지 않았다. 또한 굴착 완료 후 지하수위 재상승거동도 발생하지 않았다. 따라서 이 구역에서는 강널말뚝의 차수효과를 어느 정도 얻을 수 있었다.

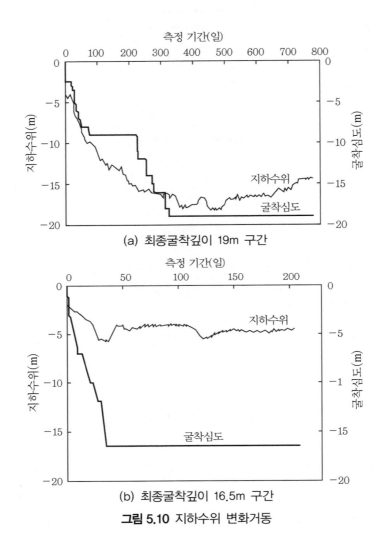

(a) 최종굴착깊이 19m 구간

(b) 최종굴착깊이 16.5m 구간

그림 5.10 지하수위 변화거동

(5) 측방토압의 적용성

송도지역 연약지반에 설치한 강널말뚝 흙막이벽에서 측정된 버팀보축력을 중점분할법으로 환산한 측방토압을 도시하면 그림 5.11과 같다. 즉, 그림 5.11은 버팀보지지 흙막이벽에 작용하는 측방토압의 분포와 최대측방토압의 크기를 구하기 위하여 각 굴착단계별 최대측방토압을 최종굴착깊이에서의 연직상재압 σ_v와의 비(p/σ_v)로 무차원화시키고 굴착깊이 z도 최종굴착깊이 H로 무차원화시켜 각 해당 굴착심도에 측방토압비를 도시함으로써 각 굴착단계별 흙막이벽체에 작용하였던 최대측방토압을 종합적으로 도시한 그림이다.

이 그림에서 보는 바와 같이 흙막이벽에 작용하는 측방토압 분포는 사각형 형태로 생각할 수 있으며, 최대측방토압의 크기는 $p = 0.6\sigma_v = 0.6\gamma H$로 정할 수 있다. 이 최대측방토압의 크기는 사질토지반에서의 최대측방토압 $p = 0.25\gamma H$(표 4.1 참조)보다는 상당히 큰 토압에 해당한다. 이 최대측방토압의 크기는 Tschebotarioff(1973)가 연약점토지반 속 버팀보지지 흙막이벽에 작용하는 최대측방토압으로 제안한 $p = 0.5\gamma H$(그림 3.12(a) 참조)보다 약간 큰 값에 해당한다.

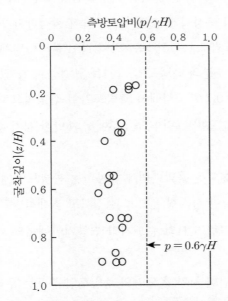

그림 5.11 송도지역 연약지반 속 강널말뚝 흙막이벽 측방토압

그림 5.11 속에 점선으로 도시한 시각형 측방토압 분포는 앞 절, 즉 제5.1.1절에서 제안한 연약지반에서의 측방토압 분포이다. 이 측방토압 분포는 영종도 연약지반에 설치된 강널말뚝 흙막이벽에서 측정된 현장 계측치로부터 파악된 연약지반 속 측방토압 분포(그림 5.3 참조)이다. 송도지역 연약지반에서의 측방토압 분포 형태는 사질토지반에 제안된 측방토압 분포 형태와 차이점이 있다. 먼저 사질토지반에서의 측방토압과 비교하여 흙막이벽체 상부에서 상당히

큰 측방토압이 연약지반 굴착 초기부터 발생하였다는 점이다. 따라서 사질토지반에 제안된 그림 4.6의 흙막이벽체 상부 $H_1 = 0.1H$ 구간에서의 측방토압의 선형 증가 구간을 연약점토지반에서는 고려할 수가 없다.

그러나 그림 5.11에서는 흙막이벽체 상부에서 측정된 측방토압 계측치가 충분하지 못하여 이 부분에서의 측방토압 분포를 규정하기가 어렵다. 다행히 흙막이벽체 상부에서의 측방토압 분포는 이미 영종도 연약지반에 설치된 강널말뚝 흙막이벽에 작용하는 측방토압 계측치로부터 연약지반에서는 굴착 초기부터 큰 측방토압이 흙막이벽에 발생하였음을 그림 5.3으로 볼 수 있었다. 따라서 사질토지반에 제안된 그림 4.6의 흙막이벽체 상부 $H_1 = 0.1H$ 구간에서의 측방토압의 선형 증가 구간을 연약점토지반에서는 고려할 수가 없다.

다음으로는 그림 5.11에서 보는 바와 같이 상당한 측방토압이 흙막이벽체 하부에 여전히 작용하였다는 점이다. 흙막이벽체 하부에 대한 측방토압 분포는 그림 5.3~5.5에서 보는 바와 같이 영종도 연약지반에서의 측정치가 충분하지 못하여 결정하기가 용이하지 않았다. 그러나 송도지역 연약지반에서는 그림 5.11에서 보는 바와 같이 흙막이벽체 하부에 상당히 큰 측방토압의 측정치가 존재하여 이 부분의 측방토압 크기를 규정할 수가 있다. 따라서 그림 4.6에 제안한 흙막이벽체 하부 $H_2 = 0.2H$ 구역에서 측방토압이 선형적으로 감소하는 구간도 연약점토지반에서는 고려할 수가 없으며 그림 5.3~5.5에서 제안한 사각형 모양의 측방토압 분포를 연약지반에 적용할 수 있다.

결국 영종도 연약지반에 설치된 흙막이벽에 작용하는 측방토압에 근거하여 연약지반 속 측방토압 분포를 그림 5.3과 같이 사각형 분포로 결정하고 최대측방토압의 크기를 $p = 0.6\sigma_v = 0.6\gamma H$로 규정한 타당성을 그림 5.11의 송도지역 연약지반에서의 현장 계측치로부터 확인할 수 있다.

즉, 그림 5.3~5.5에서 제안한 사각형 모양의 측방토압 분포는 우리나라 연약지반에 설치된 널말뚝 흙막이벽에 작용하는 측방토압을 예측하는 데 적용성이 양호하다고 할 수 있다.

5.1.3 널말뚝 강성보강효과

버팀보지지 흙막이벽의 수평변위는 굴착배면의 지반조건, 굴착단계, 버팀보의 설치 시기 등에 따라 크게 영향을 받을 것이다. 특히 널말뚝의 강성은 널말뚝 흙막이벽체의 수평변위 거동에 큰 영향을 미칠 것이다.

청라지역[3]은 영종도지역 및 송도지역과 동일하게 우리나라 서해안지역에 위치하고 있는 연약지반지역이다. 청라지역도 영종도지역 및 송도지역과 동일하게 공유수면을 매립하여 조성한 지역으로 지층구조 또한 유사하다.

청라지역은 과거 매립지로써 1989년 매립사업이 시행되었으며 2004년 서측 청라도 일대에 이르는 대규모 매립지가 조성된 상태다. 이 매립지는 대체로 농경지로 활용되었다. 이 청라지역의 연약지반에서 버팀보지지 강널말뚝 흙막이벽을 설치하고 굴착을 실시하였을 때 흙막이벽에 작용하는 측방토압 분포를 조사하여 영종도 및 송도 연약지반에서 파악된 측방토압 분포 특성과 비교해본다.

(1) 청라지역 연약지반 굴착현장 및 흙막이공 개요

본 현장은 인천청라지구 개발 사업에 따른 광역교통개선 목적으로 도로를 건설하는 현장으로 택지지구 내를 횡단하고 있는 공용중인 도로하부에 지하차도를 건설하는 공사현장이다.[4] 본 지하차도는 완공 시 북항~김포 간 차량통행을 원활하게 하여 택지지구의 주거환경 개선 및 경인고속도로의 직선화를 도모할 수 있고 도로와 인천공항을 연결하는 주간선로의 역할을 담당한다. 공사 구간은 지하차도 약 2,005m이며 이 중 1,400m는 가시설을 설치하여 흙막이 굴착을 시공한 후 되메우기 및 가시설 인발 공사를 실시하였다. 공사 기간은 2008년 4월 착공하여 2011년 6월 준공하였다.

본 지역 지형특성은 북동측은 계양산(395m)을 중심으로 한 북서방향의 산계, 동측은 철마산(221m)이 남북방향의 구조선에 규제되어 발달한 상태이며 지질연관성은 북서방향의 구조선에 의해 계양산과 철마산으로 구분되며 각각의 산악지형은 남북방향의 구조선에 의해 발달하였고 산악지역에서는 저밀도 하계의 수지상 수계가 발달하여 있다.

지질은 선캄브리아의 변성암류, 쥐라기의 화성암류 및 백악기의 관입암류 및 화산암류가 분포하고 있으며 변성암류는 흑운모편마암, 운모편암, 석영편암 등이며 쥐라기 화성암류는 주로 흑운모화강암이고, 백악기 화산암류는 응회암, 유문암, 안산암등이 분포한다. 특히 공사 구간에서는 화강암이 주류를 이루고 있다.

지층은 지표면으로부터 매립층, 퇴적층, 풍화대층(잔류토층, 풍화암층), 연암층의 순으로 분포되어 있다. 매립층은 지표로부터 0~3m의 심도에 분포하고, 보통 조밀하며 갈색~황갈색의 점토 및 모래자갈층으로 구성되어 있다. N값이 2~10이다. 퇴적층은 상부퇴적층과 하부퇴적층으로 구분할 수 있는데, 상부퇴적층은 저소성 점토층이 지표하 3~8m 위치에 분포하며 연약~보통 견고한 습윤포화 상태로 암회색의 색깔을 띠며 N치는 4~7 정도이다. 하부퇴적층은 지표하 8~20m 위치에 분포하며 고소성 점토층으로 이루어져 있다. 상부퇴적층은 N값이 1~14 정도의 실트질 점토 및 점토질 실트가 혼재되어 있는 연약지반이고 하부퇴적층은 N값이 4/30~50/2으로 점토질 실트와 실트질 점토, 실트질 모래가 분포되어 있다. 잔류토는 퇴적층 하부에 0.3~11m의 두께로 부분적으로 분포하고 있으며 갈색, 회갈색의 실트질 모래로 구성되어 있다. N값은 50 이상으로 매우 조밀한 상태이다. 풍화암층은 지표하 27~45m 심도에서 출현하며 색조는 갈색, 회갈색, 암회색, 담회색이고 N값은 50/10 이상으로 매우 조밀한 상태이다.

(2) 강널말뚝과 강관버팀보

본 현장에 적용된 흙막이공은 강널말뚝 흙막이벽 구간과 엄지말뚝 흙막이벽 구간으로 구성되어 있다.[2] 연약지반 매립 구간에서는 강널말뚝 흙막이벽으로 시공하였고 원지반(청라도) 굴착 구간에선 엄지말뚝 흙막이벽으로 시공하였다.

여기서는 강널말뚝 흙막이벽 구간에서의 흙막이벽 측방토압만을 고찰하기로 한다. 이 구간은 지하수위가 높은 연약지반이므로 강성이 우수하고 별도의 차수공법이 필요하지 않은 강널말뚝 흙막이벽을 채택하였다.

그러나 강널말뚝 흙막이벽 구간에서의 흙막이벽은 일반널말뚝 및 보강널말뚝의 두 종류가 사용되었다. 통상적으로는 U-Type(KWSP-V) 강널말뚝만을 적용하나 지층 변화가 있는 부분에서는 1.0m의 중심 간격으로 H형강을 강널말뚝에 용접이음하여 강성을 보강한 보강널말뚝을 적용하였다. 그림 5.12는 보강널말뚝의 한 단면이다.

엄지말뚝 흙막이벽으로 시공한 원지반 굴착 구간에서는 제4장에서 설명한 내륙지역 사질토 지반에서의 설계에 해당하므로 흙막이벽에 작용하는 측방토압은 표 4.1에 정리 제안한 값으로 설계한다.

영종도지역과 송도지역 연약지반에서 파악한 바에 의하면 연약지반에서 종래의 측방토압으로 설계한 경우 강널말뚝의 수평변위가 상당히 크게 발생하였다. 특히 최종굴착바닥 부근에서의 수평변위가 상당히 크게 발생하였다. 이는 연약지반에서의 측방토압은 현재 적용되는 측방토압보다 상당히 큰 측방토압이 실제 작용하고 있음을 의미한다. 특히 최종굴착바닥 근처에서의 강널말뚝 흙막이벽의 강성을 증가시켜줄 필요성이 있다. 따라서 통상적으로 사용하는 널말뚝 U-Type(KWSP-V)에 H형강으로 그림 5.12처럼 보강하여 사용하였다.

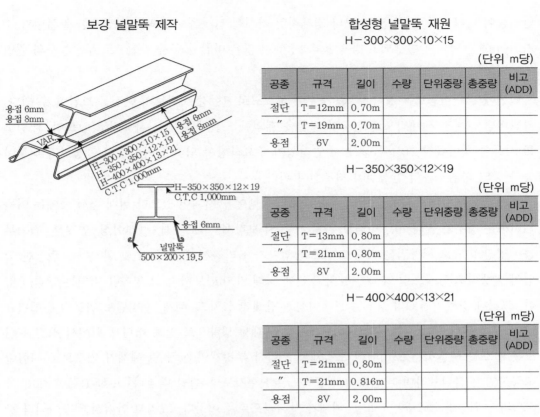

보강 널말뚝 제작

합성형 널말뚝 재원
H-300×300×10×15

(단위 m당)

공종	규격	길이	수량	단위중량	총중량	비고(ADD)
절단	T=12mm	0.70m				
〃	T=19mm	0.70m				
용접	6V	2.00m				

H-350×350×12×19

(단위 m당)

공종	규격	길이	수량	단위중량	총중량	비고(ADD)
절단	T=13mm	0.80m				
〃	T=21mm	0.80m				
용접	8V	2.00m				

H-400×400×13×21

(단위 m당)

공종	규격	길이	수량	단위중량	총중량	비고(ADD)
절단	T=21mm	0.80m				
〃	T=21mm	0.816m				
용접	8V	2.00m				

그림 5.12 보강널말뚝 제작단면도 및 제원

본 굴착현장 전 구간의 흙막이벽체는 강성이 큰 강관버팀보로 지지하였다. 통상 국내외 많은 굴착현장에서 사용되는 버팀보는 대부분이 규격 H-300×300×10×15, H-300×305×15×15인 H형강을 사용하고 있다. H형강 버팀보는 오랜 기간의 현장 적용 실적을 토대로 그 거동 특성과 안정성을 입증하였다. 특히 H형강의 기본 규격을 표준화함으로써 임대 특성을 갖는 버팀보를 사용하는 현장에서 낭비를 최소화하고 회전율을 향상시킬 수 있다.

그러나 H형강 보팀보는 강축과 약축으로 구분되는 그 방향성으로 인하여 약축을 보강하기 위한 수직/수평 브레이싱 보강재를 함께 사용해야 하는 약점도 갖고 있다. 이러한 약축의 추가 브레이싱 보강재 설치 및 해체에 의한 공사비 및 공사 기간 증가 외에도 H형강 버팀보 위에서 브레이싱 보강재 설치 작업이 이루어져야 하는 위험한 작업 공정이 발생하게 된다.

그 밖에도 중간말뚝 간 거리가 짧아지고, 버팀보의 수직/수평간격이 제한적이고, 구조물 간섭에 의한 지반굴착공간 협소화, 벽체 이상변위 발생 시 약축으로서의 급격한 좌굴 발생 등의 단점들이 나타난다. 이로 인해 보다 경제적인 가시설 건설을 가로막아 불필요한 공사비가 증가되어 예산 낭비가 발생되고 공정협의과정에서 많은 마찰과 공사 지연으로 부실공사의 원인으로 나타나고 있다.

반면에 강관버팀보는 강축, 약축 구분이 없으므로 H형강 버팀보의 단점을 보완할 수 있다. 강관버팀보는 전 세계적으로 한국과 일본을 제외한 모든 국가에서 사용되고 있으며, 버팀보를 사용한 지반굴착 가시설 공사 시 안정성이 주요사항이 되며 흙막이벽의 안정성과 더불어 공사 중의 작업자들의 안정성이 최우선시 된다.

현재 굴착현장에서 H형강 버팀보 상부로의 통행이 금지되어 있으나 실재 공사 중에는 이를 위반하는 경우가 많다. 즉, 버팀보 설치 시공 시 보강재, 사보강재, 브레이싱, 연결부, 접속부 등 H형강 버팀보 시공법은 버팀보 위로 작업자가 올라가서 직접 용접 및 설치하는 위험한 작업이 발생되고 갑작스런 약축 방향의 파괴에 의해 타 버팀보까지 그 영향을 미치는 단점이 있다. 그러나 강관버팀보의 경우는 브레이싱 보강재의 설치 및 해체 시 버팀보 위로의 통행필요성이 없게 된다. 즉, 강관버팀보는 브레이싱 보강재 생략으로 인해 버팀보 위에서 적접 용접 또는 볼트를 체결하는 브레이싱 보강재를 포함한 부속재의 설치 및 해체가 없으므로 위험한 고공작업이 불필요하며 버팀보의 시공속도는 H형강보다 훨씬 빠르다. 또한 H형강 대비 약 65%의 단위중량으로 운반·설치·해체가 상대적으로 용이하다. 그리고 안정성뿐만 아니라 강관버팀보를 기존 H형강과 동일한 수직/수평간격으로 시공할 경우에는 강재량 감소와 브레이싱 보강재 생략으로 전체 가시설 공사비의 약 10~30% 절감이 가능하며 공사 기간도 15~30% 단축이 가능하다.

보편적으로 이용되는 버팀보는 H-300×300×10×15 형강으로 지반 및 굴착 여건에 따라 단독 또는 2개의 형강을 결속하여 사용한다. 본 현장에서 적용된 원형강관의 비교검토 대상인 H-300×300×10×15, 2H-300×300×10×15 형강과 비슷한 단면적을 가질 수 있도록 두께를 10mm, 직경을 40mm 및 80mm로 가정하여 H형강과 원형강관의 허용축방향압축하중을 산정하기 위해 약축 기준의 강재별 단면 제원을 비교하면 표 5.3과 같다.

일반적으로 H형강 버팀보는 강축에 대해서는 중간말뚝 간격으로, 약축에 대해서는 브레이싱 간격으로 설계를 수행하게 된다. 실질적인 H형강 버팀보의 파괴는 주로 약축 방향으로 일어나며 이는 ㄱ형강(90×90×10) 브레이싱재의 용접 및 볼트만을 통하여 완전 고정단을 통한 좌굴 길이 조정이 거의 불가능하기 때문이다. 또한 H형강 버팀보를 모두 브레이싱 보강재로 연결하여 어느 정도의 하중을 분담하여 안전율을 높이도록 하는 것과 파괴가 발생할 경우에는 전체 지보재에 영향을 미치게 되어 흙막이벽 전체에 위험한 결과를 가져다줄 수 있다.

그러나 강관버팀보는 구조 성능 측면에서 H형강 대비 단면효율이 뛰어나다. 즉, 단위중량 대비 허용하중이 훨씬 높다. 압축실험 결과 H형강 버팀보의 거동은 최대하중까지 10mm 변위를 보이고 있으나 강관버팀보는 최대하중까지 40mm 변위를 보이고 있다. 이는 현장에서 H형강 보팀보가 갑작스러운 변위와 함께 파괴가 일어나는 데 비해 강관버팀보는 이에 대해 4배의 변위까지 허용함으로써 사공자로 하여금 보다 정밀하게 버팀보의 특성을 파악하여 파괴를 예측할 수 있도록 해주어 피해가 발생할 경우 대응책을 세울 수 있다.

표 5.3 H형강 및 원형강관의 제원 비교

구분	단면적 A(cm^2)	단면 2차 모멘트 I(cm^4)	단면 2차 반경 r(cm^3)	단면계수 Z(cm^3)
H$-$300×300×10×15	119.8	6,750	7.5	450
2H$-$300×300×10×15	239.6	13,500	7.5	900
Φ400×10t	122.5	23,310	13.8	1,165
Φ800×10t	248.1	193.646	27.9	4,841

청라현장에 적용된 흙막이 구조물의 제원을 요약하면 표 5.4와 같다. 일반널말뚝을 적용한 구간과 보강널말뚝을 적용한 구간으로 구분하여 정리하였는데, 이 표에서 보는 바와 같이 강널말뚝은 U$-$Type(KWSP$-$V)(500×200×19.5)을 사용하였고 길이가 18~21m였다. 굴착깊이는 11~13.5m이며 근입장은 최종굴착깊이보다 대략 6~10m 길게 하였다. 강관버팀보는 ϕ406.4×12t(STKT590)인 강관을 사용하였으며 3~5m 간격으로 대략 4~6단 설치하였다. 띠장은 H$-$400×408×21×21 혹은 H$-$700×300×13×24인 H형강을 사용하였다. 중간말뚝은 4.5~5.0m 간격으로 3~4개 설치하였다.

한편 보강널말뚝을 적용한 구간에서는 일반널말뚝 구간에서 사용한 U$-$Type(KWSP$-$V) (500×200×19.5) 규격의 강널말뚝을 H$-$400×400×13×21 혹은 H$-$350×350×12×19의 H형강으로 보강하였으며 보강길이는 위치에 따라 7.2~18.5m로 하였다. 널말뚝의 길이는 21~24m로 일반널말뚝 구간에서보다 길게 설치하였다. 이 구간의 굴착깊이 또한 일반널말뚝 구간에서보다 약간 깊은 12.3~19m였다. 그 밖에 강관버팀보는 ϕ406.4×12t(STKT590)인 강관을 사용하였으며 3.5~5m 간격으로 대략 4단 설치하였다. 띠장은 H$-$700×300×13×24인 H형강을 사용하였으며 중간말뚝은 3.5~5.0m 간격으로 3~4개 설치하였다.

표 5.4 청라현장에 적용된 흙막이구조물 제원[2]

구분	일반널말뚝 구간	보강널말뚝 구간
널말뚝규격	U−Type(KWSP−V)(500×200×19.5)	U−Type(KWSP−V)(500×200×19.5)
말뚝길이(m)	18~21	21~24
굴착깊이(m)	11~13.5	12.3~19
근입장(m)	6~10	3~11
강관버팀보 규격	ϕ406.4×12t(STKT590)	ϕ406.4×12t(STKT590)
버팀보 간격(m)	3~5	3.5~5.0
버팀보 단수(단)	4~6	4
띠장 규격	H−400×408×21×21 혹은 H−700×300×13×24	H−700×300×13×24
중간말뚝 간격(m) 및 개수	4.5~5.0(3~4개)	3.5~5.0(3~4개)
보강말뚝 규격	−	H−400×400×13×21 H−350×350×12×19
보강말뚝 길이(m)	−	7.2~18.5

(3) 널말뚝 보강효과

버팀보지지 흙막이벽의 수평변위는 굴착배면의 지반조건, 굴착단계, 버팀보의 설치 시기 등에 따라 크게 영향을 받는다. 특히 널말뚝의 강성은 널말뚝 흙막이벽체의 수평변위 거동에 큰 영향을 미친다.

그림 5.13은 일반널말뚝 구간과 H형강을 보강한 보강널말뚝 구간의 평균적인 수평변위거동을 비교한 그림이다.[2] 이 그림에서 보는 바와 같이 널말뚝의 최대수평변위량은 일반널말뚝 구간과 보강널말뚝 구간에서 그다지 큰 차이를 나타내지는 않았지만, 최종굴착바닥부에서는 보강널말뚝의 수평변위가 일반널말뚝의 수평변위보다 18~25mm 정도 적게 발생하였다.

일반적으로 연약지반에서는 굴착저면부에서의 수평변위가 크면 굴착바닥에서 히빙현상이 발생하기 쉽다. 따라서 널말뚝의 강성을 보강시킴으로써 흙막이벽체의 수평변위를 상당히 감소시킬 뿐만 아니라 굴착바닥의 히빙 방지 효과가 있었음을 확인할 수 있다.

앞에서 현장 계측에 의하여 파악된 연약지반 속 측방토압은 기존 제안식들에 비하여 상당히 크게 발생하였다. 만약 기존의 측방토압식을 적용하여 널말뚝 흙막이벽을 설계·시공하였다면 흙막이벽체의 변위가 심하게 발생할 수 있었음을 영종도 연약지반에서 이미 관찰된 바 있었다. 따라서 널말뚝 흙막이벽이 새롭게 파악·제안된 측방토압을 받을 수 있게 하려면 널말뚝의 강성을 크게 설계해야 됨을 의미한다.

그림 5.13에서 굴착바닥부 흙막이벽 배면에 도시한 검은 굵은 연직선으로 널말뚝을 보강한 부분을 표시하였다. 결국 여기서 널말뚝을 H형강으로 보강한 것은 새롭게 파악·제안된 측방 토압 $p = 0.6\gamma H$에 적절히 저항할 수 있었음을 보여주는 결과이다. 특히 최종굴착바닥에서의 수평변위거동은 이 사실을 잘 설명해주고 있는 것이라 생각된다. 즉, 연약지반 속 널말뚝 흙막이벽체의 하부를 보강함으로써 이 부분에서의 수평변위와 히빙을 억지시킬 수 있었다.

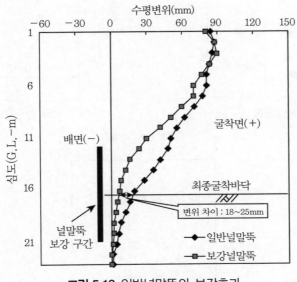

그림 5.13 일반널말뚝의 보강효과

(4) 측방토압에 대한 고찰

청라지역 연약지반에 설치한 강널말뚝 흙막이벽에서 측정된 버팀보축력을 중점분할법으로 환산한 측방토압을 도시하면 그림 5.14(a)와 같다.

즉, 그림 5.14(a)는 청라지역에 설치된 버팀보지지 흙막이벽에 작용하는 측방토압의 분포와 최대측방토압의 크기를 구하기 위하여 각 굴착단계별 최대측방토압을 최종굴착깊이에서의 연직상재압 σ_v와의 비(p/σ_v)로 무차원화시키고 굴착깊이 z도 최종굴착깊이 H로 무차원화시켜 각 해당 굴착심도에서의 측방토압비를 도시함으로써 각 굴착단계별 흙막이벽체에 작용하는 최대측방토압의 변화를 종합적으로 도시한 그림이다.

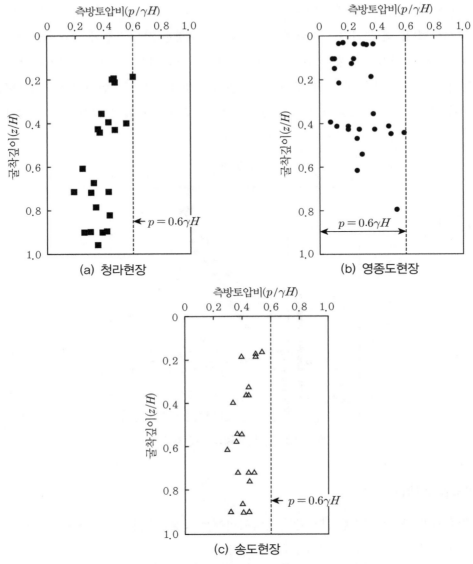

그림 5.14 버팀보지지 널말뚝 흙막이벽 측방토압

이와 같은 청라지역 연약지반에서의 현장 계측 자료를 영종도지역 연약지반과 송도지역 연약지반에서의 자료와 비교 검토하기 위해 그림 5.14(b) 및 (c)를 참고로 같이 도시하였다. 이들 그림 속에 점선으로 도시한 사각형 측방토압 분포는 그림 5.14(b)의 영종도 연약지반에서 파악하여 제안한 측방토압 분포이다.

우선 그림 5.14(a)에서 보는 바와 같이 청라지역 연약지반 흙막이벽에 작용하는 측방토압

현장 계측치는 모두 그림 5.14(b)의 영종도 연약지반에서 제안한 사각형 측방토압 분포 내에 분포하였다. 이는 송도지역 연약지반에서도 동일한 결과를 볼 수 있었다.

결국 그림 5.14로부터 우리나라 서해안 지역 연약지반굴착현장에 설치된 버티보지지 강널 말뚝에 작용하는 측방토압 분포는 사각형 분포로 규정할 수 있다.

특히 그림 5.14(b)의 영종도 연약지반 자료에서는 흙막이벽 하부의 측방토압자료가 충분하지 못하였으나 청라지역과 송도지역에서 현장 계측치는 이 부분의 측방토압이 흙막이벽의 중앙부와 거의 동일한 크기로 발생하였음을 보여주고 있다.

한편 그림 5.14(b)에서 영종도지역 연약지반에서 제시된 최대측방토압의 크기 $p = 0.6\sigma_v$는 청라지역과 송도지역에서도 동일하게 적용할 수 있음을 그림 5.14(a)와 그림 5.14(c)에서 볼 수 있다. 이 최대측방토압의 크기는 사질토지반에서의 최대측방토압 $p = 0.25\gamma H$보다는 상당히 큰 토압에 해당한다. 이 최대측방토압의 크기는 Tschebotarioff(1973)가 연약점토지반 속 버팀보지지 흙막이벽에 작용하는 최대측방토압으로 제안한 $p = 0.5\gamma H$(그림 3.12(a) 참조)보다 약간 큰 값에 해당한다.

이러한 연약지반에서의 측방토압 분포 형태는 이미 영종도지역, 송도지역, 청라지역 연약지반에서 고찰한 바와 같이 다층사질토지반을 대상으로 그림 4.6과 같이 제안한 사다리꼴 형태의 측방토압 분포와 두 가지 큰 차이점이 있다. 첫 번째 차이점은 그림 5.14(b)에서 보는 바와 같이 상당히 큰 측방토압이 연약지반 굴착 초기부터 흙막이벽체 상부에 발생하였다는 점이다. 따라서 사질토지반에 제안된 그림 4.6의 흙막이벽체 상부 $H_1 = 0.1H$ 구간에서의 측방토압의 선형 증가 구간을 연약점토지반에서는 고려할 수가 없다.

두 번째 차이점은 그림 5.14(a) 및 (c)에서 보는 바와 같이 여전히 상당한 측방토압이 흙막이벽체의 하부에 작용하였다는 점이다. 흙막이벽체 하부에 대한 측방토압 분포는 그림 5.14(b)에서 보는 바와 같이 영종도지역 연약지반에서의 측정치가 충분하지 못하여 결정하기가 용이하지 않았다. 그러나 청라지역과 송도지역 연약지반에서는 흙막이벽체 하부에 상당히 큰 측방토압의 측정치가 존재하였기 때문에 이 부분의 측방토압 크기를 규정할 수가 있다. 따라서 그림 4.6에 제안한 흙막이벽체 하부 $H_2 = 0.2H$ 구역에서 측방토압이 선형적으로 감소하는 구간도 연약점토지반에서는 고려할 수가 없다.

기존에 제안된 측방토압 분포를 살펴보면 Terzaghi & Peck(1967)[24]이 연약~중간 점토지반에서의 측방토압 분포로 제안한 그림 3.10(b)의 측방토압 분포에서도 흙막이벽체 하부의 측방토압은 감소시키지 않았다. 또한 Tschebotarioff(1973)[26]와 NAVFAC[21]이 제안한 연약점토지반에서의 측방토압 분포로 제안한 그림 3.12(a) 및 3.13(b)에서도 흙막이벽체 하부의 측방토압은 역시 감소시키지 않았다.

이미 송도지역 연약지반에 설치된 버팀보지지 강널말뚝 흙막이벽 설계에 적용할 수 있는 측방토압 분포로 영종도 연약지반에서 파악 제안한 측방토압 분포(최대측방토압의 크기가 $p = 0.6\gamma H$인 사각형 측방토압 분포)를 적용할 수 있음을 확인한 바 있다. 동일하게 청라지역 연약지반에 설치될 강널말뚝 흙막이벽 설계에도 영종도 연약지반에서 파악 제안한 측방토압 분포(최대측방토압의 크기가 $p = 0.6\gamma H$인 사각형 측방토압 분포)를 적용할 수 있음을 알 수 있다.

결국 우리나라 서해안의 연약지반에 강널말뚝 흙막이벽 설계에 적용할 수 있는 최적의 측방토압 분포는 최대측방토압의 크기가 $p = 0.6\gamma H$인 사각형 측방토압 분포가 적합하다고 할 수 있다.

5.1.4 강널말뚝 흙막이벽에 작용하는 측방토압 분포 제안

그림 5.15는 우리나라 서해안의 영종도지역, 송도지역, 청라지역의 세 지역에 분포되어 있는 연약지반에 설치된 버팀보지지 널말뚝 흙막이벽에 작용하는 측방토압의 모든 자료를 함께 도시한 그림이다. 즉, 그림 5.15는 그림 5.14의 (a), (b) 및 (c)를 함께 도시한 그림에 해당한

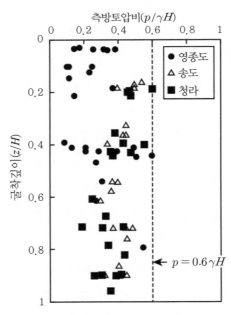

그림 5.15 연약지반에 설치된 버팀보지지 강널말뚝 흙막이벽 측방토압

다. 이 그림에서도 알 수 있는 바와 같이 우리나라 서해안 지역의 모든 연약지반 속에 설치된 버팀보지지 널말뚝 흙막이벽 설계에 적용할 수 있는 측방토압 분포는 최대측방토압 크기가 $p = 0.6\sigma_v$인 사각형 분포로 규정할 수 있다.

한편 그림 5.16은 영종도지역 연약지반에서 다양한 지지시스템을 도입한 흙막이벽을 설치하고 실시한 연약지반의 지하굴착 현장에서 측정한 모든 측방토압을 함께 도시한 결과이다. 즉, 버팀보지지 흙막이벽, 앵커지지 흙막이벽 및 복합지지 흙막이벽에 작용하는 모든 환산측방토압을 함께 도시한 결과이다. 다시 말하면 그림 5.3에서 그림 5.5까지의 측방토압 측정치를 모두 합쳐 그림 5.16과 같이 함께 정리해보았다.

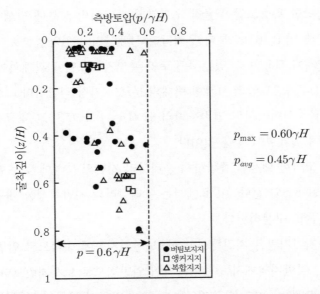

그림 5.16 연약점성토지반 속 흙막이벽에 작용하는 측방토압 분포

그림 5.16에서 보는 바와 같이 연약점성토지반에 설치된 흙막이벽에 작용하는 환산측방토압은 지지방식에 무관하게 사각형 형태의 분포를 보이며 최대측방토압으로는 최종굴착깊이에서의 연직응력($\sigma_v = \gamma H$)의 0.6배인 $p = 0.6\gamma H$의 측방토압이 작용한다고 생각하는 것이 합리적일 것이다. 한편 이들 모든 측정치의 평균치는 최종굴착깊이에서의 연직응력의 0.45배 정도인 $p = 0.45\gamma H$가 된다.[7-10]

즉, 흙막이벽체의 전체 길이에 걸쳐 동일한 크기의 측방토압이 작용하는 사각형 형태의 측방토압이 연약지반 속에 설치된 강널말뚝 흙막이벽에 작용하는 측방토압이라 할 수 있다. 이

는 제3장의 그림 3.10(b) 및 3.12(a)에서 연약지반 속 흙막이벽 측방토압으로 설명한 기존의 Terzaghi & Peck(1967)[24]이나 Tschebotarioff(1973)[26]의 제안 측방토압의 분포나 크기와 상당히 다름을 알 수 있다. 또한 NAVFAC[21]에 연약~중간 점토지반을 대상으로 규정된 측방토압 분포와도 약간 차이가 있음을 알 수 있다.

특히 최대측방토압의 크기가 기존의 제안 값들보다 훨씬 크게 측정되었음을 알 수 있다. 따라서 만약 기존의 Terzaghi & Peck(1967)이나 Tschebotarioff(1981)가 제안한 측방토압을 적용하여 강널말뚝을 설계한다면 상당히 과소설계(위험한 설계)의 결과를 초래하게 될 것이다. 기존 제안 식들 중에는 NAVFAC(1982)에서 제안 값이 가장 일치하는 결과를 보이고 있다. 다만 NAVFAC(1982)에서도 흙막이벽 상부에 측방토압이 많이 작용하지 않는 것으로 제안하였으나 실제는 상당한 측방토압이 굴착 초기부터 흙막이벽 상부에 발생하였다.

결론적으로 그림 5.15 및 5.16으로부터 우리나라 서해안지역 연약점성토지반에 설치될 강널말뚝 흙막이벽의 설계에 적용할 수 있는 측방토압은 지지시스템에 관계없이 흙막이벽체 전체에 걸쳐 동일한 크기의 측방토압의 사각형 형태의 분포가 가장 적합하다고 할 수 있다. 이때 최대측방토압은 최종굴착깊이에서의 연직응력의 60%($p = 0.6\gamma H$)이고 평균측방토압은 45%($p = 0.45\gamma H$)로 정하여 설계함이 좋을 것이다.

제4장과 제5장에서 고찰한 내용을 종합하여 우리나라 지반의 특성에 맞는 흙막이벽 설계용 측방토압을 정리하면 표 5.5와 같다. 이 표에서는 우리나라의 지반특성을 내륙지역지반과 해안지역지반으로 크게 둘로 구분하였다.

우선 우리나라 내륙지역지반은 지질특성상 장·노년기지층에 속하므로 암반이 지표면에서 비교적 얕게 존재한다. 암반지역에서는 측방토압이 일반적으로 토사지반보다 작게 발생하는 특성이 있다. 물론 절리방향에 따라 다르긴 하여도 절리방향이 굴착에 불리하지 않은 경우는 측방토압이 일반 토사지반에서보다 작게 발생한다. 따라서 이 특성을 고려하기 위해 내륙지역지반을 토사지반과 암반지반으로 구분한다. 여기서 암반지반의 구분 방법으로는 굴착깊이 대비 암반층의 두께로 결정한다. 풍화암층을 포함한 하부 암반층의 두께가 전체 굴착깊이의 50% 이상이거나 풍화암층을 제외시키고 연암층 이하의 암반층이 전체 굴착깊이의 30% 이상이 되는 지역지반을 암반지반으로 구분한다.

일반적으로 내륙지역지반은 대부분 지표로부터 표토층, 풍화토층, 풍화암층, 연암층, 경암층 순으로 존재하는 다층지반이다. 이러한 다층지반에서는 엄지말뚝 흙막이벽이 주로 적용되었으며 지지구조로는 버팀보와 앵커가 주로 적용되었다. 최근에는 쏘일네일링도 적극적으로 적용하는 추세이다. 표 5.5에 정리된 흙막이벽 측방토압은 지지구조의 종류에 무관하게 모두 적용할 수 있다.

내륙지역 지반 속 흙막이벽 설계용 측방토압 분포는 표 5.5에 정리되어 있는 바와 같이 사다리꼴 형태의 측방토압 분포가 적합하다. 즉, 지표로부터 흙막이벽체 상부 10% 깊이 구간에서는 측방토압이 선형적으로 증가하여 일정 토압 구간에 도달하며 이 일정 측방토압 구간을 지나 흙막이벽체 하부 20% 깊이 구간에서는 측방토압이 선형적으로 감소하는 사다리꼴 형태로 결정할 수 있다.

표 5.5 우리나리 지반종류별 측방토압 분포 및 크기

내륙지역지반(다층사질토지반)				해안지역지반(연약점성토지반)	
토사지반		암반지반☆		연약지반	
평균치	최대치	평균치	최대치	평균치	최대치
$p = 0.65 K_a \gamma H$ $p = 0.20 \gamma H$ $p = 0.40 K_0 \gamma H$	$p = 0.85 K_a \gamma H$ $p = 0.25 \gamma H$ $p = 0.55 K_0 \gamma H$	$p = 0.55 K_a \gamma H$ $p = 0.15 \gamma H$ $p = 0.35 K_0 \gamma H$	$p = 0.75 K_a \gamma H$ $p = 0.20 \gamma H$ $p = 0.50 K_0 \gamma H$	$p = 0.45 \gamma H$	$p = 0.60 \gamma H$
버팀보지지, 앵커지지, 쏘일네일링지지				버팀보지지, 앵커지지, (버팀보 & 앵커) 복합지지	
엄지말뚝 흙막이벽				강널말뚝 흙막이벽	

☆ : 풍화암층 이하의 암반층의 두께가 전체 굴착깊이의 50% 이상이거나 연암층 이하의 암반층이 전체 굴착깊이의 30% 이상인 지역지반

여기서 일정 측방토압 구간에 작용하는 측방토압은 평균치와 최대치의 두 가지로 적용할 수 있다. 먼저 평균치의 측방토압은 경제적인 설계를 실시할 경우 적용할 수 있다. 이때는 현

장 계측 모니터링 시스템을 반드시 병행해야 한다. 반면에 특별히 안전한 설계가 요구될 때는 보다 큰 최대치의 측방토압을 적용한다.

사질토지반의 측방토압의 크기는 세 가지 방법으로 정의하는데 최종굴착깊이에서의 주동토압($p_a = K_a \gamma H$), 연직상재압($\sigma_v = \gamma H$) 및 정지토압($p_0 = K_0 \gamma H$)과 연계하여 결정한다. 토사지반과 암반지반에 대한 측방토압의 평균치와 최대치는 표 5.5에 정리된 바와 같다. 암반지반에서의 측방토압은 토사지반에서의 측방토압의 75~85%의 값에 해당된다.

한편 해안지역지반은 일반적으로 연약점성토지반을 의미한다. 우리나라는 삼면이 바다에 접하여 있다. 특히 서해안과 남해안에는 연약지반이 많이 존재한다. 해안매립을 실시하여 조성한 지역에서 지하굴착을 실시하기 위해 필요한 흙막이벽 설계용 측방토압을 결정해야 한다. 이러한 연약지반에서는 흙막이벽으로 강널말뚝이 주로 사용된다. 따라서 표 5.5에 연약점성토지반에 설치된 강널말뚝 흙막이벽 설계에 적용될 수 있는 측방토압을 정리하였다. 이 측방토압도 사질토지반에서와 같이 지지구조에 무관하게 적용할 수 있다. 즉, 버팀보지지, 앵커지지 및 버팀보와 앵커의 복합지지 흙막이벽 설계에 모두 적용할 수 있다.

연약점성토지반 속 흙막이벽에 작용하는 측방토압의 분포는 굴착 초기, 즉 지표면부터 측방토압이 크게 발생하므로 사각형 형태로 적용한다. 연약점성토지반에서는 측방토압의 크기를 연직상재압과 대비시켜 적용하는 것이 좋다. 왜냐하면 연약지반에 주동토압이나 정지토압과 대비시키려면 지반의 내부마찰각을 정해야 하는데 연약지반의 내부마찰각을 결정하는 작업에 어려움이 있기 때문이다. 사각형 측방토압 분포의 측방토압의 크기는 최종굴착깊이에서의 연직상재압($\sigma_v = \gamma H$) 대비 크기로 표시하였을 때 평균치로 45%, 최대치로 60%를 적용한다.

5.2 강널말뚝 흙막이벽의 안정성

5.2.1 강널말뚝 흙막이벽의 변형거동

홍원표외 2인(2005)은 강널말뚝의 수평변위는 굴착배면의 지반조건, 굴착단계, 지지방식 등에 따라 크게 영향을 받음을 밝힌 바 있다.[10] 그림 5.17~5.19에 여러 가지 지지방식에 따른 굴착단계별 강널말뚝의 수평변위거동을 도시하였다.

그림 5.17은 버팀보지지 강널말뚝의 수평변위를 나타낸 것으로 최대수평변위는 최종굴착

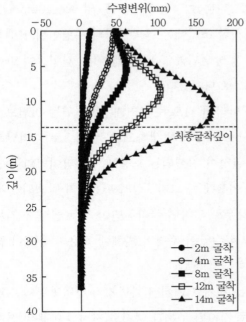

그림 5.17 버팀보지지 강널말뚝의 수평변위

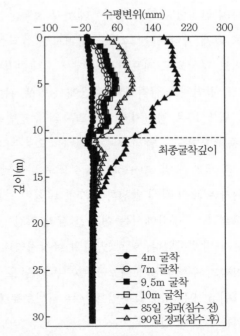

그림 5.18 앵커지지 강널말뚝의 수평변위

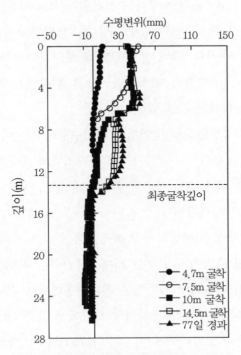

그림 5.19 복합지지 강널말뚝의 수평변위

CHAPTER 05 강널말뚝 흙막이벽 | **159**

바닥에 인접한 흙막이벽 저부에서 발생되는 것으로 나타났으며, 그 크기는 약 60~400mm 정도로 크게 나타났다. 그림을 살펴보면 굴착을 실시한 초기에는 흙막이벽의 수평변위가 캔틸레버보 형상으로 지표면 부근에서 최대수평변위가 발생되었으나 굴착깊이가 깊어짐에 따라 최대수평변위는 굴착바닥 부근에서 발생되는 것으로 나타났다.[8]

그림 5.18은 앵커지지 강널말뚝의 수평변위를 나타낸 것으로,[9] 최대수평변위는 버팀보지지 흙막이벽과는 달리 최종굴착바닥으로부터 3~5m 상부에 발생하고 있는 것으로 나타났으며, 그 크기는 약 30~150mm 정도로 나타났다. 굴착이 진행되는 도중에는 흙막이벽의 수평변위가 비교적 작게 발생하였으나, 굴착이 완료된 이후에 큰 크리프성 수평변위가 발생되었다.

그러나 이 구간에서는 여름철 장마 기간 집중강우로 인하여 굴착전면이 모두 물에 잠기는 경우가 발생하였다. 이로 인하여 굴착지역내부에서 수압이 흙막이 벽체에 작용하게 되어 흙막이벽의 수평변위가 다소 회복되는 거동을 볼 수 있었다.

그림 5.19는 강널말뚝의 상부는 버팀보로 하부는 앵커로 지지된 복합지지 강널말뚝의 수평변위를 나타낸 것으로,[7] 최대수평변위는 버팀보로 지지된 부분과 앵커로 지지된 부분의 경계면에서 발생되었으며, 그 크기는 약 30~180mm 정도로 나타났다. 지표면으로부터 약 6m 깊이를 경계로 하여 상부의 수평변위와 하부의 수평변위가 서로 다른 형태로 발생하였다. 이러한 원인은 지표면으로부터 약 6m 깊이를 경계로 상부는 버팀보지지 구조이고, 하부는 앵커지지 구조로 설치되어 있기 때문이다. 따라서 지표면으로부터 약 6m를 경계로 상부에는 버팀보지지 흙막이벽에서 발생되는 수평변위 형태가 나타나고, 하부에는 앵커지지 흙막이벽에서 발생되는 수평변위 형태가 나타나는 것을 알 수 있다.[7]

이상의 결과를 살펴보면 강널말뚝 흙막이벽의 최대수평변위는 버팀보지지의 경우 가장 크고, 그 다음은 복합지지의 경우가 크며, 앵커지지 흙막이벽의 경우가 가장 작은 것으로 나타났다. 이러한 원인은 지지방식에 따른 시공과정 및 시공조건, 굴착 완료 후 점성토지반의 크리프성 변형 등에 의한 것으로 판단된다.

그리고 흙막이벽의 변형형상은 버팀보지지 흙막이벽의 경우 굴착바닥 부근에서 최대수평변위가 발생되고, 앵커지지 흙막이벽의 경우 최대수평변위는 최대굴착깊이의 1/2 굴착지점 부근에서 발생되며, 복합지지 흙막이벽의 경우 최대수평변위는 최대굴착깊이의 2/3 굴착지점에서 발생함을 알 수 있다. 한편 최종굴착바닥 부근에서 강널말뚝 흙막이벽의 수평변위가 크게 발생되는데 이로 인하여 굴착바닥에서는 히빙(heaving)이 발생하였다.

5.2.2 버팀보지지 강널말뚝 흙막이벽의 안정성

일반적으로 연약지반에서 굴착깊이가 증가함에 따라 흙막이벽의 수평변위가 증가할 뿐만 아니라 굴착바닥에서는 히빙이 발생하게 된다. 이미 제4장에서 설명한 바와 같이 연약지반 속 흙막이벽에는 측방토압이 상당히 크게 발달함을 현장 계측 자료의 분석 결과로 파악한 바 있다. 이로 인하여 흙막이벽의 수평변위는 상당히 크게 발생하게 되므로 흙막이벽은 변형 특성이 큰 강재널말뚝을 주로 사용한다. 그러나 강널말뚝 흙막이벽의 경우도 흙막이벽의 수평변위에 대한 관리기준을 마련하여야 연약지반 속 널말뚝 흙막이벽의 설계·시공지침으로 활용할 수 있다.

그림 5.20은 연약지반 속에 버팀보지지 강널말뚝으로 흙막이벽을 설치하고 굴착을 실시하면서 측정한 계측기록이다. 그림 5.20(a)는 영종도지역[8]만의 계측기록이고 그림 5.20(b)는 청라지역,[2] 송도지역,[3] 영종도지역[8] 모두의 계측기록이다. 이들 그림에서는 무차원화시킨 흙막이벽의 최대수평변위와 연약지반의 안정수(N_s)와의 상관관계를 보여주고 있다.

그림을 살펴보면 안정수가 3.14 이하로 안정적인 경우는 최대수평변위가 굴착깊이의 1.0% 이하로 발생되었고, 안정수가 3.14 이상인 경우 최대수평변위는 굴착깊이의 1.0% 이상으로 크게 발생한 것으로 나타났다. Goldberg et al.(1976)도 연약점토지반 또는 약간 단단한 점토지반에서의 널말뚝 흙막이벽체의 수평변위는 굴착깊이의 1%를 초과하기도 한다고 하였다.[26]

한편 안정수가 5.14인 한계안정수 이상의 경우 최대수평변위는 굴착깊이의 2.5% 이상으로 발생되었음을 알 수 있다. 결국 연약지반에 설치된 흙막이벽의 수평변위는 연약지반의 안정수와 밀접한 상관성이 있음을 파악할 수 있다. 따라서 지반굴착을 실시하기 전에 지반의 안정수로 흙막이벽의 안정성을 미리 예측할 수 있다.

이러한 결과를 토대로 연약지반 속 버팀보지지 강널말뚝 흙막이구조물의 안정성을 판단할 수 있는 최대수평변위의 범위는 식 (5.1)과 같이 나타낼 수 있다.

$$\delta_H/z \leq 1\% \qquad : 양호한\ 현장$$
$$1\% < \delta_H/z \leq 2.5\% : 요주의\ 현장$$
$$\delta_H/z > 2.5\% \qquad : 불량한\ 현장 \tag{5.1}$$

즉, 각 굴착단계별 흙막이벽의 수평변위(δ_H)가 굴착깊이(z)의 1% 이하이면 흙막이벽의 안정성이 양호한 현장이고, 1~2.5% 사이이면 주의시공을 요하는 현장이며, 2.5% 이상이면 흙막이벽의 안정성이 불량한 현장으로 판단할 수 있다. 이 수평변위는 엄지말뚝 흙막이벽의 수평변위와 비교해보면 상당히 크게 발생한 결과이다.

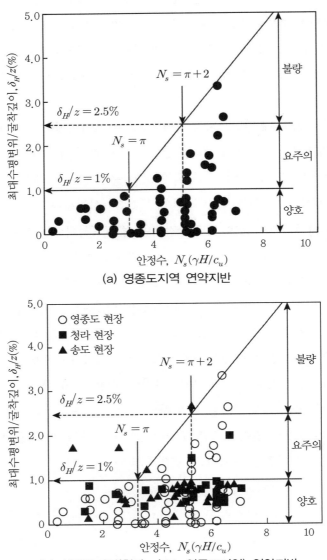

(a) 영종도지역 연약지반

(b) 서해안지역(청라, 송도, 영종도지역) 연약지반

그림 5.20 최대수평변위와 안정수의 관계(버팀보지지)

5.2.3 앵커지지 강널말뚝 흙막이벽의 안정성

일반적으로 연약지반에서 흙막이벽의 수평변위는 굴착깊이가 증가함에 따라 증가한다. 그러나 앵커지지 흙막이벽의 수평변위는 굴착이 진행되지 않을 경우에도 계속적으로 증가하는 경향을 나타냈다. 이는 굴착으로 인한 연약점성토지반의 크리프 변형, 앵커이완 등에 의한 것으로 예상할 수 있다. 그러므로 앵커지지 강널말뚝 흙막이벽의 경우는 흙막이벽의 수평변위속도도 측정하여 흙막이벽의 안정성을 판단하는 것이 중요하다.

그림 5.21은 앵커지지 강널말뚝 흙막이벽의 최대수평변위속도와 굴착지반의 안정수(N_s)의 상관관계를 도시한 그림이다. 이 그림의 종축에는 단계별 굴착이 완료되고 일정 기간 경과 후 발생된 흙막이벽의 최대수평변위를 경과 일로 나누어 흙막이벽의 최대수평변위속도 δ_H'로 나타내고, 횡축에는 굴착저면지반의 안정수 N_s로 나타내었다.

이 그림을 살펴보면 안정수가 3.14 이하인 경우 최대수평변위속도는 1mm/day 이하로 발생되었고, 안정수가 3.14 이상인 경우 최대수평변위속도는 계속적으로 증가하는 것으로 나타났다. 특히 안정수가 5.14인 한계안정수 이상의 경우 최대수평변위속도는 2mm/day 이상으로 발생되었다.

이러한 결과를 토대로 연약지반 속 앵커지지 강널말뚝 흙막이 구조물의 안정성을 판단할 수 있는 흙막이벽의 최대수평변위속도 범위는 식 (5.2)와 같이 나타낼 수 있다.

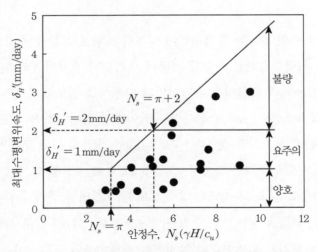

그림 5.21 최대수평변위속도와 안정수의 관계(앵커지지)

$$\delta_H{}' \leq 1\text{mm/day} \qquad\qquad : \text{양호한 현장}$$

$$1\text{mm/day} < \delta_H{}' \leq 2\text{mm/day} : \text{요주의 현장}$$

$$\delta_H{}' > 2\text{mm/day} \qquad\qquad : \text{불량한 현장} \tag{5.2}$$

즉, 각 굴착단계별 흙막이벽의 최대수평변위속도($\delta_H{}'$)가 1mm/day 이하이면 흙막이벽의 안정성이 양호한 현장이고, 1~2mm/day 사이이면 주의시공을 요하는 현장이며, 2mm/day 이상이면 흙막이벽의 안정성이 불량한 현장으로 판단할 수 있다.

5.2.4 복합지지 강널말뚝 흙막이벽의 안정성

그림 5.20에서 연약지반 속 버팀보지지 강널말뚝 흙막이벽을 대상으로 흙막이벽의 수평변위가 굴착깊이의 1% 이하이면 흙막이벽의 안정성이 양호한 현장이고, 1~2.5% 사이이면 주의시공이 필요한 현장이며, 2.5% 이상이면 흙막이벽의 안정성이 불량한 현장이라고 판단하였다.

그리고 그림 5.21에서는 연약지반 속 앵커지지 흙막이벽을 대상으로 단계별 굴착깊이에서의 흙막이벽의 최대수평변위속도와 굴착지반의 안정수를 이용하여 앵커지지 흙막이벽의 안정성을 판단하였다. 즉, 연약지반 속 앵커지지 흙막이벽의 안정성에 대한 기준은 최대수평변위속도가 1mm/day 이하이면 흙막이벽의 안정성이 양호한 현장이고, 1~2mm/day 사이이면 주의시공이 필요한 현장이며, 2mm/day 이상이면 흙막이벽의 안정성이 불량한 현장이라고 판단하였다.

복합지지 흙막이벽의 경우는 흙막이벽이 앵커와 버팀보로 함께 지지되어 있으므로 버팀보지지 흙막이벽의 최대수평변위에 의한 기준과 앵커지지 흙막이벽의 최대수평변위속도에 의한 기준을 모두 적용하여 복합지지 흙막이벽의 안정성을 검토할 수 있다.

그림 5.22와 그림 5.23은 무차원화시킨 흙막이벽의 최대수평변위 및 최대수평변위속도와 안정수와의 상관관계를 도시한 것이다. 그림 5.22와 그림 5.23에 도시된 흰 원은 불량하다고 판정된 경우의 계측치를 도시한 것이다. 그림 5.22 속에는 그림 5.20에서 설명한 버팀보지지의 안정성 판단선을 그림 5.23 속에는 그림 5.21에서 설명한 앵커지지의 안정성 판단선을 함께 도시하였다. 이 그림을 살펴보면 안정수(N_s)가 3.14 이하인 경우 복합지지 흙막이벽의 최대수평변위는 버팀보지지 흙막이벽의 안정성을 판단기준인 굴착깊이의 1% 이하로 발생되고 있음을 알 수 있다. 반면에 안정수(N_s)가 3.14 이상인 경우에도 최대수평변위가 굴착깊이의

1% 이상으로 나타난 경우도 존재하였지만 수평변위가 그다지 크게 발생하지는 않았다. 특히 불량하다고 관측된 현장에서도 수평변위는 굴착깊이의 1% 이하로 발생하였다.

한편 그림 5.23은 흙막이벽의 최대수평변위속도와 안정수와의 상관관계를 도시한 것이다. 이 그림을 살펴보면 복합지지 흙막이벽의 최대수평변위속도는 안정수가 3.14 이하인 경우 앵커지지 흙막이벽의 안정성 기준인 1mm/day 이하로 발생되었고, 안정수가 3.14 이상인 경우는 앵커지지 흙막이벽에서 불량현장으로 분류되는 기준인 2mm/day 이상으로 발생되는 위치에 흰 원으로 표시된 불량한 위치의 자료가 도시되고 있는 것으로 나타났다.

이들 두 그림 속에 흰 원으로 도시한 불량현장으로 관측된 자료를 비교 검토해보면 그림 5.22에서 보는 바와 같이 흰 원으로 측정된 자료의 최대수평변위가 불량한 상태에 존재하지 않아도 그림 5.23에서는 흰 원으로 도시된 자료의 수평변위속도가 불량한 상태로 존재하였음을 볼 수 있다. 따라서 복합지지 흙막이벽의 경우는 두 가지 지지 형태에 대한 기준을 모두 충족시켜야 비로서 흙막이벽이 안전하다고 판단할 수 있다.

따라서 이러한 결과를 토대로 연약지반에 설치된 강널말뚝 흙막이벽의 최대수평변위 및 최대수평변위속도에 의한 흙막이구조물의 안정성을 판단할 수 있는 기준은 식 (5.3)과 같이 규정할 수 있다.

$$\delta_H/z \le 1\% \quad \text{및} \quad \delta_H{}' \le 1\text{mm/day} \quad : \text{양호한 현장}$$
$$\delta_H/z > 2.5\% \quad \text{및} \quad \delta_H{}' > 2\text{mm/day} : \text{불량한 현장} \tag{5.3}$$

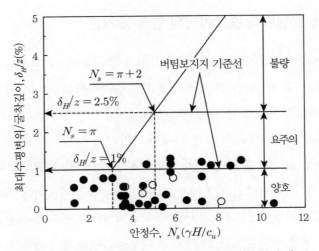

그림 5.22 최대수평변위와 안정수의 관계(복합지지)

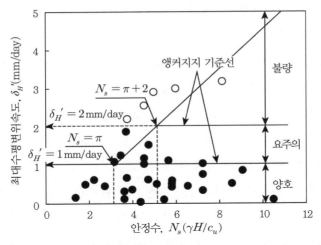

그림 5.23 최대수평변속도와 안정수의 관계(복합지지)

즉, 각 굴착단계별 흙막이벽의 최대수평변위가 굴착깊이의 1% 이하이고, 최대수평변위속도가 1mm/day 이하이면 흙막이벽의 안정성이 양호한 현장이다. 그러나 최대수평변위나 최대수평변위속도 중 한 가지가 이 조건을 만족하지 못하면 주의시공을 요한다. 또한 최대수평변위가 굴착깊이의 1~2.5%이고 최대수평변위속도가 1~2mm/day 사이인 경우도 주의시공을 요하는 현장으로 판단한다. 특히 최대수평변위가 굴착깊이의 2.5% 이상이고, 최대수평변위속도가 2mm/day 이상이면 흙막이벽의 안정성이 극히 불량한 현장으로 판단하여 즉각 굴착공사를 중지하고 보강작업을 실시하여야 한다.

5.2.5 연약지반 속 강널말뚝 흙막이벽의 안정성 기준

일반적으로 연약지반 굴착지반에서는 굴착깊이가 증가함에 따라 흙막이벽의 수평변위가 상당히 크게 발생한다. 특히 흙막이벽의 수평변위는 흙막이벽의 지지방식과 배면지반의 토질특성, 그리고 배면지반의 하중조건 등에 영향을 받는다.

연약지반 속에 설치된 강널말뚝의 경우 전체 굴착깊이의 약 0.3~1.5%까지 최대수평변위가 발생하고 있는 것으로 조사되었다. 일본의 實用軟弱地盤對策技術總覽編集委員會(1993)에서는 굴착저면지반의 N치가 10 이하인 지반에서 벽체의 종류에 관계없이 흙막이벽의 최대수평변위가 크게 발생한다고 하였다.[29] 그리고 Canadian Geotechnical Society(1978)에서는 연약점성토지반의 경우 전체 굴착깊이의 2%까지 최대수평변위가 발생한다고 하였다.[17]

한편 Peck(1969)은 안정수(N_s)를 이용하여 굴착저면지반의 안정을 검토한 바 있다.[22] 즉, 안정수가 3.14(π) 이하이면 굴착저면에서는 탄성적인 변형을 보이고, 안정수가 3.14(π)~5.14 ($=\pi+2$)이면 굴착저면에서 소성역이 확대되기 시작하여 지반융기가 현저하게 된다. 그리고 안정수가 5.14($=\pi+2$) 이상이면 굴착저면에서는 저면파괴로 계속적인 히빙이 발생한다고 하였다.

그림 5.24는 흙막이벽 지지기구별로 앞에서 설명한 모든 경우를 함께 도시하여 연약지반 속 강널말뚝 흙막이벽의 최대수평변위와 굴착지반의 안정수의 상관관계를 도시한 그림이다. 이 그림을 살펴보면 안정수가 3.14 이하인 경우 최대수평변위는 굴착깊이의 1.0% 이하로 발생하고, 안정수가 3.14~5.14 사이인 경우 최대수평변위는 굴착깊이의 2.5% 이하로 발생되는 것으로 나타났다. 그리고 한계안정수인 5.14 이상에서 최대수평변위는 급격하게 증가하는 경향을 보이는 것으로 나타났다.

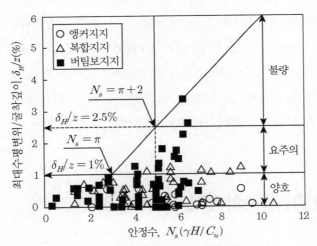

그림 5.24 최대수평변위와 안정수의 기준도

한편 그림 5.25는 흙막이벽 지지기구별로 앞에서 설명한 모든 경우를 함께 도시하여 연약지반 속 강널말뚝 흙막이벽의 최대수평변위속도와 굴착지반의 안정수의 상관관계를 도시한 것이다. 최대수평변위속도는 단계별 굴착이 완료되고 일주일 경과 후 발생된 최대수평변위를 경과일로 나누어 산정하였다. 그림을 살펴보면 안정수가 3.14 이하인 경우 최대수평변위속도는 1mm/day 이하로 발생되었다.

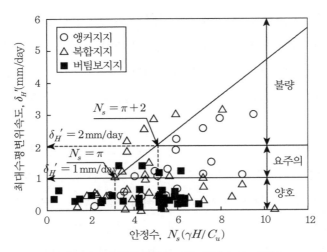

그림 5.25 최대수평변속도와 안정수의 기준도

그러나 안정수가 3.14 이상인 경우는 최대수평변위속도가 2mm/day 이상으로 발생하는 현장도 몇몇 발생하였다. 한계안정수인 5.14 이상인 경우는 최대수평변위속도가 급격하게 증가하는 경향을 보이는 것으로 나타났다. 이 결과는 Peck(1969)에 의해 제안된 굴착저면지반의 안정수에 대한 기준과 잘 일치하며,[22] 홍원표 외 2인(2004b)[9]에 의해 제안된 안정성 판단기준을 동일하게 적용할 수 있음을 알 수 있다. 결론적으로 식 (5.3)으로 정리된 기준은 벽체의 지지 형태에 무관하게 강널말뚝 흙막이벽의 안정성 기준으로 적용할 수 있다.

5.3 연약지반 속 강널말뚝의 설계기준과 시공기준

이상에서의 검토 결과 연약점성토지반 속 강널말뚝 흙막이벽의 안전성은 설계단계와 시공단계의 두 단계로 구분하여 정할 경우, 설계단계에서는 수평변위속도를 예측할 수 없으므로 수평변위에 대한 규정을 정하고 시공 중에는 현장 계측으로 수평변위속도를 검토하는 것이 합리적이다. 이 두 단계에 대한 기준을 정리하면 식 (5.4)와 같다. 우선 설계 시에는 벽체의 수평변위를 굴착깊이의 1%로 한정시키는 것이 바람직하다. 그러나 시공단계에서는 연약점성토지반 속 강널말뚝 흙막이벽의 시공관리기준으로는 안전한 수평변위 발생속도를 규정할 필요가 있다. 이 수평변위속도는 1일 2mm 이내로 한정시켜야 한다.

$$\delta_H = 1.0 \times 10^{-2}z : 설계기준$$
$$\delta_H{}' = 2\text{mm/day} : 시공관리기준 \qquad (5.4)$$

해안지역은 대부분 연약점성토지반으로 조성되어 있으므로 지반굴착공사를 실시할 때 강널말뚝으로 흙막이벽을 조성한다. 일반적으로 연약지반 속 강널말뚝은 굴착이 진행됨에 따라 흙막이벽의 수평변위가 많이 발생한다. 따라서 대변형을 감당할 수 있는 재료로 강널말뚝을 활용한다.

표 5.6은 연약점성토지반 속 강널말뚝 흙막이벽의 안정을 위한 수평변위의 한계치이다. 우선 흙막이벽의 설계 시에는 벽체의 수평변위를 굴착깊이의 1%로 한정시키는 것이 바람직하다.

그러나 점성토지반의 경우는 연약지반의 안정수(N_s)에 따라 흙막이벽의 수평거동이 크게 영향을 받는다. 특히 연약점성토지반에서는 흙막이벽의 수평변위뿐만 아니라 수평변위의 발생속도가 굴착공사의 성패를 좌우한다. 따라서 연약점성토지반 속 강널말뚝 흙막이벽의 시공관리기준으로 안전한 수평변위 발생속도를 규정할 필요가 있다. 이 수평변위속도는 표 5.6에 정리된 바와 같이 1일 2mm 이내로 한정시켜야 한다. 이 기준은 굴착시공 시 수평변위를 현장계측에 의해 측정하고 그 값의 변화 속도를 검토하여 연약점성토지반 속 강널말뚝 흙막이벽의 안정성을 관리한다.

표 5.6 연약점성토지반 속 강널말뚝 흙막이벽의 안정성

설계기준 수평변위(δ_H)	$1.0 \times 10^{-2}z*$
시공관리기준 수평변위속도($\delta_H{}'$)	2mm/day

$z*$: 굴착깊이

참고문헌

1. 두산엔지니어링(1993), "마산항 공유수면 매립공사 실태조사 및 대책 검토서".

2. 서용주(2010), 강관 버팀보로 지지된 보강널말뚝의 거동분석, 중앙대학교 대학원 석사학위논문.

3. 이동현(2009), 연약지반굴착 시 강널말뚝 흙막이벽체의 변위특성 사례연구, 중앙대학교 대학원 석사학위논문.

4. 주성호(2012), 버팀보지지 흙막이 굴착현장에서의 안정성에 관한 연구, 중앙대학교 건설대학원 석사학위논문.

5. 채영수·문일(1994), "국내 지반조건을 고려한 흙막이벽체에 작용하는 토압", 한국지반공학회, '94 가을 학술발표회논문집, pp.129~138.

6. 홍원표·윤중만(1995), "지하굴착 시 앵커지지 흙막이벽 안정성에 관한 연구", 대한토목학회논문집, 제15권, 제4호, pp.991~1002.

7. 홍원표·김동욱·송영석(2004), "연약지반에 설치된 복합지지 강널말뚝 흙막이벽의 거동", 대한토목학회 논문집, 제24권, 제6C호, pp.317~325.

8. 홍원표·송영석·김동욱(2004a), "연약지반에 설치된 버팀보지지 강널말뚝 흙막이벽의 거동", 대한토목학회 논문집, 제24권, 제3C호, pp.183~191.

9. 홍원표·송영석·김동욱(2004b), "연약지반에 설치된 앵커지지 강널말뚝 흙막이벽의 거동", 한국지반공학회 논문집, 제20권, 제4호, pp.65~74.

10. 홍원표·김동욱·송영석(2005), "강널말뚝 흙막이벽으로 시공된 굴착연약지반의 안정성", 한국지반공학회회 논문집, 제21권, 제1호, pp.5~14.

11. 홍원표(2018), 흙막이말뚝, 도서출판 씨아이알.

12. Bjerrum, L. and Eide, O.(1956), Stability of strutted excavations in clay, Geotechnique, Vol.6, No.1, pp.32~47.

13. Bjerrum, L.(1963), "Discussion to European Conference on Soil Mechanics and Foundation Engineering." Wiesbadan, Vol.II, p.135.

14. Bjerrum, L., Clausen, C.J.F. and Duncan, J.M.(1972), "Earth pressure on flexible structures", Proc, State-of-the-Art-Report, Proc., 5th ICSMFE, Vol.2, pp.169~225.

15. Broms, B.B. and Stille, H.(1975), "Failure of anchored sheet pile walls", Journal of Geotechnical Engineering, ASCE, Vol.102, No.3, pp.235~251.

16. Burland, J.B. and Hancock, R.J.R.(1977), "Underground car park at House of Commons", London, The Structure Engineer, Vol.55, pp.87~100.

17. Canadian Geotechnical Society(1978), Excavations and Retaining Structures, Canadian Foundation Engineering Manual, Part 4.

18. Clough, G.W. and Davidson, R.R.(1977), "Effects of construction on geotechnical performance", Proc., 9th ICSMFE, Tokyo, Specialty Session, No.3.

19. Goh, A.T.C.(1994), "Estimating basal-heave stability for braced excavations in soft clay", Journal of Geotechnical Engineering, ASCE, Vol.120, No.8, pp.1430~1436.

20. Mana, A.I. and Clough, G.W.(1981), "Prediction of movements for braced cuts in clay", Jour. of GE, ASCE, Vol.107, No.GT6, pp.759~777.

21. NAVFAC DESIGN MANUAL(1982), pp.7.2-85~7.2-116.

22. Peck, R.B.(1969), "Deep Excavations and Tunnelling in Soft Ground", 7th ICSMFE, State-of-Art Volume, pp.225~290.

23. Rodriguez, J.M. and Flamand, C.L.(1969), "Strut loads recoreded in a deep excavation in clay", Proc. 9th Int. Conf. Soil Mech. Found. Engrg., Vol.2, pp.450~467.

24. Terzaghi, K. and Peck, R.B.(1967), Soil Mechanics in Engineering Practice, 2nd Ed., John Wiley and Sons, New York, pp.394~413.

25. Tomlinson, M.J.(1986), Foundation Design and Construction, 5th edition, Pitman Publishing Limited, London, p.604.

26. Tschebotarioff, G.P.(1973), Foundations, Retaining and Earth Structure, McGraw-Hill, New York, pp.415~457.

27. Ulrich, E.J., Jr.(1989), "Internally braced cuts in overconsolidated soils", Journal of Geotechnical Engineering, ASCE, Vol.115, No.4, pp.504~520.

28. Yoo, C.S.(2001), "Behavior of braced and anchored walls in soils overlying rock", Journal of Geotechnical and Geoenvironmental Engineering, ASCE, Vol.127, No.3, pp.225~233.

29. 實用軟弱地盤對策技術總覽編集委員會(1993), 掘削と軟弱地盤對策；掘削に伴う壁体と地盤の學動, 土木・建築技術者のための實用軟弱地盤對策技術總覽, pp.564~570.

쏘일네일링 흙막이벽

06 쏘일네일링 흙막이벽

　종래 도심지에서 실시된 깊은 굴착공사에는 대부분 버팀보나 앵커로 지지된 엄지말뚝 흙막이공법이 적용되었으나 최근에는 굴착지반에 보강재를 삽입하여 굴착지반의 활동에 대한 전단저항력을 증가시켜 굴착지반을 안정화시키는 쏘일네일링공법도 널리 적용되고 있다.

　쏘일네일링공법은 굴착지반 내에 작업공간의 확보가 용이하고, 기존의 흙막이공보다 근접시공 및 굴착면시공이 간단하여 시공성이 우수하고, 소요공기도 짧아 경제적이다. 또한 타 공법에 비해 흙막이벽의 유연성이 크므로 동적하중에 대한 저항능력도 크다. 그러나 점착력이 작은 지반에서 굴착깊이가 비교적 깊은 경우에는 네일의 마찰저항력만으로 굴착지반의 안정을 확보하는 데 다소 어려움이 있다는 단점도 있다.

　쏘일네일링공법은 지반을 굴착하면서 철근형상의 보강재를 지반에 삽입하여 지반의 안정을 도모하는 공법이다. 이 공법을 최초로 공학적으로 건설공사에 응용한 기술이 NATM 공법이라 할 수 있다. 즉, NATM 공법의 경험을 사면안정 및 지하굴착에 응용한 기술이 바로 쏘일네일링공법이라 할 수 있다.

　따라서 이 공법의 원리는 터널공사에 적용된 NATM 공법의 원리와 동일하다. 즉, 터널공사에 적용하여 지반보강효과를 얻은 결과를 사면안정에 응용할 수 있었으며 현재는 도심지 흙막이지하굴착공사에도 적용할 수 있게 되었다. 특히 굴착장비의 발달과 쇼크리트의 보급으로 NATM 공법 및 쏘일네일링공법은 더욱 발전하게 되었다.

6.1 공법 개요

6.1.1 지반보강 원리

쏘일네일링공법은 철근과 같은 보강재를 지중에 매설함에 따라 지반의 자립성을 높이는 공법이다. 이 공법은 마치 철근이 인발력을 받으므로 인장강도가 낮은 콘크리트를 보강하는 철근콘크리트에 대응하는 기술이다. 즉, 인장강도가 거의 없는 혹은 전혀 없는 흙 대신 인장하중을 흙 이외의 인장강성이 있는 보강재가 담당하게 한다.

본 공법에서의 보강원리는 굴착에 의해 저하되는 지반의 안정성을 지반변형에 따라 발생하는 보강재의 인장력이 토괴중량이나 외부하중의 일부를 담당하여 흙에 작용하는 전단응력을 감소시킴과 동시에 전단면에 작용하는 수직응력을 증가시켜 흙의 전단강도를 증대시킨다. 보강재에 의한 프리스트레스가 없으므로 구조적으로 유사한 앵커공법에 비해 공기, 공사비면에서 우수하다. 지반의 변형에 동반되는 보강재힘이 수동적으로 발생하기 때문에 지반의 변형을 전제로 하고 있는 점이 본질적으로 결점이 된다.

쏘일네일링공법은 지반을 굴착함과 동시에 철근 상태의 보강재를 천공한 구멍에 삽입 설치함으로써 지반의 안정을 도모하는 공법이다. 원래 이 공법의 원리는 터널공사에 적용된 NATM공법의 원리와 동일하다. 즉, 터널공사에 적용하여 지반보강효과를 얻은 결과를 사면안정에 응용할 수 있었으며 현재는 도심지 굴착공사에도 적용할 수 있게 되었다.

쏘일네일링은 자연사면이나 굴착에 의한 인공사면의 안정성을 향상시키는 공법으로 보강재(주로 보강철근)을 이용하여 지반의 전단 및 인장 강도를 증가시킴으로써 사면의 안정성을 확보하는 공법이다.

이 공법은 지난 40년 동안 여러 나라(프랑스, 미국, 독일, 일본 등)에서 급경사면 보강공법으로 널리 사용되어왔다.[7,8,10] 유럽에서의 네일링공법의 첫 시공사례는 1972년 Bouygues사와 Soletanche사에 의해 프랑스의 Versailles에서 국철 확장공사와 관련하여 석회성 Fontaine-bleau 모래지반에 높이 19m 경사 4 : 1.5 벽체를 시공한 사례를 들 수 있다(그림 6.1 참조).[9,15] 2년 후 파리에서 Bouygues사에 의해 40~49mm 직경의 튜브(관)을 이용한 타입네일(driven nail)공법이 시공되었다.

쏘일네일링공법은 경제적이고 시공에 융통성이 크며 시공성과가 좋을 뿐만 아니라 소형 장비를 이용하는 장점이 있기 때문에 도심지 공사나 특수한 현장에 많이 적용되고 있다.

외국에서의 네일링공법 시공사례의 대부분은 가설구조물로 전면에 벽체(facing)를 쇼크리트로 조성하였으며 수직벽의 경우 20m 내외에서 주로 사용하고 있으며 30m 내외의 성공적인 시공사례도 있다.

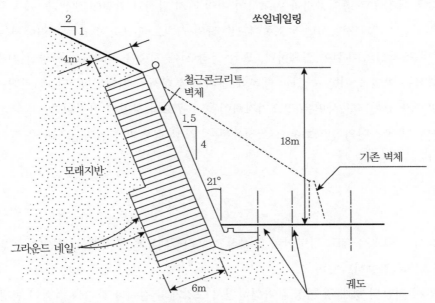

그림 6.1 Versailes에서의 쏘일네일링벽체 시공사례(Rabejac and Toudic, 1974)[15]

쏘일네일링공법은 자연사면을 안정화하거나 오래되어 붕괴 위험이 있는 옹벽의 보수, 조기 침식이 발생하고 있는 사면에 강보강재(네일)를 삽입하여 배면토를 안정화시키는 데 적용할 뿐만 아니라 터널 입구 또는 가설지지체 또는 지하굴착공사 시 가설지지체로 많이 사용된다.

쏘일네일링공법은 지반을 굴착하면서 철근형상의 보강재를 벽면에 타설하여 지반의 안정을 도모하는 공법이다. 이 공법을 이론적으로 설명하여 최초로 공학적으로 건설공사에 응용한 기술이 NATM 공법이다. NATM 공법을 사면에 응용한 기술이 쏘일네일링공법이라 할 수 있다. 이 공법은 1970년경부터 유럽에서 개발되어 일본에서도 1975년경부터 적용되었으나 굴착장비의 발달과 쇼크리트의 보급은 NATM 및 쏘일네일링공법의 발전에 크게 영향을 미쳤다. 또한 일본에서는 산악부에서의 건설공사가 증가함에 따라 본 공사의 수요와 발달을 촉진시켰다고 말할 수 있다.

6.1.2 공법의 특징

쏘일네일링공법의 최대 특징은 철근과 같은 세장비가 매우 큰 봉상의 보강재를 지중에 타설함에 따라 지반의 안정을 도보하는 기술이다.

이와 같은 특징으로 종래공법과 비교하여 여러 가지 장점과 단점이 생긴다. 예를 들면 사용재료 혹은 사용기계가 경량이면서 소형이므로 작업 스피드에 제약이 있는 지역에서는 큰 폭의 시공성이나 조작성의 개선이 필요하다. 또한 굴착 시에 지층을 확인하여 불량한 지층만 선정하고 강화하는 방법을 취할 수 있기 때문에 합리적인 대책이 기대된다. 단, 억지되는 활동의 크기는 한도가 있어 적용사면은 필요억지력이 중소규모의 사면에 한정된다.

절토사면 및 굴착면의 안정화용으로 적용될 경우 본 공법의 장점과 유의점을 정리하면 다음과 같다.

(1) 장점

① 보강재는 비교적 짧고 경량이며 단계적으로 시공되므로 중기계가 진입할 수 없는 장소에도 시공 가능하다.

② 굴착 시 지반의 형태 및 형상을 확인하면서 보강재의 길이나 간격을 적절히 변경할 수 있으므로 안정성이나 경제성이 높다.

③ 단계적으로 굴착하면서 보강공을 실시함에 따라 굴착에 따라 지반을 이완시키거나 감소시킬 수 있다.

④ 시간 변화에 따라 변형이 생긴 경우에도 보강재의 추가 타설로 간단히 대응할 수 있다.

(2) 유의점

① 다소 지반이 변형된 후 효과가 발휘되는 공법이므로 지반의 변형이 거의 허용되지 않는 경우에는 충분한 주의가 필요하다. 또한 지반의 변형을 되도록 억제하기 때문에 굴착 후 즉시 보강토를 시공하는 것이 원칙이다.

② 보강재와 지반 사이의 주면마찰저항에 의해 보강재와 지반의 일체화를 도모하므로 주면마찰이 별로 기대될 수 없는 지질이나 지하수위가 높은 지역에서는 특히 주의가 필요하다.

③ 공법역사가 일천하여 시공 시의 관리 방법이나 장기적인 내구성에 관하여 불명확한 점이 있다.

④ 본 공법의 주요 부분은 지중에 있으므로 시공품질 특히 그라우트가 충분한지를 눈으로
   확인하기가 쉽지 않다.

6.1.3 쏘일네일링공법과 보강토공법의 비교

보강토공법의 종류는 크게 현장원지반을 이용하는 원지반보강공법(In-situ reinforced method)과 성토 시 보강재를 삽입하는 성토보강공법으로 나눌 수 있다. 원지반보강공법으로는 쏘일네일링공법, Dowelling 공법, Reticulated micropile 공법 등이 있으며 성토보강공법으로는 사용하는 보강재의 종류에 따라 지오그리드(geogrid)와 지오텍스타일(geotextile) 등이 있다. 지반굴착면 보강공법에서도 보강재를 지반 중에 삽입 설치하고 굴착면을 강화시켜 굴착면의 안정화를 꾀하는 기본적인 생각은 성토에 의한 보강공법과 같다고 할 수 있으나 설계법에서 몇 가지 상이점이 있다.

여기서 현장원지반 또는 자연굴착면이란 성토에 따라 조성된 지반 이외의 자연계에 존재하는 지반의 경우를 말하지만 경우에 따라서는 이미 조성된 기성성토지반도 포함된다.

성토보강공법은 성토지반이 비교적 균일하다고 간주하여 성토의 파괴 형태를 하나의 유형으로 정의하는 것이 가능한 점에 비해 원지반보강공법은 자연지반을 구성하는 토질, 암질 및 지질구조(지층 등의 구성과 현상) 등이 다양하기 때문에 여러 가지 파괴 형태를 생각해볼 필요가 있다.

파괴유형이 다르다고 하는 것은 거기에 설치된 보강재의 거동도 각각 다르다는 것을 의미한다. 따라서 원지반보강공법에서는 설계법을 굴착면의 파괴 형태별, 즉 안정기구별로 나누어 생각할 필요가 있고 그에 따라 보강재의 배치 방법도 바뀌어간다.

자연굴착면은 여러 가지 요인으로 안정성이 부족하다. 그 요인으로는 인위적인 요인과 자연적인 요인으로 나눌 수 있다.

인위적인 요인으로는 절토와 터널 등에 의한 지중응력 해방, 전단면에 작용하는 연직응력의 감소에 의한 전단저항력의 저하 또는 구조물 구축에 의한 작용하중의 증가 등을 들 수 있고 자연적인 요인으로는 풍화, 간극수압의 상승 등에 의한 흙의 강도 저하를 들 수 있다. 이들 요인에 의해 사면붕괴, 기초지반붕괴 등의 현상이 발생한다.

쏘일네일링공법은 보강토공법(일반적으로는 보강토옹벽을 지칭함)의 하나로 그 기본개념과 이론은 대동소이하다. 보강토옹벽과 쏘일네일링 공법 사이의 유사성과 차이점을 요약하면

표 6.1과 같다.

대표적인 원지반보강공법인 쏘일네일링공법은 성토보강공법인 보강토공법과 유사한 점이 많다. 그러나 쏘일네일링공법은 자연지반을 대상으로 실시하는 지반보강공법이기 때문에 구조물의 형상이나 토사, 보강재 등 사용되는 재료가 표준화되어 있는 성토보강공법과는 차이점이 많다.

그 차이점을 시공상의 측면에서 살펴보면 쏘일네일링공법은 지표에서 아래로, 즉 역타(Top-down)방식으로 굴착 또는 절토 과정을 통해 일련의 보강작업이 이루어지지만 보강토공법은 반대로 아래에서 위로 성토를 해가면서 순타(Down-top)방식으로 보강하는 방법이기 때문에 같은 형상의 단면이라도 발생 변위나 응력 분포가 상당한 차이점을 나타낸다(Schlosser, 1982).[16]

표 6.1 쏘일네일링공법과 보강토공법의 비교

유사점	차이점	
	쏘일네일링공법	보강토공법
① 프리스트레스가 없어 토사와 보강재 사이의 상대변위에 의해 보강력이 발생한다.	① 역타방식	① 순타방식
② 보강력은 토사와 보강재 사이의 마찰력에 의해서 유지된다.	② 토사를 선택 제어하지 못하므로 T_{max}의 발생 지점을 알지 못한다.	② 보강옹벽에서는 마찰이 흙과 보강재 사이에서 직접 발생한다.
③ 보강영역은 중력식 옹벽과 같은 거동을 하여 비보강영역을 안정적으로 지지한다.	③ 그라우팅에 의해 주위 흙과 보강재를 서로 부착시키고 작용하중은 그라우팅과 흙과의 접촉점을 통해서 전달된다.	③ 성토하중으로 인해 벽체의 최하부에서 가장 큰 변위가 발생한다.
	④ 벽체의 변위가 굴착이 진행됨에 따라 점진적으로 발생되며 대체로 벽체의 최상부에서 가장 크다.	④ 전면판(facing)은 보강토옹벽에서는 공장에서 제작된 조립식 벽체를 사용한다.
	⑤ 쏘일네일링에서는 주로 쇼크리트를 이용한다(벽체 전체의 안정에 큰 영향이 없음).	

쏘일네일링공법의 시공 방법은 비탈면이나 터파기 굴착면을 자립할 수 있는 안정높이로 굴착함과 동시에 쇼크리트로 표면보호공을 시공하고 굴착배면 지반에는 천공 또는 타입 방법으로 보강재를 박아 넣는 단순작업에 의해서 보강토체를 조성한다.

이렇게 네일이라고 불리는 보강재를 좁은 간격으로 지중에 삽입함으로써 전체적인 지반의 전단강도를 증대시키고 기존 지반을 보강하여 중력식 옹벽처럼 일체로 작용하게 하는 보강토체를 형성한다.

벽체의 변위 발생 측면에서 쏘일네일링공법과 보강토옹벽을 구분해보면 그림 6.2에서 보는 바와 같은 차이를 볼 수 있다. 즉, 쏘일네일링공법에서는 일련의 굴착공사가 진행되는 동안 네일이 설치된 벽체의 배면지반에서는 침하 및 재압축현상이 발생하며 시공 완료 후 벽체 최상부에서 최대변위가 발생한다(그림 6.2(a) 참조).

반면에 보강토옹벽에서는 일련의 성토작업과정을 거치는 동안 흙의 자중에 의해 하부층이 압축되며 벽체변형이 그림 6.2(b)에서 보는 바와 같이 벽체 하부에서 최대치를 나타낸다.

두 공법의 또 다른 차이점은 보강재에 발생하는 인장력의 발달 양상에 따라 구분할 수 있다. 즉, 쏘일네일링벽체의 경우는 지반의 횡방향 지지토압이 감소(응력 해방)하면서 네일에 인장력이 발생하므로 설치된 각 네일에 발생하는 인장력은 시공단계에 따라 커져 임의의 어느 단계의 인장력은 그 전 단계보다 크게 된다. 그러나 보강토옹벽에서는 이러한 과정이 반대로 발생한다.

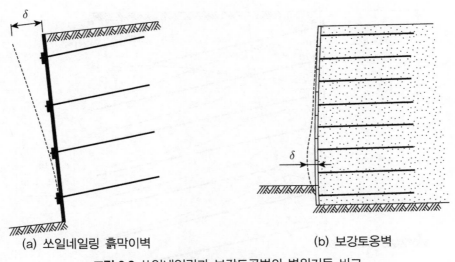

(a) 쏘일네일링 흙막이벽   (b) 보강토옹벽

그림 6.2 쏘일네일링과 보강토공법의 변위거동 비교

그러나 보강토옹벽의 경우 최대인장력(T_{max})의 궤적은 뒷채움 재료(backfill)가 균질하고 구조물 형상이 단순하기 때문에 파악하기 쉬우나 쏘일네일링공법의 경우는 영향을 미치는 변

수가 많고 복잡하기 때문에 이를 예측하기가 매우 어렵다. 이것이 지금까지 여러 가지 시도에도 불구하고 쏘일네일링공법에서의 네일에 발생하는 인장력을 평가할 수 있는 방법(한계평형해석)이 아직 명확히 규명되지 않은 이유 중의 하나이다(Juran et al., 1990).[11]

이런 차이점에도 불구하고 쏘일네일링공법과 보강토옹벽에서 보강재에 발생하는 최종응력 상태는 유사한 점이 많다. 특히 최대응력이 벽체부에서 발생하지 않고 보강재 특성과 지반과의 상호작용에 따라 달라지면서 지중에서 발생한다는 점이 대표적이다.

이를 예로 나타내면 그림 6.3과 같다. 이와 같은 굴착현장에서 네일 주변 지반에 발생한 마찰응력의 방향에 따라 지반의 응력 발생 분포는 다음과 같이 주동영역과 수동영역의 두 개 구간으로 구분할 수 있다.

① 주동영역 : 네일 주변 지반에 발생한 마찰응력방향이 벽체의 전면을 향하는 영역
② 수동영역 : 네일 주변 지반에 발생한 마찰응력의 방향이 벽체의 내부측이며 횡방향 변위의 방향은 주동영역의 반대가 되는 영역

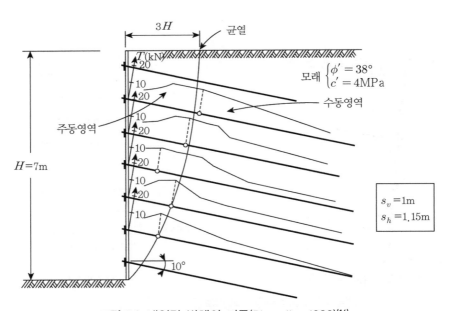

그림 6.3 네일링 벽체의 거동(Plumelle, 1986)[14]

Basset and Last(1978)는 Roscoe의 개념(인장변형률($\epsilon = 0$)이 0인 위치에서의 파괴면)을 이용하여 보강재의 형태에 관계없이 잠재파괴면을 고려하여 역학적 특성을 설명하였다.[6] 즉,

수직벽체에서 인장력에 저항하는 보강재가 삽입되면 벽체내부의 변형 구간은 형상이 달라지며 보강 구간의 전단 시 체적 변화가 없다고 한다면(팽창각 $\nu = 0$) 파괴선은 그림 6.4에서 보는 바와 같이 위로부터 수직에 가깝게 발달한다고 생각하였다.

즉, 그림 6.4(a)는 일반 옹벽배면에서의 잠재파괴면형상이고 그림 6.4(b)는 네일로 보강된 벽체의 잠재파괴면형상이다.

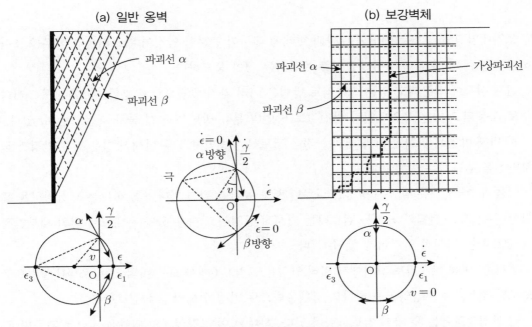

그림 6.4 네일시공에 따른 잠재파괴면 형상 변화(Basset and Last, 1978)[6]

6.1.4 외적 안정과 내적 안정

쏘일네일링 흙막이벽의 파괴 형태는 그림 6.5에 도시된 바와 같이 내적 파괴(internal failure), 외적 파괴(external failure) 및 혼합파괴(combination failure)의 세 가지로 세분한다.[2]

먼저 그림 6.5(a)에 도시된 내적 파괴는 활동면이 흙막이벽 보강영역 내부를 지나는 경우에 해당하며 그림 6.5(b)에 도시된 외적 파괴는 활동면이 흙막이벽 보강영역 외곽을 지나는 경우에 해당한다. 한편 그림 6.5(c)에 도시된 혼합파괴는 활동면이 흙막이벽 보강영역 내부와 외부를 모두 지나는 경우에 해당한다.

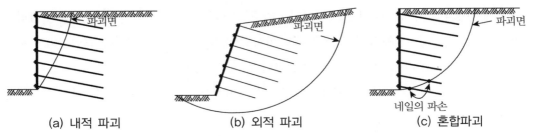

(a) 내적 파괴　　　　(b) 외적 파괴　　　　(c) 혼합파괴

그림 6.5 쏘일네일링 흙막이벽의 파괴유형[2]

쏘일네일링의 설계는 예상되는 파괴 형태에 대하여 충분한 안정이 확보되는가 여부를 조사하는 것으로 어떤 파괴가 발생할지를 예상하는 것이 중요하다.

현재 실무에 적용되고 있는 안정검토 방법은 여러 가지 방법으로 구분할 수 있다.[20] 그러나 주로 사용되고 있는 쏘일네일링 안전검토 방법의 분류 방법은 크게 둘로 대분류할 수 있다.

첫 번째 방법은 외적 안정과 내적 안정을 검토하는 방법이고 두 번째 방법은 전체 안정과 국부안정을 검토하는 방법이다.

이들 두 가지 분류 방법은 명칭은 다르나 서로 유사한 점이 있다. 즉, 하나는 보강영역을 포함한 주변 지반 전체의 안정을 검토하는 거시적 안정이고 다른 하나는 네일 주변의 세부안정을 검토하는 미시적 안정이라 할 수 있다.

먼저 첫 번째 안정검토 방법에서 외적 안정은 그림 6.6에서 보는 바와 같이 쏘일네일링으로 보강된 부분, 즉 보강영역을 하나의 강체옹벽으로 가정하여 안정을 검토한다.

이 안정검토에는 두 가지 검토사항이 있다. 하나는 이 보강영역의 외측을 지나는 활동면(원호활동면)에 따라 붕괴가 발생할 경우에 대한 안정검토(그림 6.6(a) 참조)이고 다른 하나는 보강영역을 강체옹벽으로 취급한 경우에 대한 안정을 의미한다. 즉, 이 보강영역을 유사 강체옹

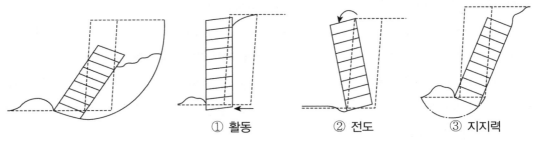

　　　　　　　　① 활동　　② 전도　　③ 지지력

(a) 보강영역 외측의 활동파괴　　　(b) 보강영역을 강체기초로 취급한 경우

그림 6.6 쏘일네일링벽체의 외적 안정

벽으로 취급하여 옹벽기초의 활동, 전도 및 지지력에 대한 안정을 검토한다(그림 6.6(b) 참조).

한편 내적 안정은 보강영역 내 안정이나 보강영역을 횡단하는 파괴면에 대한 안정성을 의미한다. 즉, 예상파괴면이 보강영역 내부를 관통할 경우의 안정성을 검토한다. 이 경우 예상파괴면으로는 그림 6.7에 개략적으로 도시한 원호활동, 쐐기파괴, 및 평면활동의 경우를 고려할 수 있다.

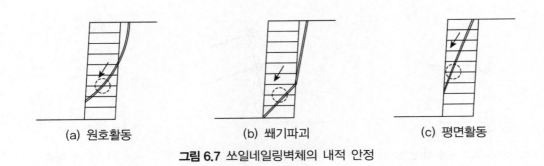

| (a) 원호활동 | (b) 쐐기파괴 | (c) 평면활동 |

그림 6.7 쏘일네일링벽체의 내적 안정

이런 활동이 발생할 때 보강재의 파단이나 인발이 발생하는 파괴패턴은 그림 6.8과 같다. 예를 들면 활동면 밖의 네일의 정착부가 빠지는 경우(그림 6.8(a) 참조), 활동면에서 네일이 파단되는 경우(그림 6.8(b) 참조), 활동면 전면의 네일의 자유장 부분 토괴가 빠져나가는 경우(그림 6.8(c) 참조)의 파괴패턴을 생각할 수 있다.

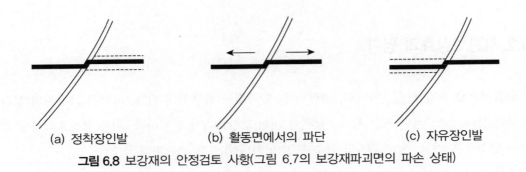

| (a) 정착장인발 | (b) 활동면에서의 파단 | (c) 자유장인발 |

그림 6.8 보강재의 안정검토 사항(그림 6.7의 보강재파괴면의 파손 상태)

두 번째 안정검토 방법에서는 구조물 전체에 대한 안정을 검토하는 전체 안정과 국부적 안정을 검토하는 부분안정으로 구분하는 방법이다. 우선 전체 안정은 이미 위의 그림 6.6과 그림 6.7에서 설명한 외적 안정과 내적 안정에 해당하는 안정이라 할 수 있다. 부분안정은 그림 6.8에서 설명한 보강재의 국부적 안정에 해당한다.

그 밖에도 부분안정에는 그림 6.8에 설명한 국부적 안정 이외에도 그림 6.9에 도시한 여러 경우의 파괴에 대한 안정도 해당한다. 예를 들면 국부적으로 보강재가 인발되거나 소규모 붕괴가 발생하거나 법면공의 부분적 파괴 등의 파괴패턴을 들 수 있다. 이러한 파손은 쏘일네일링공법에서 발생되는 마이너한 안정 문제라 할 수 있다.

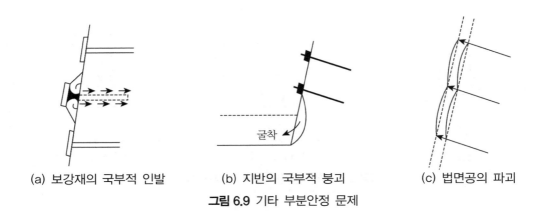

(a) 보강재의 국부적 인발　　(b) 지반의 국부적 붕괴　　(c) 법면공의 파괴

그림 6.9 기타 부분안정 문제

결론적으로 쏘일네일링의 안정 문제는 첫 번째 분류법에서 설명한대로 외적 안정과 내적 안정으로 분류하여 안정 문제를 검토하는 것이 가장 합리적이라 생각된다. 여기에 필요에 따라 보강재의 국부적 부분안정 문제를 추가검토하면 충분할 것으로 생각된다.

6.2 지반보강효과 평가

일반적으로 보강재에는 인장력, 전단력 및 압축력이 작용하게 된다. 따라서 보강재의 설치 방향에 따라 인장, 전단(또는 휨) 및 압축에 대한 보강효과가 탁월하다. 이들 보강효과가 발휘되는 변형량은 인장, 휨(전단) 및 압축 보강의 차이에 크게 의존한다.

통상 인장보강은 제일 작은 지반변형에서 효과를 발휘한다. 압축보강은 작은 지반변형에서 효과를 발휘하나 보강재가 매우 두껍지 않으면 충분히 큰 좌굴강도를 확보할 수 없다.

만약 지반이 암반과 같이 매우 경질인 경우에는 작은 지반변형에 의한 전단보강효과가 발휘될 만하다. 그러나 통상의 토사지반에서는 보강재 주변 지반의 강도는 보강재의 전단강도를 충분히 발휘할 수 있을 정도로 크지 않다. 바꿔 말하면 토사지반의 강성은 작은 변형에서 큰 전단강도가 발휘될 수 있을 정도로 충분히 크지 않다. 따라서 토사지반의 사면에는 인장보강토공법이 가장 널리 사용되고 있다. 설계에서 고려하는 보강효과인 인장보강, 전단보강 및 휨보강의 평가 방법은 다음과 같다.

6.2.1 인장보강재로서의 보강효과

인장보강재의 경우 그림 6.10에 도시한 바와 같이 보강재의 인장력 T는 활동면에 평행한 분력($T\cos\beta$)과 수직분력($T\sin\beta$)으로 분리할 수 있다. 우선 활동면에 평행한 분력은 그대로 이동토괴를 활동에 저항하여 붙잡아준다(저항력증대효과). 반면에 수직분력은 지반의 구속압으로 지반의 마찰저항을 증가시킨다(구속압증대효과 : $T\sin\beta\tan\phi$). 단, 보강재의 인장력 T는 지반의 변형이 발생되어야만 발휘되는 힘이다. 보강재는 설치 각도, 설치 위치, 시공 방법 등에 영향을 받는다.

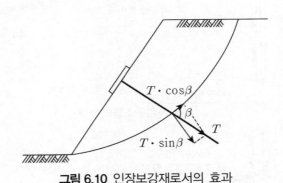

그림 6.10 인장보강재로서의 효과

6.2.2 휨보강재로서의 보강효과

보강재가 활동면을 교차하여 삽입되면 활동토괴로부터 토압을 받는 부분(활동토괴 내에 있는 보강재 부분)에서는 억지말뚝과 같이 휨변형이 발생하는 것으로 추정된다. 이러한 접근법은 보강재를 억지말뚝과 동일하게 취급하는 것에 해당하므로 휨보강재로서의 평가에 해당한다. 그러나 네일의 휨효과는 인장효과에 비하여 작은 점과 휨효과가 발휘되기 위해서는 꽤 큰 변형이 발생되어야 하는 점 때문에 실무에서는 휨효과를 무시하여 설계하는 경우가 많다.

6.2.3 전단보강재로서의 보강효과

활동토괴와 부동지반이 모두 암반으로 구성되어 있는 경우는 전단보강재로서 보강재의 효과를 검토한다. 즉, 이런 경우는 보강재가 활동면 부분에서 전단이 되는 경우의 거동에 해당한다. 천공경이 지나치게 큰 경우를 제외하고 주입재의 전단저항을 무시하여 강재만의 전단강도가 소정의 억지력를 만족하는가 아닌가를 검토하는 방법이다. 이는 종래 많이 적용된 설계법이지만 지반이 매우 단단한 암반의 경우에서만 고려한다.

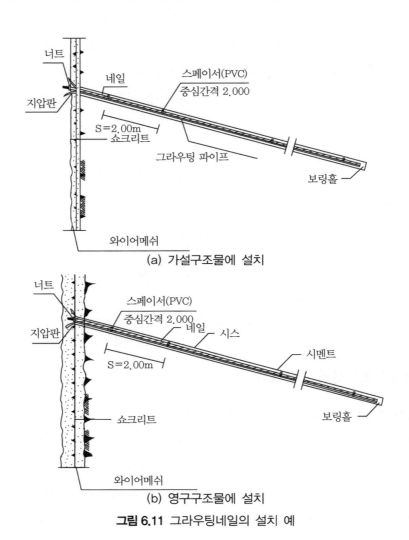

그림 6.11 그라우팅네일의 설치 예

6.3 쏘일네일링 시스템

6.3.1 보강재 네일

현재 쏘일네일링의 주요 보강재료는 타입식 네일, 그라우팅방식 네일, 제트-볼팅식 네일 (Jet-bolting nail), 부식 방지용 네일의 4종류가 있다. 이들 방식 중에서 널리 사용되고 있는 방식은 타입방식과 그라우팅방식으로 크게 두 가지로 나누어 생각할 수 있다.

① 타입방식 네일은 일반적으로 보강재의 길이가 굴착깊이의 0.5~0.7배 정도이다. 또한 보강재의 배열은 비교적 조밀하며 percussion이나 진동 방법을 이용하여 설치한다.
② 그라우팅방식 네일은 보강재의 길이가 굴착깊이의 0.8~1.2배로 상대적으로 길이가 길며 배열 간격 또한 연직 간격(S_v)>1m, 수평간격((S_h)<2m로서 설치 밀도가 낮은 편이며 국내에서 주로 사용되고 있다. 그림 6.11은 가설구조물과 영구구조물에 설치된 그라우팅방식네일의 설치 예이다.

6.3.2 네일의 배열

그림 6.12는 네일보강재의 설치상세도이다. 네일의 길이와 단면, 설치 각도, 토질 등이 전반적으로 동일할 경우 네일의 배열에 널리 사용되는 식은 식 (6.1)과 같다.

$$d = \frac{T_L}{\gamma S_h S_v L} = \frac{t}{\gamma S_h S_v} \tag{6.1}$$

여기서, d : 네일의 밀도

T_L : 극한주면마찰력(t)

γ : 지반의 단위체적중량(t/m^3)

S_h, S_v : 네일의 수평, 수직간격(m)

L : 네일의 길이(m)

t : T_L/L(t/m)

식 (6.1)에서 알 수 있는 사항은 네일 주변 그라우팅부의 탄성한계 T_G(Elastic limit of the reinforcement grouting)가 네일의 밀도에 미치는 영향은 없다는 사실이다.

이것은 네일의 인장강도가 네일에 발생하는 인발저항력보다 항상 크기 때문이다. 그러나 여러 가지 실내시험 결과로부터 지반의 강도는 네일의 수에 반드시 비례하지 않으며 최적의 개수가 존재하고 그 이상의 개수가 되면 오히려 보강효과(강도)가 감소하는 경향이 있는 것을 알 수 있었다.

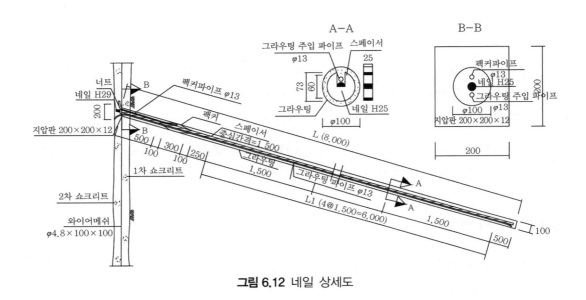

그림 6.12 네일 상세도

6.3.3 네일의 설치 각도

가상파괴면에 대한 네일의 설치 각도는 인장과 전단력의 발생에 영향을 준다.[13] 즉, 보강토체 내에서 발휘되는 전단강도에 영향을 미치는 사실을 알 수 있다.

Bang et al.(1992)은 보강재의 배치각도를 수평과 이루는 각도로 하향 5°, 16.5°, 20°, 24°, 30°로 변화시킨 경우에 대하여 FEM 해석 결과와 실험 결과를 비교 연구한 결과 양자가 잘 일치하는 것을 확인하였고 보강재의 배치각도와 벽면의 수평변위와의 관계에서 15°~20°의 배치각도일 경우에 최소의 수평변위가 발생한다는 결과도 얻었다.[5]

6.3.4 전면판

전면판의 주요 기능은 보강된 층 사이의 국부적인 지반안정을 확보하고 굴착 직후의 이완을 방지하기 위하여 설치하므로 강성이 큰 부재를 사용할 필요는 없다. 전면판은 지반의 특성에 따라 다음 세 가지 종류가 사용되고 있다.

(1) 쇼크리트 전면판

대부분의 가설흙막이벽의 전면판으로 사용되고 있다. 주요 특징으로는 주변 지반 내부의 간극 및 균열을 채울 수 있으면서도 연속적으로 유연한 표면을 제공해주는 장점이 있다(그림 6.13(a) 참조).

(2) 용접 와이어메쉬

용접된 와이어메쉬는 블록붕괴를 방지하기 위해 사용된다. 그림 6.13은 쇼크리트 전면판과 용접 와이어메쉬를 사용한 예를 보여주고 있다(그림 6.13(b) 참조).

(3) 영구구조물에 적용된 콘크리트구조물

대부분 현장타설 철근콘크리트 전면판이 영구구조물에 사용되었으나 최근에는 기성패널 또는 강판을 이용하기도 한다.

6.4 쏘일네일링 시공 순서

쏘일네일링공법의 시공은 지반조건, 시공 방법, 장비 및 굴착 순서에 따라 상당히 차이가 있지만 시공단계별로 일반적인 시공 순서를 도시하면 그림 2.12와 같으며 이 시공 순서를 흐름도로 나타내면 그림 6.14와 같다. 이를 시공단계별로 자세히 설명하면 다음과 같다.

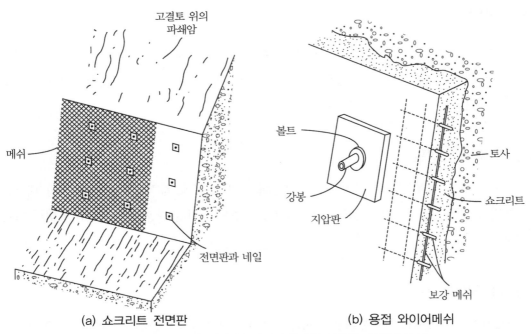

(a) 쇼크리트 전면판　　　　　　(b) 용접 와이어메쉬

그림 6.13 쇼크리트와 용접 와이어메쉬를 이용한 전면판의 예

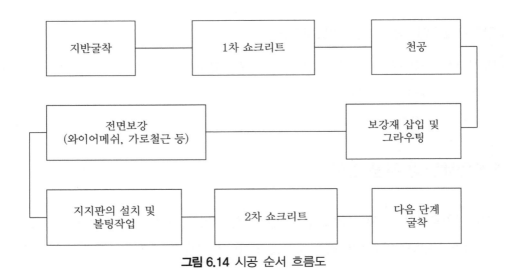

그림 6.14 시공 순서 흐름도

6.4.1 지반굴착

그림 6.14 시공 순서 흐름도에 도시된 바와 같이 먼저 지반을 소정의 깊이까지 지반굴착을 하고 1차 쇼크리트를 시공한다. 이 굴착 노출면에서 천공을 하고 보강재를 삽입한 후 천공한

구멍에 그라우팅을 시공한다.

그림 6.15는 단계별 연직굴착깊이와 파괴 형상을 도시한 그림이다. 단계별 연직굴착깊이의 결정은 지반의 부분안정에의 평가에 의존하므로 지반조건에 따라 다르지만 일반적으로 단계별 연직굴착깊이는 1~2m 정도이고 지반의 안정성에 의존하여 그 깊이를 결정한다.

지반굴착은 단계별 연직굴착깊이 그 상태로 최소한 1~2일간 자립성을 유지하도록 하는 것이 좋다. 굴착지반의 정지선은 벽체와 수직으로 평편하게 굴착한다.

굴착이 이루어지는 동안의 국부안정성은 그림 6.15에 도시된 바와 같이 굴착된 높이에 직접적인 관계가 있다. 즉, 1989년 프랑스에서 수행한 CLOTERRE 프로젝트의 실험의 일환인 벽체 CEBTP No.2의 시험에서 굴착하는 동안 관찰 확인된 안정성이다.[9]

이 실험 결과 1m 정도를 굴착하면 굴착면이 안전하게 자립할 수 있다. 계속하여 2m 폭 정도의 굴착을 하면 굴착면에 지반의 변형이 발생하려고 한다. 이때 굴착면 토사 속에 지반아칭효과가 발현되어 붕괴되지 않는다. 그러나 3m 정도로 굴착을 진행한 경우 굴착면에 파괴가 발생되었다. 따라서 일반적으로 단계별 연직굴착깊이는 1~2m 정도로 정함이 바람직하다.

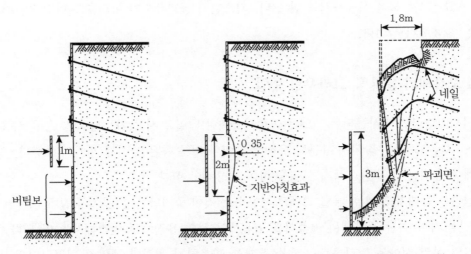

그림 6.15 굴착깊이와 부분안정(French National Project CLOUTERRE, 1989)[9]

6.4.2 전면보호공 설치

굴착면 보호를 위한 전면보호공은 쇼크리트, 기성패널, 현장타설 콘크리트 등을 이용할 수 있으나 일반적으로 쇼크리트가 이용된다. 표면보호에 이용되는 쇼크리트는 지질조건이나 시공조건에 따라 배합을 변경하여 강도나 경화시간을 조절하며 쇼크리트의 시공 두께는 보통 7cm 또는 17cm이고 필요에 따라 와이어메쉬나 강재 등의 보강재를 사용하기도 한다. 쇼크리트의 설계법에 관한 기타 사항 등은 철근콘크리트 표준시방서에 따른다.

6.4.3 천 공

천공은 지반굴착 후 바로 천공하는 방법과 굴착지반의 안정을 위하여 쇼크리트 타설 후 천공하는 방법이 있다. 쇼크리트 타설 후 천공할 때에는 천공 시의 충격에 의하여 쇼크리트벽체에 균열이 발생할 수 있으므로 쇼크리트 분사 전에 각 천공 위치에 천공경 정도의 스티로폴이나 코르크 마개 등을 설치하였다가 천공 시에 제거하는 방법을 사용하는 것이 좋다.

천공은 보통 10~30cm 정도로 실시하며 천공장비는 천공깊이상의 문제로 현재 국내에서는 크로라드릴로 천공하는 것이 적당하다. 천공이 이루어진 구멍은 최소한 수 시간 동안은 나공 상태를 유지해야 하며 천공각도는 설계각도에서 ±3° 이상의 오차가 생겨서는 안 된다.

천공이 이루어진 후에는 반드시 공 내부를 깨끗이 청소해주어야 하며 이때 공벽이 세굴될 염려가 있으므로 물을 사용해서는 안 된다. 최소한의 공벽유지가 어려운 지반인 경우에는 케이싱을 사용하기도 한다.

6.4.4 보강재의 삽입 및 그라우팅 주입

쏘일네일링공법에 사용되는 네일은 이형철근이나 네일로 사용 가능한 강봉 등을 사용할 수 있으며 그라우트와 부착되는 부분의 유해한 흙이나 기름 등은 사전에 제거해야 한다. 영구구조물에 사용되는 네일은 에폭시 코팅을 하여 사용해야 한다.

네일은 이음매가 없이 한 본을 그대로 사용하는 것이 좋지만 삽입 길이가 길어서 어쩔 수 없이 연결을 해야 하는 경우에는 커플러를 이용해야 하며 용접으로 연결해서는 안 된다.

네일의 삽입 시에는 그라우트의 최소 두께를 확보하기 위하여 네일이 천공구멍의 중앙에 위치하도록 간격제(스페이서)를 사용하여야 하며 간격제는 PVC파이프를 천공경에 맞게 변형시키거나 철근을 구부려 용접하여 사용할 수 있다.

공벽내부의 붕괴를 최소화하기 위해서 그라우트의 주입은 네일이 설치된 후에 바로 실시해야 된다. 그라우트의 주입 시에는 주입파이프를 구멍의 바닥까지 늘어 뜨려 바닥에서부터 실시하며 그라우트가 차오르면 주입파이프를 서서히 빼내면서 굴착면 끝까지 실시해야 한다.

지반에 균열이나 공극이 많으면 그라우트의 침투로 예정된 양보다 많이 소요될 염려가 있으므로 스타킹과 같은 망을 설치한 후에 그라우팅을 실시하는 것이 좋다.

6.4.5 배수시설 설치

구조물에 물이 유입되는 것을 방지하기 위하여 배수시설이 반드시 필요하다. 그림 6.16은 배수시설 설치도이며 지하수 유입 방지(그림 6.16(a) 참조)와 지표수 유입 방지(그림 6.16(b) 참조)의 경우로 구분할 수 있다.

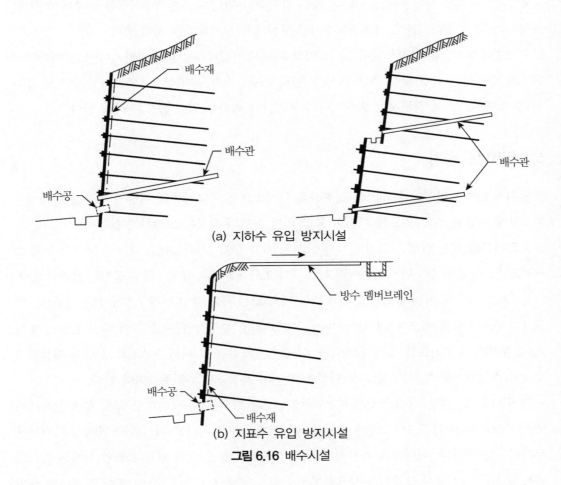

(a) 지하수 유입 방지시설

(b) 지표수 유입 방지시설

그림 6.16 배수시설

(1) 지하수 유입 방지시설

지하수가 많이 배출되는 곳에서는 굴착지반과 쇼크리트면 사이에 지오드레인 같은 배수재를 설치해서 물을 배수하는 벽면 배수시설을 설치한다.

배수재는 일반적으로 네일과 네일 사이에 설계도상 지정된 간격, 폭 30~45cm 정도로 벽체 상단에서 하단까지 수직방향으로 설치되며 벽체하단에서는 PVC파이프에 연결되어 벽체 밖으로 배출되도록 한다. 필요한 경우에는 배수재 하단에서 물을 한쪽으로 집수하여 배출할 수도 있다.

(2) 지표수 유입 방지시설

강우 시 우수가 작업장에 유입되는 것을 방지하기 위한 지표면배수시설을 해주어야 한다. 지하수가 낮은 곳이더라도 지표면배수시설은 반드시 설치해주는 것이 좋다.

지표면배수시설은 굴착선에서 30cm 이상 띠어서 자갈배수층을 설치하거나 또는 버림콘크리트를 일정한 높이로 쌓아 주고 그 옆 지반의 4~5m까지는 비닐이나 맴브레인 등으로 덮어서 우수가 지층으로 침투하여 굴착벽면의 붕괴를 초래하는 일이 없도록 해야 한다.

6.4.6 전면판 설치

임시쇼크리트 전면판은 지반의 절취선을 일시적으로 구속해주고 지반의 노출을 방지해준다. 설계상에서는 쇼크리트의 이러한 역할 외에 자체의 강성은 고려하지 않는다.

쇼크리트를 치는 방법은 그림 6.17에 도시된 바와 같이 1차와 2차로 나누어 치기와 설계 쇼크리트 두께만큼을 한꺼번에 치는 방법이 있으나 최근에는 후자의 경우로 시공하는 경향이 있다.

1, 2차로 나누어 치는 방법은 그림 6.17(a)에서 보는 바와 같이 두께 7.5cm 또는 10cm 두께로 1차 쇼크리트를 치고 나서 와이어메쉬, 지압판 및 볼팅작업을 한 후에 다시 7.5cm 또는 10cm 두께의 쇼크리트를 치는 방법이다. 이때에는 지압판 및 너트가 쇼크리트 안에 매몰되므로 2차 쇼크리트를 치기 전에 띠장 역할을 하는 수평철근도 연결해주어야 한다.

한꺼번에 시공하는 방법은 그림 6.17(b)에서 보는 바와 같이 그라우팅 실시 후에 굴착벽체에서 쇼크리트 타설두께의 1/2의 위치에 와이어메쉬를 설치하고 나서 한꺼번에 쇼크리트를 분사하는 방법이다. 이때에는 쇼크리트 분사 직후의 지압판 설치 및 볼팅작업 시에는 손으로 볼트를 조여주고 다시 급결재를 사용하여 1일 정도 양생시킨 후에 소요강도에 도달하면 렌치를 이용하여 14kg-m 정도로 견고하게 조여주어야 한다.

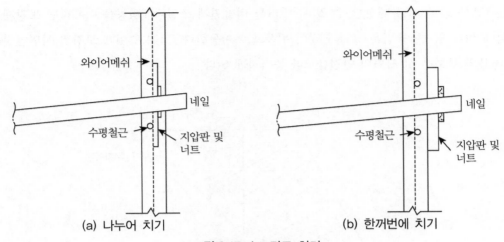

(a) 나누어 치기   **(b) 한꺼번에 치기**

그림 6.17 쇼크리트 치기

구조용 전면판을 설치하는 방법은 위에서 언급한 바와 같이 세 가지 방법이 있다. 먼저 쇼크리트를 분사하여 벽체를 조성하는 경우에 철근을 배치하고 난 후 쇼크리트를 소요두께 만큼 분사하여 미장에 의하여 마감하는 방법이다.

둘째는 CIP 콘크리트 타설에 의한 방법은 역시 철근을 배근하고 난 후에 거푸집을 설치하고 현장에서 콘크리트를 타설하는 방법이다.

셋째는 일반 건축용 외관자재로 생산되는 기성 콘크리트 패널을 부착하여 전면을 마감하는 경우이다.

옹벽의 시공인 경우에는 위의 세 가지 방법을 모두 적용할 수 있으나 구조용 전면벽체의 조성 시에는 외관용 전면벽체 자체가 구조적인 역할을 해주지 못하므로 그 전에 구조용 벽체의 조성이 선행되어야 한다.

6.5 쏘일네일링 지반의 안정해석법

쏘일네일링이 설치된 지반의 기본적인 안정해석은 네일링에 의해 보강된 영역의 토괴가 마치 일체화된 옹벽과 같은 작용을 한다는 현상에 의해 보강토벽체가 가정할 수 있는 어떠한 경사면에 대해서도 안정을 유지한다고 하는 한계평형해석개념에 기초를 두고 있다.

그림 6.18에 나타나 있는 바와 같이 사면에서 원지반의 강도가 부족한 경우에 보강을 하지

않는 비탈면은 붕괴를 예상할 수 있다. 이러한 비탈면에 쏘일네일링공을 적용하면 보강재의 효과에 의해 임계활동면은 그림과 같이 뒤쪽으로 이동한다. 그리고 이때 보강된 사면안전율은 처음의 무보강 시 사면의 안전율보다 증가하게 된다.

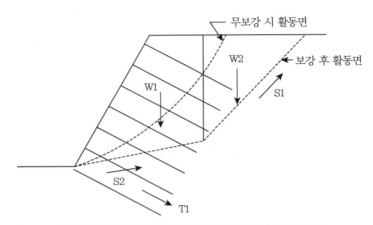

그림 6.18 쏘일네일링 보강사면의 임계활동면의 변화

사면 안정의 기본적인 방식은 사면 내의 임계활동면에 대하여 활동면 아래에 배치된 보강재에 발생하는 장력과 활동면 위에서의 흙의 전단저항력, 그리고 활동토괴의 중량이 균형을 이룬다고 하는 단순한 힘의 평형식을 근거로 한다.

그러나 현재 실용적으로 이용되고 있는 철근보강에 의한 보강토공법의 해석 방법은 몇 가지 제안되어 사용되고 있기는 하지만 아직 표준화되어 있지 않으므로 해석 대상 지반의 물리적 특성, 붕괴 형태 등을 조사 검토하여 가장 적합한 설계해석법을 선정할 필요가 있다. 대표적으로 극한설계해석법에 의한 활동면의 가정은 원호형, 대수나선형, 이중선형의 모양으로 정의한 자유물체블록의 안정성을 검토해보면 어떤 활동면의 형상을 적용하여도 서로 비슷한 결과를 얻을 수 있다.

6.5.1 원호활동면에 의한 안정해석

쏘일네일이 설치된 사면의 원호활동면에 의한 안정해석법은 그림 6.19에서 보는 바와 같이 일반적인 사면의 안정해석법과 동일하다. 일반적인 사면에서 원호활동면에 대한 사면안정해석법에서는 분할법에 의한 안정해석 방법이 많이 적용되다.

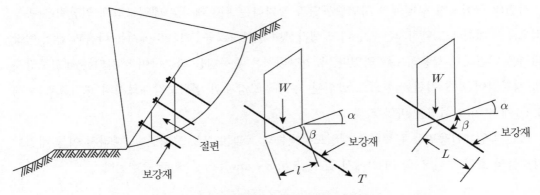

그림 6.19 원호활동면에 대한 안정해석

그림 6.19에는 보강재가 설치되어 있는 절편의 보강재의 설치 각도, 길이 및 절편의 활동면
의 상세도도 함께 도시되어 있다.

활동면의 형상을 그림 6.19에서 보는 바와 같이 원호로 가정하고 활동면보다 더 깊이 설치
된 네일의 사면안정효과를 생각해서 사면 전체에 대한 평형조건을 이용하여 검토하는 안정계
산에는 식 (6.2)를 이용한다. 여기서 네일보강재의 효과로는 보강재분력의 효과(저항력 증대
효과($T\cos\beta$)와 구속압 증대효과($T\sin\beta$))를 모두 고려한다.

$$F_s = \frac{\sum[(W\cos\alpha - ul)\tan\phi' + c'l] + \sum T_{av}(\cos\beta + \sin\beta\tan\phi')}{\sum W\sin\alpha} \tag{6.2}$$

여기서, F_s : 사면안전율

W : 활동토괴의 중량(t)

l : 절편의 활동면 길이(m)

L : 활동면 아래 네일의 정착길이(m)

c' : 사면지반의 유효점착력(t/m²)

ϕ' : 사면지반의 유효내부마찰각(°)

u : 절편의 활동면 저면에 작용하는 간극수압(t/m²)

α : 절편의 활동면 저면이 수평면과 이루는 경사각(°)

β : 절편의 활동면 저면과 네일보강재가 이루는 각(°)

T_{av} : 절편의 활동면 저면에 작용하는 네일보강재의 인장력(t/본)

사면의 극한평형 상태에서 사면활동면과 교차하는 위치에서의 네일보강재 인장력은 통상적으로 최대치에 도달하지는 않는다고 생각하여 일본도로공단(1995)에서는 다음과 같이 인장내력을 저감시켜 적용하도록 하였다.[21] 인장내력은 활동면을 관통하여 설치되는 네일보강재의 정착길이 L에 걸친 저항으로 발휘된다. 네일보강재의 인장보강재로서의 보강효과는 제6.2.1에서 이미 설명한 바와 같다.

절편의 원호활동면을 관통하는 네일보강재들의 효과는 모두 고려한다. 따라서 이들 네일보강재들의 효과의 합은 식 (6.2)에서 $\sum T_{av}(\cos\beta + \sin\beta\tan\phi')$으로 표현된다.

$$T_{av} = \lambda T_{pa} \tag{6.3}$$

여기서, T_{pa} : 네일 하나당 인장내력(t/본)

  λ : 저감계수($=0.7$)

6.5.2 평면활동면에 의한 안정해석

연암사면으로 절리면이나 층리면이 활동면이 되어 붕괴위험성이 큰 경우에 발생되는 파괴형태의 사면에 쏘일네일링공법이 적용된 경우에 적용할 수 있는 사면안정해석법이다. 그림6.20에서 보는 바와 같이 기본적으로는 앞에서 설명한 원호활동면에 의한 안정해석법과 동일하며 활동면의 형상이 평면인 점만 다르다.

암반활동면이 분명하지 못한 경우는 활동면의 각도 α를 45°에서 $(45 + \phi/2)$인 평면 활동면으로 가정하여 사면안정해석을 실시한다. 이 안정해석에서는 그림 6.20에서 보는 바와 같이 분할법을 사용하지 않고 전체 사면을 하나의 블록으로 간주하여 안정해석을 실시할 수 있다.

네일보강재의 보강효과는 활동면을 관통하여 설치된 정착부 네일의 인장력 및 전단력에 의한 효과를 고려한다.

그림 6.20에서 평면활동면의 전단력 $S(= \tau l)$는 사면지반의 전단강도$\tau(= c + \sigma\tan\phi)$에 평면활동면의 길이 l을 곱하여 산출한다.

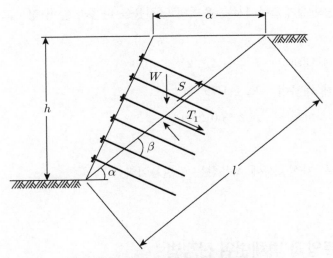

그림 6.20 평면활동면에 대한 안정해석

6.5.3 보강영역을 유사옹벽으로 가정한 안정해석

이 설계법은 소위 경험적으로 증명해온 설계법이라고 말할 수 있다. 이 설계법의 기본적인 개념은 보강된 영역의 지반을 중력식 옹벽으로 간주하는 것이다. 이 가상화된 벽체에 대하여 중력식 옹벽과 동일하게 안정해석을 실시하는 것이다. 단, 이 경우 옹벽체 외곽을 지나는 큰 활동파괴가 발생하지 않는 경우에 한정된다.

결국 이 경우의 안정해석은 외적 안정을 설명한 그림 6.5에 의거 안정해석을 실시한다. 즉, 그림 6.5(a)와 같은 보강영역 외측에서 발생되는 활동파괴가 발생하지 않는다면 보강영역은 하나의 중력식 옹벽으로 취급할 수 있다. 따라서 이 경우는 중력식 옹벽기초의 경우와 마찬가지로 활동, 전도 및 기초지지력에 대하여 충분한 안전성을 가져야 한다.

독일의 표준기준 DIN에서는 안전율을 다음과 같이 규정하고 있다.[22]

수평활동에 대하여 $\quad F_s > 1.5(1.3)$ $\qquad\qquad\qquad\qquad$ (6.4a)

원호활동에 대하여 $\quad F_s > 1.4(1.3)$ $\qquad\qquad\qquad\qquad$ (6.4b)

지지력에 대하여 $\quad F_s > 2.0(1.5)$ $\qquad\qquad\qquad\qquad$ (6.4c)

여기서 괄호 안은 가설공사에 적용하는 안전율이다.

한편 일본도로공단설계요령에서는 옹벽의 안전율을 다음과 같이 정하고 있다.[21]

$$수평활동에 대하여 \quad F_s > 1.5(1.2) \tag{6.5a}$$

$$원호활동에 대하여 \quad F_s > 1.25 \tag{6.5b}$$

$$지지력에 대하여 \quad F_s > 3.0(2.0) \tag{6.5c}$$

여기서 괄호 안은 가설공사에 적용하는 안전율이다.

6.6 벽체측방토압과 벽체변위 산정법

현재까지 주로 이용된 쏘일네일링 설계법은 네일의 인발저항력과 전단강도의 관점에서 적절한 안전율을 고려하여 구조물의 안정성을 판단하는 한계평형해석에 의거한 설계법이라고 볼 수 있다.

이 한계평형해석은 벽체에 작용하는 응력거동과 벽체변위 특성에 대해서는 고려할 수 없는데 계측 결과에 의하면 굴착깊이가 증가하면 지반전단강도에 대한 안전율효과가 감소하여 네일의 인장력에 대한 평가가 중요하게 된다.

네일에 발생하는 인장력은 굴착단계별로 증가하여 굴착 완료 후에도 6개월 정도까지는 시공 완료 시에 비해 15~35% 정도 증가한다.

또한 동결융해의 영향도 매우 크며 변위 발생 정도에 따라서도 네일에 발생하는 인장력이 큰 차이를 보인다.

따라서 국부적 안정을 검토할 수 있도록 작용 응력을 고려할 수 있는 방법이 필요하다. 또한 쏘일네일링 흙막이벽의 변위도 검토해야 한다.

네일링벽체, 앵커벽체, 버팀보벽체의 변위를 적정하게 제한하거나 벽체를 안정하게 유지하기 위해 네일의 소요저항력을 평가하려는 시도는 지금까지 다양하게 진행되었다.

현재까지 제시된 해석 방법은 ① 경험적 토압을 적용한 해석법, ② $p-y$ 수평지반반력법, ③ 유한요소해석법, ④ 운동학적 한계해석법의 네 가지로 분류할 수 있다.

6.6.1 경험토압 분포 적용법

쏘일네일링 흙막이벽에 작용하는 토압 분포를 적합하게 선정하는 것은 흙막이벽체와 지반의 허용변위에 따라 결정된다.

일반적으로 네일링벽체의 허용변위는 버팀보흙막이벽체의 허용변위와 동일하게 규정한다. 따라서 버팀보 설계용으로 제시된 경험적 측방토압 분포를 적용하여 네일링 흙막이벽에 작용하는 측방토압 분포를 적용하여 네일의 축력 및 벽체변위를 산정한다.

쏘일네일링 흙막이벽체의 변위 및 측방토압을 계측한 결과에 따르면 굴착면에 적용하는 토압 분포 및 최대토압 $T_N(= \sigma_h/\gamma_h)$은 제3장에서 설명한 Terzaghi & Peck(1967)이 제안한 경험토압 분포와 매우 유사한 양상을 보이고 있다.

따라서 Juran & Elias(1987)는 계측 결과를 근거로 Terzaghi & Peck의 측방토압 분포를 쏘일네일링 흙막이벽 설계에 적용할 수 있는 토압 분포로 수정·제안하였다(그림 6.21 참조).[12,14]

단, 모래지반의 경우는 $c/\gamma H$값이 0.05 이하가 되는 지반으로 한정하였으며 Terzaghi & Peck의 측방토압 분포에 의거하여 점토질모래지반과 점토지반에 대한 무차원계수 T_N값을 구하면 각각 식 (6.6a) 및 (6.6b)와 같다.

$$\text{점토질모래} : T_N = K_a\left(1 - \frac{4c}{\gamma H}\frac{1}{\sqrt{K_a}}\right) \leq 0.65K_a \tag{6.6a}$$

$$\text{점토} : T_N = (0.2 \sim 0.4)\gamma H \tag{6.6b}$$

여기서, $K_a(= \tan^2(45° + \phi/2))$: 주동토압계수

$\qquad H$: 최대굴착깊이

모래지반의 경우는 그림 6.21(a)에서 보는 바와 같이 네일의 축력을 산정하기 위해 Terzaghi & Peck(1967)이 제안한 경험토압 분포를 굴착바닥부에서 약간 수정하여 제안하였다.

한편 무차원계수 T_N을 네일에 발생하는 최대인장력으로 산출하면 식 (6.7)과 같이 표시된다.

$$T_N = \frac{T_{\max}}{\gamma HS_VS_H} \tag{6.7}$$

여기서, $T_{\max}$: 네일의 축방향 설계인장력

$\qquad \gamma H$: 최대인장응력점의 수직응력

$\qquad S_V\, S_H$: 네일 사이의 수직 및 수평간격

그림 6.21(b)의 측방토압 분포는 단순한 지형과 수평지표면을 갖는 현장에서의 수평지지연직굴착으로 지지된 버팀보지지 흙막이벽 굴착용으로 제안된 분포이기 때문에 여러 가지 제약이 따른다.

이 방법은 경사벽체에는 적용할 수 없을 뿐만 아니라 지반변위 및 네일에 발생하는 전단력 및 모멘트를 평가할 수 없는 단점이 있으나 균질한 토사층의 경우에는 비교적 양호한 결과를 줄 수 있는 매우 간편한 방법으로 알려져 있다.

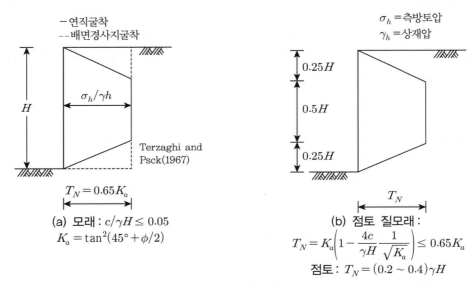

그림 6.21 쏘일네일링 흙막이벽의 경험토압 분포(Juran & Elias, 1987)[12]

6.6.2 $p-y$법

이 방법은 일반적으로 수평방향 하중을 받는 구조물(말뚝, 기초, 벽체 등)에 대하여 외력(혹은 경계변위)에 의한 수평변위와 토압 분포를 산정할 때 적용할 수 있는 방법이다. 이 방법은 근본적으로 지반을 독립적인 거동을 하는 일련의 탄성스프링으로 가정한 보의 탄성휨에 대한 Winkler(1867)해에 근거한 해석법이다. 지반-구조물 경계면의 한 점에 작용하는 수평토압 p

는 벽체의 변위 y에 비례한다고 가정하여 식 (6.8)이 성립한다.

$$p = K_h y \qquad\qquad (6.8)$$

여기서, K_h : 수평지반반력계수

비선형 탄소성 $p-y$ 관계가 지반거동을 나타내기 위해 많이 적용된다. Terzaghi(1948)에 의해 수평재하용벽에 탄소성모델이 적용된 바 있다. 이 모델에서 토압계수 K와 벽체의 상대변위 γ/H는 그림 6.22에 도시한 바와 같다.

가정된 $p-y$관계에 대하여 벽체의 탄성 휨의 미분방정식을 해석적이나 수치해석으로 적분하여 벽체변위, 휨모멘트, 토압 분포를 구한다. 이 설계법에서는 벽체변위에 미치는 실제 벽체강성와 네일의 탄성의 효과를 평가할 수 있다.

이 설계법의 단점은 지반의 $p-y$ 관계 특성(혹은 수평반력계수)을 어떻게 적절히 설정하는가에 있다. 몇몇 연구에서는 K_h를 결정하기 위해 프레셔메터시험 결과로 반경험적인 방법을 사용하였다.[4]

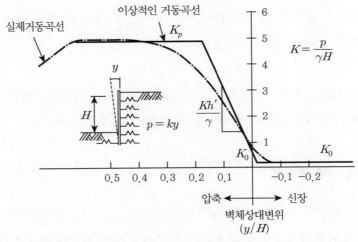

그림 6.22 $p-y$ 해석에 사용한 Terzaghi의 이상적인 $p-y$ 관계 특성

6.6.3 유한요소해석법

이 방법은 각 굴착단계별 응력 변화를 알 수 있을 뿐 아니라 지반-구조물의 특성을 고려할 수 있고 단면형상에 구애 받지 않아 광범위하게 사용할 수 있다. 그러나 수치해석 방법상 입력 매개변수의 영향이 매우 크고 실제와 유사한 거동을 분석하기 위해서는 여러 시험과 자료가 필요하기 때문에 어려움이 많다. 아직까지 이 방법은 연구용으로 주로 이용되고 설계에는 거의 사용되지 않고 있으나 미국과 프랑스에서 쏘일네일에 적합한 매개변수를 규준화하려는 연구가 진행되고 있다.

Shen et al.(1981),[18] Juran et al.(1991)[12]은 유한요소법을 쏘일네일링 흙막이벽의 거동을 해석하기 위해 적용하였다. 이들 해석에서 지반과 경계요소 사이의 구성방정식은 각각 다르게 적용하였다. 특히 Shen et al.(1981)은 유한요소법에 의한 예측치를 계측거동과 비교하였다. 그러나 유한요소법을 설계에 적용하기에는 너무 비용이 비싸기 때문에 적용이 활발하지 못하다.

또한 기술적으로는 다음과 같은 문제점이 지적되고 있다.

① 실제 건설단계와 네일의 삽입과정을 모사하기가 어렵다.
② 지반-벽체의 상호작용을 모델화하기 어렵다.
③ 현재 여러 가지 탄소성 지반모델이 굴착 시 지반거동을 예측하기 위해 사용되고 있다. 그러나 모델 정수를 결정하기가 용이하지 않다.

최근 조용상(2002)도 쏘일네일링으로 보강된 지반에서의 굴착배면지반의 변형특성을 예측하기 위해 3차원 유한요소법을 적용하여 수치해석을 수행하였다.[20]

6.6.4 운동학적 한계해석법

운동학적 한계해석법으로 네일에 발생하는 인장력, 전단력 및 휨모멘트를 평가할 수 있다는 점에서 최근에 관심의 대상이 되고 있으며 유한요소 해석 결과와 비슷한 경향을 보이는 것으로 알려지고 있다. 그러나 아직까지 이 방법에 의한 설계사례는 많지 않으며 네일의 휨강성이 과대평가되어 그 영향이 벽체의 국부안정에 크게 작용한다는 것이 큰 단점이다.

Juran et al.(1990)은 이 방법으로 네일에 대하여 인장 및 전단저항력 그리고 휨강성을 고려 할 수 있으며 가상파괴면을 대수나선 형태로 가정하고 지반의 강도에 대한 안전율을 1.0으로 가정하여 해석하였다.[11]

지반의 저항력이 모두 발휘되었다고 가정하여 설계하기 때문에 사면의 전체 안정성은 단지 네일보강재의 저항력에 의해서 평가되게 된다. 따라서 이러한 해석 방법은 파괴면이 확실히 형성되고 네일보강재에 대한 지반의 지지력이 충분히 발휘되는 지반에 잘 적용되리라 예상된다. 그리고 전체 안전율에 대한 정의는 독일 방법과 같이 네일의 저항력과 작용력으로 수행된다.

그라우팅의 영향을 무시한 휨강성의 효과는 일반적으로 $p-y$법을 이용하여 해석할 수 있으며 이것은 유연한 네일을 횡방향 하중을 받는 무한장 길이의 파일로 간주하여 해석하는 셈이 된다. 이러한 방법에 의한 해석 결과, 파괴면에서 네일의 휨모멘트는 0이며 여기서 인장력과 전단력은 최대가 된다. 이것을 수식으로 표현하면 식 (6.9)와 같으며 무차원 휨강성계수(bending stiffness parameter) N이 포함된 형태이다.

$$N = \left(\frac{K_h D}{\gamma H} \right) \left(\frac{L_0^2}{S_h S_v} \right) \tag{6.9}$$

여기서, H : 벽체의 높이

D : 네일의 직경

S_h : 네일의 수평간격

S_v : 네일의 수직간격

K_h : 지반의 수평반력계수

γ : 흙의 단위체적중량

L_0 : 지반에 대한 상대강성도를 고려한 네일보강재의 휜산길이

또한 L_0는 네일보강재의 전이길이라 할 수 있으며 식 (6.10)과 같이 쓸 수 있다.

$$L_0 = \left(\frac{4EI}{K_h D} \right)^{\frac{1}{4}} \tag{6.10}$$

네일보강재의 전체 길이 L은 대체로 환산길이 L_0보다 세 배 정도 크다. 따라서 네일보강재

의 길이는 무한히 긴 것으로 볼 수 있다.

지반의 수평반력계수 K_h는 앵커로 지지된 벽체에 대해 사용하는 도표를 응용하여 적용할 수 있다. 대부분의 구조물에 대한 휨강성계수 N는 0.1에서 1.5 사이의 값을 보이며 그 거동은 보강재와 밀접한 관계를 보인다. 파괴면의 형상을 얻기 위해서 지표면에 수직한 면에 대한 경사를 결정해야 한다.

실제 크기의 구조물과 실내 모형벽체에 관한 실험 결과 상대적으로 유연한 네일($N=1$)이 설치된 경우 파괴면은 구조물의 상부에서 연직한 것으로 나타났다.

각 네일의 최대인장력 T_{max}는 네일보강재를 포함하는 지반의 수평력에 대한 평형조건으로 구할 수 있으며 네일보강재의 응력 상태는 파괴면에 대한 네일경사의 함수인 인장력에 대한 전단력의 비로 해석할 수 있다.

모든 평형조건과 kinematical 경계조건을 만족하는 지반 고유의 파괴면을 찾음으로써 수치적인 안정해석이 가능해진다. 이러한 과정을 통해 임의의 지점에 위치한 네일의 최대인장력과 전단력의 크기를 산정할 수 있다.

즉, 임의 지점에서 네일보강재에 발생하는 최대인장력 T_N과 최대전단력 T_S는 정규화된 무차원계수로 각각 식 (6.7) 및 (6.11)과 같이 표현된다.

$$T_N = \frac{T_{max}}{\gamma H S_h S_v} \tag{6.7}$$

$$T_S = \frac{T_c}{\gamma H S_h S_v} \tag{6.11}$$

6.7 예비설계

설계의 기본계획은 네일링공법의 적용 타당성과 소요 제원을 개략적으로 알아보기 위한 것으로 한계평형 해석 결과와 경험적으로 축적된 자료를 근거로 하여 도표화하여 네일링공법에 관련된 제반 설계의 초기 설정을 편리하고 신속하게 결정하기 위한 기준이라 할 수 있다.

6.7.1 설계요소 및 참고기준

네일벽체의 안정에 영향을 미치는 주요 요소는 다음 네 가지를 생각할 수 있다. 이들 주요 요소를 그림으로 도시하면 그림 6.23과 같다.

① 네일길이(L)
② 네일 설치 각(θ)
③ 네일벽체의 경사각(η)
④ 네일벽체 배면사면의 지표경사각(β)

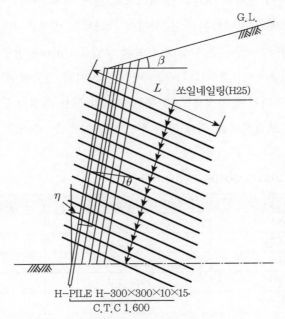

그림 6.23 네일벽체 안정에 영향을 미치는 주요 요소

김장호(1997)는 간이설계에 참고할 수 있는 쏘일링 흙막이벽의 경험적 설계제원을 표 6.2와 같이 정리 제시하였다.[1] 사면 소붕괴의 80% 정도를 차지하고 있는 길이 2m 이하의 사면붕괴를 방지할 경우에는 과거의 사례를 참고하여 설계해도 무방하기 때문에 경험적인 안정해석법이 이용되는 경우가 많다.

표 6.2 경험적인 쏘일네일보강재의 설계제원[1]

구분	제원
네일공 천공지름(mm)	$\phi 40mm$(Air-leg drill)
네일 지름(mm)	$D19 \sim D25$
네일길이(m)	$2 \sim 3m$
네일 타설 밀도	1본$/2m^2$
네일 타설 각도(θ)	수평~벽체경사면에 수직

프랑스에서는 간이설계를 위해 네일 간격을 기준으로 표 6.3과 같이 두 가지 범주로 구분하였으며 어떤 방법을 사용할 것인가는 네일벽체의 형상과 면적에 따라 달라진다.

표 6.3에서는 촘촘하게 배치한 네일과 상대적으로 넓게 배치한 네일의 두 경우로 구분하여 정리하였다. 촘촘하게 배치된 네일은 작은 직경의 그라우트 네일을 진동식 또는 타입식 네일로 설치하는 경우에 해당하며(이 경우의 네일 설치 방법을 Hurpin 방법이라 부른다), 상대적으로 넓게 배치된 네일은 큰 직경의 그라우트 네일을 설치할 경우에 해당한다. Hurpin 방법은 통상적으로는 네일길이가 상대적으로 길 뿐만 아니라 사용 네일의 단위중량도 크다. 이 방법은 흙막이벽체 전면 보강메쉬를 적게 하여 전면판을 얇게 할 수 있는 장점이 있다.

표 6.3 네일벽체의 제원 비교(CLOUTERRE, 1991)[9]

구분	촘촘한 네일(Hurpin 방법)*	상대적으로 넓은 네일‡
네일길이(m)	$0.5 \sim 0.7H$	$0.8 \sim 1.2H$
전면판의 m²당 네일수	$1 \sim 2$	$0.15 \sim 0.40$
네일주면장(mm)	$150 \sim 200$	$200 \sim 600$
네일인장강도(kN)	$120 \sim 200$	$100 \sim 600$
네일단위중량($= t/\gamma S_h S_v$)	$0.4 \sim 1.5$	$0.13 \sim 0.60$

* 진동식 또는 타입식 네일, 작은 직경의 그라우트 네일
‡ 큰 직경의 그라우트 네일

점착력이 없는 지반에 네일보강재의 인장력만 작용하는 경우를 대상으로 안정성을 검토한 결과를 요약하면[3] 다음과 같이 요약할 수 있다. 단, 이 검토에서 전체 안전율로는 1.5를 적용하였다.

① 네일 설치 각(θ)에 따른 네일장(L)의 변화는 미소하여 간이설계에서는 $0° \leq \theta \leq 20°$ 범

위 내에 있으면 무시할 수 있다.

② 네일벽체의 경사각을 $\tan\eta = 0$에서 $\tan\eta = 0.2$로 증가시킬 때, 즉 연직벽의 경우에서 좀 경사지게 설계할 경우 전체 네일을 10% 저감할 수 있다.

③ 지반이 점착력을 가지고 있으면 영향은 더 커진다. 같은 조건하에서 지반이 점착력을 $2t/m^2$ 정도 가지고 있으면 전체 네일을 약 30%까지 감소시킬 수 있다.

④ 네일벽체 배면사면의 지표면경사각(β)은 네일장(L)에 가장 큰 영향을 미친다. $\tan\beta = 0.2$일 경우 20%, $\tan\beta = 0.4$일 경우 55% 정도까지 네일길이가 길어져야 한다.

6.7.2 Gigan 도표

예비설계는 본설계에 앞서 외적·내적 안정에 대해 어느 정도의 네일 제원과 길이, 간격이 필요한지 파악하기 위한 설계단계이다.

특수한 경우를 제외하고는 지반은 균질하고 네일제원이 같은 것으로 가정하여 예비설계를 수행하는 것이 바람직하다.

예비설계단계에서는 네일의 휨강성은 무시하고 순수 인장만 받는 부재로 간주한다. 여기서 설명하는 기본계획도표는 한계평형 해석 방법에 근거하고 있으며 Gigan(1986)과 Juran(1991)이 각각 제안한 내용이다.[3]

Gigan 방법은 가상파괴면을 원형으로 가정한 고전적인 방법으로 네일의 휨모멘트는 무시된다. 또한 보강네일의 단면저항력은 인발에 대한 저항력(T_L)이 네일의 인장강도(T_G)보다 항상 작다는 것을 전제로 하고 있다.

그림 6.24는 굴착지반의 안정수 $N\left(= \dfrac{c}{\gamma H}\right)$과 마찰계수 $\tan\phi$로부터 $d\left(= \dfrac{T_L}{\gamma S_h S_v L_B}\right)$ 및 네일의 인발저항력 T_L를 구하는 과정을 도면으로 정리한 그림이다. 그림 6.24(a), (b), (c) 및 (d)는 네일 설치 각(θ)을 20°로 하고 네일벽체의 규모(L_B/H)가 각각 0.6, 0.8, 1.0, 1.2인 경우의 그림이다. 네일의 단위길이당 최대인발력은 식 (6.12)와 같이 산정된다. 이 값은 그림 6.24의 각 곡선상의 OM값에 해당한다. (단, 이 식 중의 r은 네일의 반경이다.)

$$T_{\max} = \tau(2\pi r) = \left(\frac{c}{F_s} + \sigma\frac{\tan\phi}{F_s}\right)2\pi r \tag{6.12}$$

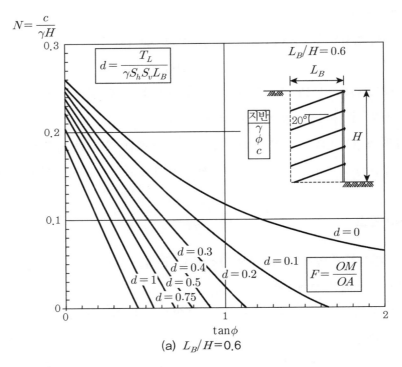

(a) $L_B/H = 0.6$

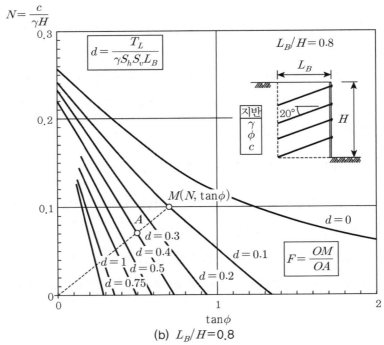

(b) $L_B/H = 0.8$

그림 6.24 Gigan 도표($\theta = 20°$인 경우)

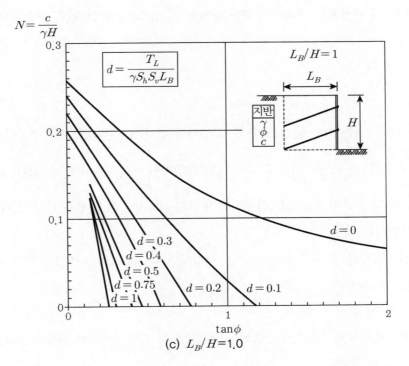

(c) L_B/H=1.0

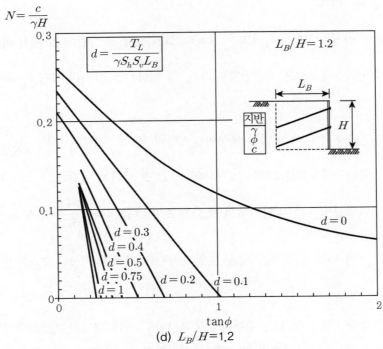

(d) L_B/H=1.2

그림 6.24 Gigan 도표(θ=20°인 경우)(계속)

여기에 네일의 안전율을 고려하여 F를 정하면 식 (6.13)으로 OA값을 구할 수 있다.

$$F = \frac{OM}{OA} \tag{6.13}$$

여기서 OM과 OA는 그림 6.24(b)에 도시된 바와 같다. OA는 OM/F로 구한다.

이렇게 구한 $d\left(= \dfrac{T_L}{\gamma S_h S_v L_B}\right)$값에 γ와 L_B을 대입하여 $\dfrac{T_L}{S_h S_v}$을 구할 수 있다. 네일이 그라우트되어 있고 네일 간격 S_h, S_v이 정해지면 네일의 인발저항력 T_L을 구할 수 있다. 단($T_G \geq T_L$)으로 가정한다.

네일의 인발저항력 T_L을 구하는 과정을 설명하면 다음과 같다. 네일의 인발저항력 T_L을 구할 수 있는 도표이다.

① 그림 6.24(a), (b), (c) 및 (d) 중에서 쏘일네일링 흙막이벽체의 규모(L_B/H)에 따라 사용할 그림을 정한다.

② 굴착지반의 안정수 $N\left(= \dfrac{c}{\gamma H}\right)$과 마찰계수 $\tan\phi$로부터 그림 6.24에서 $d\left(= \dfrac{T_L}{\gamma S_h S_v L_B}\right)$ 값을 산출한다. 이 d값은 최대인발력 $T_{\max}$에 해당하는 값이며 그림 6.24(b)에 OM으로 도시되어 있다.

③ 네일의 안전율을 정하여 네일의 예상인발저항력 T_L에 해당하는 $d\left(= \dfrac{T_L}{\gamma S_h S_v L_B}\right)$값을 도면에서 구한다. 이 d값은 그림 6.24(b)에 OA로 도시되어 있다.

④ 이 d값에 단위중량 γ과 네일벽체의 보강폭 L_B을 대입하여 $\dfrac{T_L}{S_h S_v}$값을 산정한다.

⑤ 이 식 $\dfrac{T_L}{S_h S_v}$에 네일 간격 S_h, S_v을 대입하여 네일의 인발저항력 T_L을 산정한다.

예제 6.1 단위중량 γ가 2.0t/m², 내부마찰각 ϕ가 35°, 점착력 c가 2.0t/m²인 지반에 굴착깊이 H가 10.0m이고 흙막이벽체의 규모(L_B/H)가 0.8인 쏘일네일링의 네일 인발력 T_L을 산정하시오.

① 흙막이벽체의 규모(L_B/H)는 0.8이므로 그림 6.24(b)를 사용한다.

② 안정수 $N\left(=\dfrac{c}{\gamma H}\right)=\dfrac{2.0}{2.0\times10}=0.1$이고 $\tan35°=0.7$로 그림 6.24(b)에서 M의 위치를 구한다. 이 M점은 안정 수 $N=0.1$과 $\tan35°=0.7$의 값으로 그림 6.24(b)에서 도면으로 구할 수 있다. 도면좌표의 원점 O와 M점의 선분은 OM이 되며 네일의 안전율 F를 1.5로 정하면 선분 OA=OM/1.5로 산정된 OA선분의 길이로 그림 6.24(b) 도면상에 A점을 구한다.

③ A점 위치의 $d\left(=\dfrac{T_L}{\gamma S_h S_v L_B}\right)$값을 읽으면 $d=0.333$이 된다.

④ 여기에 단위중량 $\gamma(=2.0)$, 네일보강폭 $L_B(=8\mathrm{m})$을 대입하면 $\dfrac{T_L}{S_h S_v}=5.32\mathrm{t/m^2}$이 된다.

⑤ 네일이 그라우트되어 있고 네일 간격 S_h, S_v가 모두 1.5m이면 $T_L=1.5\times1.5\times5.32=11.99\mathrm{t}$을 구할 수 있다. 물론 $(T_G\geq T_L)$으로 가정한다.

6.8 본설계법

쏘일네일링 흙막이벽 설계에서 검토되어야 할 안정성은 국부안정성과 전체 안정성 두 가지이다.

① 각각의 네일보강재에 대한 국부안전성이 확보되어야 한다.
② 보강영역과 주변 지반이 잠재적 가싱파괴면상에서의 회전파괴 혹은 이동파괴에 대한 전체 안전성이 확보되어야 한다.

6.8.1 국부안정검토

각각 네일은 다음과 같이 인발파괴, 인장파괴 및 휨파괴에 대한 내부파괴기준을 만족해야 한다.

(1) 네일의 인발파괴

$$\frac{\tau_{ult}}{F_t} \geq \frac{T_{\max}}{\pi D L_a}$$

(6.14)

여기서, τ_{ult} : 한계전단응력

$T_{\max}$: 네일의 최대인장력

L_a : 네일의 정착장

F_t : 네일의 인발에 대한 안전율

쏘일네일링 흙막이벽의 설계기준에서 구조형상 L/H 비는(여기서 L은 네일의 전체 길이이다.) 식 (6.15)의 기준을 만족해야 한다.

$$\left[\frac{L}{H}\right] \geq \left[\frac{S}{H}\right] + F_t\left[\frac{T_N}{(\pi\mu)}\right]$$

(6.15)

여기서, $T_N = \dfrac{T_{\max}}{\gamma H S_h S_v}$

$\mu = \dfrac{\tau_{ult} D}{\gamma S_h S_v}$

S : 주동영역 내의 네일길이(혹은 자유장)

(2) 네일의 인장파괴

먼저 연성네일(flexible nail)의 경우는 식 (6.16)과 같이 인장력에만 견딘다.

$$\frac{f_{allw} A_s}{\gamma H S_h S_v} \geq T_N$$

(6.16)

여기서, f_{allw} : 네일의 허용인장응력

A_s : 네일의 단면적

그러나 강성네일(rigid nail)의 경우는 식 (6.17)과 같이 인장과 전단 모두에 견뎌야 한다.

$$\frac{f_{allw}A_s}{\gamma HS_h S_v} \geq K_{eq} \tag{6.17}$$

여기서, $K_{eq} = [(T_N)^2 + 4(T_S)^2]^{1/2}$

$T_S = \dfrac{T_c}{\gamma HS_h S_v}$

T_c : 네일의 최대전단력

(3) 네일의 휨파괴

네일은 휨모멘트에 대하여 식 (6.18)의 기준을 만족해야 한다.

$$M_p > F_m M_{\max} \tag{6.18}$$

여기서, M_p : 네일의 소성휨모멘트

F_m : 소성휨에 대한 안전율

통상 $F_m = 1$의 조건에 대한 M_p를 계산하는 데 허용인장응력을 사용한다.
휨모멘트 $M_{\max}$는 $p-y$해석으로 식 (6.19)와 같이 유도된다.

$$M_{\max} = 0.32\, T_c L_0 \tag{6.19}$$

여기서, $\dfrac{M_p / L_0}{\gamma HS_h S_v} > 0.32 F_m T_S$ \tag{6.20}

6.8.2 전체 안정검토

쏘일네일링 흙막이벽의 전체 안정성은 가상파괴면에 대한 회전파괴 혹은 이동파괴에 대한 안전성을 검토하는 것이다. 이 과정에서는 임계파괴면이 결정되어야 한다. 이 가상파괴면은 보강영역의 내부와 외부에 위치한다. 전체 안전율은 통상 한계평형법으로 검토한다. 사면안정해석에서는 가상파괴면을 관통하는 네일의 인발, 인장, 전단저항을 모두 검토하게 된다.

쏘일네일링 흙막이벽 설계에는 한계평형법이 통상적으로 사용되는데 안전율의 다양한 정의, 파괴면 형상에 대한 다양한 가정, 지반과 네일 보강재 사이의 상호작용, 네일의 저항력가정에 따라 여러 방법이 사용되고 있다.

기본적인 사항은 제6.1절에서 설명한 바 있다. 특히 쏘일네일링 지반에서의 안정해석법은 제6.1.4절에서 자세히 설명한 바 있으므로 참조할 수 있다.

현제 실무에서는 소위 Davis법(Shen et al., 1981),[18] 독일법(Stocker et al., 1979)[19] 및 프랑스법(Schlosser, 1983)[17]이라 부르는 세 가지 한계평형법이 가장 많이 활용되고 있다.

(1) Davis 방법

Shen et al.(1981)은 한계평형원리를 이용한 방법을 개발하였으며 유한요소해석의 결과에 근거하여 최소안전율에 해당하는 가상파괴면의 형태를 보강사면의 선단부(toe)를 지나는 포물선으로 그림 6.25와 같이 가정하였다.[18] 그리고 혼합파괴와 내부파괴의 가능성에 대한 안정성에 대해서 평가·검토한다.

네일은 인장력에만 저항한다고 가정함으로써 네일의 파괴는 인장파괴 혹은 인발파괴에 의해 발생한다고 가정한다.

이 해석에서 지반의 전단강도에 대한 안전율은 $F_c = c/c_m$, $F_\phi = \tan\phi/\tan\phi_m$ 이 된다. 단, c_m 과 ϕ_m 은 각각 가상파괴면에 발달하는 지반의 점착력과 내부마찰각이다. 또한 네일 경계면에서의 극한전단응력에 대한 안전율 $F_L = \tau_{ult}/\tau_m$(단, 여기서 τ_m 은 네일 경계면에 발달하는 전단응력이다)이 된다. 여기서 F_L 은 T_p/T로도 산정한다. 결국 T_p 는 $\tau_{ult}\pi D L_0$ 이 된다. 이들 모든 안전율 F_c, F_ϕ, F_L 은 전체 안전율 F_s 와 동일하다고 가정한다.

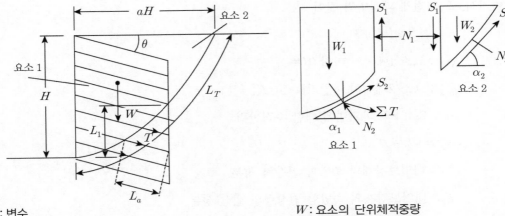

a : 변수

$a^* : \sqrt{\dfrac{L^2\cos^2\theta}{H(H-L\sin\theta)}}$

L_1 : 가상파괴면의 연직거리

W : 요소의 단위체적중량
S : 파괴면의 접선력
N : 파괴면에서의 수직반력
L : 네일의 전체 길이
L_a : 정착장

그림 6.25 Davis 방법(Shen et al., 1981)[18]

또한 급경사면에 대한 전체 안전율은 지반의 전단강도에 대한 안전율과 네일보강재의 인발 저항력에 대한 부분안전율이 같은 값을 갖도록 산정하며 그 계산과정은 다음과 같다.

그림 6.25의 한 요소에서의 힘의 평형방정식은 다음과 같다.

$$N_2 = (W_1 - S_1)\cos\alpha_1 - N_1\sin\alpha_2 \tag{6.21}$$

$$S_2 = (W_1 - S_1)\sin\alpha_1 - N_1\cos\alpha_2 \tag{6.22}$$

여기서, W_i : 요소 i의 단위체적중량

S_i : 파괴면의 접선력(tangential force)

α_i : 요소 i의 수평선과 파괴면 사이의 각도

가정된 파괴면을 따라서 발생한 전 활동력 S_D와 전 저항력 S_R은 다음과 같다.

$$S_D = (W_1 - S_1)\sin\alpha_1 + (W_2 - S_1)\cos\alpha_2 + N_1(\cos\alpha_1 - \cos\alpha_2) \tag{6.23}$$

$$S_R = c'L_T + N_3\tan\phi'_2 + N'_2\tan\phi'_1 + T_T \tag{6.24}$$

여기서, L_T : 전체 파괴면의 길이

c' : 점착력$(= c/F_c)$

ϕ'_1 : 요소 1에서의 마찰각$(= \phi_1/F_\phi)$

ϕ'_2 : 요소 2에서의 마찰각$(= \phi_2/F_\phi)$

N_i : 요소 i의 파괴면에 대한 수직반력

$N_2' = N_2 + T_N$

T_N : 네일보강재의 축방향 인장력 성분

T_T : 네일보강재의 축방향 인장력의 접선 성분

각 네일보강재의 마찰저항은 부재의 내력보다 클 수 없으며 각 보강요소의 마찰저항이 결정되면 가정된 파괴면에 대한 안정도를 계산할 수 있다. 가정된 파괴면을 따라서 활동력과 저항력은 평형 상태$(S_D = S_R)$가 되어야 하고 안전율은 다음과 같이 계산된다.

$$F_c = F_\phi = F_L = F_s \tag{6.25}$$

활동력과 저항력은 미지수의 안전율을 포함하고 있으므로 직접적인 산출이 불가능하며 시행착오법에 의해서 문제를 해결한다.

(2) 독일 방법

Stocker et al.(1979)은 Kranz 원리를 이용하여 활동면을 두 개 부분으로 구분하는 복합활동면에 대한 안정해석을 실시하였다.[19] 즉, 복합활동면은 그림 6.26에서 보는 바와 같이 활동영역을 상부쐐기와 하부쐐기의 2개의 정적 쐐기로 나누어 검토함으로써 안정해석을 실시하는 방법이다.

여기서 상부쐐기는 보강영역 뒤에 보강되지 않은 영역이며 보강영역에 주동하중으로 작용하고 하부쐐기는 보강영역을 포함하는 영역이며 활동면이 이 보강영역을 통과한다.

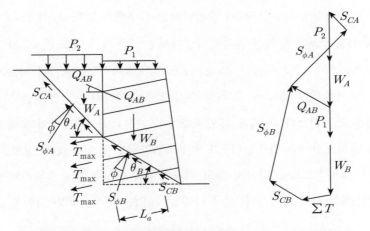

그림 6.26 복합활동면에 대한 안정해석(Stocker et al., 1979)[19]

그림 6.26에서 사용된 용어는 다음과 같다.

θ_A, θ_B : 상부쐐기각도와 하부쐐기각도

W_A, W_B : 상부쐐기와 하부쐐기의 자중

P_2, P_1 : 상부쐐기와 하부쐐기 위에 작용하는 상재하중

S_{cA}, S_{cB} : 상부쐐기와 하부쐐기의 파괴면에 작용하는 점착력 성분

$S_{\phi A}$, $S_{\phi B}$: 상부쐐기와 하부쐐기의 파괴면에 작용하는 마찰력 성분

Q_{AB} : 상부쐐기와 하부쐐기의 경계면에 작용하는 절편력

l_i : 네일보강재의 정착 길이

T_P : 네일보강재 인장력의 합

T : 한계평형 상태에서 네일보강재 방향의 힘

이 해석 방법을 복합활동면에 대한 안정해석이라 표현하기도 하였다. 그림 6.26에는 Stocker et al.(1979)에 의해 적용된 독일해석법을 도시하였다.[19] 또한 일본토질공학회에서도 이 해석 방법을 설명하고 있으나 상부쐐기의 구분 방법이 다소 차이가 있다. 즉, 일본토질공학회에서는 이 상부쐐기를 기초하부 지반의 쐐기영역처럼 가정하였고[22] 독일 방법에서는 네일이 삽입된 끝부분을 연결하여 그림 6.26에서 보는 바와 같이 정하였다.[19]

이 방법에서는 상부쐐기 각도 θ_A와 하부쐐기 각도 θ_B를 변화시켜 극한평형조건으로 안정

해석을 실시한다. Stocker et al.(1979) 방법에서는 상부쐐기 각도 θ_A를 $(\pi/4 - \phi/2)$로 가정하였다.[19] 결국 복합활동면에 의한 안정해석법에서는 상부쐐기 각도 θ_A와 하부쐐기 각도 θ_B를 어떻게 설정하는가가 핵심이 된다. Stocker et al.(1979)[19]의 방법이 비교적 간명하게 상부쐐기 각도 θ_A와 하부쐐기 각도 θ_B를 정할 수 있으므로 여기서는 그 방법을 설명하기로 한다.

이 해석 방법은 활동면보다 더 깊은 네일보강재의 인장효과와 두 개의 흙쐐기의 힘의 균형에 의해 필요한 네일보강재를 결정한다. 그러나 복합활동면에 의한 해석 방법은 이와 같이 완전한 내부파괴를 명시적으로 고려하지 않고 미보강영역을 포함하는 혼합파괴에 대한 안전성을 검토하기 때문에 네일의 길이가 긴 경우 나타날 수 있는 내부파괴의 위험을 고려할 수 없는 한계가 있다.

복합활동면에 의한 안정해석에서 안전율은 식 (6.26)으로 정의한다.

$$F_s = \frac{\sum T_P}{\sum T} \qquad (6.26)$$

식 (6.26)에서 네일보강재의 인장력의 합력 T_P는 식 (6.27)과 같다.

$$T_P = \sum_{i=1}^{n} N_a^i \qquad (6.27)$$

여기서 보강재의 저항력 N_a^i는 배후의 움직이지 않는 지반 속에 근입되어 있는 각 네일보강재의 정착장 부분 주면마찰력 T_m(t/m)과 보강재 길이 L_o(m)의 함수로 다음과 같이 구한다.

$$N_a^i = T_{mi} L_o \qquad (6.28)$$

T_m의 크기는 현장에서 인발시험을 실시하여 구한다. 보강재길이는 각 네일마다 다르므로 인발시험은 길이가 다른 각각의 네일에 대하여 실시해두는 것이 좋다.

설계에서의 T_m은 앵커와 동일하게 생각하여 다음 식으로 산정할 수 있다.

$$T_m = \pi D \tau / F_{sa} \qquad (6.29)$$

여기서, D : 네일천공 유효경(m)

τ : 앵커주면의 마찰저항(t/m²)

F_{sa} : 쏘일네일링공법의 안전율

최근의 연구(Stocker & Riedinger, 1990)에 의한 설계 개념에서는 각 설계변수에 확률론적 관점에서 설정된 부분안전율을 적용하도록 하고 있다. 즉, 지반의 내부마찰각과 점착력 및 인발저항력에 대하여 임시구조물일 경우에 부분안전율을 각각 1.15, 1.55, 1.25로 영구구조물인 경우에는 각각 1.20, 1.60, 1.30을 사용하여 설계하도록 하였다.

(3) 프랑스 방법

급경사면의 안정성을 평가할 때 네일의 인장저항뿐 아니라 전단저항 및 휨강성도 고려하는 해석 방법으로 한계평형원리를 사용한다. 가정된 파괴면의 형상은 원호나 비원호 모두 고려할 수 있다.

전체 안정성에 대한 평가는 절편법(Fellenius법, Bishop법)을 이용하며 각 네일보강재에 대하여는 그림 6.27의 네 가지 부분의 안정성을 모두 고려하여 설계한다.

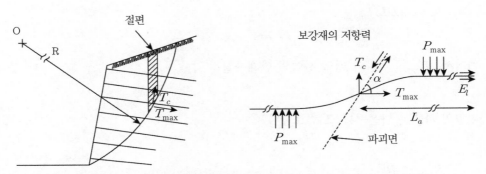

그림 6.27 프랑스 방법(부분안정성에 대한 검토; Blondeau et al., 1984)[7]

인발저항력과 지반강도에 대한 안전율은 Davis 방법과 같으며, (보통 1.5) 네일이 저항할 수 있는 최대인장력 및 전단저항력은 네 가지 파괴기준을 모두 만족하는 값을 갖게 된다. 그리고 휨강성도를 고려하기 위해 사용되는 설계변수인 상대강성도는 다음과 같이 정의한다.

$$I_0 = \left(\frac{4EI}{K_s D} \right)^{0.25}$$ (6.30)

여기서, EI : 네일의 휨강성(bending stiffness)

      K_s : 지반의 스프링계수

      D : 네일의 지름

지반의 전단파괴 및 수동파괴 다음과 같이 규정한다.

$$\tau < c + \sigma \tan \phi$$ (6.31)

$$P_{\max} \leq P_f$$ (6.32)

여기서, P_f : 지반의 한계수동저항력

네일의 인발파괴는 다음 식으로 검토한다.

$$T_{pl} \leq \pi D L_a f_{\max}$$ (6.33)

여기서, $f_{\max}$: 지반과 네일 사이의 한계마찰력

네일의 파괴는 다음 식으로 검토한다.

$$T_{\max} \leq R_n$$ (6.34a)

$$T_c \leq R_c$$ (6.34b)

여기서, R_n : 네일의 인장강도

      R_c : 네일의 전단강도

참고문헌

1. 김장호(1997), 쏘일네일링 흙막이벽체의 변형거동에 관한 연구, 중앙대학교 건설대학원 석사학위논문.

2. 김홍택(2001), 쏘일네일링의 원리 및 지침, 평문각.

3. 유영록(1998), 깊은굴착에 적용한 Soil Nailing 공법에 관한 연구, 중앙대학교 건설대학원 석사학위논문.

4. Baguelin, F., Jezequel, J.F., and Shields, D.H.(1978), The Pressuremeter and Foundation Engineering, Trans Tech Publications, Clausthal, Germeny.

5. Bang, S., Kroetch, P. and Shen, G.K.(1992), "Analysis of Soil System", Earth Reinforcement Practice, Ochiai, Hayashi and Balkema.

6. Bassett, R.H. and Last, H.C.(1978), "Reinforced earth below and embankments", Proc., ASCE Symp : Earth Reinforcement, Pitt, pp.221~222.

7. Blondeau, F., Christiansen, M., Guilloux, A. and S F,(1984), "Talen Methode de calcul des ouvrages en terre renfocee", Proc., IC on In-situ Soil and Rock Reinforcements, Paris, Oct. 9-11, pp.219~224.

8. Bruce and Jewell(1986/1987), "Soil nailing application and ground engineering", Part-1 November 1986, pp.10~15, Part-2-1987, pp.21~38.

9. CEBTP(1989), Determining the working method for conducting pull-out tests on nails. Tests on two types of nail with a constant speed test and incremental loading.

10. Gassler, G.(1988), "Soil Nailing-Theoretical basis and design", International Symposium on Theory and Practice of Earth Reinforcement, Japan, 10.5-10.7, Balkema.

11. Juran, I., Baudrand, G., Farrag, K. and Elias, V.(1990), "K limit analysis for design of soil-nailed structures", Jounal Div., ASCE, Vol.116, pp.54~72.

12. Juran, I. and Elias, V.(1991), Ground anchors and soil nails in retaining structures, Foundation Engineering Handbook, Second Edition, Van Nostrand Reinhold, Edited by H.-Y. Fang, New York, pp.868~905.

13. Marchal, J.(1984), "Reinforcement of soils by nailing-experimental the laboratory", Proc., Int. Conf. In Situ Soil and Reinforcement, Paris, pp.275~278.

14. Plumelle, C.(1986), "Full scale experimental nailed-soil retaining structures", Revue Francaise de Geotechnique, No.40, pp.45~50.

15. Rabejac, S. and Toudic, P.(1974), "Construction of a retain between Versailles-Chantiers", Revnu générale des che ins de eme annee, pp.232~237.

16. Schlosser, F.(1982), "Behaviour and design of soil nailing", Symp. on Recent Developments in the Ground Improvement Techn., Bangkok, 11/29~12/2.

17. Schlosser, F.(1983), "Analogies et differences dans le compotment et la calcul des ouverages de soulennement en Terre Armee et par clouge du sol", Annals de l'Insitute Technique du Batiment et des Travaux Publics, No.418.

18. Shen, C., Bang, S. and Hermann, L.(1981), "Ground movement on earth support system", Journal of The Geotechnical Engineering, ASCE, Vol.107, GT12.

19. Stocker, M.F., Korber, G.W., Gassler, G., and Gudehus,G.(1979), "Soil nailing", International Conference on Soil Reinforcement , Paris, 2, pp.463~474.

20. 趙勇相(2002), 補强地山における掘削背面地盤の變形特性に關する研究, 大阪大學博士學位論文.

21. 日本道路工團(1995), 切土補强土工法設計施工指針.

22. 日本土質工學會(1998). 補强土工法, 土質基礎工學ライブラリ-29, pp.374~377.

쏘일네일링벽체의 측방토압과 변형거동

07 쏘일네일링벽체의 측방토압과 변형거동

7.1 네일의 축응력 분포와 측방토압

 쏘일네일링 흙막이벽의 변형 및 네일의 축력에 대한 연구는 현장 계측, 모형실험, 수치해석 등을 통하여 활발히 진행되었다. 즉, Stocker & Riedinger(1990)[16]와 Juran & Elias (1990)[11] 는 현장 계측 결과를 활용하여 쏘일네일링 흙막이벽에 작용하는 측방토압 및 변형에 미치는 요인 등을 검토하였다.

7.1.1 벽체수평변위와 네일축응력의 거동

 유영록(1998)은 우리나라에서 시공된 10개의 쏘일네일링 흙막이벽체 현장을 대상으로 네일에 설치된 변형률계로부터 측정된 네일축응력과 네일벽체 배면에 설치된 경사계로부터 측정된 쏘일네일링 흙막이벽의 최대변위와의 거동을 굴착소요시간별로 정리하였다.[4] 그림 7.1 은 이들 중 두 계측 결과를 예시한 그림이다.

 즉, 그림 7.1은 네일에 설치된 변형률계로부터 측정된 네일축응력과 네일벽체 배면에 설치된 경사계로 측정한 최대변위의 거동을 굴착공사 소요 시간별로 도시한 그림이다. 또한 그림 7.1에는 쏘일네일링 흙막이벽 굴착공사 현장의 단면도도 함께 도시하였다.

 이들 계측 결과로부터 파악한 쏘일네일링 흙막이벽 굴착공사 현장에서의 거동을 정리하면 다음과 같다.

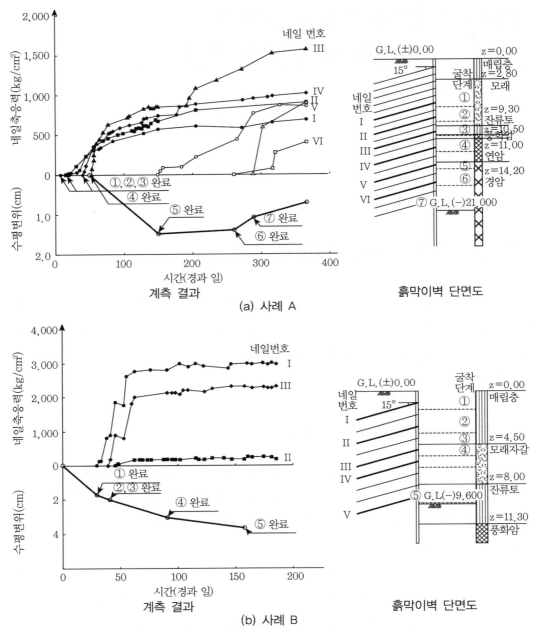

그림 7.1 굴착단계별 네일축응력 벽체수평변위의 거동[4]

① 네일을 설치하고 설치 위치보다 깊은 굴착이 시작되는 즉시 네일축응력은 급격히 증가한 후 안정되는 경향이 있다.

② 네일축응력이 어느 일정 값으로 수렴하는 시점으로부터 일정 기간을 경과한 후 수평변

위곡선의 경사가 완만해지는 것을 볼 수 있다. 이 사이의 시간은 네일을 설치한 지반의 응력상태가 새로운 응력 상태로 안정화하는 데 소요되는 시간이라 할 수 있으며 그 크기는 토질의 종류 및 이완 상태에 따라 달라질 수 있음을 추정할 수 있다.

③ 사례 A의 현장에서 대부분의 네일에 작용하는 응력의 분포는 $500 \sim 1,300 kg/cm^2$을 나타내고 있으며 네일의 허용응력인 $1,800 kg/cm^2$ 이하로서 충분한 국부안전성을 유지하고 있음을 보여주고 있다.

한편 사례 B현장에서는 네일의 응력 분포는 최대 $3,000 kg/cm^2$에 육박하고 있다. 이러한 응력의 분포는 공사시작 50여 일을 전후로 나타나고 있으며 이 시점을 전후로 수평변위가 15mm 정도로 급격하게 발생되고 있는데 이는 네일의 극한항복응력 $4,000 kg/cm^2$ 이하의 상태에서 네일의 소성변형이 일어나고 있음을 보여주고 있다.

이상의 경우에서 알 수 있듯이 네일에 작용하는 응력의 분포는 네일이 부담하는 토압의 분포에 따라 그 크기가 달라지는 것으로 추정되며 이때 수반되는 최대수평변위의 크기는 네일 설치 및 굴착속도와 매우 민감한 관계가 있음을 알 수 있다.

네일을 설치한 후 다음 네일의 설치까지는 네일에 발생되는 축응력의 안정을 위해 통상 7~14일 정도의 시간을 요하고 있지만 과굴착 시공된 네일의 경우는 과도한 양의 축응력과 변형이 수반됨을 추정할 수 있다.

사례 B현장과 같이 네일벽체 주위에 과도한 운동하중이 작용하는 경우 네일에 발생되는 축응력은 극한하중까지도 근접할 수 있으며 이때는 큰 변형을 수반함을 알 수 있다.

7.1.2 네일링벽체의 수평변위

그림 7.2에서는 현장 계측 결과를 횡축에 벽체수평변위를 취하고 종축에 굴착심도를 취하여 도시하였다. 즉, 네일로 보강된 벽체의 심도별 수평변위의 관계를 모든 현장에 대해 정리하면 그림 7.2와 같이 나타낼 수 있다. 네일로 보강한 벽체의 수평변위는 대부분 지표면 부근(지표면 아래 5m 범위)에서 가장 큰 값을 보이고 있다.

벽체변위의 크기를 최종굴착심도 H를 기준으로 표시하면 그림 7.2처럼 대부분의 벽체수평변위는 최대치인 $1/300H$ 이하의 값을 보이고 있다. 통상적인 관리기준치인 $1/300H$를 기준으로 감안하면 본 10개 현장은 모두 관리 기준치 내의 벽체수평변위가 발생하였다고 할 수 있다.

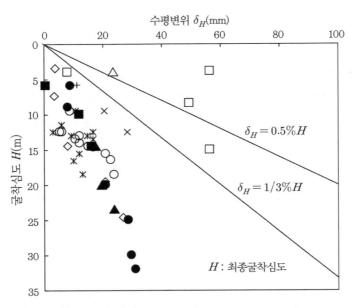

그림 7.2 굴착심도 z와 벽체수평변위 δ_H의 관계도

그림 7.3은 앵커지지 흙막이벽체의 관리기준으로 제시된 벽체수평변위와 쏘일네일링 흙막이벽체의 수평변위를 비교한 그림이다.[6,7] 즉, 그림 7.3(a)는 앵커지지 흙막이벽체의 수평변위를 측정한 결과이며 이 결과에 의거 하여 앵커지지 흙막이벽을 설계할 때는 양호한 현장에서의 최대수평변위에 맞게 설계하여야 하며 현장에서 측정된 측방변위의 최대치는 시공 시의 안전관리기준으로 정하는 것이 좋을 것이다. 이를 식으로 정리하여 식 (7.1)을 관리기준으로 제안한 바 있다.[6]

$$\delta_H \leq 2.5 \times 10^{-3} H : 설계기준(앵커지지 흙막이벽)$$
$$\delta_H \leq 5.0 \times 10^{-3} H : 시공관리기준(앵커지지 흙막이벽) \qquad (7.1)$$

즉, 앵커지지 흙막이벽의 설계단계에서는 그림 7.3(a)에 도시된 양호한 현장에서의 최대수평변위에 맞게 설계하여야 하며 흙막이벽의 시공단계에서는 현장에서 측정된 측방변위의 최대치를 시공 시의 안전관리기준으로 정하는 것이 좋을 것이라고 제안 하였다.[6] 즉, 흙막이벽의 단면을 설계할 때는 예상수평변위가 최종굴착깊이의 0.25% 이내가 되는지를 검토하여야 한다. 반면에 시공단계에서는 현장의 여건상 예상수평변위를 초과할 수 있다.

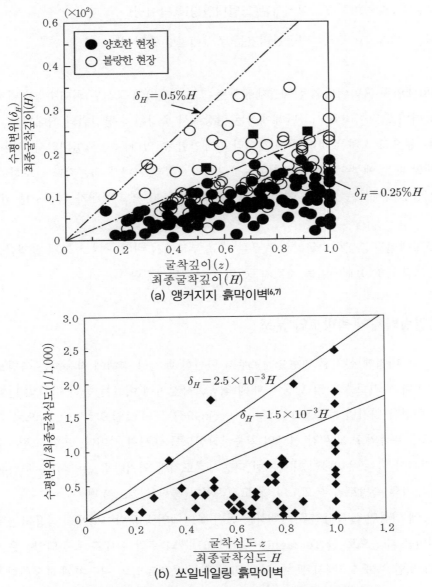

(a) 앵커지지 흙막이벽[6,7]

(b) 쏘일네일링 흙막이벽

그림 7.3 최대굴착심도에 대한 벽체수평변위의 관계

반면에 쏘일네일링 흙막이벽의 경우는 그림 7.3(b)에서 보는 바와 같이 대부분의 벽체수평 변위는 최종굴착깊이 H의 0.15% 이내로 측정되었으며 0.25%를 초과하지 않았다. 이는 앵커 지지 흙막이벽체의 경우보다 쏘일네일링 흙막이벽체의 수평변위가 적게 발생됨을 의미한다. 따라서 쏘일네일링 흙막이벽의 관리기준은 식 (7.2)와 같이 정함이 좋을 것이다.

$$\delta_H \leq 1.5 \times 10^{-3} H : \text{설계기준(쏘일네일링 흙막이벽)}$$

$$\delta_H \leq 2.5 \times 10^{-3} H : \text{시공관리기준(쏘일네일링 흙막이벽)} \tag{7.2}$$

즉, 쏘일네일링 흙막이벽의 설계단계에서는 그림 7.3(b)에 도시된 최대수평변위에 맞게 설계하여야 하며 흙막이벽의 시공단계에서는 현장에서 측정된 수평변위의 최대치를 시공 시의 안전관리기준으로 정하는 것이 좋을 것이라고 제안할 수 있다. 즉, 쏘일네일링 흙막이벽의 단면을 설계할 때는 예상수평변위가 최종굴착깊이의 0.15% 이내가 되는지를 검토하여야 한다. 반면에 시공단계에서는 현장의 여건상 예상수평변위를 0.25% 이내가 되는지를 검토하여야 한다.

다만 쏘일네일링 흙막이벽굴착의 경우는 지표 부분에서 변위가 다소 크게 발생함을 주의해야 한다. 그림 7.3(b)에는 이들 측정치 중 일부는 제외시켰다.

7.1.3 네일링벽체의 측방토압 분포

그림 7.4는 네일에 설치된 변형률계로부터 환산한 네일링 벽체에 작용하는 측방토압을 도시한 결과이다.[4] 가로축은 각 현장에 대해 최종굴착깊이에 이르는 동안 각각의 단계별 굴착심도에서 측정한 위치별 토압을 Terzaghi-Peck(1967)[17]의 토압으로 나눈 값으로 나타낸 결과이다. 그림 우측의 표식은 각 현장의 최종굴착심도를 표시한 것이다. 또한 그림 7.4에는 표 5.5에 정리되어 있는 우리나라 내륙지반(다층사질토지반 엄지말뚝 흙막이벽)에 적용되는 평균치와 최대치의 측방토압 분포도 함께 도시하였다(홍원표, 2018).[6]

그림 7.4에 의하면 굴착작업을 진행하는 동안 쏘일네일링 흙막이벽체에 작용하는 측방토압은 토사지반을 대상으로 한 Terzaghi-Peck(1967)[17]의 토압 이내로 측정되었음을 알 수 있다. 이 측방토압은 표 5.5에서 볼 수 있는 바와 같이 측방토압의 평균치에 해당한다. 한편 이 평균치를 벗어나는 몇 몇 측방토압 실측치는 표 5.5의 토사지반의 최대측방토압 분포 이내에 존재함을 알 수 있다.

따라서 쏘일네일링 흙막이벽에 작용하는 측방토압은 표 5.5에 제안된 엄지말뚝 흙막이벽 설계용 측방토압 분포를 그대로 적용할 수 있다고 할 수 있다. 결국 표 5.5에 정리되어 있는 데로 우리나라 내륙지역 사질토 토사지반에 설치되는 엄지말뚝 흙막이벽 설계용 측방토압은 지지시스템에 무관하게 측방토압의 평균치 분포 혹은 최대치 분포를 적용할 수 있다.

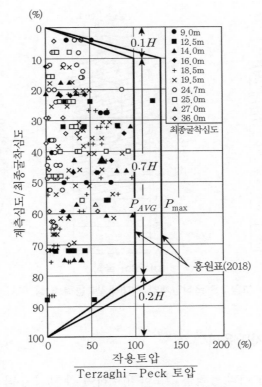

그림 7.4 심도별 측방토압/Terzaghi−Peck토압[17]

네일벽체에 작용하는 토압은 현장에서 실측한 변형률계의 변형률로 식 (7.3)과 같이 구하였다.

$$p = \epsilon EA \tag{7.3}$$

실제 작용하는 측방토압은 네일벽체에 가장 가까운 위치의 변형률계의 값이 흙막이벽체에 작용하는 토압에 근접하였다.

한편 그림 7.5는 한 쏘일네일링 현장에 대한 굴착단계별 최대 네일축응력 발생 위치를 나타낸 그림이다. 이 그림에서 보는 바와 같이 네일의 최대축응력 발생 위치는 굴착이 진행되어 감에 따라 네일 두부에 가까운 쪽에서 먼 쪽으로 진행되어 감을 볼 수 있다. 이는 네일로 보강된 벽체에서 굴착이 진행됨에 따라 가상파괴면의 위치가 깊어감을 의미하며 최종단계의 굴착에서는 네일의 중간 부분에서 최대축응력이 수렴하게 됨을 보여주는 전형적인 거동이라 할 수 있다.

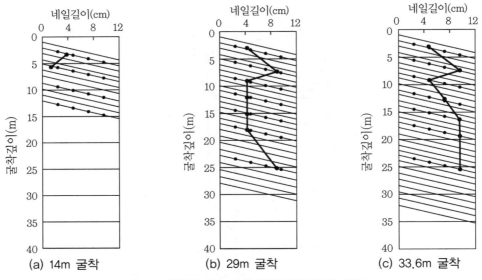

그림 7.5 굴착단계별 최대네일축응력 발생 위치

7.1.4 네일링지반의 지반응력

네일링이 설치된 지반 내의 응력을 검토하기 위하여 각 네일에 작용하는 축방향 최대인장력 중 최댓값에 해당되는 T_{max}을 식 (7.4)와 같이 무차원화하여 그림 7.6과 같이 도시하여 굴착깊이에 따라 지반응력을 검토하였다

$$K = \frac{T_{max}\cos\theta}{\gamma z S_v S_h} \tag{7.4}$$

여기서, T_{max} : 네일의 축방향 최대인장력

γz : 최대인장응력점에서의 연직응력

S_v : 네일의 수직간격

S_h : 네일의 수평간격

그림 7.6은 횡축에 K, 종축에 단계별 굴착깊이 z/H를 나타냈다. 여기서 z/H는 최종굴착깊이를 H라 할 때 굴착단계별 깊이를 나타낸다.

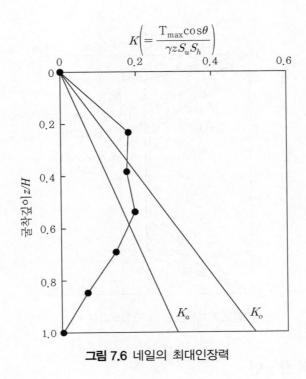

$$K\left(=\frac{T_{max}\cos\theta}{\gamma z S_u S_h}\right)$$

그림 7.6 네일의 최대인장력

이 그림에서 보는 바와 같이 일반 보강토옹벽(reinforced erath walls)의 경우와 달리 벽체 중앙부를 지나 하단부 쪽으로 갈수록 발휘되는 T_{max}의 크기가 점차 감소하여 전체적인 최대 인장력 분포 형상은 포물선에 가까운 경향을 나타내고 있다.

그림 7.6 속에 도시된 K_0 및 K_a는 각각 정지토압계수와 주동토압계수를 나타내며 네일이 설치되지 않은 일반 강성벽체의 경우 예상되는 토압과 크기를 비교하기 위해 도시하였다. 그 결과 굴착면 상부에서는 정지토압에 가깝거나 그보다 약간 큰 응력이 발생되고 굴착면 하부에 서는 주동토압보다 작은 응력이 발생하는 것으로 나타났다.

한편 그림 7.7은 네일에 부착된 변형률계로부터 측정된 축력을 Terzagh & Peck(1967),[17] Tschebotarioff(1973),[18] 홍원표 연구팀(1995),[7] 홍원표(2018)[6]에 의해 제안된 토압 분포와 함께 나타낸 것으로 상부지반에서는 Terzagh & Peck의 견고한 점토지반에 하부지반에서는 홍원표 연구팀(1995)에 의해 제시된 토사지반기준과 유사한 경향을 보였다. 홍원표(2018)의 측방토압 평균치는 실측치에 외접하는 경향을 보였다.

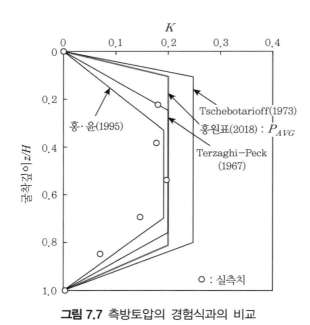

그림 7.7 측방토압의 경험식과의 비교

7.1.5 네일링지반의 활동면

그림 7.8(a)에는 네일에 작용하는 축력 분포와 보강토에 적용되는 직선 가상활동면을 나타내었다.[1] 여기서는 토사층과 암반층의 경계까지의 축력 분포를 대상으로 하였다.

굴착 상부에서의 주동영역 거리는 7.5m로 직선으로 표시하면 약 $0.5H$(여기서 H는 토사층의 깊이)로 보강토에 적용되는 $0.3H$에 비해 크게 산정된다.

한편 그림 7.8(b)는 포물선 형태로 가상파괴면을 도시한 그림이다. 여기서도 가상파괴면은 토사층과 암반층의 경계면인 G.L.(−)15m까지만 고려하여 도시하였다.[1]

굴착상부의 주동영역 거리는 약 6m로 활동면의 형상을 그림에서 보는 바와 같이 포물선으로 표시하면 주동영역은 $0.4H$가 되고 포물선 활동면은 $y = 0.42x^2$이 된다. 즉, 보강토공법보다 크고 직선 활동면보다는 작은 값으로 나타난다.

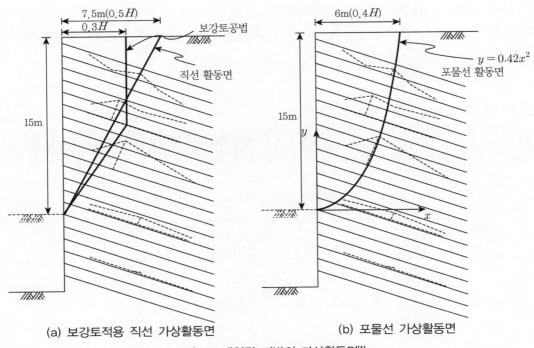

그림 7.8 네일링 지반의 가상활동면[1]

(a) 보강토적용 직선 가상활동면   (b) 포물선 가상활동면

7.1.6 주동영역과 안전율

쏘일네일링 흙막이벽 배면의 가상활동면을 검토하기 위해 네일에 부착된 변형률계의 계측 자료를 토대로 네일에 발생되는 최대인장력 발생 지점을 연결하여 가상활동면으로 간주하였다.

즉, 쏘일네일링으로 보강된 지반의 파괴 발생 기구를 알기 위해서는 보강된 지반의 파괴 시에 계측된 값을 이용하여 분석하는 것이 좀 더 정확한 고찰이 될 것이다. 그러나 현실적으로 파괴시의 값을 얻기는 어려우므로 여기서는 설계 시 고려한 최소안전율과 공사 진행 기간 동안의 최소안전율을 비교하여 설계의 적절성을 알아보고자 한다.

유영록(1998)은 우리나라 쏘일네일링 흙막이벽 현장사례에 대한 검토에서 주동영역의 거리는 표 7.1에서 보는 바와 같이 $0.25 \sim 0.60H$의 분포를 보이고 있으며 특히 작은 값의 경우는 암층이 지반 상부에(3–5m)에서 일찍 출현하는 경우라고 하였다.[4]

주동영역의 거리는 $0.25 \sim 0.60H$의 분포에서 알 수 있듯이 굴착지층의 조건, 설계 시 적용한 안전율(안전율을 높게 하면 네일의 간격이 조밀)에 따라 그 분포가 달라질 수 있음을 추정할 수 있다.

Davis 방법으로 계산한 가상활동면의 안전율은 표 7.1과 같다. 이들 표로부터 가상 활동면에 대한 안전율이 설계 시의 값보다 훨씬 높은 것으로 나타났다.[4] 이는 아직까지 쏘일네일링의 설계가 과다설계로 이루어지고 있음을 보여주는 증거라고 할 수 있다.

표 7.1 네일의 축력에 의한 가상활동면의 안전율

공사현장	주동영역 거리	가상활동면의 안전율 (Davis 방법에 의한)	설계 시 안전율
제1현장	$0.25H$	2.15	1.5
제2현장	$0.32H$	2.10	1.5
제3현장	$0.37H$	1.95	1.5
제4현장	$0.45H$	1.89	1.5
제5현장	$0.60H$	2.03	1.5

Davis 방법에 의한 안전율 검토는 다음과 같이 수행한다.

① 예비단계
 − 네일 및 지반 물성치에 적정한 안전율을 결정한다.
 − 도표를 이용하여 개략적인 네일(직경, 간격, 길이 등)제원을 결정한다.
② 본 단계
 − 단면상에서 가상활동면으로 선단을 지나는 포물선 $y = (x^2/a^2 H)$을 작성한다.
 − 포물선 내부의 흙 및 상재하중에 의해 발생하는 활동력을 계산한다.
 − 포물선 외부의 네일 및 지반마찰력에 지지할 수 있는 저항력을 계산한다.
 − 저항력을 활동력으로 나누어 안전율을 구한다.
 − 위의 과정을 반복하여 최소안전율을 찾는다.
③ 전체 안전율을 구한 후 국부적 안정을 검토하여 설계조건을 만족하면 본 단계에서 계산된 최소안전율을 최종안전율로 결정하고 만족하지 못할 경우 네일 제원을 변경하여 계산한다.

7.2 쏘일네일링 흙막이벽의 변형거동

홍원표 연구팀(2001)은 암반층이 포함된 다층지반에서 깊은 굴착 시 현장 계측 결과를 이용하여 쏘일네일링 흙막이벽의 변형거동을 고찰하였다.[8]

쏘일네일링 흙막이벽의 변형에 대한 연구는 현장 계측, 모형실험, 수치해석등을 통하여 활발히 진행되었다. 즉, Stocker & Riedinger(1990)[16]와 Juran & Elias(1990)[11]는 현장 계측 결과를 활용하여 쏘일네일링 흙막이벽의 변형에 미치는 요인 등을 검토하였다. 한편 Schlosser(1983)는 쏘일네일링공법과 보강토공법에 대한 변형거동의 차이점을 검토하였다.[14] 그 밖에도 여러 학자들에 의하여 각 지반조건에 따른 쏘일네일링 흙막이벽의 최대수평변위의 발생 범위도 제시되었다(Gassler & Gudehus., 1981[10]; Shen et al., 1981[15]; Cartier & Gigan, 1983[9]; Plumelle et al., 1990[12]). 국내에서도 쏘일네일링 흙막이벽의 거동에 대한 모형실험 및 수치해석적 연구(김준석외 4인, 1994[2]; 김홍택외 3인, 1995[3])가 활발히 진행되었으며 최근에는 현장 계측 결과를 토대로 쏘일네일링 흙막이벽의 변형을 분석한 연구가 있다(전성곤, 1999).[5]

7.2.1 쏘일네일링 흙막이벽 굴착현장

(1) 현장 개요 및 지반특성

사례 현장은 도심지(서울 및 수도권지역)에서 쏘일네일링공법으로 시공된 9개의 굴착공사 현장으로, 여러 가지 계측 시스템을 활용하여 시공 중에 주기적인 현장 계측을 실시하였다.[8] 굴착현장의 주변에는 대규모 아파트단지, 고층빌딩, 인접공사현장, 상가 및 주택지가 밀집되어 있다. 또한 인접도로 지하에는 지하철이 통과하고 있거나 각종 지하매설물들이 묻혀 있다. 따라서 지하굴착에 따른 주변 지반의 침하, 측방이동, 지지력 손실로 인하여 인접건물이나 지하구조물에 피해를 줄 수 있으므로 근접시공의 문제점이 대두될 수 있는 현장들이다. 표 7.2는 각 현장의 지하굴착규모를 나타낸 것으로 굴착깊이는 대략 13~35m 정도이고 굴착면적은 2,700~18,500m² 정도로 대규모 대심도 굴착공사에 속한다.

한편 사례 현장의 지반조건은 우리나라 내륙지방의 전형적인 지층구조인 표토층, 풍화대층, 기반암층으로 구성된 다층지반이다. 표토층은 매립토와 충적토로 이루어져 있으며 대부분 실트질 모래, 모래질 실트, 자갈 등이 혼재되어 있다. 풍화대층은 모든 현장에 분포되어 있고 풍화도가 매우 심한 풍화잔류토층과 모암조직이 존재하며 비교적 단단한 풍화암층으로 구분되어 있다. 제3현장을 제외한 현장에서는 풍화대 하부에는 기반암인 연암 및 경암으로 이루어진 암층이 분포하고 있다.

표 7.2 사례 현장의 지하굴착 규모 및 굴착지반 내 토사층의 두께

현장	지하굴착 규모		토사층 두께 H_s(m)	토층 비 H_s/H(%)	범례
	굴착깊이 H(m)	굴착면적(m²)			
제1현장	24.2	2,688(42×64)	11.3	47	○
제2현장	13.4	4,830(69×70)	2.1	16	●
제3현장	12.7~13.7	18,513(153×121)	14.0	100	△
제4현장	21.3	7,440(80×93)	14.9	70	▲
제5현장	25.0	6,030(67×90)	10.7	43	□
제6현장	21.0	17,600(110×160)	10.5	50	■
제7현장	33.0	3,381(49×69)	4.2	13	◇
제8현장	33.7	1,188(44×27)	5.5	16	◆
제9현장	25.0	5,409(67×78)	9.0	36	*
			9.4	36	

(2) 흙막이공

그림 7.9는 사례 현장 가운데 제3 및 5현장에 대한 흙막이구조물의 단면을 개략적으로 나타낸 그림이며, 전체 사례 현장의 쏘일네일링 흙막이공을 정리하여 나타내면 표 7.3과 같다. 사례 현장의 흙막이공은 대부분 굴착면에 와이어메쉬를 설치한 후 쇼크리트를 15cm 두께로 타설하여 흙막이벽을 형성하였으며 지지구조로는 쏘일네일링 지지방식을 채택하고 있다.

그러나 제1, 5, 6, 7, 8 및 9현장의 일부단면은 굴착면에 엄지말뚝과 흙막이판을 설치한 후 쇼크리트를 타설하여 흙막이벽을 형성하였다. 네일은 직경이 10~15cm인 그라우팅네일로 HD29 혹은 HD25 이형 철근을 삽입한 후 시멘트 밀크를 주입하였다.

표 7.3에 나타난 바와 같이 네일의 길이는 8~16m로서 굴착깊이의 $0.4H$~$0.9H$ 범위에서 설치되었다. 그리고 네일은 수평으로 0.8~1.5m, 수직으로 0.7~1.53m 간격으로 설치되며 보강분담면적은 0.8~2.25m²이다. 대부분의 현장에서 네일은 토사층과 암반층의 두께에 관계없이 동일한 간격으로 설치되었으나, 제2, 6현장에서는 네일이 암반층보다 토사층에서 좁게 설치되어 토사층의 네일 보강분담면적이 암반층보다 작게 시공되었다. 그러나 본 연구의 사례 현장에 설치된 네일의 시공조건은 Schlosser & Unterreiner(1991)[13]가 제안한 네일의 시

공조건(네일의 길이는 굴착깊이의 $0.8H \sim 1.2H$, 네일 1개당 보강분담면적은 $2.5 \sim 6.0 \text{m}^2$)보다는 다소 작게 설계·시공되어 있다. 네일의 설치 각도는 모든 현장에서 $15°$로 되어 있다.

한편 흙막이벽 배면에는 굴착으로 인한 지하수위의 하강을 억제하기 위하여 L.W Grouting (제8, 9현장) 및 S.C.W(제1, 2, 5현장)를 시공하였으며, 지반보강을 목적으로 Jet Grouting 을 시공한 현장(제7현장)도 있다.

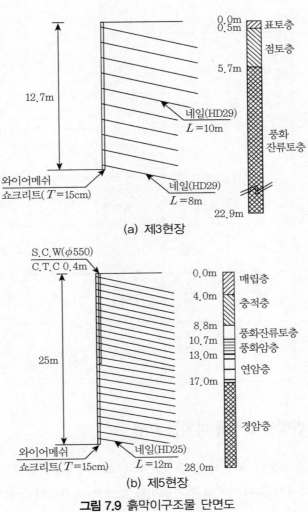

(a) 제3현장

(b) 제5현장

그림 7.9 흙막이구조물 단면도

표 7.3 사례 현장의 쏘일네일링 흙막이공

현장	흙막이벽	흙막이공					
		네일 설치 상태			네일길이/최종굴착깊이 (L/H)	네일길이/토사층 두께 (L/H_s)	네일보강 분담면적 A_N(m²)
		길이 (m)	수평간격 (m)	수직간격 (m)			
제1현장	쇼크리트, 엄지말뚝 +흙막이판	15.0	0.8	1.0	0.62	1.33	0.8
제2현장	쇼크리트	10	1.2 : 토사층 1.5 : 암반층	1.2 : 토사층 1.5 : 암반층	0.77	4.83	1.44 : 토사층 2.25 : 암반층
제3현장 A	쇼크리트	1~5단 : 10 6~10단 : 8	1.5	1.3	0.79	0.79	1.95
제3현장 B					0.88	0.88	
제3현장 C					0.81	0.81	
제4현장	쇼크리트	1~14단 : 16 15~22단: 14	1.2	1.2	0.71	1.07	1.44
제5현장	쇼크리트, 엄지말뚝 +흙막이판	12	1.0	1.0	0.48	1.12	1.0
제6현장	쇼크리트, 엄지말뚝 +흙막이판	15	1.0 : 토사층 1.2 : 암반층	1.0 : 토사층 1.2 : 암반층	0.71	1.43	1.0 : 토사층 1.44 : 암반층
제7현장	쇼크리트, 엄지말뚝 +흙막이판	12	1.0	0.7	0.36	2.86	0.7
제8현장	쇼크리트, 엄지말뚝 +흙막이판	15	1.0	1.0	0.45	2.73	1.0
제9현장 A	쇼크리트, 엄지말뚝 +흙막이판	11	1.0	1.0~1.2	0.44	1.22	1.2
제9현장 B						1.17	1.0

7.2.2 흙막이벽의 변형에 영향을 미치는 요인

제7.2.2절에서는 암반층이 포함된 다층지반에서 쏘일네일링공법이 적용된 굴착현장(표 7.2 참조)으로부터 측정된 흙막이벽의 수평변위를 토대로 흙막이벽의 변형에 미치는 영향요인을 분석한다.[8] 이들 영향 정도와 현장 시공 상황을 고려한 요인배치법에 의하여 사례 현장을 3개의 그룹으로 구분하여 쏘일네일링 흙막이공에 대하여 보다 합리적이고 경제적인 설계·시공 범위를 설명한다.

사례 현장의 흙막이공은 대부분 굴착면에 와이어메쉬를 설치한 후 쇼크리트를 15cm 두께로 타설하여 흙막이벽을 형성하였으며 지지구조로는 쏘일네일링 지지방식을 채택하고 있다. 흙막이벽 배면에는 굴착으로 인한 지하수위의 하강을 억제하기 위하여 L.W 그라우팅 및 S.C.W를 시공하였으며, 지반보강을 목적으로 고압그라우팅(Jet Grouting)을 시공한 현장도 있다.

쏘일네일링 흙막이벽의 수평변위는 굴착깊이, 굴착지반의 지층 구성, 네일의 시공조건(네일의 길이, 설치 간격, 설치 각도), 흙막이벽의 전체 안전율 등 여러 요인에 의해 영향을 받으므로 다른 흙막이공법에 비해 흙막이벽의 변형을 관찰하는 데 많은 주의가 요구된다. 따라서 본 절에서는 각 사례 현장의 굴착깊이, 굴착지반 내 토사층의 두께, 네일의 시공조건과 흙막이벽의 수평변위와의 관계를 분석하여 흙막이벽의 변형에 미치는 영향 정도를 검토하고자 한다. 각각 그림속의 범례는 표 7.2에 나타낸 바와 같다.

(1) 최종굴착깊이(H)

그림 7.10은 9개 굴착현장의 12개 단면에서 측정된 흙막이벽의 최대수평변위와 최종굴착깊이의 관계를 나타낸 그림이다. 그림에 나타난 바와 같이 각 현장의 흙막이벽에 발생된 최대수평변위는 최종굴착깊이가 큰 현장일수록 감소하는 경향을 보이고 있어 최종굴착깊이에 크게 영향을 받지 않는 것으로 나타나고 있다. 이는 균질한 토사지반에서 쏘일네일링 흙막이벽의 최대수평변위는 굴착깊이에 비례하여 증가한다는 Schlosser & Unterreiner(1991)의 연구 결과와 큰 차이를 보이고 있다.[13] 따라서 암반층이 포함된 다층지반에서 쏘일네일링 흙막이공

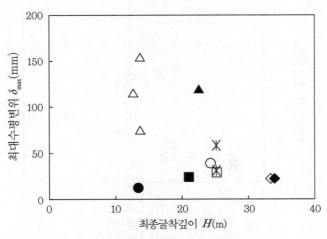

그림 7.10 최종굴착깊이와 최대수평변위

법을 적용하여 지하굴착공사를 실시하는 경우 흙막이벽의 최대수평변위 발생 범위를 최종굴착깊이의 함수로 나타내는 것은 다소 문제가 있음을 알 수 있다.

(2) 굴착지반 내 토사층의 두께(H_s)

굴착지반 내에 암반층이 존재하는 다층지반에서 쏘일네일링 흙막이벽의 최대수평변위는 그림 7.10에서 보는 바와 같이 최종굴착깊이와 상관성이 거의 없는 것으로 나타났다.

그러나 그림 7.11(a)에서는 굴착지반 내 토사층의 두께만을 고려하여 흙막이벽의 최대수평변위와의 관계를 나타내었다. 이 그림에서 쏘일네일링 흙막이벽의 수평변위는 굴착지반 내

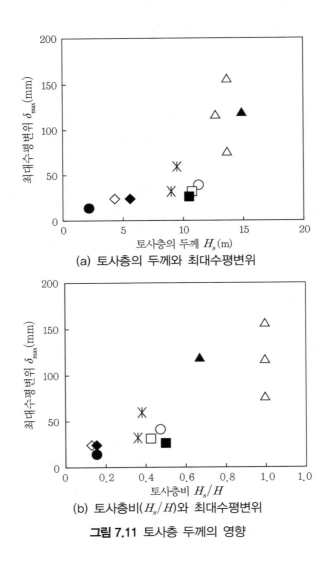

(a) 토사층의 두께와 최대수평변위

(b) 토사층비(H_s/H)와 최대수평변위

그림 7.11 토사층 두께의 영향

토사층의 두께가 두꺼운 현장일수록 증가하고 있어 단순한 최종굴착깊이(H)보다는 토사층의 두께(H_s)에 더 좋은 상관관계를 보이고 있다.

특히 그림 7.11(b)는 굴착지반의 토사층비(굴착깊이에 대한 토사층의 두께비(H_s/H))와 최대수평변위와의 관계를 나타낸 그림이다. 이 그림을 살펴보면 굴착지반의 토사층비가 증가할수록 흙막이벽의 최대수평변위는 증가하는 것으로 나타나고 있다. 따라서 그림 7.11로부터 굴착지반 내에 암반층이 존재하는 다층지반에서는 흙막이벽의 최대수평변위는 토사층의 두께가 차지하는 비율에 큰 영향을 받고 있음을 확실히 알 수 있다. 여기서, 토사층은 점착력을 무시할 수 있는 풍화토층까지 포함하는 것으로 하였다.

(3) 네일길이

그림 7.12(a)는 굴착깊이에 대한 네일의 길이비와 흙막이벽의 최대수평변위와의 관계를 나타낸 것이다. 일반적으로 네일의 설치 길이가 길수록 지반의 보강 및 흙막이벽의 지지효과가 양호하여 흙막이벽의 수평변위가 작게 발생한다고 알려졌다.

그러나 그림 7.12(a)를 살펴보면 굴착깊이에 대한 네일의 길이비(L/H)가 증가함에 따라 흙막이벽의 최대수평변위는 감소하지 않고 오히려 증가하는 경향을 보이고 있다.

반면에 그림 7.12(b)에 나타난 바와 같이 굴착깊이에서 토사층의 두께만을 고려하여 검토해보면 토사층의 두께에 대한 네일의 길이비(L/H_s)가 증가함에 따라 흙막이벽의 최대수평변위는 감소하고 있다. 그림 7.12로부터 흙막이벽의 수평변위는 굴착깊이보다는 토사층의 두께를 고려한 네일의 길이비에 큰 영향을 받고 있으므로 네일의 설치 길이도 굴착지반 내 토사층의 두께를 고려하여 결정하는 것이 바람직하다.

한편 Schlosser & Unterreiner(1991)는 네일의 설치 길이가 굴착깊이의 $0.8H{\sim}1.2H$가 되도록 제안하였다.[13] 그러나 그림 7.12(b)의 빗금 친 부분에 나타난 바와 같이 네일의 길이가 토사층의 두께에 $0.8H_s{\sim}1.2H_s$에 해당되는 경우 흙막이벽의 최대수평변위는 상당히 크게 발생하고 있다.

따라서 암반층이 포함된 다층지반에서 쏘일네일링 공법이 적용된 굴착공사의 경우, 네일의 설치 길이는 최소한 굴착지반 내 토사층 두께의 1.2배 이상이 되도록 하는 것이 흙막이벽의 변형을 억제하는 데 큰 효과가 있음을 알 수 있다.

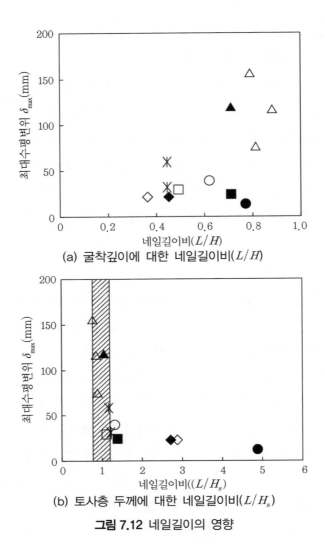

(a) 굴착깊이에 대한 네일길이비(L/H)

(b) 토사층 두께에 대한 네일길이비(L/H_s)

그림 7.12 네일길이의 영향

(4) 네일의 보강분담면적

그림 7.13은 네일의 보강분담면적(A_N)과 최대수평변위와의 관계를 나타낸 그림이다. 여기서 보강분담면적은 네일 1개가 부담하는 수평, 수직에 대한 중심간 간격의 곱을 나타낸 것이다. 그림에 나타난 바와 같이 네일의 보강분담면적이 커질수록 흙막이벽의 수평변위도 증가하는 경향을 보이고 있으며, 굴착지반이 대부분 암반층으로 이루어진 현장에서는 네일의 간격을 토사층으로 이루어진 굴착현장보다 크게 설치하여도 흙막이벽의 수평변위는 그다지 크게 발생하지 않음을 알 수 있다.

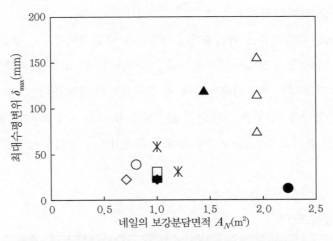

그림 7.13 네일의 보강분담면적과 최대수평변위

한편 각 사례 현장의 네일 1개당 보강분담면적은 Schlosser & Unterreiner(1991)가 제안한 $2.5\sim6.0\text{m}^2$보다는 작게 시공되어 있다.[13] 이는 각 사례 현장의 굴착깊이가 대부분 20m를 초과하는 깊은 굴착공사이기 때문이라 사료된다. 그리고 굴착이 토사층에서만 이루어진 현장은 네일의 보강분담면적이 1.95m^2로 Schlosser & Unterreiner(1991)가 제안한 분담면적[13]보다는 작지만 네일의 길이가 굴착깊이의 $0.79H\sim0.88H$로 다소 짧게 설치되어 흙막이벽의 수평변위가 크게 발생하고 있다.

7.2.3 흙막이벽의 안전성

제7.2.3절에서는 흙막이벽의 수평변위와 굴착깊이 혹은 굴착지반 내 토사층의 두께와의 관계로부터 현장시공관리에 활용할 수 있는 계측관리기준을 설명한다.

(1) 요인배치법

암반층이 포함된 다층지반에서 쏘일네일링 흙막이벽의 변형은 굴착깊이보다는 굴착지반 내 토사층의 두께에 큰 영향을 받으며 그 밖에도 네일의 길이, 네일의 보강분담면적(네일의 설치 간격) 등에 영향을 받는 것으로 나타났다.

표 7.4는 토사층비(H_s/H), 토사층의 두께에 대한 네일의 길이비(L/H_s) 그리고 토사층비×네일의 보강분담면적($A_N H_s/H$) 등 각각 영향 요인의 정도에 대하여 A, B, C의 세 가지로 분

류한 기준을 나타낸 것이다.[8]

표 7.4의 영향요인 분류기준에 따라 9개의 현장들을 요인배치법으로 구분하여 나타내면 표 7.5와 같다. 예를 들어 표 7.5에서 분류조건이 A-A-A인 제7, 8현장은 굴착지반의 조건, 네일의 설치 길이 그리고 네일의 보강분담면적 등 흙막이벽의 변형을 유발시키는 영향요인의 정도가 매우 작은 현장임을 의미한다. 따라서 분류조건이 case A에 속하면 흙막이벽의 안정성이 양호한 현장으로 분류조건이 case C에 속하면 흙막이벽의 안정성이 불량한 현장으로 구분할 수 있다.

표 7.4 영향요인의 분류조건[8]

영향요인	조건		
	A	B	C
토사층비(H_s/H)	<0.2	0.2~0.5	>0.5
네일길이비(L/H_s)	>2.0	1.2~2.0	<1.2
보강분담면적×토사층비 ($A_N H_s/H$)	<0.5	0.5~1.0	>1.0

표 7.5 요인배치법에 의한 현장분류

구분	분류 조건		현장
	$H_s/H-L/H_s-A_N H_s/H$	굴착시공 상태	
case A	A-A-A	매우 양호	제2, 7 ,8현장
case B	B-B-A	양호	제1, 9현장(A)
	B-B-B		제6현장
	B-C-A		제5, 9(B)현장
case C	C-C-C	흙막이벽 보강, 되메움 후 재굴착	제3, 4현장

(2) 흙막이벽의 변형 분석

그림 7.14는 9개의 사례 현장을 요인배치법에 따라 세 가지 그룹으로 구분하여 토사층비(H_s/H), 토사층의 두께에 대한 네일의 길이비(L/H_s) 그리고 토사층비×네일의 보강분담면적($A_N H_s/H$)과 각 현장에서 측정된 수평변위비와의 관계를 나타낸 것이다. 그림에서 종축의 수평변위비는 최대수평변위량(δ_{max})을 굴착깊이(H)로 무차원화시켜 나타낸 그림이다.

우선 그림 7.14(a)에 나타낸 토사층비와 수평변위비와의 관계에서 case A, B에 속하고 토사층의 두께가 굴착깊이의 50%보다 작은 현장, 즉 굴착지반 내에 암반층이 비교적 두껍게 분포되어 있는 현장에서는 토사층의 두께가 증가하여도 수평변위의 증가량은 그다지 크지 않으며 최대수평변위가 굴착깊이의 0.3% 이내에서 발생하고 있다. 그러나 굴착지반 내 토사층의 두께가 50% 이상이 되고 case C에 속하는 현장은 수평변위가 상당히 크게 발생하여 case A, B에 속하는 현장보다 수평변위가 2~3배 이상 크게 발생하였다.

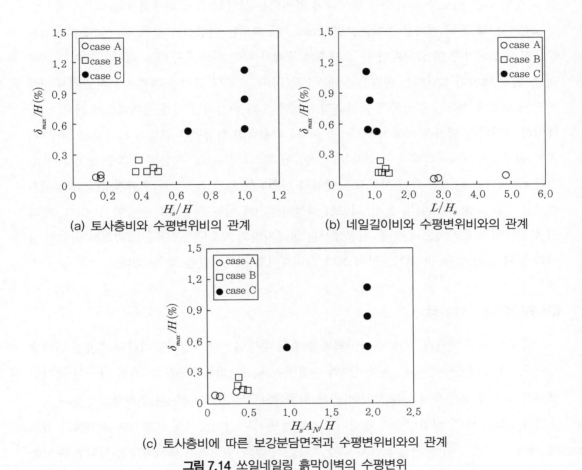

(a) 토사층비와 수평변위비의 관계　　　(b) 네일길이비와 수평변위비와의 관계

(c) 토사층비에 따른 보강분담면적과 수평변위비와의 관계

그림 7.14 쏘일네일링 흙막이벽의 수평변위

한편 그림 7.14(b)에 나타낸 네일의 길이비와 수평변위비와의 관계에서는 토사층의 두께에 비해 네일의 길이가 짧고 case C에 속하는 현장(L/H_s가 1 이하인 현장)에서 측정된 흙막이벽의 수평변위는 상당히 크게 발생하고 있다. 그러나 case A, B에 속하는 현장들과 같이 토사층

의 두께에 비해 네일의 길이가 길게 되면(L/H_s가 1.0 이상인 현장) 흙막이벽의 수평변위는 급격히 감소하는 경향을 보이고 있다. 그러나 네일의 길이가 토사층의 두께의 2.0배 이상이 되면 수평변위의 감소량이 매우 작게 나타나고 있어 이후는 네일의 길이의 증대효과가 크지 않음을 알 수 있다.

또한 그림 7.14(c)에 나타난 바와 같이 토사층 비×네일이 보강된 분담면적이 1.0 이하인 case A, B에 속하는 현장에서 측정된 흙막이벽의 수평변위는 비교적 작게 발생하고 있으나 그 이상이 되는 case C에 속하는 현장의 수평변위는 상당히 크게 발생하고 있다.

그림 7.14의 분석 결과를 종합해보면, case A에 속하는 현장들은 굴착지반이 대부분 암반층으로 형성되어 있어 굴착지반 내 토사층의 두께가 작은 데도 불구하고 네일의 길이가 비교적 긴 반면 네일이 부담하는 면적은 상대적으로 작다. 그러나 굴착이 대부분 토사층에서 이루어진 case C에 속하는 현장들은 토사층의 두께에 비해 네일의 길이가 상대적으로 짧은 반면, 네일이 부담하는 면적은 비교적 크다. 즉, case A에 속한 현장들은 네일이 과다하게 설계·시공된 현장들로, case C에 속한 현장들은 네일이 과소하게 설계·시공된 현장들로 판단할 수 있다. 그러나 case B에 속한 현장들은 굴착이 진행되는 동안 흙막이벽의 안정성에 큰 문제가 없었던 것으로 보아 네일의 설계·시공이 적절하게 이루어진 현장으로 판단할 수 있다. 따라서 쏘일네일링 흙막이공의 설계·시공에서는 굴착지반의 지층구성조건을 고려하여 네일의 길이와 설치 간격 등을 결정하는 것이 보다 합리적이고 경제적임을 알 수 있다.

(3) 흙막이벽의 안정성

그림 7.15는 단계별 굴착 시 흙막이벽에 발생된 수평변위량과 굴착깊이와의 관계를 나타낸 김이다. 이 그림에서 종축은 흙막이벽의 수평변위(δ_H)를 최종굴착깊이(H)로 나누어 무차원화시켰으며, 횡축은 단계별 굴착깊이(z)를 최종굴착깊이(H)로 나누어 무차원화시켰다.

그림 7.15에서 각 굴착단계별 흙막이벽의 수평변위는 굴착깊이에 비례하여 증가하고 있으나 case A, B에 속하는 현장과 case C에 속하는 현장의 수평변위 증가속도는 상당한 차이를 보이고 있다. 즉, case A, B에 속한 현장에서 측정된 수평변위는 굴착이 완료될 때까지 점진적으로 증가하고 있는 반면에, case C에 속한 현장에서 측정된 수평변위는 굴착 초기에는 점진적으로 증가하다가 굴착공정이 50% 이상 진행되면서부터 수평변위의 증가속도가 상당히 크게 나타났다.

또한 그림 7.15에서 굴착지반 내 토사층의 두께가 비교적 작고 네일의 설치 조건, 굴착공정 등 시공조건이 비교적 양호한 case A, B에 속하는 현장에서 측정된 흙막이벽의 수평변위는 굴착 완료 시까지 굴착깊이의 0.5% 이내로 발생하였다. 몇몇 측정치를 제외하면 대부분의 수평변위는 굴착깊이의 0.3%보다 작게 발생하였다고 할 수 있다. case A, B에 속하는 현장의 경우 쏘일네일링 흙막이벽의 수평변위를 굴착깊이의 0.3% 이내 범위로 제안한다면 이는 흙막이벽의 수평변위가 평균적으로 굴착깊이의 0.25% 이내로 제안한 Stocker & Riedinger(1990)의 연구 결과[16]와 매우 유사하며, 상대밀도가 중간 정도인 모래지반에서 흙막이벽의 수평변위가 굴착깊이의 0.3% 이내에서 발생된다고 제안한 Glassler & Gudehus(1981)의 연구 결과[10]와도 일치하고 있다.

반면에 굴착이 대부분 토사층에서 이루어지고 굴착시공 중 과다굴착으로 흙막이벽의 수평변위가 크게 증가하여 보강작업을 실시하거나 재굴착을 실시한 case C에 속하는 현장에서 측정된 흙막이벽의 수평변위는 항상 굴착깊이의 0.2%보다 크게 발생하였음을 알 수 있다.

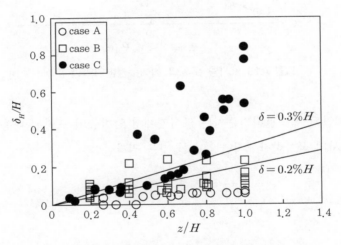

그림 7.15 굴착깊이와 수평변위와의 관계

한편 그림 7.16은 흙막이벽의 최대수평변위와 굴착지반 내 토사층의 두께와의 관계를 나타낸 것이다. 그림에서도 굴착시공 상태가 양호한 현장에서 측정된 흙막이벽의 최대수평변위와 불량한 현장에서 측정된 것과는 확실하게 구분되는 것을 보여주고 있다. 시공조건이 비교적 양호한 case A, B에 속하는 현장의 흙막이벽 최대수평변위는 굴착지반 내 토사층 두께의 0.6% 이내에 분포하고 있다. 그러나 굴착시공조건이 불량한 case C에 속하는 현장의 흙막이벽 최대수평변위는 굴착깊이의 0.6%보다 크게 발생하였다.

따라서 그림 7.15와 그림 7.16으로부터 쏘일네일링 흙막이공법이 적용된 굴착현장에서 흙막이벽의 안정성을 판단할 수 있는 계측관리기준을 설정할 수 있다. 즉, 경사계로부터 측정된 흙막이벽의 수평변위가 전체 굴착깊이의 0.3% 혹은 굴착지반 내 토사층 두께의 0.6%보다 작으면 흙막이벽과 굴착지반은 안정된 상태에 있다고 판단할 수 있다.

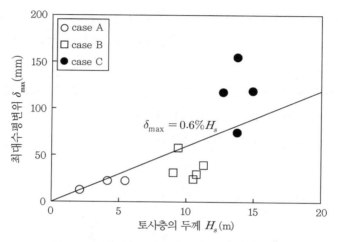

그림 7.16 토사층 두께와 최대수평변위와의 관계

다만 여기서 제안된 계측관리기준치는 도심지에서 암반층이 포함된 다층지반에서 쏘일네일링공법으로 실시된 굴착현장에서만 적용할 것을 권장한다.

참고문헌

1. 김장호(1997), 쏘일네일링 흙막이벽체의 변형거동에 관한 연구, 중앙대학교 건설대학원 석사학위논문.

2. 김준석·이석태·김두년·이상덕·이승래(1994), "Soil Nailing공법의 파괴구조에 관한 실험적 연구", '94 대한토목학회 학술발표회 논문집(I), pp.589~592.

3. 김홍택·강인규·성안제·방윤경(1995), "Nailed-Soil 굴착벽체의 발휘인장력 예측", 한국지반공학회 논문집, Vol.11, No.2, pp.79~97.

4. 유영록(1998), 깊은굴착에 적용한 Soil Nailing 공법에 관한 연구, 중앙대학교 건설대학원 석사학위논문.

5. 전성곤(1999), "단계별 굴착 시 쏘일네일링 벽체의 변위와 네일의 인장력 분석", 한국지반공학회논문집, Vol.15, No.15, pp.71~86.

6. 홍원표(2018), 흙막이말뚝, 도서출판 씨아이알.

7. 홍원표·윤중만(1995), "지하굴착 시 앵커지지 흙막이벽에 작용하는 측방토압", 한국지반공학회지, 제11권, 제1회, pp.63~77.

8. 홍원표·윤중만·송영석·공준현(2001), "깊은 굴착 시 쏘일네일링 흙막이벽의 변형거동", 대한토목학회논문집, 제21권, 제2-C호, pp.141~150.

9. Cartier, G. and Gigan, J.P.(1983), "Experiments and observations on soil nailing structures", Proc. 8th Congr. Europ. Mec. Sols. Trav. Fond., Vol. 2, Helsinki, pp.473~476.

10. Gassler, G. and Gudehus, G.(1981), "Soil nailing-some soil mechanic aspects of insitu reinforced earth", Proc. 10th ICSMFE, Vol.3, Session 12, Stockholm, pp.665~670.

11. Juran, I. and Elias, V.(1990), "Behavior and working stress design of soil nailed retaining structures", Performance of Reinforced Soil Structures, British Geotechnical Society, Thomas Telford, pp.207~212.

12. Plumelle, C., Schlosser, F., Delage. P, and Knochenmus, G.(1990), "French national research project on soil nailing : Clouterre", Proc. of Con. Design and Performance of Earth Retaining Structures, Geotechnical Special Publication No. 25, ASCE, pp.660~675.

13. Schlosser, F. and Unterreiner, P.(1991), "Soil nailing in France : research and practice", Transportation Research Record, No.1330, pp.72~79.

14. Schlosser, F.(1983), "Similaries and differences in the behavior and design of reinforced earth and soil nailing, retaining structures", Soils et Foundations, p.1184.

15. Shen, C. K., Bang, S., Romstad, J. M., Kulchin, L. and Denatale, J. S.(1981), "Field measurements of an earth support system", Journal of the Geo. Eng. Div. ASCE, Vol.107, GT12, pp.1625~

1642.

16. Stocker, M. F. and Riedinger, G.(1990), "The bearing behaviour of nailed retaining structures", Proc. of Con. Design and Performance of Earth Retaining Structures, Geotechnical Special Publication No.25, ASCE, pp.612~628.

17. Terzaghi, K. and Peck, R.B.(1967), Soil Mechanics in Engineering Practice, 2nd Ed., John Wiley and Sons, New York, pp.394~413.

18. Tschebotarioff, G.P.(1973), Foundations, Retaining and Earth Structure, McGraw-Hill, New York, pp.415~457. McGraw-Hill, New York.

지중연속벽과 트렌치굴착

08 지중연속벽과 트렌치굴착

　도심지에서의 굴착공사는 대부분이 기존구조물이나 지하매설물에 인접하여 시공하게 되므로 주변 지반과 인접구조물에 영향을 미친다. 예를 들면 굴착배면지반의 변형, 인접구조물의 균열, 굴착장비가동으로 인한 소음·진동과 같은 환경공해 등을 들 수 있다. 이러한 문제를 보완하고 해결하기 위하여 여러 가지 새로운 굴착공법이 개발되었으며, 이들 새로운 굴착공법 중의 하나가 지중연속벽(diaphragm wall, 지하연속벽이라고도 한다)공법이다. [2,17]

　지중연속벽공법은 근입부의 연속성이 보장되어 차수성이 좋으며 단면강성이 크므로 굴착공사로 인한 주변 지반의 변형을 최소화시킬 수 있다. 그러므로 지중연속벽공법은 대규모·대심도 굴착공사에서 많이 적용되고 있으며 공사 중 소음과 진동이 적어 도심지공사에 적합한 공법으로 알려져 있다.

　이 공법은 벤트나이트 슬러리 안정액을 사용하여 지중연속벽 설치용 트렌치의 안정성을 확보하면서 트렌치를 굴착하고 굴착된 트렌치에 철근망을 삽입한 후 콘크리트를 타설하여 지중에 철근콘크리트의 지중연속벽을 지하공간에 축조하게 된다.

　그러나 트렌치굴착을 모래층이나 자갈층에서 실시할 경우는 벤트나이트 슬러리 안정액의 유출이나, 굴착장비의 진동으로 인한 지반손실(ground loss) 또는 트렌치측벽의 벌징(bulging) 현상이 발생하여 철근망의 삽입이 불가능하거나 주변 지반이 함몰되는 경우도 일어날 수 있으므로 주의해야 한다.

　벤트나이트 슬러리 안정액을 이용한 트렌치굴착 시 굴착면의 안정에 관한 연구는 주로 국외에서 1960년대 이후에 수행되었다. 즉, 트렌치굴착에 따른 굴착면 및 굴착배면지반의 변형거동을 규명하기 위하여, 1960년대 이후부터 각종 실험 및 수치해석을 통한 연구가 진행되어 현재까지 많은 연구 결과가 발표되고 있다. [10,11,13-16]

즉, Nash & Jones(1963)는 한계상태이론을 적용하여 점성토 및 사질토 지반에서 굴착면의 안정성을 검토하였고,[11] Schneebeli(1964)[14]와 Huder(1972)[10]는 사일로 이론을 적용하여 트렌치굴착면의 안정성을 검토한 바 있다. 최근에 Tsai et al.(2000)는 현장실험을 통하여 트렌치굴착면의 안정성을 조사한 바 있으며,[16] Thorely & Forth(2002)는 지중연속벽 시공 도중 발생된 인접건물의 침하량을 조사한 바 있다.[15]

국내의 경우에는 주로 콘크리트벽체를 지중에 완성시킨 후 실시하는 본 굴착과정에서 발생되는 지중연속벽의 변형이나 굴착 주변 지반의 변형에 대한 연구가 진행되었으며,[1,3-5] 트렌치굴착으로 인한 굴착면 및 굴착배면지반의 변형거동에 대한 연구나 이들 변형거동에 미치는 영향인자에 대한 조사 및 분석은 아직까지 미미한 실정이다. 그러다가 최근 홍원표 연구팀(2006)은 모형실험을 통해 지중연속벽 시공을 위한 트렌치굴착 단계에서 발생하는 지반변형이 무시할 수 없을 정도로 매우 큼을 밝힌 바 있다.[2,6,7]

제8.1절에서는 먼저 지중연속벽공법에 대한 개요, 시공 순서, 역타공법과 순타공법과 같은 시공 방법의 비교에 대하여 자세히 설명한다. 특히 역타공법의 설계 및 시공 시의 유의사항도 설명한다.

다음으로 제8.2절에서는 현재 지중연속벽공법을 적용할 때 간과하고 있는 트렌치굴착 공정에서의 지반변형이 무시할 수 있을 정도인가를 조사하기 위해 실시한 모형실험의 결과를 소개·설명한다.

8.1 지중연속벽공법

지중연속벽공법이란 임의 길이의 트렌치를 굴착하여 패널 부지를 지중에 조성하고 여기에 철근망을 삽입한 후 콘크리트를 타설하여 지중 철근콘크리트벽체를 축조하는 공법이다. 일련의 이 작업을 반복하여 철근콘크리트벽체를 연속적으로 연결시켜 지중연속벽체를 축조하는 공법이다.

이 공법에서는 임의의 깊이, 단면으로 트렌치를 굴착하는 것이 가능하기 때문에 설계상 필요로 하는 깊이, 폭, 형태, 길이, 강도를 가지는 지하벽체를 자유롭게 건설할 수가 있다. 이 경우 굴착 중은 물론 굴착 완료 후에도 트렌치 내에는 굴착지반을 안정시키기 위해 현탁액(지반안정액)을 채워 넣은 상태를 유지하여 현탁액의 트렌치굴착벽면 지지기능에 의한 트렌치 지반의 안정이 확보되도록 한다. 따라서 벽체가 최종 구축될 때까지 트렌치의 붕괴가 발생될 염려가 없게 한다.

안정액으로 채워져 있는 트렌치에 콘크리트를 타설하는 작업은 트레미 파이프관을 통해 실시한다. 이 경우 콘크리트는 트레미 파이프관을 통해 트렌치 바닥에서부터 서서히 타설해 올라온다. 이로서 콘크리트는 트렌치 내의 안정액이 차지하던 공간을 대체하여 충진된다. 인접한 패널 상호 간에는 특별한 조인트(시공연결장치)를 연결하여 긴 지중연속벽이 조성되게 한다.

이 지중연속벽은 거푸집을 써서 구축되는 것과 동일하게 철근콘크리트구조물로서 필요한 충분한 강도를 가지도록 해야 한다. 따라서 예상되는 수직하중, 휨응력, 수평전단응력 등에 충분히 안전하게 견딜 수 있는 구조물로 설계해야 한다.

8.1.1 시공 순서

지중연속벽의 시공 순서는 그림 8.1(a)에서 (d)까지 도시한 바와 같다. 우선 공정(a)의 트렌치굴착 공정에서는 이미 축조작업이 끝난 인접 패널의 옆 단에 연속하여 새로운 패널을 시공하는 그림이다. 트렌치 내부에는 해당 토질에 적합한 농도를 가지도록 제조한 안정액으로 벽면을 보호하고 있다.

다음으로 공정(b)에서는 새로운 패널을 인접 패널에 접촉시켜 시공하기 위해 조인트장치라고 하는 둥근 파이프의 인터록킹파이프를 삽입한다. 이때도 안정액은 여전히 트렌치 내에 채워져 있어야 한다.

새로운 패널 조성을 위한 트렌치굴착공정이 끝나면 그림 8.1(c)에 도시한 바와 같이 철근망을 트렌치 내에 삽입한다. 이 철근망은 지상에서 가공하여 크레인으로 메달아 트렌치 내에 삽입한다. 이 철근망에는 나중에 여러 층의 지하층 슬래브 예정 위치에 벽체와 슬래브를 연결하기 위한 철근을 배근하고 철근망 삽입 시는 철근망 속에 구부려서 넣고 그 부위를 스티로폼 등으로 막아 놓는다. 이곳은 나중에 해당 지하층의 굴착이 완료된 다음에는 스티로폼을 제거하고 철근을 펴 지하층 슬래브 철근과 연결 시공한다.

또한 이 공정에서는 지중연속벽 설치 후 굴착공정에서 흙막이벽의 수평변위, 지지시스템의 축력 등을 측정하기 위해 각종 현장 계측기를 매설·배치한다.

마지막으로 공정(d)에서는 그림 8.1(d)에 도시한 바와 같이 트레미관을 트렌치 바닥부까지 넣은 후 트레미관을 서서히 들어 올리면서 콘크리트를 타설한다. 이렇게 새로운 패널의 시공을 마친 후 인터록킹파이프를 빼서 제거한다.

이때 콘크리트로 치환된 안정액은 트렌치에서 일단 저류조로 회수하여 현탁액 구성성분을 조절한 후 트렌치에 다시 보내 재활용한다. 각 패널의 길이는 공법에 따라 차이가 있으나 대략 1.5~10m 정도로 한다. 이상의 공정을 반복하여 연속된 긴 벽체를 축조한다.

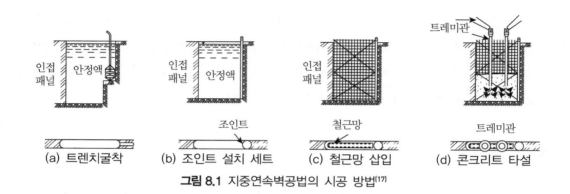

그림 8.1 지중연속벽공법의 시공 방법[17]

8.1.2 역타공법과 순타공법

종래 도심지 지하굴착공사에는 엄지말뚝 흙막이벽이 많이 사용되었다.[8] 그러나 이러한 흙막이벽체는 변형이 크게 발생하여 주변 구조물에 미치는 영향이 큰 점이 단점으로 잘 알려져 있다. 이러한 흙막이벽체의 강성을 보강하기 위해 최근에는 지중연속벽을 많이 적용하여 흙막이벽체의 변형을 상당히 줄임으로써 흙막이벽의 안정성을 많이 향상시킬 수 있다.[2,17]

이와 같이 종래의 지하굴착 공사에서의 부작용이나 민원사항으로는 굴착배면지반의 변형, 인접구조물의 균열, 굴착장비 가동으로 인한 소음·진동과 같은 환경공해 등을 들 수 있다. 이러한 문제를 보완하고 해결하기 위하여 새로운 굴착공법이 개발되었으며, 이들 굴착공법 중의 하나가 지중연속벽(diaphragm wall) 공법이라고 이미 설명한 바 있다.[2,17] 지중연속벽 공법은 시공하는 순서에 따라 역타공법(top down)과 순타공법(down ward)의 두 가지로 크게 구분할 수 있다.[2]

역타공법이란 단어의 사전적 의미와 같이 구조물 시공을 위에서 아래로 진행하는 공법을 의미한다. 일반적으로 굴착시공 순서는 지하구조물 축조 깊이까지 먼저 굴착을 하고 굴착면 바닥에서 기초를 설치한 후 상층부 구조물을 차례로 상부로 시공해 올라오지만 역타공법은 구조물의 지하기둥 및 외벽인 지중연속벽을 선 시공한 후 지상부의 지표면에서 바닥구조물(바닥슬래브, 기둥, 보 등)을 완성한 후 지표부 구조물 하부바닥 슬래브에서 지하 1층 깊이까지 굴토를 한 다음 지하1층 바닥 슬래브를 완성시킨다. 이러한 순서로 구조물 기초 위치까지 점차 하부 지하구조물을 완성시켜가며 동시에 지상부의 구조물도 병행하여 시공해 나가는 공법이다. 결국 역타공법에서는 지하굴착 시 발생하는 측방토압을 지중연속벽의 강성과 각 지하층의 슬래브 강성으로 지지하면서 굴착시공을 수행하는 공법이다.

반면에 순타공법이란 지하구조물을 설치하기 위해 지표면에서 아래로 지하굴착을 진행하는 공법을 의미한다. 일반적으로 지하구조물 시공 순서는 지하구조물 축조깊이까지 굴착을 하고 기초를 설치한 후 굴착 바닥에서부터 상층부까지 지하구조물을 순차적으로 시공한다. 순타공법에서는 지중연속벽을 버팀보나 앵커 등으로 지지하면서 지하굴착을 수행하는 방법이다. 이 순타공법은 굴착깊이, 지반 상태 및 벽체지지방식이 흙막이굴착의 안정성에 큰 영향을 준다.

결국 역타공법과 순타공법에서 굴착작업을 위에서 아래로 진행하는 점은 동일하다고 할 수 있으나 지하구조물의 축조 순서가 서로 다르다고 할 수 있다. 즉, 순타공법은 굴착작업이 완료된 후 굴착바닥면에서 구조물을 상방향으로 축조함에 반하여 역타공법에서는 구조물의 외벽과 기둥을 먼저 설치하고 굴착을 아래로 진행하면서 구조물도 위에서 아래로, 즉 지하방향으로 순차적으로 설치·시공하게 된다.

지중연속벽 흙막이벽을 순타공법으로 시공할 경우에는 지중연속벽의 지지방식 중 버팀보공법 혹은 그라운드앵커공법을 적용하여 벽체를 지지하는 경우에는 한계점 이내의 벽체변위를 유지하기 위하여 설치점, 즉 지지점의 증가가 요구되는 데 비해 지중연속벽과 영구 슬래브로 합성된 역타공법으로 시공할 경우에는 지중연속벽 자체의 차수성 만으로도 배면측 흙의 밀도를 감소시키지 않으므로 시공 시 침하 방지와 구조물의 안정성 확보에 유리하다.

그림 8.2와 그림 8.3은 각각 역타공법과 순타공법의 일반적인 시공 순서를 도시한 그림이다. 먼저 역타공법은 그림 8.2(a)에서 보는 바와 같이 지표면에서 지중연속벽과 기둥기초를 선 시공한다. 이들 구조물은 시공 완료 후 본 구조물의 구조체로도 활용된다.

역타공법에서 지중연속벽은 굴착시공 시에는 흙막이벽체의 역할을 하지만 굴착 완료 후에는 본 구조물의 외벽으로 활용한다. 이 지중연속벽은 현탁액(벤트나이트용액)을 활용한 트렌치굴착으로 800~1,000mm 두께의 철근콘크리트벽체를 지중에 선시공한다. 또한 이 벽체는 본 구조물의 외벽으로도 활용하게 되므로 지하층의 슬래브 부위에는 나중에 벽체와 슬래브를 연결할 철근 연결부위를 마련해두어야 한다.

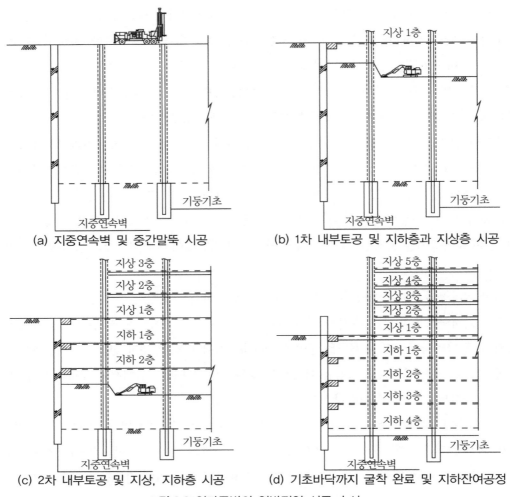

(a) 지중연속벽 및 중간말뚝 시공

(b) 1차 내부토공 및 지하층과 지상층 시공

(c) 2차 내부토공 및 지상, 지하층 시공

(d) 기초바닥까지 굴착 완료 및 지하잔여공정

그림 8.2 역타공법의 일반적인 시공 순서

다음으로 기둥기초는 지표면에서 본 구조물의 기둥 예정 위치에 RCD 공법 등에 의한 현장
타설말뚝공법으로 직경이 800mm에서 수 m에 이르는 말뚝을 지중에 선 시공한다. 이 현장타
설말뚝은 굴착시공 중에는 굴착용 중간말뚝으로도 활용되고 완공 후에는 본 구조물의 기둥으
로 활용된다. 굴착이 순차적으로 진행됨에 따라 지중연속벽과 기둥부를 철근으로 연결하여
지하 각 층의 슬래브를 설치할 수 있다.

이와 같이 지중연속벽과 중간말뚝을 설치한 후 그림 8.2(b)에서 보는 바와 같이 지표면에
구조물의 지상층 바닥부에 바닥슬래브를 타설한다. 이때 지하굴착용 장비 도입구와 굴착한
토사의 배토구 용도로 슬래브에 작업구를 마련하고 1차 굴착공정을 수행한다.

다음으로 그림 8.2(c)에 도시된 바와 같이 지하 내부에서 2차 굴착을 수행하면서 지하 1층, 지하 2층, … 순으로 시공한다. 이와 동시에 지상부도 기둥의 말뚝기초 위에 지상 1층, 지상 2층…의 순으로 시공을 진행한다. 끝으로 그림 8.2(d)에서 보는 바와 같이 말뚝기초 바닥까지 굴착을 완료하고 지하잔여공정을 수행한다.

한편 지중연속벽을 순타공법으로 시공할 경우는 일반적인 흙막이벽(예를 들면, 엄지말뚝 흙막이벽, 강널말뚝 흙막이벽, 주열식 흙막이벽)에서와 같이 여러 가지 지지방식을 적용할 수 있다. 따라서 흙막이벽체로 철근콘크리트 지중연속벽을 사용한다는 점만 다를 뿐 기존의 흙막이 공법[8]을 적용할 때와 동일하다.

먼저 그림 8.3(a)에서 보는 바와 같이 먼저 가이드벽을 설치하고 지상에서 800~1,000mm 두께의 철근콘크리트벽체를 지중에 설치한다.

다음으로 버팀보나 앵커로 지중연속벽체를 지지하면서 계획 굴착깊이까지 그림 8.3(b)와 같이 굴착시공한다. 계획된 굴착깊이까지 굴착시공을 완료한 후 기둥기초를 설치하고 바닥 슬래브를 설치한다. 이때 굴착 바닥 부근에 설치되어 있는 앵커(이 사례에서는 ⑦번 앵커)를 그림 8.3(c)에 도시한 바와 같이 해체한다. 이와 같은 작업을 굴착바닥에서 위로 순차적으로 시공하여 지하층 슬래브 설치를 완료하고 설치된 앵커를 해체한다.

지중연속벽공법은 지상에서 일정 규격의 폭(60~120cm)과 길이(2.4~2.8m)를 가진 슬래브 혹은 트렌치카터를 이용하여 지중을 트렌치형식으로 굴착한 후 지중에 연속된 철근콘크리트 벽체를 조성하는 공법이다. 굴착 중 트렌치의 안전을 유지할 수 있도록 벤트나이트 안정액을 계속적으로 주입·순환·관리한다.

역타공법의 경우는 건축구조용으로 계획되는 영구 콘크리트 슬래브와 보를 적용하고 순타 공법에서는 지보 시스템(버팀보, 그라운드앵커 등)을 적용하므로 역타공법은 순타공법에 비하여 강성이 크고 안전한 지지구조체의 역할을 발휘한다. 역타공법의 경우 본체 구조물인 건축구조용 슬래브를 굴착 시 버팀재로 이용하므로 별도의 지보재 시스템이 필요 없으나 기둥기초(Barrete 혹은 RCD 등)를 지표면에서 시공하여야 하므로 공사비의 단순비교는 곤란하다.

역타공법의 경우 선 시공되는 1층 슬래브는 지하층 공사 시의 지붕역할을 함으로써 외부의 환경에 영향을 받지 않고 전천후 지하공사가 가능하다. 반면에 순타공법의 경우는 굴착단계별 지보재(버팀보, 앵커) 설치 후 지하공사를 진행함으로써 효율적인 공간활용이 가능하다. 또한 역타공법의 경우는 토공사로 인하여 발생하는 소음과 분진을 외부와 차단하여 민원소지가 적으나 순타공법의 경우는 소음과 분진 등의 민원 발생이 예상된다.

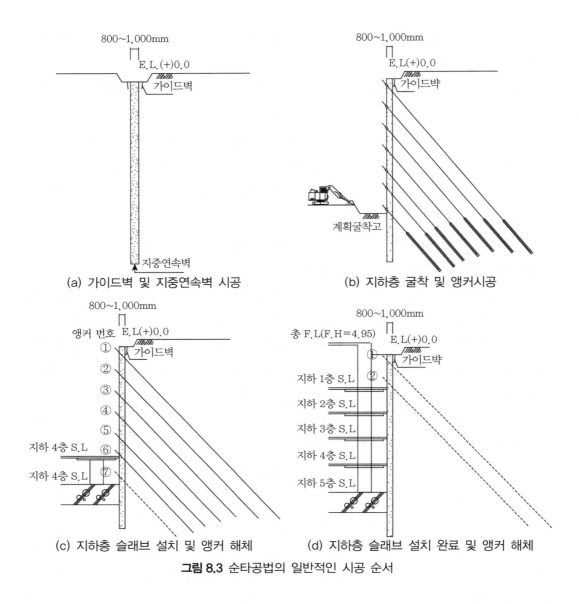

(a) 가이드벽 및 지중연속벽 시공

(b) 지하층 굴착 및 앵커시공

(c) 지하층 슬래브 설치 및 앵커 해체

(d) 지하층 슬래브 설치 완료 및 앵커 해체

그림 8.3 순타공법의 일반적인 시공 순서

역타공법은 대규모, 대심도공사 일수록 경제적인 반면 순타공법은 소규모 공사 일수록 경제적이다. 그 밖에도 역타공법은 대지경계에 인접하여 영구벽체인 지중연속벽을 시공할 수 있어 내부에 별도의 벽체를 조성할 필요가 없으므로 대지 활용도를 극대화 할 수 있다.

순타공법의 경우는 지하굴착에 따른 공사계획의 수립이 단순하나 역타공법의 경우 각 공정 작업으로 인해 공정간 간섭이 발생될 수 있으므로 면밀한 세부 공사계획의 수립이 필요하다. 대심도의 고층빌딩(약 15층 이상)일수록 지하와 지상의 병행공사 기간이 길어지는 관계로 역타공법으로 공기단축 효과를 노릴 수 있다.

기둥 및 지중연속벽 시공에 일반적으로 적용되는 장비는 표 8.1과 같다. 즉, 선 기둥 설치에는 현장타설말뚝 장비인 PRD 공법과 RCD 공법을 사용하며 지중연속벽 설치에는 Barrette 공법을 사용한다.

표 8.1 지중연속공법에 적용된 장비의 특징

구분	PRD 공법	RCD 공법	Barrette 공법
적용공법	간이 역타	완전, 부분 역타	완전, 부분 역타
적용단면	$\phi 400 \sim \phi 1,200$(원형)	$\phi 1,500 \sim \phi 2,500$(원형)	$(2.4{-}2.8) \times (0.6{-}1.0)$m
굴착장비	중·소구경 장비	RCD, 올케이싱	연속벽 굴착기
기둥강재	강관, H-강재	대형 철골	대형 철골
장점	• 중형장비로 시공 가능 • 시공 속도 빠름 • 단순공정	• 경암 굴착 가능 • 비교적 단면이 큼 • 소음 진동 비교적 적음	• 단면조절 가능 • 비교적 단순공정 • 수직도 양호(Hydro 장비)
단점	• 허용하중이 적음 • 깊은 심도 오차 큼 • 소음진동 비교적 큼	• 시공속도 비교적 느림 • 대형 부지 필요 • 공정이 복잡 • 철골 설치 불편	• 경암 굴착 어려움 • 대형 부지 필요 • 하부 선단그라우팅 필요 • 측면마찰력 발생 적음

8.1.3 역타공법 설계 및 시공 시 유의사항

역타공법 설계 시 고려되어야 할 사항으로는 다음 세 가지를 열거할 수 있다.

① 지중연속벽의 설계에서는 지하굴착 시공단계별 응력 검토가 필요하다. 건축설계담당자와 충분한 협의를 통하여 지하바닥슬래브 형태, 작업구 혹은 배토구의 위치와 크기, 기둥기초 형태, 각 부재의 접합점에서의 응력 보강 방법 등을 결정해야 한다.

② 수압 및 하중조건과 관련하여 부력을 고려한 기초바닥 슬래브 형태 선정 및 기초바닥 슬래브와 기둥의 공사 기간 중의 하중조건과 영구적 하중조건을 만족시키도록 결정해야 한다.

③ 공법의 특성상 도심지에서의 시공이 빈번한 관계로 주변 건물의 허용침하 및 변형 검토가 필요하다.

한편 역타공법 시공 시 유의사항은 다음과 같다.

① 지중연속벽의 시공에서는 벽체의 수직도와 패널 접합부에서의 슬라임 제거와 확인이 필수적이며, 연속벽의 하부는 지지력이 충분하고 불투수대에 근입하도록 공사관리에 유의해야 한다. 트렌치굴착 시 안정액의 수위는 주변 지하수위보다 1.5m 이상 높게 유지하여 시공 시 공벽의 안정성을 확보할 수 있도록 해야 한다.

② 기둥 및 기초 공사 시에는 기둥의 수직도와 좌굴을 점검하고 공사시방 준수시공이 기본적으로 우선되어야 한다. 그 외에도 바닥 슬래브와 기둥 상부 채움부 그라우팅을 실시하여 상부 하중에 대한 안정성을 확보해야 한다.

③ 지하바닥 슬래브 시공은 연속벽과 기둥의 전단연결철근의 손상이 없도록 유의해야 하며 연속벽 주변의 연결부에는 개구부를 가급적 피하여 장비 반입구 설치 계획을 수립해야 한다.

④ 바닥 슬래브 아래의 굴착과 관련하여 굴착 규정깊이를 준수하고 밀폐된 지하공간에서 능률적으로 굴토작업을 할 수 있는 장비조합 선정이 요구된다(토사 반출구, 집토거리, 작업 순서를 합리적으로 고려해야 한다).

⑤ 그 외에도 시공여건을 고려한 역타공법의 슬래브 거푸집 작업 방법 결정, 설계 및 시공 여건을 고려한 역타 채용 범위의 결정, 슬래브와 기둥의 접합 방법 고려, 콘크리트 타설 순서에 따른 타설이음부 처리 방법의 결정 등이 선행되어야 한다.

8.2 트렌치굴착에 의한 지반변형

지중연속벽을 이용한 굴착공법은 다른 흙막이 굴착공법과는 달리 트렌치굴착을 먼저 실시하게 되므로 이때 굴착면이나 굴착배면지반에 상당한 변형이 발생하게 된다. 그러나 국내에서 지중연속벽을 시공하는 경우에는 대부분 지중콘크리트벽체가 완성된 후, 즉 본 굴착이 실시되는 시점에서부터 현장 계측을 실시하여 흙막이벽 및 굴착배면지반의 안정관리를 실시하고 있다.[5]

특히 지중경사계(inclinometer), 지표면 침하계 등의 지반의 거동을 측정하는 계측기를 콘크리트벽체 축조 이후에 설치하면 초기점 선정(zero setting)이 이때 이루어지게 된다. 이로 인하여 트렌치굴착 시 발생되는 초기의 지중변위는 본 굴착 시 발생되는 변위에 비해 상당히 큼에도 불구하고 무시되어 버리는 실정이다. 따라서 지중연속벽을 시공하기 위하여 실시되는 트렌치굴착 시 굴착면의 안정에 대한 사항은 반드시 검토되어야 하며, 이로 인한 굴착배면지반의 침하거동은 반드시 규명되어야 한다.

홍원표 연구팀(2007)은 지중연속벽 시공을 위한 트렌치굴착 시 굴착배면지반의 침하거동을 규명하기 위한 기초적인 연구로서 모형실험을 수행하였다.[2,6,7] 수행된 모형실험은 모래지반을 대상으로 하였으며, 단계별 트렌치굴착 시 굴착배면지반의 침하과정을 조사하였다.

이 모형실험에서 지반조건에 따른 영향을 검토하기 위하여 모형지반의 상대밀도를 변화시키면서 실험을 먼저 수행하였고, 지하수위에 따른 영향을 검토하기 위하여 지하수위의 위치를 변화시키면서 실험을 수행하였다. 그리고 트렌치굴착면 내 안정액의 영향을 살펴보기 위하여 안정액 수위 저하에 따른 굴착면 및 굴착배면지반의 변형거동을 조사하였다.

또한 모형실험에서는 상재하중이 작용 시 트렌치굴착에 따른 굴착배면지반의 변형침하에 미치는 영향을 조사하기 위하여 상재하중의 재하 위치를 변화시키면서도 모형실험을 실시하였다.[7] 이 모형실험에 사용된 모형토조의 외부치수는 길이 80cm, 높이 80cm 및 폭 20cm로 제작하였다. 이하 일련의 모형실험 결과를 정리하도록 한다.[2]

모형실험에서는 굴착이 진행되는 동안 발생된 굴착배면지반의 침하량은 굴착배면지반의 지표면에 설치된 LVDT에서 측정된 침하량의 변화를 나타낸 것이다. LVDT는 굴착면으로부터 20, 80, 140, 200, 350, 500mm 위치에 설치하였다. 다만 이후 측정된 실험치는 모형실험 결과이므로 실제 지중연속벽공법에서 발생되는 침하량과는 규모면에서 차이가 있을 수 있다. 따라서 이 모형실험 결과의 고찰을 통해 지반침하량의 정성적인 특성만을 파악하도록 한다.

8.2.1 상대밀도의 영향

제8.2.1절에서는 트렌치굴착으로 인한 트렌치 배면지반침하와 지반변형영역만을 간단히 조사 관찰하기 위하여 지하수위가 존재하지 않는 경우를 대상으로 실험을 실시하였다. 그럼으로써 지하수위의 영향은 다음 절에서 설명할 일련의 모형실험에서 따로 조사할 수 있게 하였다.

따라서 제8.2.1절에서는 지하수위가 존재하지 않는 지반의 경우를 대상으로 상대밀도가 다른 두 지반에서 트렌치굴착으로 인한 배면지반의 침하와 지반변형영역을 조사한 결과만을 설명하기로 한다.

(1) 트렌치굴착으로 인한 배면지반침하

그림 8.4에서는 굴착면과 가장 인접해 있는 굴착배면 20mm 위치에서의 지표침하량을 상대밀도 80% 및 60%인 모래모형지반에 대하여 측정한 결과이다. 이때 트렌치굴착이 진행되는 동안 안정액의 수위는 G.L.(-)15mm를 유지하였다.[6]

그림 8.4에서 보는 바와 같이 굴착배면에서의 침하량은 굴착 초기에 급격하게 증가하였으며 굴착이 진행됨에 따라 침하량은 서서히 증가하다가 수렴하는 경향을 보이고 있다. 그러나 침하량이 수렴되는 굴착깊이는 지반의 상대밀도에 따라 차이가 있는 것으로 나타났다. 즉, 지반의 상대밀도(D_r)가 60%인 경우, 지표면 침하량은 굴착이 350mm까지 진행되는 동안 지속적으로 증가하였으며 그 이하 깊이부터 수렴되었다. 그러나 상대밀도가 80%인 경우에는 100mm 굴착깊이 이후부터 거의 일정하게 수렴되고 있다. 지반의 상대밀도가 60%인 경우 최대침하량은 0.75mm이고, 상대밀도가 80%인 경우 최대침하량은 0.37mm인 것으로 나타났다. 따라서 지반의 상대밀도가 클수록 굴착 시 배면지반에서의 침하량은 작게 발생함을 알 수 있다.

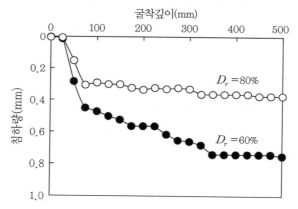

그림 8.4 상대밀도의 영향(지하수위가 없는 경우). 트렌치굴착 시 배면 20mm 지점에서의 침하량 분포

그림 8.5는 최종굴착단계에 대한 굴착배면지반에서의 지표면침하량을 나타낸 것이다. 즉, 이 그림은 지하수위를 고려하지 않은 경우를 대상으로 지반의 상대밀도가 각각 60% 및 80% 일 때, 굴착배면지반에서의 지표면침하량 분포를 나타낸 그림이다.

이 그림에서 보는 바와 같이 트렌치굴착면에 가까워질수록 지표면침하량은 크게 발생하는 경향을 보이는 것으로 나타났으며 굴착면으로부터 약 100mm 거리 이내 위치까지는 지표면침하량이 크게 발생하는 것으로 나타났다. 그리고 트렌치굴착면 주변에서의 최대지표면침하량은 상대밀도가 증가함에 따라 감소하는 것으로 나타났으나 지표면 침하영향범위는 지반의 상대밀도와 관계없이 대략 굴착면에서 200mm 거리 범위까지 동일하게 나타났다. 따라서 지반의 상대밀도는 트렌치굴착 시 굴착배면지반의 침하량에 크게 영향을 미치는 인자임을 확인할수 있다.

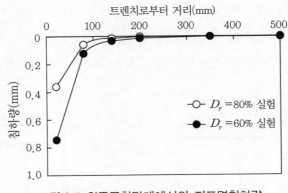

그림 8.5 최종굴착단계에서의 지표면침하량

(2) 안정액 수위 저하로 인한 배면지반의 변형범위

또한 본 모형실험에서는 지하수위를 고려하지 않은 상태에서 지반의 상대밀도가 각각 60% 및 80%일 때 안정액의 수위 저하에 따른 트렌치굴착면의 거동도 조사하기 위한 실험도 수행하였다. 이 모형실험은 지중연속벽 시공 시 트렌치굴착면 내 안정액의 수위 저하로 인하여 압력이 일부 해방되었을 경우 발생될 수 있는 굴착면 및 배면지반의 변형거동을 조사하기 위하여 수행되었다. 이를 위하여 먼저 굴착을 완료한 이후 안정액의 수위를 G.L.(−)15mm로 유지하며 지반을 안정화시켰다. 그리고 굴착면 내 안정액 수위를 10mm씩 감소시키면서 트렌치굴착면의 파괴를 유도하였다. 이때 굴착면 및 배면지반의 변형거동을 조사하기 위하여 디지털카메라를 이용하여 사진촬영을 실시하였으며, 촬영된 사진을 캐드(cad) 파일로 도면화하여 변형량을 조사하였다. 그림 8.6은 지하수위를 고려하지 않은 지반을 대상으로 지반의 상대밀도를 고려하여 안정액의 수위 저하에 따른 굴착면 및 배면지반의 변형거동을 조사한 모형실험결과이다. 실험 결과 굴착면 내 안정액의 수위 저하로 인하여 굴착면에서는 벌징현상이 발생되고, 굴착배면지반에서는 침하현상이 발생되어 종국에는 굴착면 상부에서 붕괴가 발생되었다. 그림 8.6(a)는 지반의 상대밀도가 60%인 경우 굴착면의 붕괴 직전에 지반변형을 도시한 그림이다. 트렌치굴착면의 붕괴는 안정액의 수위를 G.L.(−)50mm로 저하시키는 도중 발생되었다.

그림에서 보는 바와 같이 굴착면의 변형영역은 연직방향으로는 지표면으로부터 144mm까지이고, 수평방향으로는 굴착배면에서 125mm 위치에 이르는 것으로 나타났다.

한편 그림 8.6(b)는 지반의 상대밀도가 80%인 경우 굴착면의 붕괴직전에 지반변형을 도시한 것이다. 트렌치굴착면의 붕괴는 안정액의 수위를 G.L.(−)70mm로 저하시킨 이후 발생되었다. 그림에서 보는 바와 같이 굴착면의 변형영역은 연직방향으로는 지표면으로부터 109mm까지이고, 수평방향으로는 굴착배면으로부터 106mm 위치에 이르는 것으로 나타났다.

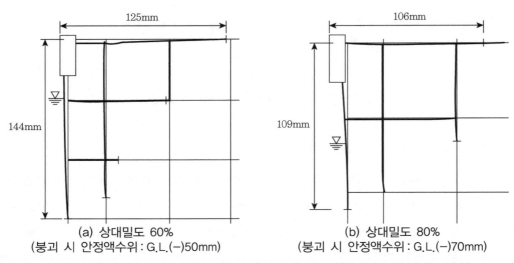

(a) 상대밀도 60%
(붕괴 시 안정액수위 : G.L.(−)50mm)

(b) 상대밀도 80%
(붕괴 시 안정액수위 : G.L.(−)70mm)

그림 8.6 안정액의 수위 저하로 인한 굴착배면지반의 변형(지하수위가 없는 경우)

이상의 결과를 토대로 안정액의 수위 저하에 따른 굴착면의 변형영역은 상대밀도와 밀접한 관계가 있음을 알 수 있다. 즉, 상대밀도가 작을수록 굴착면의 변형영역은 더 커짐을 알 수 있다.

8.2.2 지하수위의 영향

(1) 트렌치굴착으로 인한 배면지반침하

지하수위의 영향을 조사하는 모형실험에서는 상대밀도를 80%로 한정 지었다.

그림 8.7은 지반의 상대밀도가 80%일 때, 지하수위가 없는 경우(G.L.(−)500mm)와 지하

수위가 G.L.(−)350mm 및 G.L.(−)250mm에 위치한 경우의 굴착배면지반에서의 침하량 변화를 나타낸 결과이다. 굴착심도가 200mm 이내에서는 지하수위 위치에 관계없이 서로 유사한 지표침하량을 나타내다가 200mm 이상 굴착이 진행됨에 따라 지표침하의 차이가 발생하고 있다. 즉, 지하수위가 가장 높은 G.L.(−)250mm의 경우가 침하량이 급증하고 있음을 알 수 있다. 따라서 굴착심도가 지하수위 상부에 존재하더라도 지하수위와 어느 정도 근접한 굴착심도 내에서는 굴착에 따른 영향을 받는 것으로 판단된다.

전반적으로 지하수위가 존재하지 않는 경우는 굴착 초기에 대부분의 침하가 발생되는 경향을 보이고 있지만 지하수위가 존재하는 경우에는 굴착 초기부터 중기까지 지속적으로 침하량이 증가하고 있다. 특히 지하수위가 G.L.(−)250mm에 존재하는 경우에는 굴착이 완료될 때까지 침하량이 지속적으로 증가하고 있다. 한편 G.L.(−)350mm인 경우 최대침하량은 0.48mm이고, 지하수위가 G.L.(−)250mm인 경우 최대침하량은 1.04mm이며, 지하수위를 고려하지 않은 경우(G.L.(−)500mm) 최대침하량은 0.37mm인 것으로 나타났다. 따라서 그림 8.7에서 보는 바와 같이 지하수위가 높을 경우 굴착 시 배면지반에서의 침하가 크게 발생되는 것을 알 수 있다.

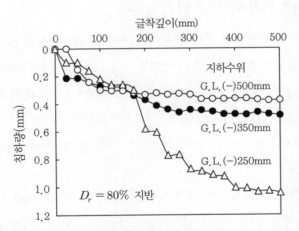

그림 8.7 트렌치굴착 시 지하수위의 영향(굴착배면 20mm 지점에서의 침하량 분포)

그림 8.8는 최종굴착단계에서 굴착배면지반의 지표면침하량을 도시한 그림이다. 즉, 지반의 상대밀도가 80%이고, 최종굴착단계에서의 굴착배면지반 지표면침하량 분포를 도시한 그림이다. 전술한 바와 같이 굴착면에 가까워질수록 지표면침하량은 증가하는 경향을 보이는 것으로 나타났으며, 지하수위가 존재하는 경우에는 굴착면으로부터 약 200mm 거리 이내 위

치에서 침하량이 크게 증가하는 것으로 나타났다. 그리고 지하수위가 높아짐에 따라 굴착면 주변에서의 최대침하량은 크게 증가하는 것으로 나타났으며 침하영향 범위도 확장되어 굴착면에서 대략 400mm까지 이르는 것으로 나타났다. 따라서 지하수위의 위치는 트렌치굴착 시 굴착배면지반의 침하량 및 침하영향 범위에 크게 영향을 미치는 인자임을 확인할 수 있다.

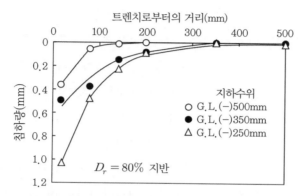

그림 8.8 최종굴착단계에서의 침하량 : 지하수위의 영향

(2) 안정액 수위 저하로 인한 배면지반의 변형범위

그림 8.9는 지하수위를 고려하여 안정액의 수위 저하에 따른 굴착면 및 배면지반의 변형거동을 조사한 결과이다. 그림 8.9(a)는 지반의 상대밀도가 80%이고 지하수위가 G.L.(−)350mm인 모형실험에서 굴착면 붕괴 직전의 지반변형을 도시한 그림이다. 트렌치굴착면의 붕괴는 안정액의 수위를 G.L.(−)235mm로 저하시키는 도중 발생되었다. 그림에서 보는 바와 같이 굴착면의 변형영역은 지표면으로부터 213mm까지이고, 굴착면으로부터 189mm 수평거리위치에 이르는 것으로 나타났다.

그림 8.9(b)는 동일한 상대밀도 지반에서 지하수위가 G.L.(−)250mm인 경우 굴착면의 붕괴 직전에 지반변형을 도시한 그림이다. 트렌치굴착면의 붕괴는 안정액의 수위를 G.L.(−)275mm로 저하시키는 도중 발생되었다. 그림에서 보는 바와 같이 굴착면의 변형영역은 지표면에서 연직으로는 300mm까지이며, 수평으로는 굴착면에서 235mm 거리에 위치하는 것으로 나타났다.

따라서 지하수위가 높은 경우가 지하수위가 낮게 위치한 경우보다 안정액의 수위 저하에 따른 굴착면의 변형영역이 더 크게 발생한 것을 알 수 있다.

그러나 그림 8.9(b)의 경우 안정액 수위가 그림 8.9(a)보다 낮은 상태에서 트렌치붕괴가 발생하여, 자립심도가 상대적으로 컸던 영향도 배제할 수 없으므로, 지하수위가 트렌치 붕괴에 미치는 영향은 더욱 다양한 조건에 대한 실험을 실시하여 평가할 필요가 있다고 판단된다.

Tasi et al.(2000)도 대만의 지중연속벽 시공현장에서 안정액의 수위 저하에 따른 트렌치 굴착면의 변형거동을 조사한 바 있다.[16]

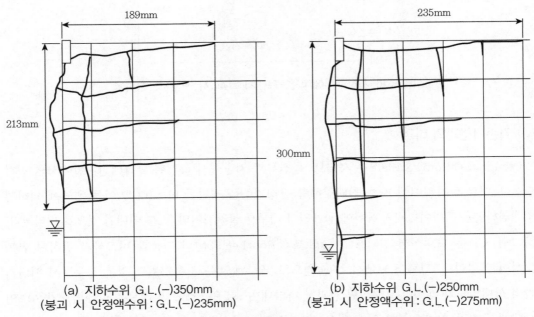

(a) 지하수위 G.L.(−)350mm
(붕괴 시 안정액수위 : G.L.(−)235mm)

(b) 지하수위 G.L.(−)250mm
(붕괴 시 안정액수위 : G.L.(−)275mm)

그림 8.9 지하수위별 안정액의 수위 저하로 인한 굴착배면의 변형(상대밀도 80%)

(3) 지하수위에 따른 지반침하율

그림 8.10은 지하수위에 따른 트렌치굴착 시 굴착배면지반의 지표면침하량을 최종굴착깊이로 무차원화시킨 지반침하율로 나타낸 그림이다. 즉, 무차원화된 그래프로 나타내기 위하여 굴착면으로부터의 이격거리와 최대침하량을 각각 최종굴착깊이로 나누어 도시하였다.

이때 지하수위는 각각 G.L.(−)500mm, 350mm 및 250mm이며, G.L.(−)500mm는 지하수위를 고려하지 않은 경우에 대한 실험 결과를 나타낸다. 그림에서 보는 바와 같이 지하수위가 높을수록 트렌치굴착으로 인한 최종지표면침하량은 증가함을 알 수 있다.

그리고 배면지반에서 지표면침하량이 급격하게 증가하기 시작하는 이격거리는 최종굴착깊이의 약 40% 지점에 해당하는 것으로 나타났다. 즉, 굴착면으로부터 최종굴착깊이의 40%가 되는 거리 이내 범위의 지표면에서는 침하가 현저히 발생함을 알 수 있다.

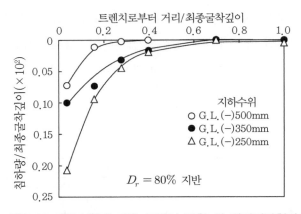

그림 8.10 지하수위에 따른 트렌치 굴착 시 배면지반침하율

(4) 기존기준과의 비교

Clough & O'Rourke(1990)는 사질토 및 잔류토 지반에서 측정된 굴착배면지반에서의 침하량을 토대로 굴착깊이에 따른 최대침하량 산정기준을 제안한 바 있다.[9] 이들 결과에 의하면 최대침하량은 흙막이벽체의 종류에 관계없이 대부분 굴착깊이의 0.5% 이내인 것으로 나타났다.

그림 8.11은 모형실험 결과를 Clough & O'Rourke(1990)의 기준과 비교하기 위하여 함께 도시한 그림이다. 그림 8.11에서 검은 원으로 표시된 것은 지하수위가 없는 경우로서 배면지반의 상대밀도가 60%인 모형실험 결과를 나타내며, 흰 원, 세모 및 네모는 상대밀도가 80%인 상태에서 각각 지하수위가 없는 경우, 지하수위가 G.L.(−)350mm에 위치한 경우 및 지하수위가 G.L.(−)250mm에 위치한 경우의 실험 결과를 나타낸 것이다.

이 그림에 나타난 바와 같이 굴착 초기에 침하가 급격하게 발생하여 Clough & O'Rourke (1990)가 제안한 최대침하곡선식인 $S_{max} = 0.5\%H$에 근접하여 분포하고 있으나 굴착이 계속 진행되면서 침하증가속도는 둔화되고 있다. 굴착 완료 시에는 지반의 상대밀도나 지하수위의 위치에 관계없이 일정하게 수렴되어 최대침하곡선식 아래에 분포하고 있다. 그리고 굴착 초기의 침하량은 지하수위가 없는 상대밀도가 60%인 지반에서 가장 크게 발생하고 있으나 굴착 완료 시에는 지하수위가 G.L.(−)250mm에 위치한 상대밀도가 80%인 지반에서 침하량이 가장 크게 발생하고 있다. 따라서 트렌치굴착 시 굴착 초기의 침하량은 지반의 상대밀도에 영향을 받지만 굴착이 완료된 후의 최종침하량은 지하수위의 위치에 더 큰 영향을 받는 것을 알 수 있다.

Clough & O'Rourke(1990)의 최대침하량(굴착깊이의 0.5%)은 트렌치굴착 이외에 본 굴착

시의 침하량을 포함한 값이므로, 트렌치굴착 시 발생되는 지반변형이 매우 크게 발생한다는 것을 정성적으로 보여주고 있다. 한편 흰 원으로 표시한 배면지반의 상대밀도가 높고, 지하수위가 없는 지반의 침하량이 가장 작게 발생하고 있으며 발생 침하량은 최대굴착깊이의 약 0.07%에 해당된다.[9]

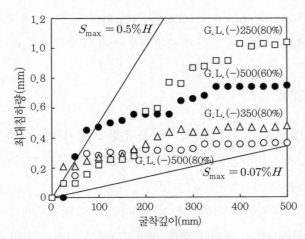

그림 8.11 Clough & O'Rourke의 기준에 의한 침하량과의 비교(괄호 안은 상대밀도)

그림 8.12는 모형실험 결과와 Clough & O'Rourke(1990)가 제안한 배면지반의 이격거리별 침하율을 비교하기 위하여 함께 도시한 그림이다. 여기서 종축은 굴착배면으로부터의 이격거리별 침하량을 최대침하량으로 나눈 값이며, 횡축은 굴착면으로부터 이격거리를 최종굴착깊이로 나눈 값이다.

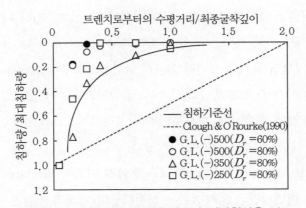

그림 8.12 모형실험 결과의 지표면 지반침하율 분포

먼저 지반의 상대밀도에 따른 비교에서는 Clough & O'Rourke(1990)에 의하여 제안된 침하율보다 모형실험에 의한 침하율 분포가 매우 작게 발생된 것으로 나타났다. 또한 지하수위에 따른 비교에서는 모형실험 결과가 Clough & O'Rourke(1990)에 의하여 제안된 침하율 분포보다 역시 작게 발생되는 것으로 나타났다. 침하영향범위는 Clough & O'Rourke(1990)가 제안한 최종굴착심도의 2배 범위보다 작게 나타나고 있으며 Clough & O'Rourke(1990)에 의해 제안된 침하기준선(settlement envelope)은 직선 형태이지만 본 실험 결과에서의 침하기준선은 굴착면 주변에서 급격하게 침하가 증가하는 쌍곡선 형태로 나타남을 알 수 있다.

8.2.3 상재하중의 영향

홍원표 연구팀(2007)에서는 지중연속벽 시공을 위한 트렌치굴착 시 굴착면에 인접한 구조물의 하중이 굴착배면지반 변형거동에 미치는 영향을 규명하고 안전한 이격거리를 조사하기 위하여 일련의 모형실험을 실시한 바 있었다.[2,7]

본 모형실험에서는 모래지반을 대상으로 상재하중이 굴착배면지반의 변형에 미치는 영향을 조사하기 위하여 상재하중의 재하 위치를 변화시키면서 실험을 실시하였다. 그리고 상재하중이 위치한 상태에서 안정액 수위 저하에 따른 굴착면 및 굴착배면지반의 변형거동을 조사한다. 이와 같은 모형실험 결과를 기존의 연구 결과와 비교하며, 상재하중 작용 시 트렌치굴착에 따른 굴착배면지반의 침하형상을 조사하고자 한다.

(1) 상재하중위치에 따른 배면지반침하

그림 8.13(a)는 배면지반에 상재하중이 작용하지 않는 경우에 대한 트렌치굴착에 따른 배면지반의 지표침하량을 나타낸 그림이다. 모형지반의 상대밀도는 80%, 지하수위는 G.L.(-)250mm로 동일하며, 트렌치굴착이 진행되는 동안 안정액의 수위는 G.L.(-)15mm를 유지하였다.

그림 8.13(a)를 살펴보면 굴착이 진행됨에 따라 굴착면으로부터 20mm 거리에 위치한 No.1 측점에서의 침하량이 가장 크게 발생하고 있으며, 굴착면으로부터 멀어질수록 침하량이 작게 발생하는 것을 알 수 있다. 특히 트렌치로부터 이격거리가 200mm 이상인 No.4~6 측점에서는 굴착에 따른 영향이 거의 없는 것으로 나타났다.

굴착면으로부터 240mm$(= H\tan(45 - \phi/2))$ 떨어진 지점이 Rankine의 주동영역에 속하므로, 트렌치굴착 시 배면지반의 영향범위는 상재하중이 재하되지 않은 경우 Rankine의 주동영역과 대략 일치하는 것으로 볼 수 있다.

한편 그림 8.13(b)는 굴착면으로부터 소정의 거리에 4.9kN/m²의 상재하중을 재하한 경우, 굴착면으로부터 80mm 떨어진 지점(No.2 측점)에서의 지표면침하량 변화를 나타낸 것이다. 그림에서 검은 원은 상재하중이 없는 경우에 대한 침하량을 나타내고 있다.

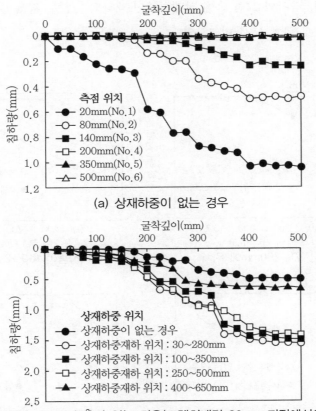

(a) 상재하중이 없는 경우

(b) 상재하중(=4.9kN/m²)이 있는 경우(트렌치배면 80mm 지점에서의 침하량)

그림 8.13 트렌치굴착에 따른 지표면 침하량(D_r=80%, 지하수위 G.L.(−)250mm)
(안정액 수위 G.L.(−)15mm)

그림에서 보는 바와 같이 상재하중이 재하되지 않았거나 상재하중이 굴착면에서 400~ 650mm 떨어진 지점에 재하된 경우, 배면지반에서의 침하량은 굴착이 300mm까지 진행되는 동안 지속적으로 증가하고 있으며 그 이하 깊이부터 거의 일정하게 수렴되고 있지만, 상재하중이 굴착면에서 250~500mm 이내에 재하된 실험에서는 배면지반의 침하량이 굴착이 완료될 때까지 지속적으로 증가하는 경향을 보이고 있다.

한편 상재하중이 재하되지 않는 경우 침하량은 약 0.5mm이고, 상재하중이 굴착면에서 250~ 500mm 이내에 위치하는 실험에서의 침하량은 최대 1.45mm로 상재하중이 재하되지 않는 경우보다 3배가량 크게 발생하고 있으며, 상재하중의 재하 위치가 굴착 위치에 가까울수록 침하량이 크게 발생됨을 알 수 있다.

그림 8.14는 모형실험 결과 최종굴착 시 배면지반에서의 침하거동을 상재하중 재하 위치별로 나타낸 그림이다. 각각의 그림 속에 상재하중이 재하되지 않은 경우 굴착배면지반에서의 침하거동을 흰 원으로 함께 도시 비교하였다.

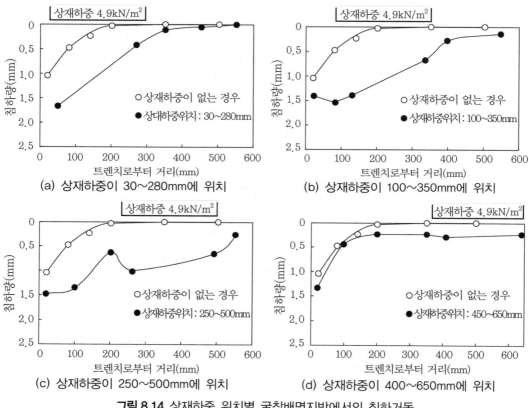

그림 8.14 상재하중 위치별 굴착배면지반에서의 침하거동

그림 8.14(a)는 굴착면으로부터 30~280mm 떨어진 지표면에 4.9kN/m²의 상재하중을 재하했을 경우 굴착배면지반에서의 침하거동을 나타낸 것이다. 그림에서 보는 바와 같이 상재하중이 재하된 위치에서 급격한 침하가 발생하고 있으며, 굴착면 부근에서 최대침하가 발생하고 있다. 최대침하량은 약 1.68mm로 상재하중이 작용되지 않는 경우보다 크게 발생하고

있다.

그림 8.14(b)는 굴착면으로부터 100~350mm 떨어진 지표면에 상재하중이 재하된 경우의 굴착배면지반 침하거동을 나타낸 것이다. 그림 8.11(a)와 마찬가지로 상재하중이 재하된 위치에서 급격한 부등침하가 발생하고 있으나 부등침하량은 그림 8.14(a)보다는 다소 감소한 것을 알 수 있다. 최대침하량은 상재하중 인접부인 80mm 지점에서 약 1.54mm 정도 발생하고 있다.

그림 8.14(c) 및 8.14(d)는 상재하중이 굴착면으로부터 각각 250~500mm 및 400~650mm 떨어진 지표면에 재하된 경우의 침하거동을 나타낸 결과로서, 상재하중의 위치가 Rankine의 주동파괴영역을 벗어난 경우에 해당한다.

이들 그림에서 보는 바와 같이 배면지반의 침하량은 상재하중이 굴착면으로부터 멀어질수록 감소하며 상재하중이 작용하는 위치에서는 지반의 침하량이 다시 증가하는 경향을 보이고 있다. 이와 같이 트렌치굴착 시 상재하중의 유무 및 재하 위치에 따라 굴착배면지반의 침하량과 침하거동이 다르게 나타나므로, 상재하중이 배면지반의 침하거동에 미치는 영향은 크다고 생각된다. 따라서 상재하중의 영향은 설계 시 반드시 고려해야 할 요소로 판단된다.

(2) 안정액 수위 저하로 인한 배면지반의 변형범위

상재하중이 가해진 상태에서 굴착이 완료된 이후 안정액의 수위 저하에 따른 트렌치굴착면의 거동을 조사하였다. 본 실험은 지중연속벽 시공 시 트렌치굴착면 내의 안정액의 수위가 저하되어 압력이 일부 해방되었을 경우 발생될 수 있는 굴착면 및 배면지반의 변형거동을 조사하기 위하여 수행하였다. 먼저 굴착 완료 후 안정액의 초기 수위를 G.L.(−)15mm로 유지하며 지반을 안정화시켰다. 그리고 굴착면 내 안정액 수위를 10mm씩 감소시키면서 트렌치굴착면의 파괴를 유도하였다.

그림 8.15(a)는 상재하중이 재하되지 않은 경우의 지반변형을 도시한 것이다. 그림에서 보는 바와 같이 안정액의 수위가 초기 수위 G.L.(−)15mm에서 G.L.(−)275mm까지 저하되었을 때 트렌치굴착면의 붕괴가 발생되었으며, 굴착면의 변형영역은 지표면으로부터 300mm 깊이까지이고, 굴착면으로부터 235mm 떨어진 위치까지 나타났다.

그림 8.15(b)는 굴착면으로부터 30~280mm 떨어진 사이의 지표면에 상재하중이 작용하는 경우 지반변형을 도시한 것으로, 트렌치굴착면의 붕괴는 안정액의 수위가 초기 수위 G.L.(−)15mm에서 G.L.(−)115mm까지 저하되었을 때 발생되었다. 이때 굴착면의 변형영역은 지표면으로부터 253mm 깊이까지이고, 굴착면으로부터 368mm 떨어진 범위까지 나타났다.

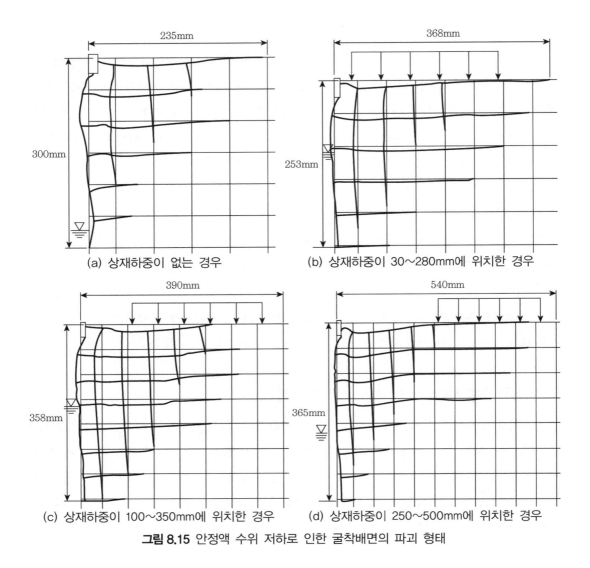

그림 8.15 안정액 수위 저하로 인한 굴착배면의 파괴 형태

(a) 상재하중이 없는 경우

(b) 상재하중이 30~280mm에 위치한 경우

(c) 상재하중이 100~350mm에 위치한 경우

(d) 상재하중이 250~500mm에 위치한 경우

그림 8.15(c)는 굴착면으로부터 100~350mm 떨어진 사이의 지표면에 상재하중이 재하된 경우 지반변형을 도시한 것이다. 트렌치굴착면의 붕괴는 안정액의 수위가 초기 수위 G.L.(−)15mm에서 G.L.(−)165mm까지 저하되었을 때 발생되었으며, 굴착면의 변형영역은 지표면으로부터 358mm 깊이까지이고, 굴착면으로부터 390mm 떨어진 위치까지 나타났다.

그림 8.15(d)는 굴착면으로부터 250~500mm 떨어진 사이의 지표면에 상재하중을 재하한 경우 지반변형을 도시한 것으로, 안정액의 수위가 초기 수위 G.L.(−)15mm에서 G.L.(−)215mm까지 저하되었을 때 트렌치굴착면의 붕괴가 발생되었다. 이때 굴착면의 변형영역은 연직방향

으로 지표면에서 365mm 깊이, 수평방향으로 굴착면에서 540mm 범위인 것으로 나타났다.

이상의 실험 결과를 종합해보면 트렌치굴착 시 배면지반에 재하된 상재하중은 굴착면의 안정을 유지시키는 안정액의 수위에 큰 영향을 미치는 것으로 나타났다. 즉, 본 모형실험의 경우 트렌치 내의 안정액의 수위가 상재하중이 재하된 경우는 상재하중이 재하되지 않는 경우보다 안정액의 수위를 최소한 1.3~2.5배 정도 높게 유지시켜야 트렌치굴착면의 붕괴를 방지할 수 있는 것으로 나타났다. 그리고 상재하중의 재하 위치가 굴착면에 가까울수록, 트렌치내의 안정액 수위가 높아야 굴착면의 안정을 유지할 수 있는 것으로 나타났다.

(3) 상재하중 위치에 따른 지반침하율

그림 8.16은 트렌치굴착 시 상재하중 유무 및 재하 위치에 따른 굴착배면지반의 침하량을 지반침하율로 무차원화시켜 도시한 도면이다. 즉, 굴착면으로부터의 이격거리와 최대침하량을 각각 최종굴착깊이 H로 나누어 도시하였다.

그림에서 보는 바와 같이 상재하중이 재하되지 않는 경우의 침하영향 범위는 최종굴착깊이의 40% 이내 거리까지이며 그 이상의 떨어진 지점에서는 침하가 거의 발생하지 않고 있다.

한편 상재하중이 재하된 경우는 굴착배면지반의 침하량이 증가하고 침하영향범위도 2배 이상 커지는 것으로 나타났다. 상재하중이 굴착면에 가까울수록 침하량은 크게 발생하고, 침하영향범위는 상재하중의 재하 위치가 굴착면에서 멀어질수록 커졌다.

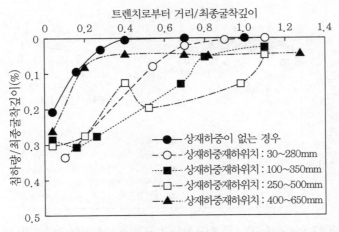

그림 8.16 상재하중 이격거리에 따른 트렌치굴착 시 배면지반의 지반침하율

특히 상재하중이 작용하는 위치에서의 침하량이 증가하였다. 그러나 상재하중의 작용 위치가 400~650mm 떨어진 지표면에 재하된 경우, 굴착면 부근에서의 침하량은 상재하중이 작용하지 않은 경우와 매우 비슷하게 발생하고 있다. 그러나 상재하중이 재하된 위치에서의 지반침하량은 크게 발생하고 있다.

따라서 트렌치굴착 시 굴착배면지반에 상재하중이 재하되면 굴착배면지반의 침하량이 커지고 침하영역도 커진다. 그러나 상재하중이 Rankine의 주동영역을 벗어나서 작용하면 지반침하의 영향이 감소됨을 알 수 있다. 특히 상재하중이 굴착깊이 이상의 이격거리로 떨어져서 작용할 경우에는 굴착면 부근의 지반침하에는 큰 영향을 미치지 않는 것을 알 수 있다.

(4) 기존예측법과의 비교

① Peck(1969)의 지표침하량

Peck(1969)은 H말뚝 흙막이벽이나 널말뚝 흙막이벽이 설치된 지반의 굴착으로 인해 발생된 지반침하량에 대하여 많은 실측 결과를 토대로 배면지반의 침하특성을 제시하였다.[12]

그림 8.17은 굴착면으로부터 이격거리에 따른 트렌치굴착 시 배면지반의 침하량을 무차원화시켜 Peck의 도표에 나타낸 도면이다. 본 모형실험으로부터 얻은 배면지반의 지표면침하량을 Peck의 지표면 침하량 도표에 도시한 결과 영역 I에 도시되어 Peck의 사질토 지반의 침하영역과 일치하는 것으로 나타났다.

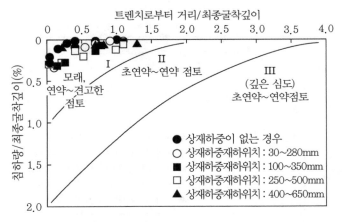

그림 8.17 Peck(1969)[12]의 지표침하량 도표와 모형실험 결과와의 비교

② Clough & O'Rourke(1990)의 지표침하량

　Clough & O'Rourke(1990)는 사질토 및 잔류토지반에서 측정된 굴착배면지반에서의 침하량을 토대로 굴착깊이에 따른 최대침하량을 제안한 바 있다.[9] 이들 결과에 의하면 최대침하량은 흙막이벽체의 종류에 관계없이 대부분 최종굴착깊이(H)의 0.5% 이내로 나타났다.

　그림 8.18은 모형실험으로부터 얻은 상재하중 재하 시 배면지반의 최대침하 위치에서 침하량과 Clough & O'Rourke(1990)의 침하기준을 비교하기 위하여 함께 도시한 그림이다. 이 그림에서 보는 바와 같이 굴착 초기(굴착깊이 100mm 이내)에는 침하량이 작게 발생하여 Clough & O'Rourke(1990)의 최대침하량 하한선인 $S_{\max} = 0.07H(\%)$ 부근에 분포하고 있으나 굴착깊이 150mm 이상이 되면서 침하속도가 빨라져 침하량이 급격이 증가하고 있다. 이때부터 굴착배면지반의 침하량은 상재하중의 영향을 받아 상재하중이 굴착면에 가까울수록 침하량이 크게 발생하고 있다. 특히 상재하중의 작용위치가 굴착면에 바로 인접하는 경우(30~280mm 위치)의 침하량은 굴착 완료 시까지 지속적으로 증가하여 Clough & O'Rourke(1990)의 최대침하곡선식인 $S_{\max} = 0.5H(\%)$에 근접하여 분포하고 있다. 나머지 경우는 굴착이 진행되는 동안 침하량은 증가하지만 굴착 완료 시에는 일정하게 수렴되어 최대침하곡선식 $S_{\max} = 0.5H(\%)$ 아래에 분포하고 있다.

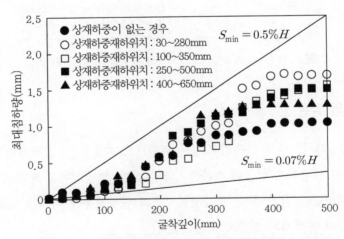

그림 8.18 Clough & O'Rourke(1990)의 최대침하량 비교

　따라서 트렌치굴착 시 상재하중이 굴착배면지반의 침하량에 미치는 영향은 굴착 초기보다는 굴착 중반기 이후부터 큰 것을 알 수 있다. 그리고 그림에서 Clough & O'Rourke(1990)의

최대침하량(굴착깊이의 0.5%)은 트렌치굴착 이외에 본 굴착 시의 침하량까지 포함한 값이므로, 본 연구 결과 트렌치굴착 시에 상재하중의 영향으로 발생되는 굴착배면지반의 침하량은 매우 큰 것을 정성적으로 알 수 있다.

그림 8.19는 모형실험 결과와 Clough & O'Rourke(1990)이 제안한 침하량을 비교하기 위하여 함께 도시한 것이다. 그림에서 보는 바와 같이 트렌치굴착 시 굴착배면지반의 침하량은 굴착면 부근에서는 배면지반에 작용하는 상재하중의 영향으로 침하량이 Clough & O'Rourke(1990)의 침하기준보다 약간 크게 발생하고 있지만 대부분은 침하기준선 이내에서 발생되는 것으로 나타났다.

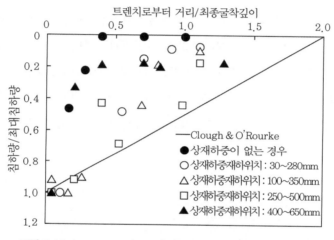

그림 8.19 Clough & O'Rourke(1990)의 침하기준과의 비교

8.2.4 모형실험의 결론

지금까지 제8.2절에서는 지중연속벽 시공을 위한 트렌치굴착 시 굴착배면지반의 침하거동을 규명하기 위하여 실시한 모형실험 결과를 고찰하였다. 모형실험을 통하여 상대밀도, 지하수위, 지표면 상재하중이 굴착면 및 굴착배면지반의 변형거동에 미치는 영향을 검토하였으며, 트렌치굴착면 내 안정액의 영향도 조사하였다.

모형실험 결과 파악한 중대한 결론은 트렌치굴착 시 초기 단계에서 굴착배면지반의 침하량은 지중연속벽 시공 후 본 지반 굴착 공정 시의 침하량을 포함한 값에 상응하는 상당한 큰 변위가 발생하였다. 따라서 지중연속벽공법을 적용한 굴착공사에서 굴착배면지반의 침하관리는 트렌치굴착 시의 침하량을 반드시 고려해야 한다.

본 모형실험과 같은 축소모형실험에서는 상사효과(scale effect)를 고려한 정량적인 수치로현장에 적용하기에는 한계가 있을 수 있다. 그럼에도 불구하고 본 모형실험 결과는 지중연속벽을 적용한 지하굴착공사를 실시할 경우 트렌치굴착 시의 침하량을 반드시 고려하여 굴착배면지반을 관리해야 함을 잘 나타내고 있다.

그 밖에 모형실험 결과로부터 파악한 결론을 정리하면 다음과 같다.

① 트렌치굴착 시 배면지반의 침하는 굴착 초기 단계에서 급격히 증가하였다가 이후 점진적으로 수렴하는 형태를 보이며, 이격거리별 침하 분포는 쌍곡선 형태로 나타난다. 그리고 배면지반에서 침하량이 급격하게 증가하는 이격거리는 최종굴착깊이의 약 40% 지점까지이다.

② 지반의 상대밀도가 작을수록 그리고 지하수위가 높을수록 트렌치굴착 시 트렌치 배면지반에서의 침하량은 크게 발생하며 침하영향 범위도 확대된다. 즉, 상대밀도와 지하수위는 트렌치굴착 시 굴착배면지반의 침하에 영향을 미치는 주요인자이다.

③ 굴착배면지반의 침하량 및 침하영향범위는 상재하중의 유무 및 재하 위치에 크게 영향을 받는다. 특히 상재하중이 Rankine의 주동영역 이내로 트렌치굴착면에 근접할 때 영향이 크다. 또한 상재하중이 굴착깊이 이상의 이격거리에 위치할 경우에는 상재하중의 영향이 그다지 크지 않다.

④ 트렌치굴착면 내 안정액의 수위 저하로 인하여 트렌치 측벽에서는 벌징(bulging) 현상이 발생되고, 굴착배면지반에서는 침하현상이 발생되어 종국에는 트렌치 상부에서 붕괴가 발생된다. 따라서 트렌치 내 안정액의 수위를 유지하는 것은 트렌치굴착면의 안정에 매우 중요하다.

⑤ 트렌치굴착 시 상재하중의 유무 및 작용위치는 트렌치 내 안정액의 소요수위에 큰 영향을 미친다. 즉, 상재하중이 재하된 경우는 상재하중이 재하되지 않는 경우보다 트렌치 내의 안정액의 최소수위가 높아야 굴착지반의 붕괴를 막을 수 있으며, 상재하중의 재하위치가 굴착면에 가까울수록, 트렌치내 안정액의 최소수위가 높아야 한다.

⑥ 트렌치굴착 시 굴착배면지반의 침하량은 Peck(1969)의 사질토 지반의 침하영역 내에 포함되며, Clough & O'Rourke(1990)의 침하기준선 내에 위치하는 것으로 나타났다. 또한 트렌치굴착 시에 상재하중의 영향으로 굴착 완료 시의 침하량은 Clough & O'Rourke(1990)이 제안한 최대침하량곡선식에 비교적 근접하는 변위가 발생하고 있다.

참고문헌

1. 백영식·홍원표·채영수(1990), "한국노인복지보건의료센타 신축공사장 배면도로 및 매설물 파손에 대한 검토 연구보고서", 대한토질공학회.

2. 이문구(2006), 지중연속벽을 이용한 지하굴착 시 주변 지반의 거동, 중앙대학교 대학원 박사학위논문.

3. 이처근·안광국·허열(2000), "Diaphragm Wall에서 굴착깊이-시간-변위에 관한 원심모형실험", 한국지반공학회논문집, 제16권, 제5호, pp.179~191.

4. 이철주(2005), "해성점토층에 실시된 지중연속벽 시공에 의한 지반의 변위 분석", 한국지반공학회논문집, 제21권, 제3호, pp.43~54.

5. 홍원표(2003), "미주아파트 재건축을 위한 근접 지하굴착공사가 주변 건물의 안정성에 미치는 영향에 관한 연구보고서", 중앙대학교, pp.60~81.

6. 홍원표·이문구·이재호(2006), "지중연속벽 시공을 위한 트렌치굴착 시 지반변형에 관한 모형실험", 한국지반공학회논문집, 제22권, 제12호, pp.77~88.

7. 홍원표·이문구·윤중만·이재호(2007), "트렌치굴착으로 인한 지반변형에 미치는 상재하중의 영향", 대한토목학회논문집, 제27권, 제3C호, pp.185~193.

8. 홍원표(2018), 흙막이말뚝, 도서출판 씨아이알.

9. Clough, G.W. and O'Rourke, T.D.(1990), "Construction induced movements of insitu walls". Design and Performance of Earth Retaining Structures, Geotechnical Special Publication, No.25, ASCE, pp.439~470.

10. Huder, J.(1972), "Stability bentonite slurry trenches with some experiences in Swiss practice", Proc. of the 5th European Conference on Soil Mechanics and Foundation Engineering, Madrid, Vol.4, pp.517~522.

11. Nash, J.K.T.L. and Jones, G.K.(1963), "The support of trenches using fluid mud". Proc. of Symposium on Grouts and Drilling Muds in Engineering Practice", London U.K., pp.177~180.

12. Peck, R.B.(1969), "Deep excavations and tunnelling in soft ground". 7th ICSMFE., State-of-the Art, Vol.108, pp.1008~1058.

13. Piaskowski, A. and Kowalewski, Z.(1965), "Application of thixotropic clay suspension for stability of vertical sides of deep trenches without strutting". Proc. of the 6th ICSMFE, Montreal, Vol.2, pp.526~529.

14. Schneebeli, G.(1964), "Le stabilite des tranchees profondes forees en prensence de boue", Houille Blanche, Vol.17, No.9, pp.815~820.

15. Thorley, C.B.B. and Forth, R.A.(2002), "Settlement due to diaphragm wall construction in reclaimed land in Hong Kong". Journal of Geotechnical and Geoenvironmental Engineering, ASCE, Vol.128, No.6, pp.473~478.

16. Tsai, J.S., Jou, L.D. and Hsieh, H.S.(2000), "A full-scale stability experiment on a diaphragm wall trench". Canadian Geotechnical Journal, Vol.37, pp.379~392.

17. 藤井淸光, 植田進武, 森喬(1982), 地下連續壁工法の理論と實習, 山海堂, 東京.

지중연속벽의 측방토압과 변형거동

09 지중연속벽의 측방토압과 변형거동

지중연속벽을 적용하여 굴착공사를 실시할 경우 흙막이벽에 작용하는 측방토압과 굴착지반의 변형거동은 연성벽체를 적용하여 굴착공사를 실시할 경우와는 상당히 다른 형태의 거동을 나타낼 것이다.

이러한 지중연속벽의 거동에 대하여 외국에서는 실내시험 및 현장사례연구와 해석적 방법을 토대로 연구가 활발히 진행되었다.[24,27,34,36] 국내에서도 지중연속벽에 대하여 현장 계측,[12] 원심모형실험[11] 및 수치해석[2]을 통한 연구 등이 진행되었으나[9,13,15,16] 외국에 비해 아직은 연구성과가 부족하여 우리나라 지반특성에 맞는 지중연속벽에 작용하는 측방토압의 분포 및 지중연속벽 흙막이벽 변형에 대한 안전시공관리기준이 명확히 규명되어 있지 않다. 그러나 최근에는 우리나라 지반특성에 맞는 연구성과가 하나, 둘 정립되기 시작하였다.[1,19-22]

현재 지중연속벽을 적용한 흙막이구조물 설계 시에는 연성벽체에 작용하는 측방토압[17]이나 강성벽체인 옹벽에 작용하는 Rakine토압[33]을 설계에 혼용하는 실정이다. 그러나 지중연속벽에 작용하는 측방토압은 이들 두 경우와는 달리 나타날 것이다.[1,19]

지중연속벽공법은 굴착 순서에 따라 역타공법과 순타공법이 적용되고 있다. 제9장에서는 두 공법에 의한 지중연속벽에 작용하는 측방토압 및 안전 시공관리기준은 어떤 차이가 있을까를 명확히 검토한다.

먼저 제9.1절에서는 순타공법 적용 시 지중연속벽지지 앵커에 설치된 하중계로부터 측정된 앵커축력을 토대로 벽체에 작용하는 수평토압의 크기와 분포를 설명하도록 한다.

즉, 제9.1절에서는 지중연속벽을 앵커로 지지하면서 순타공법에 의해 굴착 시공하는 경우 앵커 두부에 장착한 하중계로부터 측정된 앵커축력을 토대로 벽체에 작용하는 측방토압의 크기와 분포를 설명한다.

이 경우는 이미 제4장에서 앵커지지 엄지말뚝 흙막이벽에 작용하는 측방토압을 흙막이벽체만 강성이 큰 지중연속벽으로 바꾼 경우에 해당하나 어떤 차이가 있을까 설명한다.

결국 제9.1절에서는 우리나라의 다층지반에서 앵커지지 지중연속벽을 적용하여 순타공법으로 굴착공사를 시공할 경우 적용할 수 있는 지중연속벽 흙막이벽에 작용하는 측방토압의 설계기준을 확립하여 지중연속벽의 설계 및 시공이 경제적이고 안전하게 이루어지도록 하고자 한다.

다음으로 제9.2절에서는 역타공법 적용 시 지중연속벽지지 슬래브에 설치된 하중계로부터 측정된 슬래브 축력을 토대로 역타공법 적용 시 지중연속벽체에 작용하는 수평토압의 크기와 분포를 설명하도록 한다.

마지막으로 제9.3절에서는 굴착시공 방법에 따른 지중연속벽의 변형거동을 관찰하여 지중연속벽 흙막이벽의 변형에 대한 안전한 시공관리기준을 조사한다. 이 지중연속벽 흙막이벽의 안정을 확보하기 위한 변형관리기준은 순타공법과 역타공법의 경우 어떤 차이가 있는가 설명한다.

9.1 순타공법을 적용한 앵커지지 지중연속벽에 작용하는 측방토압

지하굴착공사에 적용되는 흙막이벽은 크게 엄지말뚝 흙막이벽, 강널말뚝 흙막이벽 등과 같은 연성벽체와 지중연속벽 등과 같은 강성벽체로 구분된다. 최근, 도심지에서 실시되는 굴착공사는 대부분이 기존구조물에 근접하여 시공된다. 근접시공 시 엄지말뚝 흙막이벽과 같은 연성벽체를 적용하여 지하굴착을 실시하게 되면 흙막이벽의 변형과 지하수위의 저하로 인하여 안정 상태에 있는 인접구조물 및 지하매설물에 큰 영향을 미치게 된다. 이러한 문제를 최소화하기 위해 흙막이벽으로 벽체의 강성이 높고 차수성이 양호한 지중연속벽이 많이 적용되고 있다.

이에 제9.1절에서는 순타공법을 적용한 앵커지지 지중연속벽[38]에 작용하는 측방토압을 설명한다. 이 측방토압은 지중연속벽을 지지하는 앵커두부에 장착한 앵커축력으로부터 환산하여 구한 경험식에 해당한다. 순타공법이 적용된 6개 지중연속벽 시공 현장에서 굴착단계별 측방토압 분포를 조사하여 굴착시공 중 발생한 측방토압 중 최대측방토압을 포괄하는 측방토압 분포를 구하여 설계에 적용할 수 있는 측방토압 분포로 제안한다.

9.1.1 사례 현장의 개요

지하굴착에 따른 연성벽체에 작용하는 측방토압에 대한 연구는 Terzaghi and Peck(1967),[35] Tschebotarioff(1973),[37] Peck(1969),[32] Mana and Clough(1981),[30] NAVFAC(1982)[31] 등에 의해 1960대부터 본격적으로 진행되어 최근까지 상당히 많은 연구성과가 발표되었다. 이들 연구 결과들은 현재 흙막이구조물의 설계와 시공에 기준으로 많이 사용되고 있다.[25,28,29,36]

국내에서는 1990년 이후부터 연성벽체에 대한 연구가 활발히 진행되어 많은 연구성과가 발표되었다.[7,10,14] 특히 홍원표 연구팀은 우리나라 토질특성을 고려한 측방토압 분포를 수정·제안하였다.[8,17,18]

지중연속벽을 적용하여 굴착공사를 실시할 경우 흙막이벽에 작용하는 측방토압은 연성벽체를 적용한 경우와는 상당히 다른 형태를 나타낼 것이다. 홍원표 등(2007)은 앵커지지 지중연속벽에 작용하는 앵커축력으로부터 지중연속벽에 작용하는 측방토압의 크기와 분포를 조사한 바 있다.[19]

이 연구에 활용된 사례 현장은 순타공법이 적용된 6개 현장으로 도심지에서 시공된 대규모, 대심도 굴착공사 현장이다. 굴착현장 주변에는 대규모 아파트단지, 고층빌딩, 인접공사현장, 상가 및 주택지가 밀집되어 있었다.

따라서 지하굴착에 따른 주변 지반의 침하, 측방이동, 지지력 손실로 인하여 인접건물이나 지하구조물에 피해를 줄 수 있어 근접시공의 문제점이 대두될 수 있는 현장들이다. 각 현장의 굴착깊이는 대략 9.5m에서 21.5m로 깊은 굴착에 속한다.

이들 사례 현장의 지반조건은 우리나라 내륙지방의 전형적인 지층구조인 지표로부터 매립층, 퇴적층, 풍화대층, 기반암층으로 구성된 다층지반이다. 매립층은 대부분 실트질 모래, 모래질 실트, 자갈 등이 혼재되어 이루어져 있다. 퇴적층은 매립층 하부에 분포하고 있는 층으로 점토 섞인 모래나 실트 섞인 모래로 형성된 하상퇴적층이다. 풍화대층은 모든 현장에 분포되어 있으며 풍화도가 매우 심한 풍화잔류토층과 모암조직이 존재하며 비교적 단단한 풍화암층으로 구분되어 있다. 이 매립층 및 풍화대층은 사질토의 성분이 많은 관계로 사질토로 단순화시켜 내부마찰각만 가지는 지층($c=0$)으로 취급한다. 설계 시 사용한 매립층과 풍화대층에 대한 토질정수는 표준관입시험 N치를 이용한 각종 추정식의 평균값으로 적용하였다. 한편 풍화대 하부에는 기반암인 연암 및 경암으로 구분되는 암층이 분포하고 있으며 대부분 현장의 연암층과 경암층은 균열과 절리가 발달되어 있다.

모든 굴착현장의 흙막이벽은 지중에 철근콘크리트 지중연속벽으로 시공되었으며, 앵커지지방식으로 되어 있다. 지중연속벽은 80~100cm 두께의 철근콘크리트벽체로 설치하였으며, 기반암(연암 또는 경암)층에 약 1.5~2.0m 정도 관입시켜 굴착저면으로의 지하수 누수를 방지하였다.

그리고 굴착이 진행되는 동안 지중연속벽을 지지하기 위하여 그라운드앵커를 설치하였다. 굴착현장에 설치된 그라운드앵커(ground anchor)는 가설앵커로 긴장재는 직경 12.7mm의 PC강선을 4~6개 사용하고 있다. 그라운드앵커는 연직으로 2.0~3.0m 간격으로 수평으로는 1.3~2.0m 간격으로 설치하였다. 그리고 앵커의 설치 각도는 25~30°로 하였다.

이들 사례 현장에서 계측한 자료를 정리 분석하면 다음과 같다.

9.1.2 앵커축력 거동

그림 9.1은 6개 사례 현장에서 굴착단계별 앵커두부에 설치된 하중계로 앵커축력의 변화를 측정한 결과이다. 그림에서 횡축을 측정일자, 종축을 앵커축력(kN)으로 표시하였다.

그림 9.1에 나타난 바와 같이 제1현장을 제외한 대부분의 현장에서 측정된 앵커축력은 인장력을 가한 후 나타난 초기의 선행인장력이 굴착 완료 시점까지 큰 변화 없이 비교적 안정된 상태를 보이고 있다.

그리고 각 굴착단계별 흙막이벽의 변형에 따른 배면지반에 작용하는 토압의 재분배 현상이 발생하여 앵커축력은 일정한 값을 유지하거나 약간 감소 혹은 증가하는 경향을 보인다. 굴착 완료 시 각 현장에서 측정된 앵커축력은 300~600kN 범위에 분포하고 있어 앵커의 지지기능이 충분히 발휘되었다고 할 수 있다. 다만 그림 9.1(a)의 제1현장에서 측정된 앵커축력은 250kN 이내로 다른 현장의 앵커축력보다 작게 측정되고 있으며, 다른 굴착현장과는 달리, 굴착이 진행되는 동안 앵커축력은 일정한 값으로 수렴되지 않고 굴착 완료 시까지 계속하여 증가하는 경향을 보이고 있다. 이는 다른 굴착현장에 비해 굴착진행속도나 앵커의 시공 상태가 적절하게 이루어지지 않았음을 의미한다.

이상의 계측 결과를 정리하면 지중연속벽과 같은 강성벽체를 지지하는 앵커축력의 변화는 굴착 초기에 연성벽체의 앵커축력의 변화와 차이가 있는 것을 알 수 있다.

연성벽체의 경우 앵커에 인장을 가한 후 앵커를 두부에 정착시키면 앵커축력은 1차적으로 감소하고, 굴착이 진행되는 동안 흙막이벽의 변형이 증가하며, 지하수위 저하에 따른 응력의

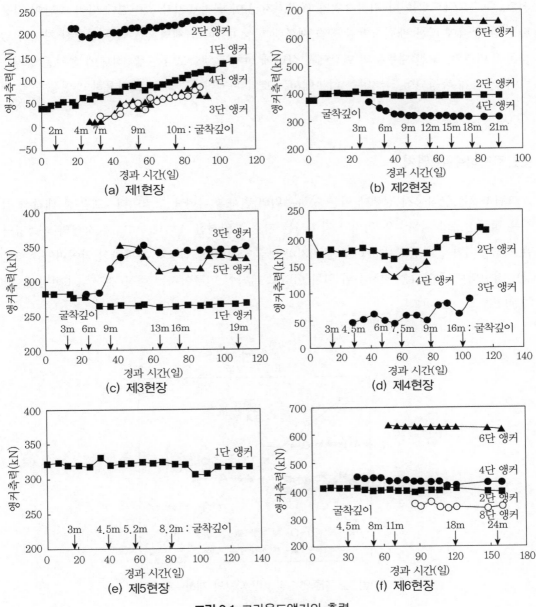

그림 9.1 그라운드앵커의 축력

재분배 현상이 발생하여 추가적으로 앵커축력이 감소하였다.[18]

  그러나 강성벽체의 경우는 앵커에 인장력을 가한 후, 앵커를 두부에 정착시켜도 연성벽체와 같이 앵커축력의 감소현상이 나타나지 않고 일정하게 유지되거나 약간 증가하는 경향을 보이고 있다. 이는 강성벽체인 지중연속벽의 강성이 연성벽체보다 커 배면지반의 변형이 억제되고, 차수효과도 뛰어나 지하수위가 저하되지 않아 굴착깊이가 깊어짐에 따라 수압이 작용하는 등 굴착에 따른 배변지반의 응력 재분배 현상이 연성벽체의 경우와는 상당한 차이가 있음을 의미한다. 또한 대부분의 현장에서 상단에 설치된 앵커보다는 중·하단에 설치된 앵커축력이 더 크게 측정되어, 굴착 중·하부에서는 토압뿐만 아니라 수압도 작용하고 있음을 알 수 있다.

9.1.3 지하수위 위치

그림 9.2는 굴착공사 진행에 따른 지하수위의 변화를 나타낸 그림이다. 그림 중 대각선 점선은 굴착심도와 지하수위 위치가 같아지는 지점을 연결한 것이다. 여기서 점선의 좌측영역은 지하수위가 굴착심도보다 하부에 위치하여 굴착에 의한 영향과 무관한 영역이며(제1, 5현장), 점선의 우측영역은 지하수위 위치 이하로 굴착이 이루어지는 현장(제2~4, 6현장)을 나타낸다.

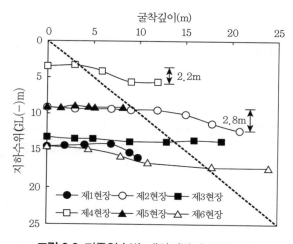

그림 9.2 지중연속벽 배면지반의 지하수위

연성벽체인 엄지말뚝 흙막이벽의 경우, 흙막이벽 배면에 L/W, S.C.W 등의 차수공법을 시공하여도 굴착이 진행되는 동안 지하수위도 동시에 저하되는 경향을 보였다.[8,17] 그러나 그림 9.2에 나타난 바와 같이 지중연속벽 배면지반의 지하수위는 굴착이 진행되는 동안 거의 변화가 없이 일정하게 유지되고 있거나(제3, 6현장), 약간 저하하는 경향(제2, 4현장)을 보이고 있다. 지하수위가 저하된 현장의 경우, 굴착이 완료된 후에 측정된 지하수위는 굴착 전보다 최대 2.8m가량 저하(제2현장)된 것으로 나타나고 있어 지하수위의 저하폭이 연성벽체인 엄지말뚝 흙막이벽[8]의 경우보다 작음을 알 수 있다.

따라서 지중연속벽은 차수효과가 상당히 뛰어난 흙막이벽일 뿐만 아니라 차수벽의 역할도 충분히 발휘되고 있는 것을 알 수 있다. 이와 동시에 지중연속벽으로 시공된 굴착현장은 지중연속벽 배면에 토압뿐만 아니라 수압도 작용하는 것으로 판단된다.

9.1.4 지중연속벽에 작용하는 측방토압

앵커지지 지중연속벽에 작용하는 측방토압을 산정하기 위하여 앵커두부에 하중계를 설치하고 각 하중계로부터 측정된 앵커축력을 이용하여 굴착단계별 지중연속벽에 작용하는 측방토압을 산정하였다. 흙막이벽에 작용하는 측방토압 산정 방법으로는 중점분할법과 하방분담법이 많이 사용되고 있다.[26] 측방토압 산정 방법은 제4.1절에서 자세히 설명하였으므로 그곳을 참조하기로 한다. 여기서는 중점분할법을 이용하여 앵커축력에 의한 굴착단계별 겉보기측방토압을 산정하였다. 중점분할법은 각 단에 설치된 앵커의 축력을 하중분담원리에 근거하여 식 (4.1)과 같이 단위면적당 토압으로 환산하여 구하였다.[26]

각 단계별 굴착에 따른 측방토압을 평가하는 데 지반의 내부마찰각 및 단위중량은 식 (4.4) 및 (4.5)를 이용하여 구한 평균내부마찰각(ϕ_{avg}) 및 평균단위중량(γ_{avg})을 적용하였다. 그리고 평균단위중량의 산정 시 지하수위 조건을 고려하기 위하여 지하수위 아래지반의 경우 수중단위중량을 사용하였으며, 연암 이하 암반층에서는 수압이 작용하지 않은 것으로 취급하였다.

(1) 굴착단계별 측방토압

그림 9.3은 지중연속벽을 설치하여 굴착을 실시한 6개 현장에서 측정된 각 단의 앵커축력을 굴착단계별로 환산측방토압을 산정하여 도시한 그림이다. 지중연속벽에 작용하는 측방토압 분포를 나타내기 위하여, 그림에서 종축에는 굴착깊이를 표시하였으며, 횡축에는 하중계의 앵커축력으로부터 산정된 실측토압을 표시하였다. 이러한 측방토압은 각 단계별 굴착이 완료되고 지지구조인 앵커가 설치된 후에 산정된 토압이다.

그림 9.3(a)는 제1현장의 지중연속벽에 작용하는 측방토압 분포를 나타낸 것으로 측방토압은 일정 깊이까지는 굴착깊이에 비례하여 증가하다가 그 이후 깊이에서는 토압이 감소하는 것으로 나타났다.

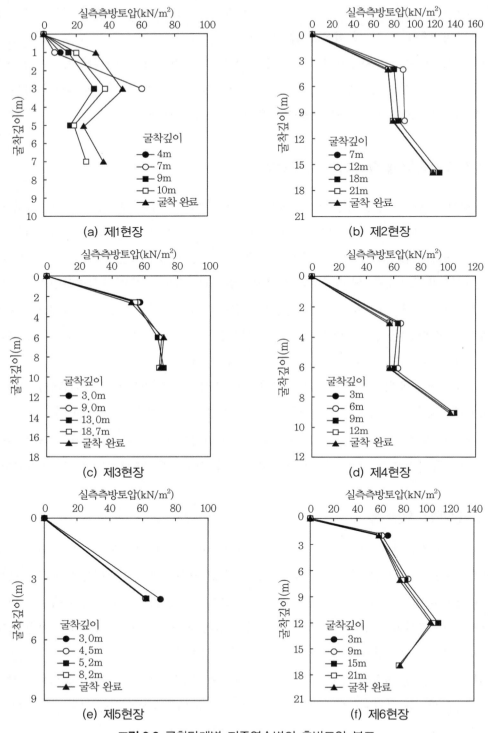

그림 9.3 굴착단계별 지중연속벽의 측방토압 분포

한편 그림 9.3(b)~(d)는 제2, 3, 4현장의 측방토압 분포를 나타낸 것으로 굴착단계별 측방토압 분포는 대부분 지표면에서 하부로 갈수록 증가하는 경향을 보이고 있으나, 그림 9.3(f)의 제6현장의 경우에는 굴착깊이가 증가함에 따라 측방토압 분포도 증가하다가 하단부에서 감소하는 불규칙한 분포를 보이고 있다. 그리고 제5현장의 경우에는 2단 띠장에만 하중계가 설치되어 있어 그림 9.3(e)에 나타난 바와 같이 각 굴착단계별 토압 분포의 변화를 도시할 수 없었다.

그림 9.3에 나타난 측방토압 분포를 정리해보면, 지중연속벽에 작용하는 측방토압 분포는 일부 굴착현장에서는 굴착면 중·하단부에서 측방토압이 감소하거나 또는 증가하는 불규칙한 분포 형상을 보이고 있지만 대부분의 굴착현장의 측방토압 분포는 굴착깊이에 비례하여 굴착면 상부에서 하부로 갈수록 측방토압이 증가하는 경향을 보이고 있다. 그리고 지중연속벽에 작용하는 최대측방토압은 벽체의 중·하단부에서 발생하고 있다.

(2) 순타공법 적용 시 실측 측방토압 분포

그림 9.3에 도시한 각 굴착현장의 앵커축력으로부터 환산한 굴착단계별 측방토압 분포도를 이용하여 순타공법에 의해 축조된 앵커지지 지중연속벽에 작용하는 측방토압 분포를 제안하고자 한다.

그림 9.4는 지중연속벽에 작용하는 측방토압의 분포와 최대측방토압의 크기를 정하기 위하여 굴착시공 중 각 굴착단계에서 측정된 앵커축력으로부터 환산한 측방토압을 모두 도시한 그림이다. 즉, 그림 9.4에 도시한 지중연속벽에 작용하는 측방토압 분포는 굴착작업을 진행하는 동안 각 계측지점에서 발생된 최대측방토압 값을 포괄하는 포락선으로 도시하였다.

이 그림에 도시한 최대측방토압의 포락선은 그림 4.6에서 우리나라 내륙지역 사질토지반에 설치된 엄지말뚝 흙막이벽을 대상으로 규명한 사다리꼴 형태의 측방토압 분포와 동일한 형상을 이루고 있다. 다만 최대측방토압이 엄지말뚝 흙막이벽의 경우보다 지중연속벽의 경우가 훨씬 크게 작용하였다.

Terzaghi and Peck(1967)도 안전율을 고려하여 평균 계측값보다 30% 정도 크게 토압 분포를 제시하였다.[35] 여기서도 이러한 점을 고려하여 평균토압 분포가 아니라 최대포락선으로 연결한 최대토압 분포를 제안하고 있다.

그림 9.4에서 제안된 측방토압 분포는 지표면에서 $0.1H$ 깊이까지는 측방토압이 선형적으로 증가하고 그 이후부터 $0.8H$ 깊이까지는 측방토압이 일정하게 유지되다가 $0.8H$부터 굴착

저면까지는 토압이 선형적으로 감소하는 사다리꼴 형태이며, 최대측방토압의 크기는 $0.45\gamma H$이다.

이 최대측방토압은 엄지말뚝 흙막이벽 설계에 제안된 최대측방토압($0.25\gamma H$)의 약 두 배에 해당하는 큰 값이다(표 5.5 참조). 이는 지중연속벽은 벽체의 강성이 커서 연성벽체에 비해 벽체의 수평변위는 작게 발생하고 큰 측방토압을 지중연속벽의 강성으로 지지해주고 있기 때문이다.

결론적으로 그림 9.4에서 제안된 측방토압 분포는 도심지에서 순타공법으로 지중연속벽을 설치하고 굴착작업을 실시할 때 암반층이 포함된 다층지반에 설치된 앵커지지 지중연속벽의 설계 시, 수압을 고려한 설계토압으로 적용할 수 있다.

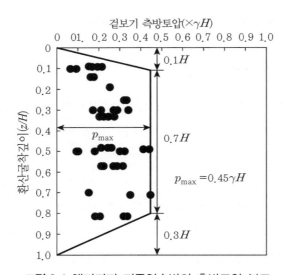

그림 9.4 앵커지지 지중연속벽의 측방토압 분포

(3) 경험토압과의 비교

그림 9.5는 그림 9.4에 도시된 순타공법에 의한 앵커지지 지중연속벽에 작용하는 측방토압 분포와 사질토지반에 설치된 연성벽체를 대상으로 제안된 Terzaghi and Peck(1967),[35] Tschebotarioff(1973),[37] 홍원표와 윤중만(1995),[17] 홍원표(2018)[39]의 경험토압 분포를 비교하여 도시한 그림이다. 이 그림에 나타난 바와 같이 순타공법에 의한 앵커지지 지중연속벽에 작용하는 측방토압 분포로 제안된 측방토압 분포는 Terzaghi and Peck(1967)[35]이 제안한 직사각형 분포보다는 Tschebotarioff(1973),[37] 홍원표(2018),[39] 홍원표와 윤중만(1995)[17]이 제

안한 사다리꼴 분포와 유사하게 나타났다.

그리고 제안된 측방토압 분포의 굴착면 상·하단부의 변곡점의 위치는 각각 0.1H와 0.2H로 Tschebotarioff(1973),[37] 홍원표와 윤중만(1995),[17] 홍원표(2018)이 제안한 토압 분포의 변곡점의 위치와 동일함을 알 수 있다.

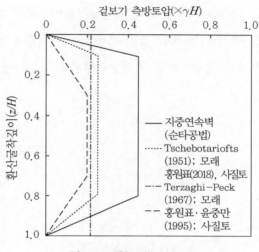

그림 9.5 경험토압과의 비교

한편 지중연속벽에 작용하는 최대측방토압의 크기는 사질토지반을 대상으로 Terzaghi and Peck(1967), Tschebotarioff(1973), 홍원표와 윤중만(1995), 홍원표(2018)이 제안한 연성벽체의 측방토압보다 약 2배 정도 크게 나타났다. 이것은 엄지말뚝 흙막이벽과 같은 연성벽체는 흙막이벽의 변형이 크게 발생하여 벽체에 측방토압이 작게 작용하게 되지만 지중연속벽과 같은 강성벽체는 벽체의 변형이 작게 발생하여 벽체에는 측방토압이 크게 작용하고 있음을 의미한다. 또한 굴착이 진행되는 동안 지중연속벽은 차수효과가 뛰어나 굴착배면의 지하수위가 거의 일정하게 유지되고 있어 연성벽체와 달리 벽체에 수압도 작용한 것으로 사료된다.

(4) 이론토압과의 비교

그림 9.6은 그림 9.3의 각 굴착현장의 측방토압 분포도에서 구한 최대측방토압을 최종굴착깊이의 위치에서의 Rankine의 주동토압, 정지토압과 연직상재압과 비교하여 나타낸 것이다.[33]

그림 9.6(a)에서 보는 바와 같이 제안된 지중연속벽에 작용하는 최대측방토압은 Rankine

의 주동토압($P_a = K_a\gamma_{avg}H$) 의 0.65~1.5배 범위에 있으며 평균적으로 1.0배인 것으로 나타났다. 따라서 지중연속벽에 작용하는 평균측방토압은 최종굴착깊이에서의 Rankine 주동토압과 동일하게 작용하며, Terzaghi and Peck(1967)이 사질토지반에서 제안한 최대측방토압 $0.65K_a\gamma H$보다 크게 나타나고 있음을 알 수 있다. 또한 이 측방토압 최댓값은 Rankine의 주동토압의 1.5배로 크게 나타나고 있음을 알 수 있다.

다음으로 그림 9.6(b)는 제안된 측방토압과 최종굴착깊이에서의 연직상재압($\sigma_v' = \gamma_{avg}H$)을 비교한 것이다. 이 그림에서 보는 바와 같이 측방토압은 최종굴착깊이에서의 연직상재압의 0.2~0.45배 범위에 있으며 평균적으로 연직상재압의 1/3(0.33배)에 해당하는 것으로 나타났다.

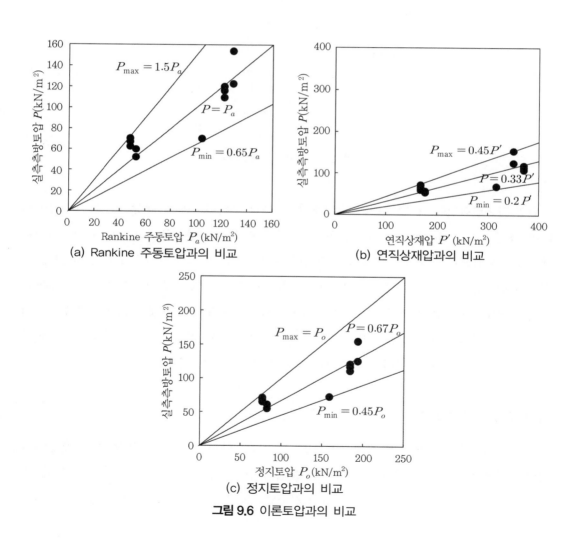

(a) Rankine 주동토압과의 비교

(b) 연직상재압과의 비교

(c) 정지토압과의 비교

그림 9.6 이론토압과의 비교

Tschebotarioff(1973)는 모래지반의 흙막이벽에 작용하는 측방토압으로 최종굴착깊이에서의 연직상재압의 0.25배, 견고한 점토지반에서는 0.375배를 제시한 바 있다. 따라서 지중연속벽에 작용하는 평균측방토압은 Tschebotarioff(1973)가 모래지반을 대상으로 제시한 측방토압 크기보다는 크게 나타나고 있으며, 견고한 점토지반에서 제시한 토압과는 거의 비슷함을 알 수 있다.

한편 그림 9.6(c)는 제안된 최대측방토압과 최종굴착깊이에서의 Jaky(1948)의 정지토압계수를 이용한 정지토압($P_{o} = K_{o}\gamma_{avg}H$)과 비교한 결과이다. 그림 9.6(c)에서 측방토압은 정지토압의 0.45~1.0배 범위에 분포하고 있으며 평균측방토압은 정지토압의 2/3배 정도로 나타났다. 이 측방토압은 NAVFAC(1982)[31] 규정에서 단단한 모래지반에 설치된 앵커지지벽에 작용하는 측방토압 분포를 정지토압의 0.4배로, 느슨한 모래지반에서는 0.5배로 제시한 것보다는 크게 나타나고 있다.

위에서 검토한 결과를 정리요약하면 다음과 같다. 토사지반에 순타공법으로 설치된 앵커지지 지중연속벽에 작용하는 측방토압의 평균치와 최대치의 크기는 식 (9.1)~(9.3)의 하한치와 상한치에 해당한다.

결론적으로 지중연속벽 흙막이벽체에 작용하는 측방토압 분포의 기하학적 형상은 그림 4.6으로 제안한 측방토압 분포와 동일하다. 즉, 지표면에서 흙막이 벽체의 상부 10% 깊이까지는 측방토압이 선형적으로 증가하여 식 (9.1)~(9.3)의 측방토압에 도달하여 이 측방토압의 크기를 유지하다가 흙막이벽체의 하부 20% 위치에서부터는 이 측방토압이 선형적으로 감소하여 최종굴착바닥에서는 0이 되는 사다리꼴 분포이다.

여기서 흙막이벽체의 중앙 70% 구간에서는 최대치의 측방토압이 작용하는데 이 최대측방토압은 세 가지 방법으로 결정할 수 있다. 즉, Terzaghi & Peck(1967)이 제안한 최종굴착깊이에서의 주동토압과 연계하는 방법,[28] Tschebotarioff(1973)이 제안한 최종굴착깊이에서의 연직상재압과 연계하는 방법,[29] NAVFAC(1982)에서 제안된 최종굴착깊이에서의 정지토압과 연계하는 방법[25]의 세 가지로 식 (9.1)~(9.3)과 같이 결정할 수 있다. 이들 식의 계수는 실측측방토압의 평균치를 하한값으로 하고 최대치를 상한값으로 하여 결정하였다.

$$p = (1.0 \sim 1.5)K_{a}\gamma H \tag{9.1}$$

$$p = (0.33 \sim 0.45)\gamma H \tag{9.2}$$

$$p = (0.67 \sim 1.0)K_{0}\gamma H \tag{9.3}$$

결국 국내에서 순타공법으로 실시된 앵커지지 지중연속벽 굴착현장의 계측자료로부터 환산한 측방토압은 식 (4.6)~(4.8)로 제시된 우리나라 내륙지역 사질토지반을 대상으로 제안된 엄지말뚝 흙막이벽에 작용하는 측방토압보다 60%에서 80% 정도 큰 측방토압이 작용하였다.

9.2 역타공법을 적용한 지중연속벽에 작용하는 측방토압

과거의 지하굴착 방법은 항타 및 천공에 의해 엄지말뚝을 설치한 후 어스앵커나 버팀보를 이용하여 흙막이벽을 지지하는 연성벽체가 주로 사용되었으나 지하수위가 높고 지반이 연약할 경우 굴착과정에서 지반변형이 크게 발생하여 굴착지반의 안정성에 문제가 발생하게 된다. 특히 도심지에서는 대부분 기존구조물이나 지하매설물에 근접하여 굴착공사가 이루어지므로, 굴착으로 인한 주변 지반의 변형은 인접구조물의 침하나 균열을 발생시키기도 하고 심한 경우에는 구조물의 붕괴사고를 유발시킬 경우도 있다.[3,4,6] 이러한 문제를 해결하기 위해 최근에는 벽체의 강성이 높고 차수성이 양호한 주열식 흙막이공법, 지중연속벽공법 등을 적용하고 있다.[5,9]

이들 지중연속벽은 시공 방법에 따라 순타공법 및 역타공법으로 구분된다. 지반을 기초저면까지 굴착한 후 구조물을 설치하는 순타공법과 달리 역타공법은 먼저 건물의 외벽과 기둥을 설치하고 지반굴착과 동시에 건물슬래브를 타설하여 지상구조물과 지하구조물을 동시에 축조해가는 공법이다.

본 공법은 벽체의 강성이 크고 공기단축 효과가 뛰어난 장점 때문에 최근 도심지의 굴착공사에 많이 이용되고 있다. 역타공법을 적용하여 굴착공사를 실시할 경우 흙막이벽과 지반의 거동은 순타공법으로 굴착시공된 기존의 버팀보나 앵커로 지지된 지중연속벽의 변형거동과는 다른 형태를 나타낼 것이다. 지중연속벽에 대한 연구는 주로 순타공법이 적용된 굴착현장에 대하여 현장 계측, 실내시험 및 수치해석 등을 통하여 벽체와 지반 사이의 변형거동에 대한 연구가 주로 진행되었다. 국내의 경우, 역타공법이 적용된 지중연속벽에 대하여 현장 계측 및 수치해석을 이용한 연구사례가 있지만[5,13,15] 연구성과는 아직까지 미흡한 실정이다.

현재 국내에서는 역타공법을 적용한 지중연속벽의 설계 시, 소성평형 상태의 Rankine 토압(1857),[33] 흙 쐐기론에 근거한 Coulomb토압(1776) 등의 이론토압이나 Terzaghi와 Peck (1967),[35] Tschebotarioff(1973)[37] 등이 제시한 경험토압을 적용하고 있는 실정이다.

그러나 역타공법에 의한 지중연속벽은 기존의 연성벽체나 순타공법에 의한 지중연속벽과는 벽체의 강성, 지지조건 및 굴착 방법 등에 차이가 있으므로 이들 이론토압이나 경험토압을 적용하여 설계하는 것은 합리적이지 못하다.

따라서 제9.2절에서는 역타공법이 적용된 슬래브 지지방식 지중연속벽의 설계와 시공 시 적용할 수 있는 측방토압기준을 설명한다. 즉, 역타공법을 적용한 굴착현장에서 측정된 건물 슬래브의 축력을 이용하여 벽체에 작용하는 측방토압 분포 및 크기를 조사한다.

제8장에서 설명한 바와 같이 지중연속법공법은 순타공법과 역타공법으로 시공할 수 있다. 이들 공법의 가장 큰 차이점으로는 지중연속벽의 지지기구가 다른 점이라 할 수 있다. 즉, 순타공법에서는 통상의 흙막이벽의 지지기구를 그대로 적용할 수 있는 반면에 역타공법에서는 지중연속벽의 지지를 건축물 지하층의 슬래브로 지지하게 된다.

흙막이벽체에 작용하게 될 측방토압 산정은 순타공법에서는 앵커나 버팀보에 작용하는 축력으로부터 환산하지만 역타공법에서는 건물슬래브에 작용하는 축력으로부터 환산하게 된다.

지중연속벽 설계에 적용하는 측방토압이 언제나 동일하다는 보장은 없다. 따라서 역타공법을 적용할 경우의 지중연속벽에 작용하는 측방토압을 실측치로부터 검토해볼 필요가 있다.

제9.1절에서는 순타공법으로 축조된 지중연속벽을 앵커로 지지하면서 굴착 시공한 경우의 흙막이벽에 작용하는 측방토압에 대하여 설명하였다. 반면에 제9.2절에서는 역타공법 적용 시 지중연속벽에 설치된 하중계로부터 측정된 지하슬래브 축력을 토대로 벽체에 작용하는 측방토압의 크기와 분포를 확인하도록 한다.

또한 우리나라의 다층지반에서 역타공법으로 시공한 지중연속벽을 사용한 굴착공사의 사례를 통하여 지중연속벽에 작용하는 측방토압의 크기와 분포를 확인하고 가장 적합한 측방토압을 제안하여 지중연속벽의 설계 및 시공이 경제적이고 안전하게 이루어지도록 하고자 한다.

9.2.1 개 요

이문구(2006)[9]는 역타공법에 의한 지중연속벽을 적용한 울산광역시 중구 학성동에 위치한 지상 6층 지하 4층의 한 할인마트 신축공사현장을 대상으로 역타공법에 의한 지중연속벽에 작용하는 측방토압 분포를 수정·제안한 바 있다.

강철중(2013)[1]도 역타공법으로 시공된 4개 사례 현장의 지중연속벽을 대상으로 역타공법에 의한 지중연속벽에 작용하는 측방토압 분포를 수정·제안한 바 있다. 이들 4개 현장은 모두 도심지에서 시공된 대규모, 대심도 공사현장으로 지하굴착에 의해 주변 지반의 침하, 측방이동, 지지력 손실로 인하여 주변 지역 및 인접건물에 피해를 줄 수 있어 근접시공의 문제점이 대두될 수 있는 현장들이었다.

또한 지중연속벽의 측방토압을 산정하기 위해 역타공법을 적용한 현장에서는 경사계, 지하수위계, 층별침하계 및 변형률계 등의 계측기를 설치하여 굴착에 따라 흙막이 벽체와 배면지반의 변위를 파악하였다.

한편 홍원표 연구팀(2012)은 역타공법에 의한 지중연속벽이 시공된 두 현장을 대상으로 역타공법이 적용된 지중연속벽의 변형거동을 정확히 예측하기 위해 지중연속벽 설계 시 적용하는 측방토압에 대하여 적합성을 평가한 바 있다.[21,22]

9.2.2 역타공법 적용 시 실측 측방토압 분포

역타공법이 적용된 지중연속벽의 4개 현장[1]에서 실측한 슬래브 축력으로부터 환산한 측방토압 분포를 도시하면 그림 9.7과 같이 제시하였다. 이는 역타공법이 적용된 지중연속벽에 작용하는 측방토압의 분포와 최대측방토압의 크기를 확인하기 위하여 각 굴착단계에서 산정된 측방토압을 모두 도시한 결과이다. 이 그림에는 앞 절에서 설명한 순타공법 적용 시 앵커지지 지중연속벽에 작용하는 측방토압 분포도도 함께 도시하여 넣었다.

이 그림에서 나타난 바와 같이 역타공법을 적용할 경우는 지표면부에 자재의 야적 등에 의한 상재하중이 작용하는 경우가 많아 지표면에서의 측방토압이 크게 발생할 우려가 있다. 따라서 역타공법을 적용하여 지중연속벽의 설계 시에는 이들 상재하중에 의한 영향을 고려할 필요가 있다. 이 영향을 고려하려면 순타공법을 적용할 때 지표 부분에 설정된 $0.1H$ 깊이까지의 측방토압 증가 구간을 설정해둘 필요가 없다.

따라서 역타공법을 적용한 경우의 실측 겉보기 최대측방토압 분포는 그림 9.7에서 보는 바와 같이 앞 절에서 설명한 순타공법 적용 시의 앵커지지 지중연속벽의 측방토압 분포와 유사하게 응용하여 적용함이 바람직하다.

다만 지표면에서 $0.1H$까지는 측방토압이 선형적으로 증가하는 구간을 수정하여 지표면에서부터 $0.8H$까지 측방토압을 일정하게 유지하다가 $0.8H$부터 굴착저면까지는 측방토압이 선형적으로 감소하는 사각형 분포 형태로 결정함이 바람직하며 이때 최대측방토압의 크기는 $0.45\gamma H$로 정한다.

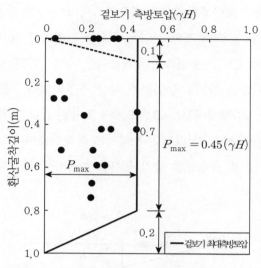

그림 9.7 역타공법 적용 시 실측 측방토압 분포

9.2.3 지중연속벽 현장 실측 측방토압 분포

지중연속벽을 순타공법으로 시공한 경우 파악된 측방토압(홍원표 등, 2007)[20]의 분포와 역타공법을 적용한 경우 나타난 측방토압의 분포를 함께 도시하면 그림 9.8과 같다.[1]

그림 9.8의 결과에 의하면 홍원표 등(2007)이 연성벽체에 작용하는 최대측방토압 분포로 제안한 측방토압 분포는 지중연속벽체와 같은 강성벽체에 작용하는 측방토압의 평균치에 해당하며 지중연속벽과 같은 강성벽체에 작용하는 측방토압의 최댓값은 연성벽체에 작용하는 최대측방토압 분포의 두 배 정도로 크게 작용함을 볼 수 있다.

이는 연성벽체의 경우 벽체의 강성이 작아 측방토압이 작용함과 동시에 흙막이벽의 변형이 크게 발생하므로 그 만큼 측방토압이 작게 작용하게 되는 데 반하여 지중연속벽의 경우는 벽체의 강성이 커서 벽체의 변형은 그다지 크게 발생하지 않고 벽체의 강성으로 그 측방토압을 지지하고 있으므로 벽체에 작용하는 측방토압은 큰 상태로 작용하게 되기 때문이다.

그림 9.8에서 나타난 또 다른 현상은 지중연속벽에 작용하는 겉보기 토압의 크기와 분포는 순타공법 적용 현장과 역타공법 적용 현장에서 지표면 부분을 제외하면 동일하게 적용할 수 있다는 사실이다.

이는 지중연속벽의 변형 형상이 동일하다는 것을 의미하지는 않는다. 즉, 지중연속벽의 강성은 동일하더라도 지중연속벽의 변형은 순타공법에서는 흙막이벽체의 상단, 즉 지표면부에서 최대로 크게 발생하지만 역타공법에서는 지중연속벽의 지중 중간깊이에서 최대로 크게 발생한다. 이는 흙막이벽체의 지지구조의 차이에서 오는 결과라고 할 수 있다.

그림 9.8에서 보는 바와 같이 지중연속벽에 작용하는 측방토압의 최대포락선은 순타공법과 역타공법에서 분간할 수 없을 정도로 동일하게 분산 측정되었다. 따라서 순타공법에서든 역타공법에서든 지중연속벽의 설계에서는 그림 9.8에 도시된 겉보기 최대측방토압을 적용함이 바람직하다. 다만 역타공법 적용 시 지표 부분에서의 상재하중의 영향을 고려할 경우는 그림 9.8의 상부 $0.1H$ 깊이까지의 측방토압 증가 구간을 수정하여 적용하도록 한다.

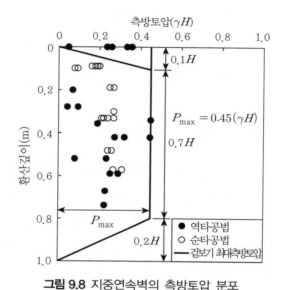

그림 9.8 지중연속벽의 측방토압 분포

9.2.4 측방토압 사용에 대한 제안

그림 9.8에 도시한 측방토압은 순타공법 적용현장과 역타공법 적용현장 모두에서 겉보기 측방토압의 최댓값이 순타공법 적용 시의 경우로 제안된 측방토압과 동일하게 나타나며 평균값은 연성벽체의 최대측방토압으로 제안된 홍원표·윤중만(1995)의 측방토압과 동일하게 나타나고 있다.

Rankine의 이론토압(1857),[33] Terzaghi and Peck의 토압(1967)[35] 및 Tschebotarioff의 토압(1973)[37] 등 외국 현장에서 제안된 각종 이론 및 경험토압의 대부분이 단일토층을 대상으로 하였기 때문에 우리나라와 같은 다층지반에서 역타공법이 적용된 현장에서는 실측된 겉보기 측방토압으로 산정하여 제안된 경험측방토압을 다층지반을 단일토층으로 단순화시켜 적용하는 것이 타당한 것으로 사료된다.

따라서 지표면에서 $0.1H$까지는 측방토압이 선형적으로 증가하고 그 이후부터 $0.8H$까지는 일정하게 유지하다가 $0.8H$부터 굴착저면까지는 측방토압이 선형적으로 감소하는 사다리꼴 형태로써 겉보기 측방토압의 크기는 최대 $0.45\gamma H$이며 평균 $0.33\gamma H$로 나타나므로 현장여건을 고려하여 설계에 적합한 측방토압을 적용하여야 한다. 그러나 대부분의 현장에서는 겉보기 최대측방토압을 적용하여 지중연속벽을 설계함이 바람직하다.

결국 지중연속벽으로 시공된 굴착현장에서 측정된 계측자료를 토대로 역타공법이 적용된 지중연속벽의 슬래브에 작용하는 축력으로 산정한 측방토압의 분포 및 크기를 분석한 결과를 정리하면 다음과 같다.

① 역타공법이 적용된 현장에서는 대부분 굴착 중에 건물슬래브 축력이 증가하다가 하부 슬래브 설치 시 하중분담에 의해 상부 슬래브의 축력이 감소하는 형태를 나타내고 있다. 대부분의 축력 측정값이 최종단계 굴착 후 수렴하지 않고 증가하는 경향을 보이고 있는데 이는 지상층의 공사 진행에 따른 하중증가에 의한 영향으로 판단된다.

② 역타공법이 적용된 현장에서는 굴착단계별 흙막이벽에 작용하는 측방토압은 지표면 부근에서 가장 크고 굴착면의 하부로 갈수록 감소하는 양상을 보이는 것으로 나타났다. 이는 주변 여건 및 공사 현황에 따라 일시적으로 발생하는 재하하중이 측압으로 작용하여 나타난 것으로 판단된다.

③ 우리나라와 같은 다층지반에서 역타공법이 적용된 지중연속벽에 작용하는 겉보기 측방토압 분포는 지표면에서 $0.8H$까지는 일정하게 유지하다가 $0.8H$부터 굴착저면까지는 토압이 선형적으로 감소하는 사다리꼴 형태이며 겉보기 측방토압의 크기는 최대 $0.45\gamma H$으로 나타난다.

④ 역타공법이든 순타공법을 적용한 지중연속벽 설계에 적용하는 겉보기 측방토압의 최댓값은 $0.45\gamma H$을 적용함이 바람직하다.

제9.1절과 제9.2절에서 설명한 순타공법과 역타공법을 적용하여 지하굴착공사를 실시할 경우 지중연속벽에 작용하는 측방토압과 분포를 요약·정리하면 표 9.1과 같다. 이 표에 정리 제안된 측방토압 분포와 토압 크기를 적용하여 설계함이 바람직하다.

표 9.1 지중연속벽 측방토압

순타공법	역타공법
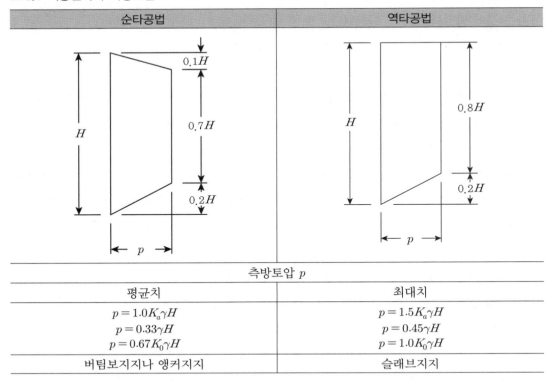	

측방토압 p	
평균치	최대치
$p = 1.0 K_a \gamma H$	$p = 1.5 K_a \gamma H$
$p = 0.33 \gamma H$	$p = 0.45 \gamma H$
$p = 0.67 K_0 \gamma H$	$p = 1.0 K_0 \gamma H$
버팀보지지나 앵커지지	슬래브지지

일반적으로 지중연속벽 흙막이벽의 지지구조로는 순타공법 적용 시는 버팀보와 앵커가 주로 적용되며 역타공법 적용 시는 건물의 슬래브로 지지한다. 표 9.1에 정리된 지중연속벽 측방토압은 지표 부분에서의 측방토압 분포를 제외하면 공법에 무관하게 모두 적용할 수 있다.

지중연속벽 흙막이벽 설계용 측방토압 분포는 기본적으론 표 9.1에 정리되어 있는 바와 같이 사다리꼴 형태의 측방토압 분포가 적합하다. 즉, 지표로부터 흙막이벽체 상부 10% 깊이 구간에서는 측방토압이 선형적으로 증가하여 일정 토압 구간에 도달하며 이 일정 측방토압 구간을 지나 흙막이벽체 하부 20% 깊이 구간에서는 측방토압이 선형적으로 감소하는 사다리꼴 형태로 결정할 수 있다.

다만 역타공법을 적용 시에는 지표면에 자재를 야적하는 경우가 많으므로 이 상재하중의 영향을 고려할 경우는 흙막이벽체 상부 10% 깊이 구간에서의 측방토압 선형 증가 구간을 고려하지 않고 지표면에서부터 직접 최대측방토압을 적용하여 설계를 실시한다.

여기서 일정 측방토압 구간에 작용하는 측방토압은 평균치와 최대치의 두 가지로 적용할 수 있다. 먼저 평균치의 측방토압은 경제적인 설계를 실시할 경우 적용할 수 있다. 이때는 현장 계측 모니터링 시스템을 반드시 병행해야 한다. 반면에 특별히 안전한 설계가 요구될 때는 보다 큰 최대치의 측방토압을 적용한다.

사질토지반의 측방토압의 크기는 세 가지 방법으로 정의하는데 최종굴착깊이에서의 주동토압($p_a = K_a \gamma H$), 연직상재압($\sigma_v = \gamma H$) 및 정지토압($p_0 = K_0 \gamma H$)과 연계하여 결정한다.

9.3 굴착시공 방법에 따른 지중연속벽의 변형거동

9.3.1 개 요

지하굴착공사에 적용되는 흙막이벽을 강성벽체로 적용하여 시공한 경우 강성의 흙막이벽에 작용하는 측방토압과 인접한 지반의 변형거동은 연성벽체를 적용한 경우와는 상당히 다른 형태를 나타낼 것이다.

이러한 강성벽체에 해당하는 지중연속벽의 변형거동에 대하여, 외국에서는 실내시험 및 현장사례연구와 해석적 방법을 토대로 연구가 활발히 진행되고 있다. 국내에서도 지중연속벽의 변형관리기준에 대하여 여러 가지의 연구가 진행되고 있으나 외국에 비해 연구성과가 저조하다.

또한 현재 우리나라 지반특성에 맞는 강성벽체에 작용하는 측방토압의 분포와 흙막이벽 변형에 따른 시공관리기준으로 제안된 것은 강성벽체의 측방토압의 분포에 대한 제안식[19] 정도에 불과하다. 강성벽체 적용 시 흙막이벽의 변형거동에 관한 규정은 명확히 규명되지 않고 있다. 이로 인하여 강성벽체인 지중연속벽을 적용한 흙막이 구조물 설계 시에도 거의 대부분 연성벽체에 작용하는 측방토압을 적용하거나 옹벽에 작용하는 Rankine 토압을 이용하여 설계에 적용하고 있다. 그러나 강성벽체로 지지된 지중연속벽에 작용하는 측방토압은 이들 연성벽체와 옹벽에 작용하는 측방토압과는 다름을 앞 절에서 확인한 바 있다. 강성벽체의 변형관리기준도 연성벽체의 경우와 상당히 차이가 있다.

따라서 제9.3절에서는 지중연속벽의 배면지반 속에 설치된 경사계로부터 측정된 벽체의 수평변위를 토대로 굴착단계별 흙막이벽의 변형거동을 파악하고, 굴착깊이와 최대수평변위와의 관계를 분석하여 지중연속벽을 적용하여 굴착공사를 수행할 경우 시공의 안정성을 판단하고자 한다.

이를 통하여 우리나라의 다층지반에서 지중연속벽을 적용한 굴착공사에 대한 안전 시공관리기준을 제안하여 지중연속벽의 설계 및 시공이 경제적이고 안전하게 이루어지도록 하고자 한다. 여기서 지중연속벽의 수평변위 검토 대상 현장은 9개의 순타공법현장과 4개의 역타공법현장을 대상으로 하였다.[1]

9.3.2 현장 계측 결과

(1) 역타공법 적용 현장 배면지반의 수평변위

강철중(2013)은 역타공법을 적용한 지중연속벽공법으로 지반굴착을 진행할 때 발생한 배면지반의 수평변위를 4개 현장을 대상으로 측정하여 그림 9.9 및 9.10과 같이 제시하였다.[1] 즉, 그림 9.9는 역타공법을 적용한 제1현장에서 제3현장까지의 지중연속벽의 수평변위 측정 결과이며 그림 9.10은 동일하게 역타공법을 적용한 제4현장에서 굴착깊이가 다른 두 곳에서 측정한 수평변위의 측정 결과이다. 이들 그림의 횡축에는 벽체의 수평변위량을 도시하였고, 종축에는 지표면으로부터의 굴착깊이를 표시하여 굴착단계별 수평변위의 변화를 도시하였다.

먼저 그림 9.9에 나타낸 바와 같이 심도별 수평변위를 보면 거의 대부분의 현장에서 최대수평변위가 지중연속벽의 중앙부위에서 발생하였으며 벽체의 상부와 하부에서는 수평변위가 줄어드는 포물선 형태로 나타났다.

이는 지중연속벽체의 중앙부에 설치되는 건물슬래브의 층간 간격이 넓어서 벽체를 지지하는 지지점의 간격이 넓어져 벽체변위가 지지점 사이의 중앙부에서 많이 발생하였기 때문으로 생각된다.

그러나 제4현장의 12.1m 굴착 구간에서는 그림 9.10(a)에서 보는 바와 같이 지반 상부(지표면부)의 수평변위가 제일 크게 발생된 것으로 나타나서 다른 지중연속벽의 수평변위 거동과 다른 거동을 보이고 있다. 이는 상부층 슬래브 특히 지표면 상에 공사 중 자재를 너무 많이 야적하여 야적하중에 의한 영향이 복합적으로 작용하여 발생하였기 때문으로 판단된다. 이런 특수한 경우를 제외하면 지중연속벽을 역타공법으로 시공할 때 지중연속벽의 수평변위의 전형적인 거동 형태는 그림 9.9와 같이 포물선 형태로 발생한다고 할 수 있다.

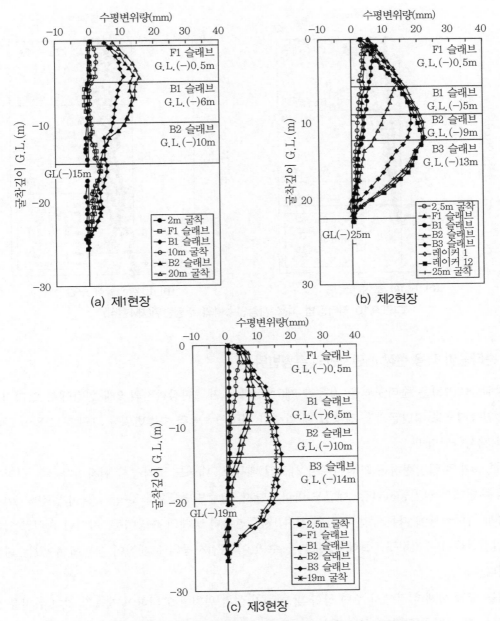

그림 9.9 역타공법 적용 지중연속벽의 수평변위(제1~3현장)

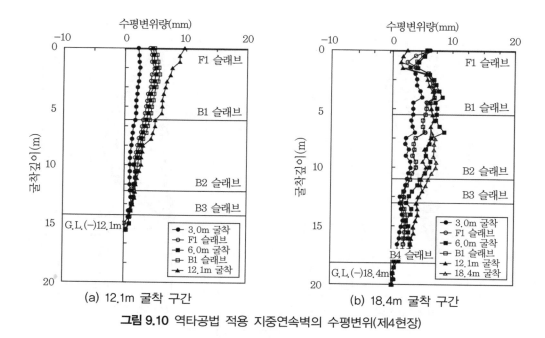

그림 9.10 역타공법 적용 지중연속벽의 수평변위(제4현장)

(2) 순타공법 적용 현장 배면지반의 수평변위

강철중(2013)은 순타공법을 적용한 제5현장에서 제13현장까지의 9개 현장에서 앵커지지 지중연속벽으로 지반굴착을 진행할 때 발생한 지중연속벽의 수평변위를 그림 9.11 및 9.12와 같이 제시하였다.[1]

이들 9개의 굴착현장은 도심지에서 시공된 대규모, 대심도 굴착공사 현장이다. 즉, 굴착현 장의 주변에는 인접공사현장, 대규모 아파트단지, 고층빌딩, 주택 및 상가 들이 밀집해 있다. 따라서 지하굴착에 따른 주변 지반의 침하, 지중연속벽 벽체의 측방이동, 지지력 손실로 인하 여 인접건물이나 지하구조물에 피해를 줄 수 있어 근접시공의 문제점이 대두될 수 있는 현장 들이다.

이들 굴착 사례 현장에서 주변 상황 및 계측기 설치 위치를 고려하여 계측기 설치 위치를 정 하였다. 각 현장의 굴착깊이는 대략 10m에서 22m 정도이다. 지중연속벽지지 앵커는 2단에서 8단으로 설치하였다. 즉, 제9현장의 지중연속벽은 2단의 앵커로, 제5현장, 제8현장 및 제13 현장의 지중연속벽은 4단의 앵커로, 제7현장과 제11현장의 지중연속벽은 5단의 앵커로, 제6 현장의 지중연속벽은 6단의 앵커로, 제12현장의 지중연속벽은 7단의 앵커로, 제10현장의 지 중연속벽은 8단의 앵커로 설치하였다.

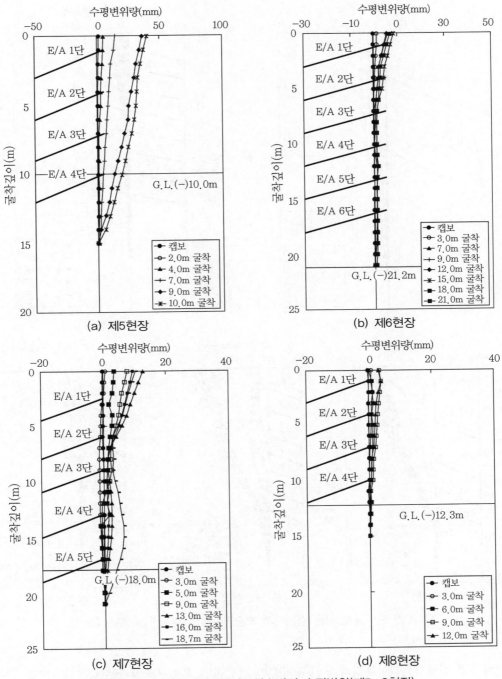

그림 9.11 순타공법 적용 지중연속벽의 수평변위(제5~8현장)

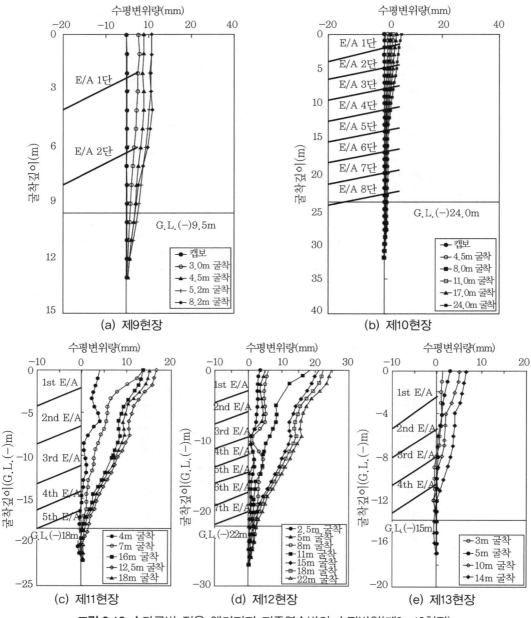

그림 9.12 순타공법 적용 앵커지지 지중연속벽의 수평변위(제9~12현장)

순타공법 적용 지반은 우리나라 내륙지방의 전형적인 지층구조인 표토층, 퇴적토층, 풍화토층 및 기반암층으로 구성된 다층지반이다. 표토층은 대부분이 실트질 모래, 모래질 실트, 자갈등이 혼재되어 있고 퇴적토층은 매립층 하부지층으로 점토에 실트가 함유된 상태를 보이는 하상퇴적층으로 세립질 모래 등이 함유된 지반이다.

풍화토층은 각 현장에 모두 분포되어 있으며 풍화도가 심한 풍화잔류토층과 모암조직이 존재하며 비교적 단단한 풍화암층으로 구분되어 있다. 사질토의 성분이 많은 관계로 표토층 및 풍화대층은 내부마찰각만 가지는 사질토층으로 취급하기로 한다. 풍화대의 하부에는 기반암이 분포되어 있으며 이는 연암 및 경암으로 구분되는 암층이다. 대부분 현장의 연암층과 경암층은 균열과 절리가 발달되어 있다.

그림 9.11은 제5현장에서 제8현장까지의 4개 현장에서의 지중연속벽 수평변위도이며 그림 9.12는 제9현장에서 제13현장까지의 5개 현장에서의 지중연속벽의 수평변위도이다. 그림 9.11 및 9.12에서 횡축을 벽체의 수평변위량(mm)으로, 종축을 굴착깊이로 표시하였으며 벽체 좌측에 기입한 표식과 숫자로 각 굴착단계별 앵커 지지구조의 지지단을 표시하였다.

이들 그림 9.11 및 9.12에서 보는 바와 같이 순타공법을 적용할 경우 지중연속벽의 수평변위는 벽체 상부(지표면부)에서 가장 크게 발생되었다. 즉, 지중연속벽 흙막이벽의 수평변위는 굴착이 진행되는 동안 벽체 상부에서 가장 크게 발생하며 굴착깊이방향으로 수평변위가 점진적으로 작게 발생하고 있다. 이와 같이 순타공법 적용 시 지중연속벽체는 강성기초로 굴착저부를 중심으로 켄틸레버형으로 회전전도하는 거동을 보인다.

그러나 제7현장의 흙막이벽의 수평변위는 최종굴착단계에서 앵커의 설치 지연 등으로 하부의 변위가 급격히 증가하였으며 그 외 현장의 벽체변위는 벽체의 시공 상태 및 앵커의 정착 상태가 양호하여 캔틸레버 형태의 변위양상으로 굴착이 진행됨에 따라 벽체의 상부 변위가 점진적으로 증가하고 있다. 따라서 순타공법을 적용할 경우에는 지표부의 지중연속벽체의 수평변위를 잘 관찰 관리해야 할 것이다.

9.3.3 굴착시공법에 따른 지중연속벽의 변형 형태 비교

(1) 지중연속벽의 수평변위

흙막이벽을 강성벽체인 지중연속벽으로 시공하고 역타공법을 적용한 현장과 순타공법을 적용한 현장의 흙막이벽체의 대표적인 수평변위형상을 비교하여보면 그림 9.13과 같다. 즉, 그림 9.13은 역타공법 사례로는 그림 9.9에서 제2현장과 제3현장 사례를 대표적으로 선정하였고 순타공법 사례로는 그림 9.11과 그림 9.12에서 각각 제6현장과 제13현장 사례를 대표적으로 선정하였다. 지중연속벽의 변형형상은 역타공법이 적용된 제2현장(그림 9.13(a) 참조)

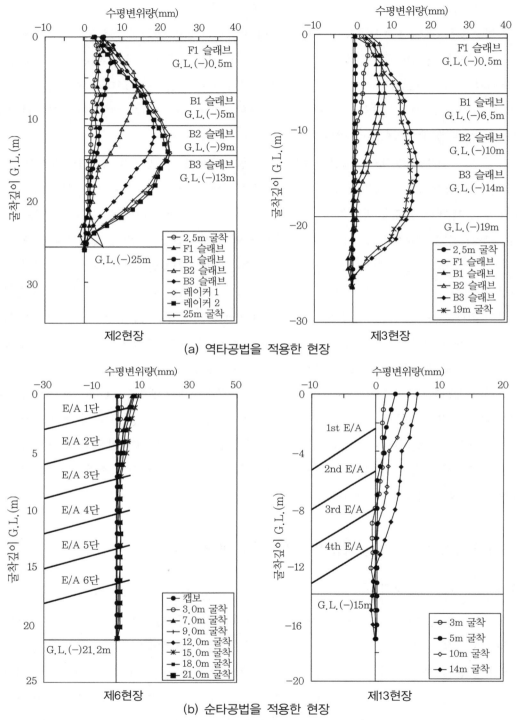

(a) 역타공법을 적용한 현장

(b) 순타공법을 적용한 현장

그림 9.13 지중연속벽의 수평변위 거동비교

에서는 초기 굴착 시 F1 슬래브 타설 전에 벽체상부에서 변위가 약간 발생하였으며 B1 슬래브와 B2 슬래브 설치 기간까지는 벽체상부에서는 변위가 억제되어 있었다. 또한 지보가 없는 벽체 중앙 구간에서는 벽체변위가 소폭 증가하는 데 그치고 있다. 그러나 B3 슬래브 설치 및 하부 레이커 설치 기간까지의 변위 양상을 보면 지보가 없이 굴착된 구간을 중심으로 변위가 큰 폭으로 증가하고 있다. 그리고 하부에서는 근입심도 효과에 의해 변위가 억제되어 있는 형태를 보이고 있다. 이는 B3 슬래브에서 바닥슬래브까지의 간격이 약 12m로 지지 간격이 넓고 지지를 하기 위해 설치한 레이커의 강성이 작아 큰 휨변위가 발생한 것으로 판단된다. 그러나 최대변위는 약 25mm 이내로 발생되어 흙막이벽체 변위량은 굴착깊이 H에 대하여 $0.1\%H$ 정도로 나타나고 있다.

마찬가지로 제3현장(그림 9.13(a) 참조)에서도 초기 굴착 시 F1 슬래브 타설 전 벽체상부에서 벽체변위가 약간 발생하였으며 B1 슬래브와 B2 슬래브 설치 기간까지는 상부에서는 벽체변위가 억제되었고, 지보가 없는 중앙 구간의 벽체변위가 소폭 증가하는 데 그치고 있다.

그러나 B3 슬래브 설치 및 최종 굴착 기간까지의 변위 양상을 보면 중앙부 구간에서 변위가 큰 폭으로 증가하고 있으며 벽체하부에서는 근입심도 효과에 의해 벽체변위가 억제되어 있는 형태를 보이고 있다. 이는 B3 슬래브에서 바닥슬래브까지의 간격이 약 5m로 지지 간격이 넓기 때문에 큰 휨변위가 발생한 것으로 판단된다. 그러나 최대변위는 약 17mm 이내로 발생되어 흙막이벽체 변위량은 굴착깊이 H에 대하여 $0.09\%H$ 정도로 나타나고 있어 제2현장에서의 변위 결과와 유사함을 알 수 있다.

역타공법이 적용된 현장의 굴착단계별 흙막이벽체 변위의 형상을 종합해보면 벽체상부에서는 상부슬래브가 일찍 설치되어 변위가 억제되며 중앙부 구간까지는 지보의 간격이 넓어 단계별 굴착면 하부에서 큰 변위가 발생하고 중앙부 구간를 지나면 하부 암반에 고정된 근입장의 영향으로 변위가 점점 줄어들어 활모양의 포물선 변형 형태를 나타내고 있다.

그러나 순타공법을 적용한 현장의 경우는 그림 9.13(b)에서 보는 바와 같이 두 현장 모두에서 같은 캔티레버 형태의 수평변위 거동을 보이고 있는데 수평변위의 형태는 초기 굴착 후 첫 지보재인 1단 앵커를 설치하기 전 상부에서 최대변위의 약 20% 이상이 발생하였다.

또한 굴착이 진행되면서는 벽체 상부의 변위가 지속적으로 증가하고 있으며 거의 직선상의 켄티레버 회전전도의 변위 형태를 보이고 있다. 이는 작용하는 토압이 강성이 큰 지중연속벽에 변형을 발생시키지 못하고 상대적으로 강성이 작은 앵커의 강선이 변위를 발생시키기 때문으로 사료된다. 지중연속벽의 변위량을 보면 제6현장에서의 최대변위는 약 10mm 이내로 발생되어 흙막이벽체 변위량은 굴착깊이 H에 대하여 0.048%H 정도로 나타나고 있으며, 제13현장에서의 최대변위는 약 8mm 이내로 발생되어 흙막이벽체 변위량은 굴착깊이 H에 대하여 0.053%H 정도로 나타나고 있다.

(2) 지중연속벽 변형 형상

제1현장에서 제4현장까지의 역타공법현장에서 지중연속벽의 변위량을 측정하여 최종굴착단계에서의 지중연속벽의 변형 형태를 정리하면 표 9.2와 같으며 수평변위량 형상을 도시하면 그림 9.14(a)와 같다. 이 그림에서 나타난 바와 같이 역타공법현장의 지중역속벽의 변위는 대부분 중앙부 구간에서 최댓값을 나타내며 벽체 상부와 하부에서는 수평변위가 작게 발생하고 있다.

표 9.2 역타공법 적용 시 벽체 변형 형태

벽체지점	지중연속벽체의 변위량(mm)		
	최소치	최대치	평균치
상부	0.23	0.51	0.36
1/4 지점	0.79	0.93	0.89
중간부	0.40	1.00	0.72
3/4 지점	0.12	0.56	0.34
저부	0.00	0.01	0.00

이는 역타공법현장의 경우 첫 번째 지보의 설치 위치가 지표로부터 가까이에 형성되어 있기 때문에 벽체상부에서의 변위 발생이 억제되며 벽체 중앙부 구간에서는 슬래브간의 간격이 넓어 무지보 상태의 굴착이 발생되는 기간이므로 이 사이에 휨변위가 크게 발생되었기 때문으로 판단된다. 따라서 역타공법현장에서는 슬래브 설치 전에 발생하는 변위 억제를 위해 과다 굴착의 금지 및 일시적인 레이커 설치 등의 조치를 취하여 변위를 억제하여야 한다.

한편 제5현장에서 제13현장까지의 순타공법현장에서 흙막이벽의 변위량을 측정하면 최종굴착단계에서의 변형 형태는 표 9.3과 같으며 흙막이벽의 변위량 형상을 산정 도시하면 그림 9.14(b)와 같다.

이 그림에서 나타난 바와 같이 순타공법현장의 흙막이벽의 변위는 대부분 벽체상부에서 최댓값을 나타내며 벽체하부로 갈수록 변위가 줄어드는 양상을 보이고 있다. 이는 순타공법현장의 경우 첫 번째 지보의 설치 위치가 지표로부터 아래쪽 상당깊이에 설치되어 있어 굴착 초기 변위를 억제하지 못했으며, 벽체의 강성이 지보의 강성보다 크기 때문에 지보의 응력으로 벽체의 변위를 감소시키지 못했기 때문으로 사료된다. 벽체상부의 변위가 크게 발생하는 것은 주변 지반의 침하를 초래할 가능성이 있으므로 순타공법현장에서는 첫 지보를 설치하기 전에 과굴착 금지 및 지표면에 상재하중재하 금지 등의 변위 억제를 위한 조치를 취해야 한다.

표 9.3 순타공법 적용 시 벽체 변형 형태

벽체지점	지중연속벽체의 변위량(mm)		
	최소치	최대치	평균치
상부	0.85	1.00	0.98
1/4 지점	0.26	0.94	0.57
중간부	0.10	0.80	0.37
3/4 지점	0.08	0.57	0.21
저부	0.00	0.12	0.02

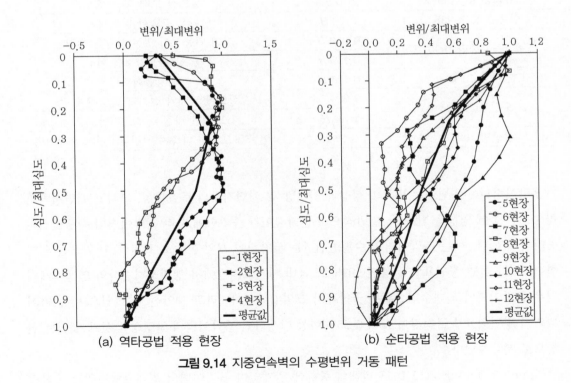

(a) 역타공법 적용 현장

(b) 순타공법 적용 현장

그림 9.14 지중연속벽의 수평변위 거동 패턴

9.3.4 굴착에 따른 지중연속벽의 거동분석

일반적으로 굴착깊이가 증가함에 따라 흙막이벽의 수평변위는 증가하는 경향을 갖는다. 또한 흙막이벽의 수평변위는 흙막이벽의 강성과 지지방식, 배면지반의 토질특성, 그리고 배면지반의 하중조건에 영향을 받는다.

표 9.4는 국내외에서 조사 및 연구된 굴착에 따른 흙막이벽의 최대수평변위를 정리한 표이다. 이러한 연구사례들을 살펴보면 지지방식 및 지층조건에 따라 0.1~1.0%H까지 흙막이벽의 최대수평변위가 발생하고 있음을 알 수 있다. (여기서 H는 최종굴착심도이다.)

표 9.4 굴착으로 인한 흙막이벽의 최대수평변위량 연구사례[1]

구분	최대수평변위량	지반조건
Peck(1969)	1.0%H	단단한 점토, 잔적토, 모래
NAVFAC(1982)	0.2%H	조밀한 사질토, 빙적토(till)
Clough & O'Rourke(1990)	0.2%H	단단한 점성토, 잔적토, 모래
Chang et al.(1993)	0.2~0.5%H	실트질 모래 및 점토
이종규 등(1993)	0.2%H	암반을 포함한 다층지반
홍원표·윤중만(1995)	0.25%H	붕괴 가능성이 있는 불량한 현장
	0.15%H	시공 상태가 양호한 현장
양구승(1996)	0.13%H	화강풍화토
오정환(1997)	0.28%H	실트질 모래와 절리가 발달된 암반
	0.1%H	조밀한 사질토, JSP지반보강
윤중만(1997)	0.2%H	암반을 포함한 다층지반(버팀보지지 흙막이벽)

흙막이벽의 수평변위는 벽체의 성상과 지지방식, 배면지반의 토질특성, 그리고 배면지반의 하중조건 등에 영향을 받지만, 일반적으로 굴착깊이가 증가함에 따라 흙막이벽의 수평변위는 증가하게 된다. 이는 흙막이벽의 수평변위 δ는 굴착깊이 H의 함수로 표현할 수 있음을 의미한다. 예를 들면 홍원표와 윤중만(1995)도 국내 사질토지반에서 앵커지지방식의 연성벽체의 경우 흙막이벽의 최대수평변위는 굴착깊이 H의 0.5% 이내라고 제안한 바[17] 있으며, 흙막이벽의 수평변위 δ가 굴착깊이 H의 0.25% 이상 발생하면 흙막이벽의 안정성에 문제가 있는 현장으로 분류하였다.

Clough & O'Rourke(1990)도 벽체의 종류에 관계없이 흙막이벽의 최대수평변위는 굴착깊이 H의 0.5% 이내이고 평균수평변위는 굴착깊이 H의 0.2%가 된다고 제안한 바 있다.[25]

그림 9.15(a)는 역타공법이 적용된 4개 현장의 굴착깊이와 최대수평변위와의 관계를 도시한 그림이다. 순타공법과 마찬가지로 그림의 종축은 벽체의 최대수평변위를 굴착깊이로 나누어 무차원화하고, 횡축에는 단계별 굴착깊이를 최종굴착깊이로 무차원화하였다. 이 그림을 살펴보면 흙막이벽의 최대수평변위는 굴착깊이가 증가함에 따라 증가하는 경향을 나타내고 있다. 그리고 굴착깊이에 따른 최대수평변위의 상한치(δ_{max})는 최종굴착깊이 H의 0.16%이며 굴착깊이에 따른 최대수평변위의 평균치(δ_{avg})는 최종굴착깊이 H의 0.09%이다.

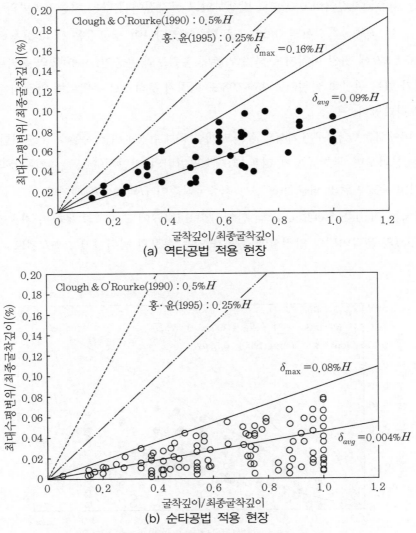

(a) 역타공법 적용 현장

(b) 순타공법 적용 현장

그림 9.15 굴착깊이와 지중연속벽수평변위의 관계

이 평균값은 기존에 버팀보지지 연성벽체인 흙막이벽을 대상으로 윤중만(1997)에 의해 제안된 $\delta_{avg} = 0.20\%H$보다 작으며 홍원표와 윤중만(1995)이 흙막이벽의 안정성에 문제가 있는 현장으로 분류한 수평변위가 굴착깊이의 0.25%배보다 훨씬 작게 나타났다.[17] 따라서 역타공법을 적용한 본 현장의 흙막이벽 안정성은 매우 양호한 것으로 나타났다.

한편 그림 9.15(b)는 순타공법을 적용한 지중연속벽의 굴착깊이와 수평변위 상한치와의 관계를 도시한 그림이다. 본 현장에서의 수평변위도 굴착깊이에 따라 증가하는 경향을 나타내었다. 이 그림으로부터 순타공법을 적용하면 굴착깊이에 따른 지중연속벽의 수평변위의 상한치(δ_{max})는 최종굴착깊이의 0.08%로 발생하였고 굴착깊이에 따른 지중연속벽의 수평변위의 평균치(δ_{avg})는 최종굴착깊이의 0.004%로 발생하였다. 이 평균값은 Clough & O'Rourke의 한계치[25] $0.5\%H$에 훨씬 미치지 못하며 기존에 홍원표와 윤중만(1995)[17]의 흙막이벽의 안정성에 문제가 있는 현장의 범위인 $0.25\%H$에도 미치지 못하므로 흙막이벽 안정성은 매우 양호한 것으로 나타났다.

그림 9.16에서는 모든 구간에서의 굴착단계별 최대수평변위를 종합하여 도시한 그림이다. 이 그림을 살펴보면 굴착깊이에 따른 최대수평변위의 상한치(δ_{max})는 최종굴착깊이 H의 0.16%배이며 수평변위의 평균치(δ_{avg})는 최종굴착깊이 H의 0.07%배이다.

이 평균치는 Clough & O'Rourke의 한계치[25] $0.5\%H$에도 미치지 못하며 기존에 홍원표와 윤중만(1995)의 흙막이벽의 안정성에 문제가 있는 현장의 범위인 $0.25\%H$에도 미치지 못한

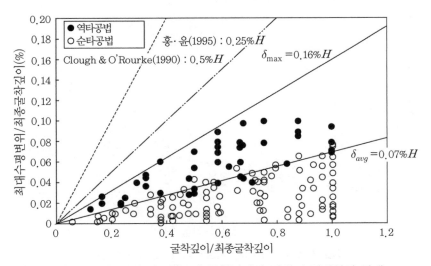

그림 9.16 지중연속벽 적용 시 굴착깊이와 벽체 수평변위의 관계

다.[17] 그러므로 지중연속벽을 흙막이벽체로 사용할 경우 순타공법과 역타공법 등 시공 방법에 관계없이 굴착에 따른 지중연속벽의 수평변위는 작게 발생하는 것을 알 수 있다.

그러나 그림 9.16으로부터 지중연속벽의 수평변위는 굴착 방법에 영향을 크게 받고 있음도 알 수 있다. 즉, 역타공법에 의한 지중연속벽의 수평변위는 순타공법에 의한 지중연속벽의 수평변위보다 크게 발생함을 알 수 있다. 그림 9.16에서 볼 수 있는 바와 같이 순타공법에 의한 지중연속벽의 수평변위는 전체 지중연속벽의 평균수평변위 $\delta_{avg} = 0.07\% H$보다 적게 발생하였다. 즉, 순타공법에 의한 지중연속벽의 최대수평변위는 전체 지중연속벽의 평균수평변위와 유사하게 발생된다고 할 수 있다. 대부분의 역타공법에 의한 지중연속벽의 수평변위는 전체 지중연속벽의 평균수평변위보다 위로, 즉 크게 발생하였다.

9.3.5 지보비

위에서 관찰한 바와 같이 지중연속벽의 변형형상은 역타공법현장에서는 벽체 중앙부 구간에서 변위가 가장 크게 발생하는 활모양의 포물선 형식의 변형 형태를 나타내고 있다. 반면 순타공법현장에서는 지표 부근의 벽체상부에서 가장 큰 변위가 발생하는 캔틸레버 형식의 변형 형태를 나타내고 있다.

특히 순타공법의 앵커지지 구조는 변위의 억제효과가 뛰어나 굴착깊이에 따른 최대수평변위의 상한치(δ_{max})가 역타공법 적용 시에 비해 절반 정도로 나타났다.[1] 이는 순타현장의 지보 간 간격이 역타공법 현장보다 작기 때문에 나타나는 현상으로 볼 수 있다. 이와 같이 굴착깊이별 지보의 개수를 지보비라 하고 강철중(2013)은 13개 현장에 대하여 이를 산정 정리하였다.[1]

역타공법현장에서의 평균지보비는 0.18이었고 순타공법 현장에서의 평균지보비는 0.3으로 나타났다. 즉, 이는 순타공법의 경우의 지보비가 역타공법보다 컸음을 의미한다. 즉, 역타공법현장의 평균 지보비를 1.0으로 생각하면 순타공법현장의 평균 지보비는 1.7배가 된다. 이는 순타공법의 경우 지보재가 역타공법보다 70% 더 많이 사용되었음을 의미한다.

역타공법과 순타공법에서의 최대수평변위선을 지보비를 고려하여 산정하여 도시하면 그림 9.17과 같다. 역타공법의 지보비를 1.0으로 하여 순타공법의 지보비를 구하면 순타공법의 지보비는 1.7로 나타났다. 따라서 순타공법의 굴착깊이에 따른 최대수평변위의 상한치(δ_{max})는 지보비를 고려하면 최종굴착깊이의 0.08%에 1.7배를 곱해야 하므로 약 $0.14\% H$(여기서 H는 최종굴착깊이)가 됨을 의미한다.

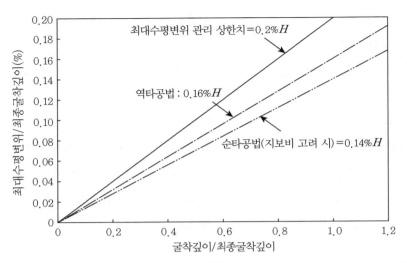

그림 9.17 지보비를 고려한 굴착깊이와 지중연속벽의 수평변위 관리기준과의 관계

0.14%H 값은 그림 9.16에서 보는 바와 같이 지중연속벽 현장의 굴착깊이에 따른 최대수평변위의 상한치(δ_{max})인 0.16%H와 비슷하게 나타나며 0.08%H는 굴착깊이에 따른 최대수평변위의 평균치(δ_{avg})인 최종굴착깊이의 0.07%H와 거의 동일한 값에 해당한다.

따라서 지보비를 고려하면 역타공법과 순타공법에 동일한 조건의 수평변위 관리치를 사용하여도 무방할 것으로 판단된다.

일반적으로 지중연속벽 설치 현장에서 굴착깊이에 따른 최대수평변위 상한치(δ_{max})는 전체 굴착깊이의 0.16%H이지만 지중연속벽의 재료가 콘크리트이므로 콘크리트 구조물의 관리기준을 적용하면 Bjerrum(1963)이 제안한 인접구조물의 경사(각 변위)[23]에 대한 허용각변위 관리기준치 중 균열을 허용할 수 없는 빌딩의 안정한계인 1/500(δ/L)을 적용하여 0.2%H를 굴착깊이에 따른 지중연속벽의 최대수평변위 상한치(δ_{max})로 적용하여 관리할 수 있다.

참고문헌

1. 강철중(2013), Top-Down 공법에 적용된 지중연속벽의 측방토압과 변위거동, 중앙대학교 대학원 박사학위논문.

2. 김동준·이병철·김동수·양구승(2001). "대규모 굴착공사에 따른 지중연속 벽체의 변형특성(II)", 한국지반공학회논문집, 제17권, 제4호, pp.107~115.

3. 김주범·이종규·김학문·이영남(1990), "서우빌딩 안전진단 연구검토보고서", 대한토질공학회.

4. 문태섭·홍원표·최완철·이광준(1994), "두원 PLAZA 신축공사로 인한 인접 자생위원 및 독서실의 안전진단 보고서", 대한건축학회.

5. 박재원(1996), TOP-DOWN 공법에 의한 흙막이벽의 거동, 중앙대학교 건설대학원 석사학위논문.

6. 백영식·홍원표·채영수(1990), "한국노인복지 보건의료센터 신축공사장 배면도로 및 매설물 파손에 대한 연구보고서", 대한토질공학회.

7. 양구승·김명모(1997). "도심지 깊은굴착으로 발생되는 인접지반 지표침하분석", 한국지반공학회지, 제13권, 제2호, pp.101~124.

8. 윤중만(1997), "흙막이 굴착지반의 측방토압과 변형거동", 중앙대학교 대학원 박사학위논문.

9. 이문구(2006), 지중연속벽을 이용한 지하굴착 시 주변 지반의 거동, 중앙대학교 대학원 박사학위논문.

10. 이종규·전성곤(1993), "다층지반 굴착 시 토류벽에 작용하는 토압 분포", 한국지반공학회지, 제9권, 제1호, pp.59~68.

11. 이처근·안광국·허열(2000), "Diaphragm Wall에서 굴착깊이-시간-변위에 관한 원심모형실험", 한국지반공학회논문집, 제16권, 제5호, pp.179~191.

12. 이철주(2005), "해성점토층에 실시된 지중연속벽 시공에 의한 지반의 변위분석", 한국지반공학회논문집, 제21권, 제3호, pp.43~54.

13. 조장환(2007), 지반굴착 시 시공방법(Top-Down, Down-Ward)에 따른 지중연속벽체의 변위 거동 비교, 중앙대학교 건설대학원 석사학위논문.

14. 채영수·문일(1994). "국내 지반조건을 고려한 흙막이벽체에 작용하는 토압." 한국지반공학회, 94가을 학술발표회논문집, pp.129~138.

15. 최용석(2001), Top-Down 공법을 적용한 흙막이벽의 측방토압과 변형거동, 중앙대학교 건설대학원 석사학위논문.

16. 황광현(2002), 흙막이 지중연속벽의 변형거동과 측방토압, 중앙대학교 건설대학원 석사학위논문.

17. 홍원표·윤중만(1995), "지하굴착 시 앵커지지 흙막이벽에 작용하는 측방토압", 한국지반공학회지, 제11권, 제1호, pp.63~77.

18. 홍원표·윤중만·송영석(2004), "절개사면에 설치된 앵커지지 흙막이벽에 작용하는 측방토압 산정", 대한토목학회논문집, 제24권, 제4C호, pp.125~133.

19. 홍원표·윤중만·이문구·이재호(2007), "지하굴착 시 앵커지지 지중연속벽에 작용하는 측방토압 및 벽체의 변형거동", 한국지반공학회논문집, 제23권, 제5호, pp.77~88.

20. 홍원표·강철중·이재호(2007), "Top Down 공법 적용 시 지중연속벽의 설계에 적합한 측방토압", 중앙대학교 방재연구소 논문집, 제1집, pp.1~6.

21. 홍원표·강철중·윤중만(2012), "Top-Down 공법이 적용된 지중연속벽의 설계 시 측방토압의 적합성 평가", 한국토목섬유학회논문집, 제11권, 제1호, pp.11~21.

22. 홍원표·강철중·윤중만(2012), "Top-Down 공법이 적용된 흙막이벽의 역해석을 이용한 거동분석", 대한지질공학회논문지, 제22권, 제1호, pp.39~48.

23. Bjerrum, L.(1963), "Discussion on Section 6", Proc., ECSMFE, Vol.2, pp.135~137.

24. Bolton, M.D. and Powrie, W.(1988), "Behaviour of diaphragm walls in clay prior to collaspe", Geotechnique, Vol.38, No.2, pp.167~189.

25. Clough, G.W. and O'Rourke, T.D.(1990), "Construction induced movements of insitu walls", Design and Performance of Earth Retaining Structures, Geotechnical Special Publication, No.25, ASCE, pp.439~470.

26. Flaate, K.S.(1966), Stresses and Movements in Connection with Braced Cuts in sand and Clay, phD thesis, Univ. of Illinois.

27. Gourvenec, S.M. and Powrie, W.(1999), "Three-dimensiomal Finite-Element Analysis of Diaphragm Wall Installation", Geotechnique, Vol.49, No.6, pp.801~823.

28. Hunt, R.E.(1986), Geotechnical Engineering Techniques and Practices, McGraw-Hill, pp.598~612.

29. Juran, I. and Elias, V.(1991), Ground Anchors and Soil Nails in Retaining Structures, Foundation Engineering Handbook, 2nd ed., Fang, H.Y., pp.892~896.

30. Mana, A.I. and Clough, G.W.(1981), "Prediction of movements for braced cuts in clay", Jour. of G.E. Div., ASCE, Vol.107, No.GT6, pp.759~777.

31. NAVFAC(1982), Design Manual for Soil Mechanics, Dept. of the Navy, Naval Facilities Engineering Command, pp.DM7.2-85-116.

32. Peck, R.B.(1969), "Deep Excavations and Tunnelling in Soft Ground", 7th ICSMFE., State-of-art Volume, pp.250~290.

33. Rankine, W.M.J.(1857), "On Stability on Loose Earth", Philosophic Transactions of Royal

Society, London, Part I , pp.9~27.

34. Poh, T.Y. and Wong, I.H.(1998), "Effects of construction of diaphragm wall panels on adjacent ground : Field trial", Journal of Geotechnical and Geoenvirnmental Engineering, ASCE, Vol.124, No.8, pp.749~756.

35. Terzaghi, K. and Peck, R.B.(1967), Soil Mechanics in Engineering practice, 2nd Ed., John Wiley and Sons, New York, pp.394~413.

36. Thorley, C.B.B. and Forth, R.A.(2002), "Settlement due to diaphragm wall construction in reclaimed land in Hong Kong", Journal of Geotechnical and Geoenvirnmental Engineering, ASCE, Vol.128, No.6, pp.473~478.

37. Tschebotarioff, G.P.(1973), Foindations, Retaining and Earth Structure, McGraw-Hill, New York, pp.415~457.

38. Xanthakos, P.P.(1991), Ground Anchors and Anchored Structures, John Wiley and Sond. Inc., pp.552~553.

39. 홍원표(2018), 흙막이말뚝, 도서출판 씨아이알.

주열식 흙막이벽

10 주열식 흙막이벽

도심지 굴착시공에서 발생되는 제반 문제를 해결해줄 수 있는 흙막이벽체로 최근에는 주열식 벽체와 지중연속벽체가 많이 사용되고 있다.[1] 주열식 흙막이벽체는 현장에서 타설한 말뚝이나 기성제품의 말뚝을 1열 또는 2열 이상으로 설치하여 횡방향의 토압과 그 밖의 외력에 저항할 수 있도록 흙막이벽체를 시공하며, 지중연속벽체는 벤트나이트 슬러리의 안정액을 사용하여 지반을 굴착한 후 철근망을 삽입하고 콘크리트를 타설하여 지중에 조성된 철근콘크리트 역속벽체의 흙막이구조물이다.[3,19]

최근 수년 사이에 오거장비의 경량화 및 기능의 다양화, 고압분사장비의 개발 등으로 인해 시공속도의 향상과 비용 감소 등이 가능해져 주열식 말뚝의 사용이 증가하고 있다. 그리고 점성토 지반에서는 지중연속벽에 비하여 경제적인 측면에서 유리하게 사용될 수 있으며 지중연속벽 시공 시 발생하는 많은 양의 굴착토 처리 문제도 발생하지 않는다는 장점이 있다.[23-25]

주열식 흙막이공법은 직경이 300~1,200mm인 원주상의 현위치콘크리트말뚝을 일정 간격으로 혹은 겹치게 지중에 타설하여 흙막이벽을 형성시킨 후 버팀보 혹은 앵커로 흙막이벽을 지지시키면서 굴착을 실시하는 공법이다. 현위치콘크리트말뚝은 각종 천공기계로 말뚝 설치위치를 굴착하고 그 내부에 조립철근이나 H형강 등의 강재를 삽입한 후 콘크리트 혹은 몰탈을 채워 넣어 제작한다.

주열식 흙막이벽은 엄지말뚝으로 쓰이는 H말뚝과 같은 기성말뚝을 타격에 의하여 지중에 설치하는 일반적 공법에 비하여 저소음, 저진동의 이점이 있고 주변 지반이나 인접구조물에 미치는 악영향이 적은 이유로 인하여 최근 굴착공사의 흙막이공으로 많이 채택되고 있다.[10,11] 일본에서도 굴착공사에 대한 안전성이 높기 때문에 RGP, PIP 등의 명칭으로 많이 이용되고 있다.[20]

이 흙막이벽을 구성하는 말뚝의 배열 방법으로는 여러 종류가 적용되나 지금 현재는 말뚝 지지기능의 규명이 불확실한 관계로 말뚝 사이의 간격을 열어놓는 방법보다는 말뚝을 서로 인접시키거나 중복시켜 설치하는 방법이 많이 적용되고 있다. 그러나 지하수위가 낮아서 차수의 필요성이 그다지 크지 않은 경우는 말뚝을 일정 간격으로 열어서 설치하는 것이 경제적이다. 이 경우는 말뚝 사이의 간격을 어떻게 결정할 것인가 하는 어려움이 수반된다. 말뚝이 간격을 두고 설치되어 있으면 말뚝 사이의 지반에는 지반아칭(soil arching)현상이 발생하여 지반의 붕괴로부터 말뚝이 저항할 수 있게 된다.[13] 그러나 말뚝 사이의 간격을 너무 크게 하면 말뚝 사이의 지반이 유동파괴되어 흙막이벽으로서의 기능을 발휘할 수 없게 된다. 따라서 주변 지반의 영향을 최소한으로 할 수 있는 범위 내에서 간격이 최대가 되도록 말뚝 간격을 결정함이 가장 합리적이다.

제10장에서는 이러한 주열식 흙막이벽용 말뚝의 합리적인 설계법이 설명된다. 본 설계법에서는 먼저 흙막이말뚝의 저항력을 산정할 수 있는 이론식을 도입한 후 말뚝의 설치 간격비의 결정법을 설정한다. 흙막이말뚝의 저항력은 말뚝 사이 지반에 아칭현상이 취급됨으로써 지반의 특성과 말뚝의 설치 상태가 처음부터 합리적으로 고려될 수 있다.

10.1 주열식 벽체의 분류 및 시공 방법

10.1.1 벽체의 분류

흙막이벽체로서 사용되는 주열식 공법은 여러 문헌[1-3]에서 자세히 다루고 있다. 이들 문헌의 내용을 종합하여 정리하면 주열식 흙막이벽체를 축조하기 위해서 사용되는 공법들은 대체로 표 10.1과 같이 분류될 수 있다. 이 표에서 보면 주열식 흙막이벽체는 벽체를 구성하는 주요 구조재료에 따라 크게 소일시멘트벽체, 콘크리트벽체, 강관말뚝벽체로 구분할 수 있는데, 이들 공법을 세분하여 그 특징과 시공법을 정리하면 다음과 같다.

(1) 소일시멘트벽체

소일시멘트 공법은 원지반 흙에 시멘트계를 오거 등으로 혼합하여 소일시멘트를 만들고 이 벽체에 응력 부담재를 삽입하여 휨모멘트에 취약한 점을 적절히 보강하기도 한다. 소일시멘트 주열식 벽은 직경을 쉽게 조절할 수 있으며 접합부위의 누수 가능성을 개선할 수 있는 장점이 있다. 또한 이 벽체는 말뚝 간의 연결성이 좋아 차수성이 좋으며 토사 유실의 가능성이 적고 강성도 흙막이판 벽체나 널말뚝보다 좋은 편이며 시공기계의 개량과 시공관리의 발달 등에 따라 신뢰성이 향상되고 범용성이 증가하게 되었다. 그러나 시공장비의 특성상 풍화암 지역에서는 시공이 불가능하므로 토사지반에서만 설치가 가능한 단점이 있다.

소일시멘트 주열식 벽체는 표 10.1에서와 같이 세분할 수 있다. 즉, 교반날개에 의해 원지반 흙을 교반시켜 주열식 흙막이벽체를 건설하는 공법, 경화재 등을 고압분사하여 원지반흙과 혼합하는 공법, 고압분사에 의해 치환된 지중공간을 시멘트계 경화재로 충진시키는 공법으로 크게 나눌 수 있다.

표 10.1 주열식 벽체의 분류

벽체구성 재료에 의한 분류	공법원리에 의한 분류	공법
소일시멘트벽체	교반 방법(교반날개에 의한)	SCW(soil cement wall)
		SEC(special earth concreting)
		DSM(deep soil mixing)
	혼합 방법(고압분사에 의한)	CCP(chemical churning pile method)
		JSP(junbo special pile)
		JGP(jet grout pile)
	치환 방법(고압분사에 의한)	SIG(super injection grout)
		CJG(column jet grout)
콘크리트벽체	현장타설 콘크리트	MIP(mixed in-place pile)
		CIP(cast in-place pile)
		PIP(packed in-place pile)
강관말뚝벽체	벽강관 말뚝	

소일시멘트 주열식 흙막이벽체로는 그림 2.14에 도시된 일반적 주열식 흙막이벽을 응용할 수 있다. 이때 소일시멘트 주열식 벽을 흙막이판으로 사용할 때의 휨모멘트에 대한 보강책으로서 응력부담재를 사용하는 데 주로 사용되는 것은 H형강이고 그 외 I형강, 강관널말뚝, PC 말뚝 등도 사용된다. 보강되는 응력부담재의 종류와 배치에 따라 여러 가지 조합이 가능하나 주로 사용되는 것은 그림 10.1과 같다.

소일시멘트 주열식 벽체 중 SCW, SEC, DSM 공법을 일축 혹은 다축 오거나 교반 장치에 의해 지반 내에서 흙과 고결제를 교반혼합 고결하여 벽체를 시공하고 벽체에 인장력이 작용할 때는 별도의 강재 보강이 필요하다. 시공법은 여러 가지 공법마다 조금씩 차이가 있지만 대체로 오거를 회전시켜 소정의 깊이까지 굴착한 다음 오거축을 통하여 안정처리재를 주입 및 혼합교반하여 벽체를 형성시킨다. 특히 함수비가 큰 유기질토의 경우나 지하수류가 격심한 경우에는 되풀이하여 혼합교반을 실시한다.

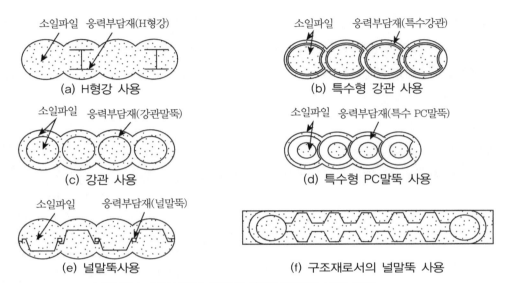

그림 10.1 소일시멘트 주열식 흙막이벽체의 보강 방법

한편 고압분사에 의한 교반공법은 수력 채탄에 쓰고 있는 고압분사 굴착기술을 도입하여 개량한 공법으로서 로드에 달린 노즐로부터 경화제 등을 고압분사 혼합교반하는 공법이다. 즉, 지반의 토립자와 고화재를 혼합교반하는 공법이다. 분사식은 교반날개에 의한 소일시멘트에 비하여 벽체강도 분포가 흩어지는 것과 지반에 의하여 주열의 형상이 일정하지 않는 등의 단점이 있어 흙막이판으로서의 사용은 그리 활발하지 않은 편이다.

JGP, CJG, CCP 공법이 여기에 속한다. CCP 공법은 약액 등 액체 상태의 고화제를 고압으로 지중에 분사시킴으로써 흙을 굴착하면서 흙과 고화재를 혼합하여 고결시키는 공법이다. 한편 분사공의 외주로부터는 압축공기를 분출시키고 중심으로부터는 고화재를 분출시켜 위의 공법과 마찬 가지로 지반을 고결시키는 공법이 JSP 및 JGP 공법이다. 이들 두 공법은 원리가 같으므로 모두 JSP 공법으로 부르고 있다.

마지막으로 공기와 물의 힘으로 지반을 파쇄하여 지표에 배출함에 따라 지중에 인위적인 공동을 만들고 그 공동에 고화재를 충진하는 치환공법이 있다. 이 공법은 그라우트 주입방식의 하나이지만 지반 내의 수두 이외에는 압력이 없기 때문에 강재교반공법이나 약액주입공법의 가장 큰 문제점 중의 하나인 수압파쇄현상(hydraulic fracturing) 또는 지반융기현상, 즉 주변의 구조물이나 매설물을 떠올리거나 파손시키지 않는 장점이 있다. 보링공법의 종류에 따라 동시에 분사하는 고화 유체의 종류가 다르므로 단관, 2중관 또는 3중관이 사용된다. SIG 공법이 이 방식에 속하는데, 여기에는 보링홀을 천공하지 않고 3중관 로드와 비트로 지반의

표 10.2 주열식 흙막이 공법의 장단점

벽체구성 재료에 의한 분류	공법원리에 의한 분류	장단점	
소일시멘트벽체	교반 방법 (교반날개에 의한)	장점	① 차수성이 좋으며 토사유실의 가능성이 적음
			② 벽체의 강성이 널말뚝보다 큼
			③ 시공이 간편하고 빠름
			④ 함수비가 높은 연약지반에 시공 가능
			⑤ 시공 후 잔토가 소량
		단점	① 토사지역에서만 시공 가능
			② 사력층에 시공 불가능
	혼합 방법 (고압분사에 의한)	장점	① 토층구성이나 토질에 의한 영향이 적음
			② 세립토 지반에서도 시공이 가능
			③ 지하매설물에 영향이 적음
		단점	① 암반에서는 시공이 불가능
	치환 방법 (고압분사에 의한)	장점	① 수압파쇄현상(hydraulic fracturing)이 없음
			② 지반융기현상이 발생하지 않음
			③ 사력층에 시공 가능
		단점	① 다른 소일시멘트보다 고가
콘크리트벽체	현장타설 콘크리트	장점	① 소일시멘트 벽체에 비해 강성이 큼
			② 모든 지반에 시공이 가능
			③ 소음·진동이 거의 없음
			④ 시공단면이 작아 인접구조물에 영향을 주지 않음(지중연속벽 공법과 비교 시)
		단점	① 기둥간의 연결성이 좋지 않음
			② 차수성이 나쁘며 토사유실의 가능성 큼
			③ 공사 기간이 길고 공사비가 증가
			④ 공벽의 안정을 위해 사용하는 슬러리의 처리
강관말뚝벽체	벽강관 말뚝	장점	① 시공이 빠름
			② 특별한 시공장비가 불필요
		단점	① 항타로 소음 발생

굴착과 고화재 충진을 거의 동시에 완성한다.[2] 이토에서 연암에 이르기까지 모든 토층에 적용할 수 있다. 특히 사력층에 효과가 큰 특징이 있다. 이들 주열식 흙막이 벽체 공법의 장단점을 정리하면 표 10.2와 같다.

(2) 콘크리트벽체 및 강관말뚝벽체

이 벽체는 어스드릴을 이용하여 지반을 천공하고 H형강이나 철근을 천공한 공간에 집어넣고 현장타설 몰타르를 주입하여 말뚝을 조성하거나 반대로 먼저 몰탈을 주입하고 H형강이나 철근을 삽입하여 말뚝을 조성하여 흙막이판으로 이용하는 공법이다.

본 공법은 소일시멘트 흙막이 벽체에 비하여 강성이 크고 특수장비가 필요하지 않으며 천공할 수 있는 지반에 설치할 수 있으므로 지반조건에 구애를 받지 않는 장점이 있다. 반면에 기둥간의 연결성이 좋지 않아 벽체의 차수성이 나쁘며 토사유실의 가능성이 높다. 이들의 시공예가 그림 10.2에 도시되어 있다.

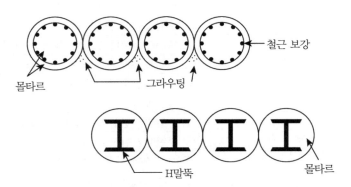

그림 10.2 소일시멘트 흙막이벽체에 설치된 주열식 현장타설 콘크리트말뚝

현장타설 콘크리트벽체 축조를 위한 주열식 말뚝은 건조한 점성토 지반에 가장 적당하며 비점성 지반이나 대수층지반에서는 사용이 제한된다.

한편 강관말뚝벽체는 이미 만들어진 강관말뚝을 일렬로 접촉시켜 항타하여 벽강관 흙막이 벽체를 조성하는 공법이다. 이 공법에 주로 사용되는 강관말뚝의 직경은 150mm 정도이며 얕은 심도로 굴착할 때 레이커(raker)와 함께 많이 이용된다. 또한 이 공법은 특별한 항타장비가 없이 백호우(포크레인)를 이용할 수 있으며 항타 후 즉시 굴착할 수 있다는 장점이 있다.

10.1.2 말뚝의 배치 방법

주열식 말뚝의 직경은 일반적으로 ϕ300~450mm가 많이 사용되고 있지만 필요에 따라 300mm에서 50mm 간격으로 1,000mm까지 시공이 가능하다. 현재 많이 적용되고 있는 주열식 말뚝의 배치 방법은 그림 10.3에서와 같이 (a) 1열접촉형(contact style), (b) 1열겹치기형 (overlapping style), (c) 갈지자형(zigzag style), (d) 차수용 그라우팅형(water interrupt wall, water-proof chemicals), (e) 조합형이 있다. 말뚝을 단순히 접촉시켜 시공하는 경우는 말뚝과 말뚝 사이에 공간이 생기기 쉬우므로 투수층 지반의 경우에는 토사가 유출되지 않도록 말뚝과 말뚝 사이에 약액주입 등의 보조공법을 병행한다.

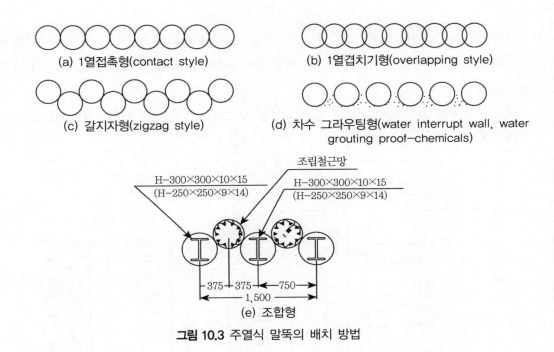

그림 10.3 주열식 말뚝의 배치 방법

겹치기형 시공의 경우에는 한 구멍씩 시공하지 않으면 안 되지만 말뚝 사이의 간격이 좁으므로 먼저 시공한 말뚝 쪽에 오거가 훼손될 염려가 있고 또한 전에 시공한 말뚝의 몰탈이 후에 시공할 말뚝 쪽으로 유입될 우려가 있다. 또 강말뚝이나 철근몰탈말뚝의 경우에는 겹치기 시공이 어렵기 때문에 겹치기 시공은 무근 몰탈 말뚝이어야 한다. 따라서 일반적으로 그림 10.3(e)와 같이 강말뚝, 철근 몰탈 말뚝, 무근 몰탈 말뚝을 조합시켜 갈지자로 배열하는 방법이 많이 사용되고 있다.

흙막이용으로 사용되는 주열식 벽은 10m 정도까지는 자립식으로 지지할 수 있지만 그 이상 되면 보통 앵커로 보강하게 된다. 앵커를 사용함으로써 주열식 벽의 처짐이나 이로 인한 흙막 이벽의 변위를 감소시킬 수 있으며 또한 굴착 후 지지대 설치 전의 임시단계에서 발생할 수 있 는 큰 휨모멘트와 전단력에 저항하기 위해 요구되는 철근의 양을 앵커를 이용함으로써 감소시 킬 수 있다.

10.2 흙막이말뚝의 저항력

그림 10.4는 직경이 d인 RC 말뚝을 D_1의 중심 간격으로 일렬로 설치한 주열식 흙막이벽의 정면도와 평면도이다. 또한 사진 10.1은 주열식 흙막이벽을 설치하여 굴착을 실시한 한 현장 의 사진이다.

말뚝을 설치한 후 굴착이 진행됨에 따라 말뚝 사이의 지반이 말뚝열과 직각방향으로 이동 하려고 할 것이다.

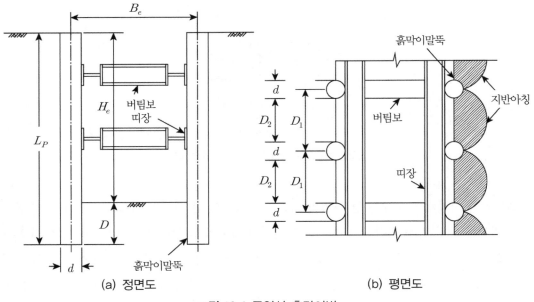

그림 10.4 주열식 흙막이벽

사진 10.1 현장 사진

이 경우 말뚝의 이동이 버팀보와 띠장 등으로 구속되어 있으면, 말뚝 사이의 지반에는 지반 아칭현상이 발생하게 되어 지반이동에 말뚝이 저항할 수 있게 된다.[13]

따라서 주열식 흙막이벽에 사용된 흙막이 말뚝의 설계에서는 이 말뚝의 저항력을 적합하게 산정하여야 함이 무엇보다 중요하다. 왜냐하면 이 저항력이 과소하게 산정되면 공사비가 과다하게 들 것이며 저항력이 과대하게 산정되면 말뚝 사이의 지반이 유동하여 흙막이벽의 붕괴를 초래하기 때문이다.

말뚝의 저항력은 지반의 상태와 말뚝의 설치 상태에 영향을 받을 것이므로 말뚝저항력 산정 시에는 이들 요소의 영향을 잘 고려해야만 한다. 이러한 저항력은 측방변형지반 속의 수동 말뚝에 작용하는 측방토압 산정이론식을 응용함으로써 산정할 수 있다.[4-9,15]

이 측방토압은 말뚝 주변 지반이 Mohr-Coulomb의 파괴기준을 만족하는 상태에 도달하려 할 때까지 발생 가능한 토압을 의미한다. 따라서 말뚝이 충분한 강성을 가지고 있어 이 토압까지 충분히 견딜 수 있다면, 말뚝 주변 지반은 소성 상태에 도달하지 않은 탄성영역에 존재하게 될 것이다. 이 사실은 바꾸어 이야기하면 상기 식으로 산정된 측방토압이란 수치는 말뚝 사이 지반에 소성 상태가 발생됨이 없이 충분한 강성을 가진 말뚝이 지반의 측방이동에 저항할 수 있는 최대치에 해당됨을 의미한다. 지반의 측방이동에 저항할 수 있는 이러한 말뚝의 특성을 이용하여 억지말뚝은 사면의 안정을 증가시키는 목적으로도 많이 사용되고 있다. 따라서 흙막이용 말뚝도 굴착지반의 안정을 위하여 사용될 수 있다.

사면과 같은 측방변형지반의 경우에는 말뚝열 전후면에 지반이 존재하는 관계로 말뚝열 전후면의 토압 차를 구하여 말뚝에 작용하는 측방토압으로 하였다. 이와 같은 측방변형지반 속에 설치된 원형의 수동말뚝에 작용하는 측방토압 p의 산정이론식은 다음과 같이 유도한 바가 있다.[5,6]

$$
\begin{aligned}
p = c\Bigg[& D_1\left(\frac{D_1}{D_2}\right)^{G_1(\phi)}\left\{\frac{G_4(\phi)}{G_3(\phi)}\left(\exp\left(\frac{D_1-D_2}{D_2}\tan\left(\frac{\pi}{8}+\frac{\phi}{4}\right)G_3(\phi)\right)-1\right)+\frac{G_2(\phi)}{G_1(\phi)}\right\} \\
& -D_1\frac{G_2(\phi)}{G_1(\phi)}\Bigg]+\sigma_H\left[D_1\left(\frac{D_1}{D_2}\right)^{G_1(\phi)}\exp\left(\frac{D_1-D_2}{D_2}\tan\left(\frac{\pi}{8}+\frac{\phi}{4}\right)G_3(\phi)\right)-D_2\right] \quad (10.1)
\end{aligned}
$$

여기서, $G_1(\phi)=N_\phi^{1/2}\tan\phi+N_\phi-1$

$\qquad G_2(\phi)=2\tan\phi+2N_\phi^{1/2}+N_\phi^{-1/2}$

$\qquad G_3(\phi)=N_\phi\tan\phi_0$

$\qquad G_4(\phi)=2N_\phi^{1/2}\tan\phi_0+c_0/c$

$\qquad N_\phi=\tan^2(\pi/4+\phi/2)$

또한 상기 식 중 c : 지반의 점착력

$\qquad\qquad\quad \phi$: 지반의 내부마찰각

$\qquad\qquad\quad D_1$: 말뚝의 중심 간 간격

$\qquad\qquad\quad D_2$: 말뚝의 순 간격(D_1-d)

$\qquad\qquad\quad \sigma_H$: 말뚝열 전면에 작용하는 토압

한편 점토지반$(c\neq0)$의 경우는 식 (10.1) 대신 별도의 유도과정으로 식 (10.2)를 사용하도록 하였다.[4]

$$
p=cD_1\left(3\ln\frac{D_1}{D_2}+\frac{D_1-D_2}{D_2}\tan\frac{\pi}{8}\right)+\sigma_H(D_1-D_2) \quad (10.2)
$$

그러나 흙막이 말뚝의 경우는 그림 10.4(a)에서 보는 바와 같이 말뚝열 전면이 굴착지반에

해당하므로 식 (10.1)과 (10.2)에 포함된 σ_H, 즉 말뚝열 전면에 작용하는 토압 σ_H는 작용하지 않게 된다. 따라서 주열식 흙막이벽용 말뚝의 수평저항력 p_r은 수동말뚝의 측방토압 산정이 론식 식 (10.1) 및 (10.2)에 $\sigma_H = 0$을 대입한 측방토압 p와 등치시킬 수 있다. 이와 같이 말뚝 주변 지반이 소성영역에 막 들어서려고 할 때 말뚝에 작용하는 측방토압을 말뚝의 저항력으로 하고 이 측방토압에 충분히 견디게끔 말뚝의 강성과 흙막이 지지공을 설계·설치하면 말뚝배 면의 지반은 탄성영역에 존재하게 된다.

따라서 지반의 내부마찰각이 0이 아닌 경우의 말뚝저항력 p_r은 식 (10.1)로부터 식 (10.3) 과 같이 구해진다.

$$p_r = c\left[D_1\left(\frac{D_1}{D_2}\right)^{G_1(\phi)}\left\{\frac{G_4(\phi)}{G_3(\phi)}\left(\exp\left(\frac{D_1-D_2}{D_2}\tan\left(\frac{\pi}{8}+\frac{\phi}{4}\right)G_3(\phi)\right)-1\right)+\frac{G_2(\phi)}{G_1(\phi)}\right\} \right. $$
$$\left. - D_1\frac{G_2(\phi)}{G_1(\phi)}\right] \tag{10.3}$$

점토의 경우는 식 (10.2)로부터 식 (10.4)와 같이 구해진다.

$$p_r = cD_1\left(3\ln\frac{D_1}{D_2}+\frac{D_1-D_2}{D_2}\tan\frac{\pi}{8}\right) \tag{10.4}$$

점착력이 전혀 없는 완전 건조된 모래의 경우는 식 (10.3)에서 알 수 있는 바와 같이 본 이 론식의 사용이 불가능하다. 실제 지반의 경우를 생각하면 이런 지반의 굴착 시 굴착으로 인한 굴착면의 응력 해방이 발생하면 흙이 자립을 할 수 없어 붕괴될 것이다. 그러나 모래지반이라 해도 수분이 존재하게 되면 겉보기점착력이 존재하게 되므로 이 겉보기 점착력을 구하여 상기 식 (10.3)을 사용하여야 한다.

이상의 검토로부터 식 (10.3)과 (10.4)를 보다 간편한 형태의 식으로 정리하기 위해 저항력 계수 K_r을 도입하면 식 (10.3)과 (10.4)로부터 단위폭당으로 환산한 말뚝의 저항력 p_r/D_1은 식 (10.5)와 같은 형태로 정리될 수 있다.

$$\frac{p_r}{D_1} = K_r c \tag{10.5}$$

여기서 저항력계수 K_r은 식 (10.6)과 같다.

$$K_r = \left(\frac{D_1}{D_2}\right)^{G_1(\phi)} \left\{\frac{G_4(\phi)}{G_3(\phi)}\left(\exp\left(\frac{D_1 - D_2}{D_2}\tan\left(\frac{\pi}{8}+\frac{\phi}{4}\right)G_3(\phi)\right)-1\right)+\frac{G_2(\phi)}{G_1(\phi)}\right\}$$

$$-\frac{G_2(\phi)}{G_1(\phi)} \qquad (\phi \neq 0 \ \text{경우}) \tag{10.6a}$$

$$K_r = 3\ln\frac{D_1}{D_2}+\frac{D_1 - D_2}{D_2}\tan\frac{\pi}{8} \quad (\phi = 0 \ \text{경우}) \tag{10.6b}$$

저항력계수 K_r은 식 (10.6)에서 알 수 있는 바와 같이 ϕ와 D_2/D_1의 함수이므로 이들 사이의 관계를 도시하여보면 그림 10.5와 같다. 여기서 말뚝간격비 D_2/D_1은 말뚝의 설치 상태를 나타내는 변수로서 D_2/D_1이 0에 근접할수록 말뚝 간격은 좁은 것을 의미하며 D_2/D_1이 1에 근접할수록 말뚝 간격이 넓은 것을 의미한다.

이 그림에 의하면 말뚝간격비 D_2/D_1이 0에서 1로 커질수록, 즉 말뚝 간격이 넓어질수록 저항력계수 K_r은 감소하며 말뚝 저항력 p_r도 감소함을 알 수 있다. 이는 말뚝 간격이 넓어지면 기대할 수 있는 말뚝의 저항력은 그만큼 감소하게 됨을 의미한다. 한편 말뚝 간격이 일정한 경우는 내부마찰각 ϕ가 증가할수록 저항력계수 K_r이 증가하여 말뚝저항력 p_r이 증가한다. 또한 식 (10.5)로부터도 점착력 c가 증가할수록 말뚝저항력 p_r도 증가한다. 즉, 지반강도가 큰 견고한 지반일수록 말뚝의 저항력도 커짐을 알 수 있다.

이상의 검토로부터 본 저항력 산정이론식에는 지반의 특성과 말뚝의 설치 상태가 잘 고려되어 있음을 알 수 있다. 또한 저항력계수 K_r과 말뚝간격비 D_2/D_1 및 내부마찰각 ϕ의 관계를 나타낸 그림 10.5를 이용하면 식 (10.3)과 식 (10.4)에 의거하지 않고도 말뚝의 저항력을 용이하게 산정할 수 있다.

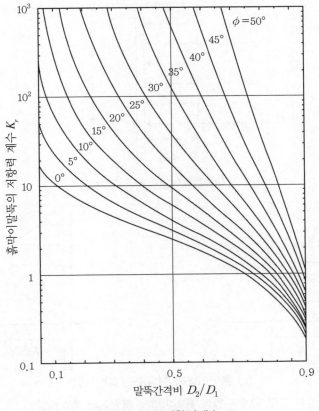

그림 10.5 말뚝저항력계수 K_r

10.3 흙막이말뚝의 설치 간격

제10.2절에서 설명한 흙막이말뚝의 저항력이라 함은 흙막이벽에 작용하는 측압이 이 저항력 이상으로 될 때 말뚝 사이의 지반에는 소성파괴가 발생하여 흙막이벽으로서의 기능을 발휘하지 못하게 됨을 의미한다.

따라서 주열식 흙막이벽용 말뚝을 설치할 수 있는 말뚝의 최대 간격은 이 말뚝의 저항력이 흙막이벽에 작용하는 측방토압과 일치하는 경우의 말뚝 간격으로 제한될 것이다.

여기서 굴착깊이에 따른 흙막이 말뚝의 저항력과 흙막이벽에 작용하는 측방토압의 분포를 도시하면 그림 10.6과 같다.

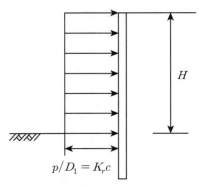

(a) 흙막이말뚝의 저항력

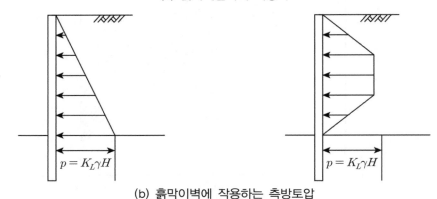

(b) 흙막이벽에 작용하는 측방토압

그림 10.6 주열식 흙막이벽의 저항력과 측방토압

우선 흙막이벽에 작용하는 측압은 제4장에서 제안된 측방토압 분포를 적용할 수 있으나 가장 일반적인 측방토압 분포는 그림 10.6(b)에 도시된 삼각형 분포나 구형 분포로 개략적으로 표현할 수 있다.[14,17,18] 이 측방토압 분포 중 최대측방토압 p는 다음 식으로 표현될 수 있다.

$$p = K_L \gamma H \tag{10.7}$$

여기서, H : 굴착깊이

γ : 지반의 단위체적중량

K_L : 최대측압계수

말뚝 간격은 최대측방토압이 작용하는 위치에서 측방토압과 저항력을 등치시킴으로써 얻을 수 있다. 따라서 식 (10.5)와 (10.7)로부터 식 (10.8)을 얻을 수 있다.

$$K_r c = K_L \gamma H \qquad (10.8)$$

식 (10.8)로부터 말뚝의 저항력계수 K_r은 식 (10.9)와 같이 된다.

$$K_r = K_L \frac{\gamma H}{c} \qquad (10.9)$$

여기서 $\frac{\gamma H}{c}$는 Peck(1969)의 안정수(stability nunber)[16] N_s와 일치하므로 식 (10.9)는 (10.10)으로 쓸 수 있다.

$$K_r = K_L N_s \qquad (10.10)$$

식 (10.10)으로부터 말뚝의 저항력계수 K_r은 K_L과 N_s(즉, 지반의 점착력, 단위체적중량, 측압계수 및 굴착깊이)를 알면 결정되는 계수임을 알 수 있다. 그러나 이 저항력계수 K_r은 식 (10.6)에서 보는 바와 같이 말뚝간격비 D_2/D_1과 지반의 내부마찰각 ϕ의 함수이기도 하다. 따라서 식 (10.6)과 (10.10)을 연결시킴으로써 흙막이말뚝의 합리적인 설치 간격을 구할 수 있다. 즉, 굴착을 실시할 지반의 지반조건과 굴착깊이가 알려지면 식 (10.10)으로 저항력계수 K_r이 구해지고 K_r이 구해지면 이러한 K_r을 얻을 수 있게 말뚝간격비 D_2/D_1을 식 (10.6)으로부터 구하면 된다. 말뚝간격비 D_2/D_1이 구해지면 식 (10.11)에 의거 말뚝 설치 간격 D_1을 구할 수 있다.

$$D_1 = \frac{d}{1 - \dfrac{D_2}{D_1}} \qquad (10.11)$$

이상과 같은 흙막이말뚝의 설치 간격의 결정과정을 도시하면 그림 10.7과 같다. 그림 10.7은 $N_s - K_r - D_2/D_1$ 사이의 관계도를 나타낸다. 즉, 좌측 반은 N_s와 K_r 및 K_L의 관계를 나타내고 있다. 먼저 측압계수가 K_{L1}이고 지반의 안정수가 $(N_s)_1$이면 그림 10.7 좌반부에서 화살표에 따라 $(K_r)_1$을 구할 수 있다.

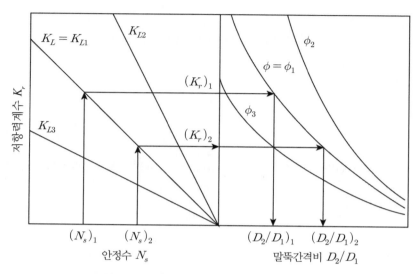

그림 10.7 흙막이말뚝 설치 간격 결정 방법도

다음으로 그림 10.7 우측 반의 K_r과 D_2/D_1 및 ϕ의 관계로 지반의 내부마찰각이 ϕ_1인 경우 $(K_r)_1$으로부터 화살표의 방향에 따라 $(D_2/D_1)_1$을 구할 수 있다. 한편 안정수가 Peck(1696)[16] 의 기준에 따라 부적합하다고 판단되어 굴착깊이를 수정할 경우는 안정수가 $(N_s)_2$로 변경되며 역시 동일한 방법으로 $(D_2/D_1)_2$를 구할 수 있다. 지반의 내부마찰각과 측압계수가 다를 경우는 각각 다른 선(즉, ϕ_2, ϕ_3, … 및 K_{L2}, K_{L3}, …)을 사용하여 동일 방법으로 계산할 수 있다.

10.4 흙막이말뚝의 설계

흙막이말뚝의 근입장은 말뚝의 안정성과 지반의 안정성을 모두 만족시키는 범위에서 결정해야 한다. 말뚝의 근입부에서 지반 및 말뚝의 안정해석 및 굴착저면에서의 점토지반 융기현상에 대한 안정검토도 실시되어야 한다.

10.4.1 설계 순서

　주열식 흙막이벽을 합리적으로 설계하기 위해서는 지반조건, 굴착규모 및 말뚝조건이 적합하게 고려되어야만 한다. 흙막이말뚝의 설계 시 고려될 수 있는 요소로는 지반조건, 측압계수, 굴착깊이, 말뚝 직경 및 말뚝 간격을 들 수 있다. 이 외에도 굴착하부지반의 붕괴를 방지하기 위한 말뚝의 근입장과 강성을 들 수 있다. 따라서 주열식 흙막이벽용 말뚝의 설계에는 이들 요소가 체계적으로 고려되어야 함이 합리적일 것이다.

　이 설계법의 설계 수순을 흐름도로 도시하면 그림 10.8과 같다. 우선 현장조사와 실내시험 등으로 지형, 지질, 토질 등의 지반조건이 결정된다. 이와 동시에 이 지반조건으로부터 흙막이벽에 작용하는 측압을 산정하기 위한 측압계수를 결정한다. 이 측압계수는 제10.2절에서의 설명을 참조할 수 있다.

　다음으로 지하구조물의 규모와 설치 위치에 따라 굴착깊이를 선정한다. 굴착깊이가 선정되면 한계말뚝간격비에 따라 말뚝의 직경과 설치 간격을 선정한다. 한계말뚝간격비에 대하여는 제10.3절을 참조할 수 있다.

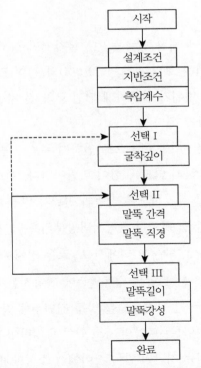

그림 10.8 주열식 흙막이말뚝의 설계 흐름도

다음으로 말뚝 직경과 말뚝 간격이 선정되면 마지막으로 말뚝의 근입장과 말뚝강성을 선정한다. 말뚝의 근입장은 굴착하부지반이 굴착 내부로 활동파괴하지 않을 충분한 길이가 되도록 산정하며, 말뚝강성은 말뚝의 측방변형을 최대한으로 억제하여 주열식 흙막이벽으로서의 기능을 충분히 발휘하도록 철근량, H형강의 치수를 결정한다. 또한 여기서는 말뚝의 강성을 보강하기 위하여 버팀보와 띠장 혹은 앵커의 흙막이벽 지지구조물의 설계도 실시되어야 한다.

이 단계에서 만족할 만한 선정이 이루어질 수 없는 경우는 그림 10.8에 도시된 바와 같이 '선택 II'로 돌아가 말뚝 직경과 말뚝 간격을 수정·선정할 수 있다. 경우에 따라서는 '선택 I'까지 돌아가 굴착깊이도 다시 선정하여 수정할 수도 있다. 그러나 굴착깊이의 경우는 지하구조물의 규모에 의하여 선정되는 경우가 많으므로 이러한 경우는 드물 것이다.

이와 같이 설계한 이외에도 지하수에 의한 영향이 극심하거나 지반변형을 특히 제한하여야 하는 경우는 상기와 같이 설계한 말뚝 사이에 몰타르말뚝을 연속 설치하여 차수벽으로서의 기능을 발휘할 수 있게 한다. 이 경우 철근이나 H형강으로 보강한 RC말뚝의 설치 간격을 상기 설계법에 의하여 결정함이 바람직하다.

10.4.2 지반의 안정해석

굴착지반안정해석 시 말뚝에 작용하는 토압은 굴착저면 상부와 하부로 나누어 생각할 수 있다. 먼저 굴착저면상부에서는 토압이 그림 10.9(a)와 같이 말뚝배면 측에 작용하게 된다. 굴착으로 인하여 흙막이벽에 변위가 발생하게 되면 굴착 전 지반의 응력 상태는 정지토압 상태에서 주동토압 상태로 변하게 된다.

그러나 도시 내의 굴착공사에서는 굴착으로 인하여 주변 지반의 변형을 적극 방지하기 위하여 흙막이벽의 변위가 발생하지 않도록 함이 바람직하다. 따라서 말뚝배면지반의 응력 상태가 굴착 전과 동일한 상태를 유지하도록 말뚝의 변위가 완전히 구속된다면 이 지반의 응력 상태는 정지토압의 K_0 상태가 될 것이며 굴착저면상부의 흙막이말뚝에 작용하는 측방토압은 식 (10.7)을 적용할 수 있다. 이 경우 이 식에서 K_L로는 정지토압계수 K_0를 적용해도 좋다.

한편 굴착저면하부에 작용하는 토압은 수동말뚝에 작용하는 측방토압 산정이론식을 적용하여 구한 말뚝근입부의 저항력인 식 (10.5)를 말뚝 전면부에 작용시킬 수 있다. 왜냐하면 산정이론식은 말뚝 전후면에 작용하는 토압의 차로 인하여 지반이 말뚝 사이를 빠져나가려는 순간까지의 토압을 의미하며, 이는 지반이 말뚝 사이에서 소성파괴됨이 없이 견딜 수 있는 최대

저항력 값이라 할 수 있기 때문이다. 그림 10.9에서 보는 바와 같이 굴착지반의 안전율 $(F_s)_{exc}$는 흙막이말뚝배면에 작용하는 하중과 말뚝근입부 저항력 P_{rd}가 최하단 지지공 설치 위치 A를 중심으로 한 저항모멘트 M_r과 활동모멘트 M_d의 비로 구할 수 있다.

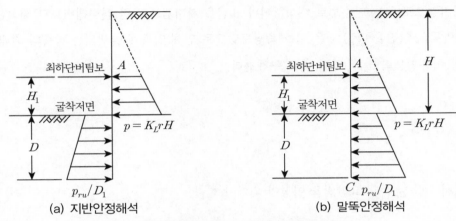

(a) 지반안정해석   (b) 말뚝안정해석

그림 10.9 안정해석 시 적용되는 토압 분포

$$(F_s)_{exc} = \frac{M_r}{M_d} \tag{10.12}$$

여기서 안전율 $(F_s)_{exc}$는 소요안전율 이상이 되어야 한다.

10.4.3 말뚝의 안정해석

말뚝의 안정해석 시 말뚝에 작용하는 토압은 지반의 안정해석 시 말뚝에 적용한 저항력과 그 크기는 같고 작용방향은 반대로 한다. 지반의 안정면에서 생각할 때 식 (10.5)로 구한 말뚝 근입부에서의 말뚝저항력은 굴착저부의 붕괴를 막아주는 역할을 하게 되지만 말뚝의 안정면 에서 생각할 때는 말뚝은 해당하는 하중에 충분히 견딜 수 있어야 하므로 이 저항력을 말뚝에 작용하는 하중으로 생각할 수 있다. 따라서 말뚝에 작용하는 하중으로 굴착 저면상부에서는 말뚝 배면 측에 식 (10.7)로 구한 측방토압이 작용하고, 굴착면 하부에서는 말뚝배면 측에 식 (10.5)로 구한 말뚝의 저항력이 작용한다.

그림 10.9(b)는 말뚝 안정해석 시 말뚝에 작용하는 측방토압의 분포를 나타내고 있다. 즉,

굴착저면 상부의 토압은 식 (10.7)로 표시되며 지반안정해석 시와 동일하게 굴착저면 하부의 토압은 식 (10.5)로 표시된 값을 말뚝이 지반으로부터 받게 된다. 단, 말뚝 안정해석 시 측방 토압은 식 (10.5) 및 (10.7)의 값에 말뚝의 설치 간격을 곱한 값을 사용한다. 말뚝의 안정해석은 최하단 지지공 설치 위치 A점을 지지점으로 하고 관입된 말뚝의 최하단부 C점을 또 다른 가상지지점으로 하는 단순보로 해석하거나 A점을 지지점으로 한 캔틸레버보로 해석할 수 있다.[14] 말뚝의 안전율 $(F_s)_{pile}$은 이들 측방토압으로 인해 말뚝에 발생되는 말뚝의 최대휨응력 σ_{max}와 허용휨응력 σ_{allow}와의 비로 구해진다.

$$(F_s)_{pile} = \frac{\sigma_{max}}{\sigma_{allow}} \tag{10.13}$$

여기서 $(F_s)_{pile}$는 소요안전율 이상이 되어야 한다.

10.4.4 융기에 대한 안정검토

흙막이벽배면의 굴착저면선 상부 흙의 중량은 굴착 저면선 아래 지반에 대하여 편재하중으로 작용하게 된다. 이 하중의 크기가 지반의 지지력을 넘으면 흙은 소성 상태가 되어 지반에 소성유동현상이 발생하고 흙막이말뚝배면의 흙이 안쪽으로 몰입하게 되며 굴착저면이 융기하는 현상이 발생하게 된다. 특히 연약점성토지반에서의 굴착 시에는 항상 주의해야 할 현상이다.

지반융기의 검토 방법은 크게 두 가지로 구분된다. 하나는 지지력개념에 의한 방법이며 또 하나는 모멘트평형개념에 의한 방법이다. 즉, 지반의 지지력 혹은 저항모멘트와 융기토괴의 활동력 혹은 활동모멘트와의 비로써 산정된다. 먼저 지지력개념에 의한 방법으로는 Terzaghi-Peck 방법,[17] Bjerrum-Eide 방법[12] 및 Peck 방법[16]이 있으며 모멘트평형 개념에 의한 방법으로는 일본건축학회 방법,[21,22] Tschebotarioff 방법[18] 등이 있다. 그러나 이들 방법에는 공통적으로 말뚝이 지반융기에 저항할 수 있는 기능이 전혀 고려되어 있지 않다. 즉, 이들 방법은 단지 지반융기 발생 여부만 판정할 뿐이지 이에 대한 안정대책으로 근입장을 얼마로 할 것인가 하는 산정법으로는 사용될 수 없고 지반융기에 저항할 수 있는 저항력이 전혀 고려되어 있지 않다.

식 (10.5)로 표현된 말뚝근입부의 저항력을 이용하면 지반융기 현상에 대하여도 흙막이말뚝을 고려하여 안정검토를 할 수 있다. 그림 10.10에서 보는 바와 같이 지반융기에 대한 저항력은 지반파괴면을 따라 발생하는 전단저항력과 말뚝의 저항력으로 생각할 수 있고, 지반의 활동력은 흙막이벽 배면부의 굴착저면 상부의 흙의 무게가 될 것이다. 따라서 이들 관계식은 다음과 같다.

$$(F_s)_{heav.} = \frac{(M_{rs} + M_{rp})}{M_d} \tag{10.14}$$

여기서, M_{rs} : 최하단지지공 설치 위치에서 지반파괴면을 따라 발생되는 전단저항력에 의한 저항모멘트

M_{rp} : 말뚝저항력에 의한 저항모멘트

M_d : 지반파괴활동모멘트

M_{rp} 산정 시에는 식 (10.5)를 적용하고 이 안전율 $(F_s)_{heav.}$ 가 소요안전율 이상이 되어야 한다.

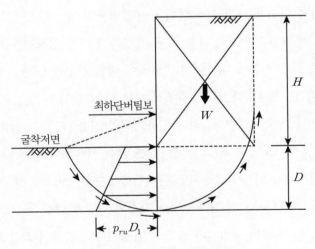

그림 10.10 지반융기 안정해석

10.4.5 근입장 결정

흙막이말뚝은 굴착저면부에서 토압에 의한 지반파괴 및 지반융기에 안전하게 흙막이말뚝
으로서의 기능을 다하도록 적절한 근입장을 결정하여야 한다. 흙막이말뚝의 근입장 결정 방
법으로 말뚝의 안정성과 굴착지반의 안정성을 동시에 만족시키는 근입장 D를 결정하는 방법
은 앞에서 이미 거론 되었다. 즉, 식 (10.12)의 지반의 안전율 $(F_s)_{exc}$과 식 (10.13)의 말뚝의
안전율 $(F_s)_{pile}$이 동시에 소요안전율 이상이 되도록 근입장 D의 범위가 일차적으로 결정되고
지반융기에 대한 안정검토를 실시하여 다시 이차적으로 근입장 D의 범위가 한정된다.

근입장 산정 시 이러한 번거로움을 해소하기 위해 근입장 D를 결정짓게 하는 지반의 안전
율과 지반융기에 대한 안전율 및 말뚝의 강성(한계단면계수)을 같은 도면에 도시하여 근입장
을 결정하면 그림 10.11과 같다.

그림 10.11은 임의로 가정된 말뚝 직경 d와 말뚝간격비 D_2/D_1을 갖는 경우 근입장을 산정
하기 위한 개략도이다. 이 그림에서 횡축은 말뚝의 근입깊이 D로 하고 좌측종축은 말뚝의 안
전율을 1.0으로 하였을 때 말뚝의 한계단면계수 Z_c로 하며 우측종축은 굴착지반의 안전율
$(F_s)_{soil}$로 하였다. 여기서 실선은 $D-Z_c$의 관계이며 일점쇄선은 지반융기에 대한 안전율
$D-(F_s)_{heav.}$의 관계이고 이점쇄선은 지반굴착에 대한 안전율 $D-(F_s)_{exc.}$ 관계도이다. 또한
그림 중 점선은 지반의 안전율 $(F_s)_{soil}$에 대한 소요안전율이 얻어질 수 있는 말뚝의 근입장 D
와 말뚝의 강성을 나타내는 한계단면계수 Z_r를 결정하기 위한 경로를 나타내고 있다.

그림 10.11(a)는 동일 근입장에 대하여 지반굴착에 대한 안전율 $(F_s)_{exc}$이 지반융기에 대한
안전율 $(F_s)_{heav.}$보다 큰 경우이다. 이 그림에서 보는 바와 같이 $(F_s)_{soil}$의 소요안전율이 1.2
인 경우 굴착저면지반의 안전율 $(F_s)_{exc}$와 지반융기의 안전율 $(F_s)_{heav.}$를 비교하여볼 때 각각
소요 근입깊이는 D_{exc}와 $D_{heav.}$가 되고 두 값 중 큰 값을 선택해야 되기 때문에 소요근입깊이
는 D_c는 $D_{heav.}$로 결정된다. D_c가 결정되면 한계단면계수 Z_c는 그림 10.11(a)에서 말뚝 직경
에 따라 실선으로 표시된 $D-Z_c$의 관계도에서 지정된 직경에 대한 곡선으로부터 D_c에 해당
하는 Z_c가 결정된다. 이때 말뚝 직경 d가 d_1으로 가정된다면 결정된 D값을 만족시키는 Z_c값
이 결정될 수 없다. 따라서 말뚝 직경 d가 d_2나 d_3로 다시 가정하면 D_c값을 만족시키는 Z_c값
이 결정될 수 있게 된다. 이렇게 결정된 Z_c는 강재표를 참고하여 적절한 강재를 선택하면 되
고 근입장 D는 선택된 강재의 허용응력 내에서 D_c값보다 큰 값으로 결정하면 된다.

그림 10.11(b)는 말뚝의 한계근입깊이 D_c가 $D_{exc.}$로 결정되는 경우이다. 즉, 지반융기에 대한 지반의 안전율 $(F_s)_{heav.}$가 지반굴착에 대한 안전율 $(F_s)_{exc.}$보다 큰 경우이다. 이는 지반의 내부마찰각이 존재하거나 지반융기현상이 발생할 확률이 희박한 경우에 나타난다.

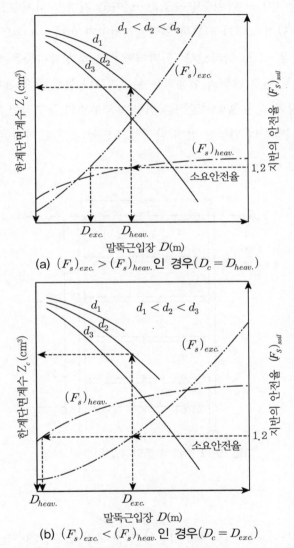

(a) $(F_s)_{exc.} > (F_s)_{heav.}$인 경우($D_c = D_{heav.}$)

(b) $(F_s)_{exc.} < (F_s)_{heav.}$인 경우($D_c = D_{exc.}$)

그림 10.11 말뚝 근입장과 강성을 결정하는 경로(D_2/D_1과 d가 일정한 조건)

10.5 설계 예

10.5.1 설계조건

그림 10.12와 같이 지반의 단위중량이 $1.8t/m^3$이고 지반의 비배수전단강도가 $4.0t/m^2$인 점토지반을 폭 10m, 깊이 15m가 되도록 연직굴착하고자 한다. 이 점토지반의 배수삼축시험 결과 유효내부마찰각은 41°로 나타났다. 흙막이벽 배면에 상재하중은 작용하지 않으며 주열식 흙막이벽용 현 위치 원형 말뚝의 휨응력은 콘크리트나 몰탈 속의 H형강만이 받는 것으로 하며 지지공이나 띠장과 같은 흙막이말뚝을 위한 보조부재의 구조적인 계산은 완벽하여 굴착저면 하부에서 흙막이말뚝의 변형은 전혀 발생하지 않는 것으로 가정한다.

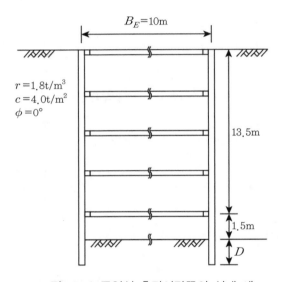

그림 10.12 주열식 흙막이말뚝의 설계 예

(1) 설계 순서 및 힌트

먼저 지반조건으로부터 흙막이말뚝에 작용하게 될 토압과 측압계수를 결정한다. 흙막이벽의 강성에 따라 연성벽과 강성벽의 두 경우를 각각 고려하기로 한다. 즉, 말뚝의 측방변형이 완전히 구속되어 있는 이상적인 강성벽의 경우를 생각하면 굴착저면 상부에서 측압계수는 정지토압계수 K_0를 사용한다. 한편 연성벽의 경우는 경험토압식을 사용하여 각각의 경우의 최대토압을 적용한다.

10.5.2 흙막이말뚝 간격 설계

(1) 연성벽인 경우

본 지반은 비배수전단강도가 $4.0t/m^2$이므로 견고한 점토층에 속하므로 Terzaghi-Peck의 토압[17]을 적용하면 최대측압계수 K_L은 0.2~0.4이며, Tschebotarioff의 토압식[18]을 적용하면 최대측압계수 K_L은 0.375이다. 따라서 K_L을 0.3으로 한다.

Peck의 안정수[16]는 다음과 같다.

$$N_s = \frac{\gamma H}{c} = \frac{1.8 \times 15}{4} = 6.75$$

말뚝의 저항력계수 K_r은 식 (10.10)으로부터

$$K_r = K_L N_s = 0.3 \times 6.75 = 2.025$$

K_r이 2.025이고 ϕ가 0인 경우의 말뚝간격비 D_2/D_1는 그림 10.5에서 구하면 0.6이 된다. 따라서 말뚝 설치 중심 간 간격 D_1은 식 (10.11)에 의거 산출한다.

여기서 H말뚝을 설치하기 위한 천공 직경을 $d=400mm$으로 하면 다음과 같다.

$$D_1 = \frac{d}{1 - \dfrac{D_2}{D_1}} = \frac{0.4}{1 - 0.6} = 1.0m$$

천공 직경을 $d=500mm$으로 하면 다음과 같다.

$$D_1 = \frac{d}{1 - \dfrac{D_2}{D_1}} = \frac{0.5}{1 - 0.6} = 1.25m$$

(2) 강성벽인 경우

굴착저부의 흙막이벽의 변형은 전혀 발생하지 않는다고 가정하여 굴착저면 상부에서의 측압계수를 정지토압계수로 한다. 이 점토지반의 배수삼축시험 결과 유효내부마찰각은 41°로 나타났다.

$$K_L = K_0 = 1 - \sin\phi' \text{이므로}$$
$$K_L = 1 - \sin 41° = 0.34$$

지반의 안정수는 $N_s = \dfrac{\gamma H}{c} = \dfrac{1.8 \times 15}{4} = 6.75$ 이고 말뚝의 저항력계수 K_r 은

$$K_r = K_L N_s = 0.34 \times 6.75 = 2.3$$

K_r 이 2.3이고 ϕ 가 0인 경우의 말뚝간격비 D_2/D_1 는 그림 10.5에서 구하면 0.52가 된다. 말뚝의 천공 직경을 $d = 400\text{mm}$ 으로 하면 말뚝의 중심 간 간격 D_1 은 다음과 같이 구한다.

$$D_1 = \frac{d}{1 - \dfrac{D_2}{D_1}} = \frac{0.4}{1 - 0.52} = 0.83\text{m}$$

말뚝의 천공 직경을 $d = 500\text{mm}$ 로 하면 다음과 같다.

$$D_1 = \frac{d}{1 - \dfrac{D_2}{D_1}} = \frac{0.5}{1 - 0.52} \fallingdotseq 1.0\text{m}$$

10.5.3 근입장 설계

말뚝의 근입장을 결정하기 위해 제10.4.4절에서 설명한 바와 같이 우선 식 (10.12) 및 (10.14)로부터 굴착저면부에서 측압에 대한 지반굴착에 대한 안전율과 지반융기에 대한 안전율을 구

하여 근입장 D에 대하여 도시하면 그림 10.13에서 각각 이점쇄선과 일점쇄선으로 표시된다. 이들의 소요안전율을 1.2라 하면 근입장 D는 굴착안정에 대하여는 0.78m이고 지반융기에 대하여는 1.36m로 결정된다. 따라서 말뚝의 근입장은 1.36m로 결정할 수 있다. 이 근입장에 대한 말뚝의 직경과 H형강의 한계단면계수를 결정하면 다음과 같다.

그림 10.13에서 실선으로 표시된 말뚝 직경의 변화에 따른 $D - Z_c$의 관계도는 식 (10.13)에서 말뚝의 안전율이 1.0인 경우 구해지며 이때 말뚝의 근입장 D는 이미 1.36m로 결정하였다.

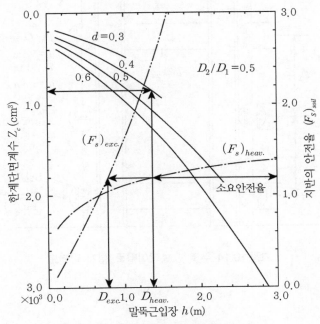

그림 10.13 말뚝의 근입장과 강성 결정도

이 곡선에서 말뚝 직경이 0.3m인 경우는 1.36m의 근입장에 대한 말뚝의 안정을 만족시키는 단면계수값은 존재하지 않는다. 그러나 말뚝 직경이 0.4m인 경우는 $Z_c = 0.86 \times 103 cm3$로 된다.

따라서 이 말뚝 직경에 내접하는 H말뚝으로 H$-250 \times 250 \times 19 \times 14 (Z = 0.78 \times 10^3 cm^3)$이 채택될 수 있다.

그러나 실제 여유를 생각하여 결정하는 것이 바람직하므로 말뚝의 근입장은 20%의 여유를 보아 $D = 1.6$m로 하고 말뚝 직경을 50cm로 하는 것이 바람직하다. 직경 50cm인 흙막이 말뚝에 내접하는 H말뚝은 H-300×300×10×15(Z=1.36×10^{3}cm^3)을 선택할 수 있다.

따라서 제10.5.2절 및 제10.5.3절에서 검토한 바에 의하여 이 주열식 흙막이벽은 직경을 50cm로 하고 설치 간격은 1.0m(말뚝간격비 D_2/D_1=0.5)로 설계할 수 있다. 이 흙막이 말뚝의 내부에 강성보강용 H형강으로는 H-300×300×10×15을 사용하는 것으로 설계할 수 있다. 이 결과에 의한 주열식 흙막이말뚝을 설치한 평면도는 그림 10.14와 같다.

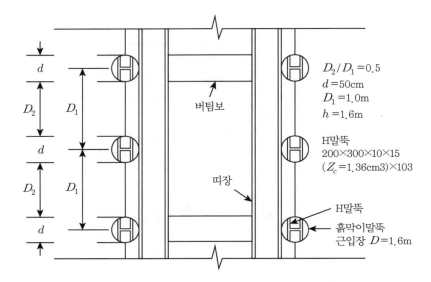

그림 10.14 주열식 흙막이말뚝 설계 단면도

참고문헌

1. 건설부(1989), 지하연속벽공법.

2. 건설산업연구소(1993), SIG공 공사비 산정에 관한 연구 보고서.

3. 한국지반공학회(1992), 굴착 및 흙막이 공법, 지반공학시리즈 3.

4. 홍원표(1982), "점토지반 속의 말뚝에 작용하는 측방토압", 대한토목학회논문집, 제2권, 제1호, pp.45~52.

5. 홍원표(1983a), "모래지반 속의 말뚝에 작용하는 측방토압", 대한토목학회논문집, 제3권, 제3호, pp.63~69.

6. 홍원표(1983b), "측방변형지반 속의 원형말뚝에 작용하는 토압의 산정", 중앙대학교논문집(자연과학편), 제27집, pp.321~330.

7. 홍원표(1984a), "측방변형지반 속의 말뚝에 작용하는 토압", 1984년도 제9차 국내외 한국과학기술자 종합학술대회 논문집(II), 한국과학기술단체총연합회, pp.919~924.

8. 홍원표(1984b), "측방변형지반 속의 줄말뚝에 작용하는 토압", 대한토목학회논문집, 제4권, 제1호, pp.59~68.

9. 홍원표(1984c), "수동말뚝에 작용하는 측방토압", 대한토목학회논문집, 제4권, 제2호, pp.77~89.

10. 홍원표(1985), "주열식 흙막이벽의 설계에 관한 연구", 대한토목학회논문집, 제5권, 제2호, pp.11~18.

11. 홍원표 · 권우용 · 고정상(1989), "점성토지반 속 주열식 흙막이벽의 설계", 대한토질공학지, 제5권, 제3호, pp.29~38.

12. Bjerrum, L. and Eide, O.(1956), "Stability of struted excavation in clay", Geotechnique, Londen, England, Vol.6, No.1. pp.32~47.

13. Bowles, J.E.(1982), Foundation Analysis and Design, 3rd ed. McGraw-Hill, Tokyo, pp.516~547.

14. NAVFAC(1971), DESIGN MANUAL DM-7, US Naval Publication and Forms Center, Philadelphia, pp.7-10-1~7-10-28.

15. Matsui, T., Hong, W.P. and Ito, T.(1982), "Earth pressures on piles in a row due to lateral soil movements", Soils and Foundations, Vol.22, No.2, pp.71~81.

16. Peck, R.B.(1969), "Deep Excavations and Tunnelling in Soft Ground", Proc., 7th ICSMFE, State-of-the Art Volume, pp.225~290.

17. Terzaghi, K. and Peck, R.B.(1967), Soil Mechanics in Engineering Practice, 2nd ed., John Wiley and Sons, New York, pp.394~413.

18. Tschebotarioff, G.P.(1973), Foundations, Retaining and Earth Structure, McGraw-Hill, New York, pp.415~457.

19. Winterkorn, H.F. and Fang, H.Y.(1975), Foundation Engineering Handbook, Van Nostrand Reinhold Company, New York, pp.395~398.

20. 梶原和敏(1984), 柱列式地下連續壁工法, 鹿島出版會, 東京.

21. 日本建築學會(1974), 建築基礎構造設計基準·同解說, 東京, pp.400~403.

22. 日本道路協會(1977), 道路土工擁壁·カルバト·假設構造物工指針, 東京, pp.179~183.

23. 日本土質工學會(1978a), 掘削にとももなう公害とその對策, 東京.

24. 日本土質工學會(1978b), 土留め構造物の設計法, 東京, pp.30~58.

25. 日本土質工學會(1982), 構造物基礎の設計計算演習, pp.241~271.

역타공법이 적용된
흙막이굴착 설계

CHAPTER

11 역타공법이 적용된 흙막이굴착 설계

최근에는 순타공법에 비해 공기를 단축시킬 수 있는 역타공법을 적용한 지하굴착공사가 많이 실시되고 있다.[1,12-14] 역타공법이 적용된 흙막이벽으로 지하굴착공사를 실시할 경우, 제9.3절에서 관찰한 바와 같이 이들 흙막이벽의 변형거동은 기존의 순타공법을 적용한 경우와는 다른 변형거동을 보였다.[7]

그러나 아직까지 국내설계에서는 역타공법이 적용된 흙막이벽을 설계하고자 할 때 기존의 순타공법이 적용된 흙막이벽의 연구 결과를 그대로 적용하고 있는 경우가 많다. 이들 연구 결과, 즉 순타공법이 적용된 흙막이벽의 연구 결과를 이용하여 역타공법이 적용된 흙막이벽을 설계할 경우, 굴착에 따른 흙막이벽의 변형거동은 현장에서 측정된 실측 결과와 차이가 있어 역타공법이 적용된 흙막이벽의 변형거동을 정확하게 예측할 수 없다.

제11장에서는 역타공법이 적용된 흙막이굴착 시 설계에 관련된 몇몇 문제를 해결 설명한다. 먼저 제11.1절에서는 역해석을 통하여 흙막이벽의 거동을 분석할 때 적용하는 측방토압의 적합성을 검토한다.[13] 여기서 역타공법을 적용할 수 있는 흙막이벽으로는 철근콘크리트의 지중연속벽, 주열식 흙막이벽(CIP벽, SCW벽)을 대상으로 한다. 다음으로 제11.2절에서는 지중연속벽 설계 시 몇몇 기존범용 프로그램을 적용하여 그 적합성을 평가한다.[14] 마지막으로 제11.3절에서는 역타공법현장에서 흙막이굴착 설계에 꼭 적용해야 하는 선기초 중간기둥의 지지력에 대하여 설명한다.[11]

11.1 지중연속벽과 주열식 벽체의 거동해석 시 측방토압의 적합성 평가

제11.1절에서는 암반층이 포함된 다층지반에서 역타공법이 적용된 흙막이벽의 변형거동을 정확히 예측하는 데 적합한 측방토압을 고찰한다.[13] 이를 위해 흙막이벽 설계 시 널리 사용되고 있는 흙막이벽 설계 프로그램(SUNEX)[8]으로 역타공법이 적용된 지중연속벽과 주열식 흙막이벽체(CIP벽체, SCW벽체)의 수평변위를 예측하였으며, 이들 예측수평변위와 굴착현장에서 측정된 실측수평변위를 비교 분석한다.

이때 흙막이벽 설계 프로그램 해석 시에는 강성벽체에 작용하는 토압인 Rankine의 이론토압(1857)[19]과 연성벽체에 작용하는 경험토압인 Terzaghi·Peck의 토압(1967)[20] 및 Tschebotarioff의 토압(1973)[21]과 같은 국외 지반을 대상으로 제안된 경험토압과 국내 다층지반에서 실시된 굴착현장에서 얻은 경험토압인 홍원표·윤중만의 경험토압(1995a)[9]을 적용한다.[6,15]

11.1.1 흙막이벽의 실측수평변위

(1) 현장 개요

검토 대상 현장은 도심지에서 역타공법으로 지하굴착공사를 실시한 A, B, C의 3개 현장이다.[14] 우선 A현장은 지하 7층, 지상 22층 규모의 건물신축 건설현장이다. 굴착면적은 8309.44m² (=75.6m×109.9m)이며 최종굴착깊이는 31.65m이었다. 이 현장에서의 흙막이벽은 800mm 두께의 콘크리트벽으로 지중에 시공된 지중연속벽이다.

다음으로 B현장은 지하 4층, 지상 10층 규모의 건물신축 건설현장이다. 굴착면적은 5,775.33m² (=63.5m×90.95m)이며 최종굴착깊이는 15.30m이었다. 흙막이벽은 직경이 500mm이고 중심 간격이 500mm인 CIP(Cast-in-place pile)로 시공된 주열식 흙막이벽이다.

마지막으로 C현장은 지하 4층, 지상 15층 규모의 건물신축 건설현장이다. 굴착면적은 12,000m²(=150m×80m)이며 최종굴착깊이는 B현장과 동일하게 15.30m이었다. 흙막이벽은 직경이 550mm 중심 간격이 450mm인 SCW(Soil-cement wall)로 시공된 주열식 흙막이벽이다.

흙막이벽체의 강성(EI)은 지중연속벽의 경우는 896,000kN·m²/m, CIP 흙막이벽의 경우는 157,430kN·m²/m, SCW 흙막이벽의 경우는 42,840kN·m²/m이다.

한편 A현장의 경우 흙막이벽의 근입깊이는 최종굴착면에서 1.9m로 비교적 얕게 근입되었다. 반면 B현장과 C현장의 흙막이벽의 근입깊이는 5.7m였다.

A, B, C현장은 우리나라의 내륙지방의 전형적인 지층구조인 매립층, 퇴적층, 풍화토층, 풍화암층, 기반암층으로 구성된 다층지반이다.

토사층에서 흙의 단위중량은 표준관입시험에서 얻은 N값으로 추정하였으며 내부마찰각과 점착력은 N값을 이용하여 Dunham의 제안식과 Peck의 제안식으로 추정한 값과 직접전단시험에서 얻은 값을 평균하여 사용하였다. 지반반력계수는 국내 흙막이 설계 시 주로 적용되고 있는 후쿠오카 식으로 추정하였다. 연암층은 시험자료 및 암질 등으로 토질 정수를 추정한 기존의 지반정수치를 사용하였다.

A현장의 경우 기반암층인 연암의 회수율(TCR)은 10~55% 정도이며 RQD는 0~30%로 암질이 매우 불량 또는 불량한 것으로 판정되었다. B현장의 경우 연암층의 회수율(TCR)은 50~90% 정도이며 RQD는 20~73%로 암질이 매우 불량 또는 보통 정도로 나타났다. C현장은 풍화암이하 깊이에서는 지반조사를 실시하지 않아 암질을 판단하기 곤란하였다.

한편 지중경사계에 인접한 지하수위계로 측정된 각 현장의 지하수위는 A현장은 G.L.(−)15.0m이며 B현장은 G.L.(−)15.4m이고 C현장은 G.L.(−)3.2m였다.

(2) 흙막이벽의 수평변위 실측거동

그림 11.1은 A, B 및 C현장에서 지중경사계로 측정된 최종굴착단계에서의 흙막이벽의 수평변위를 도시한 그림이다. 이 그림에서 보는 바와 같이 A, B현장에 설치된 흙막이벽의 수평변위는 벽체의 중간 부분에서 가장 크게 발생하였으며 벽체의 상부와 하부에서는 상대적으로 작게 발생하고 있어 활 모양의 변형 형상을 보이고 있다.

그러나 C현장에 설치된 SCW 흙막이벽은 벽체의 상부 및 중간 부분에서 수평변위가 크게 발생되고 있으며 벽체 하부에서는 수평변위가 감소하는 사다리꼴 모양의 변형 형상을 보이고 있다.

A, B현장에 설치된 흙막이벽은 벽체의 상부에서 수평변위가 대략 7mm 이하로 비교적 작게 발생하고 있으나 C현장에 설치된 흙막이벽은 벽체의 상부에서 수평변위가 약 28mm 정도로 크게 발생하고 있다. 이와 같이 흙막이벽의 변형 형상이나 벽체 두부에서의 수평변위량은 흙막이벽의 종류에 따라 큰 차이를 보이고 있다.

B현장과 C현장은 굴착깊이와 흙막이벽의 근입깊이가 동일하지만 B현장에 설치된 CIP 흙막이벽의 최대수평변위는 대략 14mm 정도 발생하였으나 C현장에 설치된 SCW 흙막이벽의 최대수평변위는 약 31mm 정도 발생하고 있다. B현장의 흙막이벽 수평변위가 C현장의 흙막

이벽 수평변위보다 작게 발생한 것은 CIP 흙막이벽의 강성($EI = 157,430kN \cdot m^2/m$)이 SCW 흙막이벽의 강성($EI = 42,840kN \cdot m^2/m$)보다 크기 때문이라 사료된다.

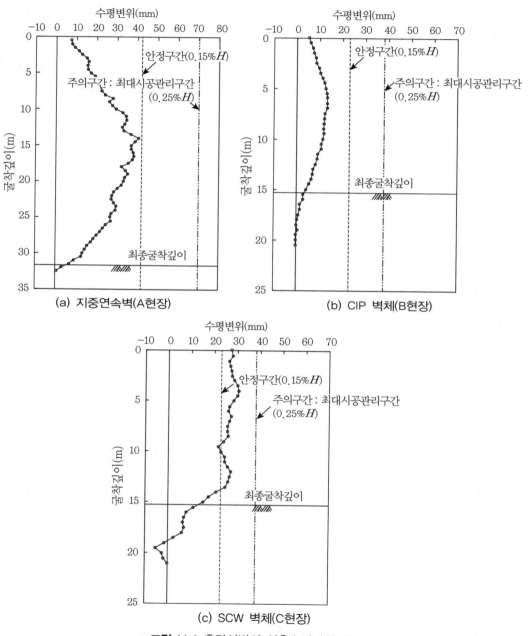

그림 11.1 흙막이벽의 실측수평변위거동

A현장의 굴착깊이가 C현장보다는 깊고, 흙막이벽의 근입깊이는 B현장보다는 얕지만 전체 굴착깊이에 대한 흙막이벽의 최대수평변위량은 A현장의 경우 굴착깊이에 0.13% 정도 발생한 반면 C현장의 경우에는 약 0.2% 정도 발생하고 있어 굴착깊이에 비해 수평변위량이 작은 것은 A현장에 설치된 지중연속벽의 강성(EI = 896,000kN·m²/m)이 C현장에 설치된 SCW 흙막이벽의 강성보다 상당히 크기 때문이라 사료된다.

또한 그림 11.1에서 보는 바와 같이 A, B현장에서 계측된 흙막이벽의 수평변위량은 홍원표와 윤중만(1995b)이 제안한 흙막이벽 시공관리기준[10]에서 안정 구간 관리기준치 내에서 발생하고 있어 굴착공사가 진행되는 동안 흙막이벽의 안정성이 충분히 확보되었음을 알 수 있다. 그러나 C현장에 설치된 흙막이벽의 수평변위는 안정 구간의 관리기준치를 초과하여 발생하고 있어 굴착공사 시 흙막이벽의 안전성에 유의하여야 하였음을 알 수 있다.

11.1.2 탄소성해석 프로그램(Surnex 프로그램) 개요

사용된 구조해석 프로그램은 (주)지오그룹이엔지에서 개발한 'Sunex ver 5.1'로서 단계별 지하굴착거동을 해석할 수 있는 탄소성해석 프로그램이다.[8]

본 프로그램은 탄소성 Beam-Spring Model에 근거하여 개발되었으며 단계별 굴착과 지보공에 따른 흙막이벽의 변위, 전단력, 휨 모멘트 및 지보공의 축력을 계산할 수 있다.

본 모델의 하중과 변형에 대한 기본식은 다음과 같이 표시된다.

$$EI\frac{d^4x}{dy^4} + \frac{AE'}{L}X = P_i - K_sX \tag{11.1}$$

여기서, E : 흙막이 벽체의 탄성계수

$\quad\quad I$: 흙막이 벽체의 단면2차모멘트

$\quad\quad A$: 지보공의 단면적

$\quad\quad E'$: 지보공의 탄성계수

$\quad\quad L$: 지보공의 길이

$\quad\quad P_i$: 초기 토압(주로 정지토압이 사용됨)

$\quad\quad K_s$: 지반의 수평방향 지반반력계수

$\quad\quad X$: 깊이 y 지점에서의 벽체의 x 방향 변위

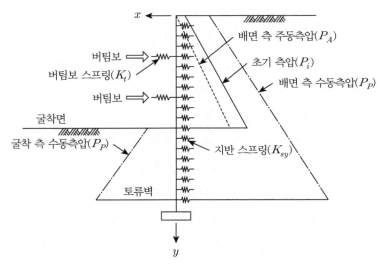

그림 11.2 기본 구조 모델

굴착심도 이상 부분 및 굴착심도 이하 부분에서의 변위와 탄소성관계는 각각 다음 그림 11.3 및 11.4와 같다.

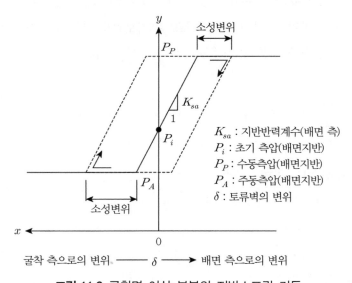

K_{sa} : 지반반력계수(배면 측)
P_i : 초기 측압(배면지반)
P_P : 수동측압(배면지반)
P_A : 주동측압(배면지반)
δ : 토류벽의 변위

굴착 측으로의 변위 ◀── δ ──▶ 배면 측으로의 변위

그림 11.3 굴착면 이상 부분의 지반스프링 거동

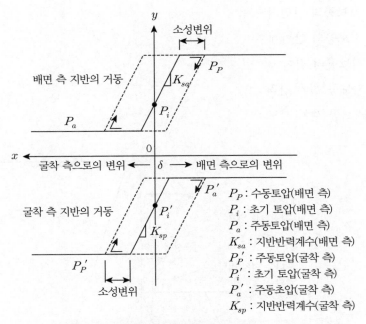

배면 측 지반의 거동

P_a

소성변위

P_P

K_{sa}

P_i

x

굴착 측으로의 변위 ← δ → 배면 측으로의 변위

0

굴착 측 지반의 거동

P_a'

P_i'

K_{sp}

P_P'

소성변위

P_P : 수동토압(배면 측)
P_i : 초기 토압(배면 측)
P_a : 주동토압(배면 측)
K_{sa} : 지반반력계수(배면 측)
P_P' : 주동토압(굴착 측)
P_i' : 초기 토압(굴착 측)
P_a' : 주동초압(굴착 측)
K_{sp} : 지반반력계수(굴착 측)

그림 11.4 굴착면 이하 부분의 지반스프링 거동

식 (11.1)을 살펴보면 좌변에서 보는 바와 같이 계산 초기에 작용시킨 토압 P_i는 벽체의 변위에 1차적으로 비례하여 증감된다. 그러나 이 토압은 '변위–탄소성관계' 그림에서 보는 바와 같이 주동토압과 수동토압의 범위(최소 및 최대한계치) 이내에 있어야 하며 그 범위를 벗어나는 변위가 발생할 때의 토압은 한계토압으로 되고 지반반력계수를 0으로 한 후 반복계산이 계속된다. 이전 반복 계산 시의 토압과 현재 계산시의 토압의 차이가 미리 정해둔 오차 이내로 수렴할 때 계산을 종료한다.

탄소성 해석에서의 기본 원칙과 가정은 다음과 같다.

① 지보공 설치 지점의 수직벽에는 지보공의 수평간격, 단면적, 길이 재료의 탄성계수로 구해지는 탄성스프링 지점이 부가된다.

$$K_{support} = \frac{A\,E}{LS}\cos\theta \tag{11.2}$$

여기서, $K_{support}$: 지보공의 스프링계수

A : 지보공의 단면적

E : 지보공의 탄성계수

L : 지보공의 길이

S : 지보공 설치 간격

θ : 지보공 설치 각도

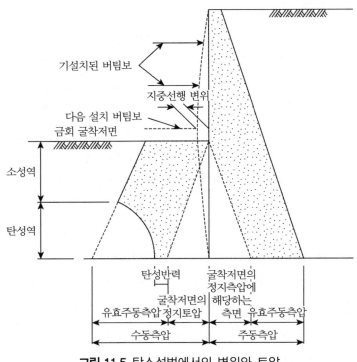

그림 11.5 탄소성법에서의 변위와 토압

② 위의 지보공에 대한 탄성지점은 그 지보공이 설치될 때 이미 발생되었던 변위량에 해당하는 선행변위를 가지는 것으로 한다.

③ 각 굴착 단계에서 작용토압은 계산 초기에 정지토압을 작용시키고 흙막이벽체의 변위에 비례하여 수정된다. 그러나 다음과 같은 한계를 넘지 않는다.

초기 토압 : P_i

수정토압 : $P_i \pm$ Ksoil×displacement(지중 선행변위량)

한계토압 : 주동토압≤토압≤수동토압

위의 범위를 벗어나는 조건이 될 때 토압은 한계토압으로 되며 지반의 스프링상수를 0으로 한다.

11.1.3 해석 프로그램에 적용된 측방토압 분포

(1) Rankine(1857) 이론토압

그림 11.6은 실무에서 옹벽과 흙막이벽의 설계에 주로 적용되고 있는 측방토압의 분포를 나타낸 것으로 이들 토압은 이론토압(그림 11.6(a))과 경험토압(그림 11.6(b), (c), (d))으로 크게 구분된다.

즉, 옹벽은 벽체 하단을 중심으로 회전하여 상단의 변형은 크고 하단의 변형은 매우 작게 되므로, 옹벽 설계 시 Rankine의 토압[19]이 적용된다. 그러나 흙막이벽의 변형은 각 굴착단계 별로 흙막이벽의 변형 형상이 달라지고 굴착깊이에 따라 증가하므로 흙막이벽에 작용하는 토압 분포는 옹벽에서의 직선 분포와는 다르게 된다. 따라서 흙막이벽을 설계할 때는 굴착현장에서 계측기로 측정된 버팀보나 앵커의 하중으로 산정된 경험토압이 적용된다.

그림 11.6(a)에서 보는 바와 같이 Rankine의 이론토압(1857)[19]은 삼각형 분포로 최종굴착면에서의 최대토압 p는 $p = K_a \gamma H$이다. 여기서 K_a는 주동토압계수이고, γ는 흙의 단위중량, H는 최종굴착깊이이다.

(2) 국외 경험토압

Terzaghi and Peck(1967)의 경험토압[20]은 그림 11.6(b)와 같이 사질토지반에서 버팀보로 지지된 흙막이 굴착현장에서 버팀보의 하중으로 얻은 경험토압으로 사각형 분포이다. 최대토압 p의 크기는 $p = 0.65 K_a \gamma H$로 최종굴착면에서의 Rankine의 토압($K_a \gamma H$)크기의 65%에 해당된다.

Tschebotarioff(1973)의 경험토압[21]은 그림 11.6(c)에서 보는 바와 같이 사다리꼴 모양의 분포로 사질토지반에서 버팀보 설계용으로 제안된 경험토압이다. 지표면에서 굴착깊이의 10% 까지는 토압이 선형적으로 증가하고 하부 20% 부분에서는 토압이 선형적으로 감소한다. 최대 측방토압 P의 크기는 최종굴착면에서의 상재하중(γH)의 25%인 $p = 0.25 \gamma H$이다.

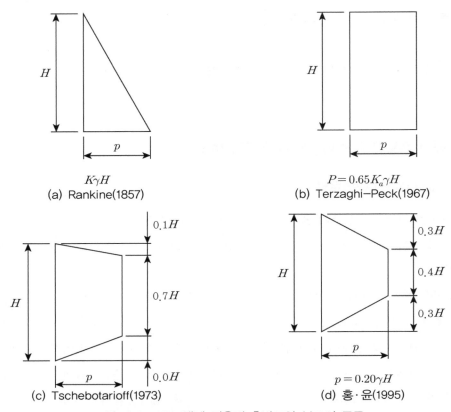

$K\gamma H$
(a) Rankine(1857)

$P = 0.65 K_a \gamma H$
(b) Terzaghi–Peck(1967)

(c) Tschebotarioff(1973)

$p = 0.20\gamma H$
(d) 홍 · 윤(1995)

그림 11.6 프로그램에 적용된 측방토압 분포의 종류

(3) 국내 경험토압

홍원표 · 윤중만(1995a)의 경험토압[9]은 본 검토현장의 지층구조와 유사한 암반층이 포함된 다층지반에서 앵커로 지지된 흙막이 굴착현장에서 앵커의 축력 및 벽체의 수평변위로 산정된 경험토압이다. 홍원표 · 윤중만(1995a)의 경험토압은 그림 11.6(d)에서 보는 바와 같이 상하부 대칭의 사다리꼴모양의 분포를 보이고 있다. 본 토압 분포는 암반층으로 이루어진 굴착저면 에서는 암반층에서의 토압감소율을 고려하여 최종굴착면으로부터 굴착깊이의 30%에 해당되 는 굴착깊이부터 선형적으로 감소하는 토압 분포를 보이고 있다. 최대측방토압 p의 크기는 최종굴착면에서의 연직상재압(γH)의 20%인 $p = 0.2\gamma H$로 정하여 사용한다.

그러나 홍원표(2018)는 국내에서 측정된 계측자료검토에 의하면 홍원표 · 윤중만(1995a)의 경 험토압은 흙막이벽에 작용하는 측방토압의 평균치에 해당하고 최대측방토압은 Tschebotarioff (1973)의 경험토압[21]과 동일한 본포와 크기를 가짐을 밝혔다.[15] 이에 근거하여 안전 설계 시에는 Tschebotarioff(1973)의 경험토압[21]과 동일한 분포와 크기를 가지는 측방토압을 적용할 것을 제안하였다. [15]

11.1.4 지중연속벽과 주열식 벽체의 변형거동 비교분석

(1) 지중연속벽의 수평변위

그림 11.7은 지중연속벽을 대상으로 흙막이벽 설계 프로그램으로 산정된 예측수평변위와 현장에서 지중경사계로 측정된 실측수평변위를 비교하여 나타낸 것이다.

이 그림에 나타난 바와 같이 지중연속벽의 상부에서는 Terzaghi and Peck(1967)의 토압과 Tschebotariof(1973)의 토압을 적용한 경우, 벽체의 수평변위는 예측치가 실측치보다 크게 발생되고 있다. 특히 Tschebotarioff(1973)의 토압을 적용한 경우에는 지중연속벽의 상부에서의 수평변위가 실측치보다 상당히 크게 발생되고 있다. 지중연속벽 중간부에서는 Rankine(1857)의 토압과 Terzaghi and Peck(1967)의 토압을 적용할 경우 벽체의 수평변위는 중간부에서 실측치보다 작게 발생되었으나 벽체 하부에서는 수평변위가 실측치보다 크게 예측되었다.

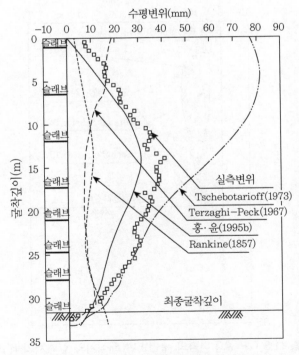

그림 11.7 지중연속벽의 수평변위 해석치와 실적치의 비교

한편 그림 11.7은 홍원표·윤중만(1995a)의 경험토압을 적용할 경우에 흙막이벽의 상부에서는 예측수평변위와 실측수평변위가 거의 유사하게 발생하고 있으나 벽체의 하부에서는 예측수평변위가 실측수평변위보다 약간 작게 발생하고 있다. 전반적으로 수평변위의 변형 형상은 예측치와 실측치가 유사한 경향을 보이고 있으며 최대수평변위는 예측치와 실측치가 모두 벽체의 중간부에서 발생하고 있다. 그러나 최대수평변위량의 크기는 예측치가 실측치보다 약간 작게 발생하고 있다. 이는 위에서도 설명한 바와 같이 홍원표·윤중만(1995a)의 경험토압은 평균치에 해당하기 때문으로 사료된다. 만약 최대측방토압인 홍원표(2018)의 경험토압을 지중연속벽의 구속조건에 맞게 적용하여 해석하면 해석치가 보다 실측치에 근접할 것이 예상된다.

(2) 주열식 벽체(CIP 벽체)의 수평변위

그림 11.8은 CIP 흙막이벽을 대상으로 프로그램에 의해 예측된 수평변위와 현장에서 지중경사계로 측정된 실측수평변위를 비교하여 나타낸 것이다.

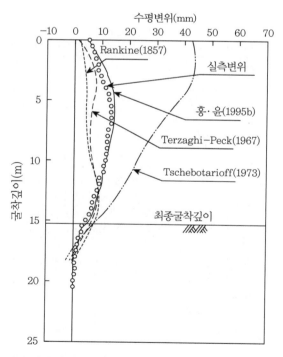

그림 11.8 CIP 흙막이벽의 수평변위 해석치와 실측치의 비교

그림에 나타난 바와 같이 CIP 벽체 중간부에서는 Rankine(1857)의 토압과 Terzaghi and Peck(1967)의 토압을 적용하여 산정된 예측수평변위는 실측수평변위보다 약간 작게 발생하고 있으며 CIP 벽체 상·하부에서는 예측수평변위와 실측수평변위가 거의 유사하게 발생하고 있다. 그러나 Tschebotarioff(1973)의 토압을 적용한 경우에는 흙막이벽 전 구간에 걸쳐서 예측수평변위가 실측수평변위보다 상당히 크게 발생하고 있다.

한편 홍원표·윤중만(1995a)의 토압을 적용할 경우, 흙막이벽 전체에 걸쳐서 수평변위의 변형 형상은 예측치와 실측치가 매우 잘 일치하는 경향을 보이고 있다. 최대수평변위는 예측치와 실측치가 모두 벽체의 중간부에서 발생하고 있으며 최대수평변위량의 크기도 예측치와 실측치가 거의 같게 발생하고 있다.

(3) 주열식 벽체(SCW 벽체)의 수평변위

그림 11.9는 SCW 흙막이벽을 대상으로 프로그램에 의해 예측된 수평변위와 현장에서 지중경사계로 측정된 실측수평변위를 비교하여 나타낸 것이다.

그림에 나타난 바와 같이 Rankine(1857)의 토압과 Terzaghi and Peck(1967)의 토압을 적용할 경우에는 SCW 흙막이벽의 수평변위는 전체적으로 예측치가 실측치보다 작게 발생하고 있으며 최대수평변위량의 크기도 예측치가 실측치보다 작게 발생하고 있다.

Tschebotarioff(1973)의 토압을 적용한 경우에는 흙막이벽 전 구간에 걸쳐서 예측수평변위가 실측수평변위보다 상당히 크게 발생하고 있어 지중연속벽 및 CIP 흙막이벽과 유사한 경향을 보이고 있다.

한편 홍원표·윤중만(1995a)의 토압을 적용할 경우에는 SCW 흙막이벽의 상·하부에서는 수평변위의 예측치가 실측치보다 작게 발생하고 있으나 벽체 중간부에서는 예측치가 실측치보다 크게 발생하고 있다. 그리고 최대수평변위량의 크기는 예측치가 실측치보다 크게 발생하고 있다.

SCW 흙막이벽의 경우에는 홍원표·윤중만(1995a)의 토압을 적용하여 산정된 흙막이벽의 수평변위의 예측치가 다른 토압들을 적용하여 얻은 예측치보다 실측치에 근접하는 경향을 보이고 있지만 지중연속벽과 CIP 흙막이벽보다는 예측치와 실측치가 일치하지 않는 경향을 보이고 있다.

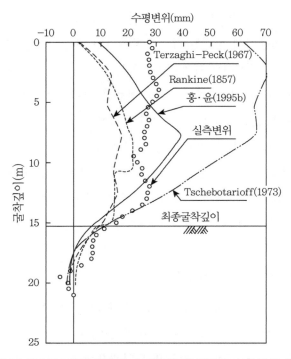

그림 11.9 SCW 흙막이벽의 수평변위 해석치와 실측치의 비교

11.1.5 수평변위의 실측치와 예측치의 비교

흙막이벽 설계 프로그램을 이용하여 역타공법이 적용된 흙막이벽의 수평변위를 예측한 결과 프로그램에 적용되는 토압의 종류에 따라 흙막이벽에 발생되는 수평변위는 상당히 큰 차이를 보이고 있다.

Rankine(1857)의 토압, Terzaghi and Peck(1967)의 토압, Tschebotarioff(1973)의 토압을 적용하여 예측한 수평변위는 흙막이벽의 종류에 따라 차이는 있지만 현장에서 지중경사계로 측정된 수평변위와 큰 차이를 보이고 있다. 대체적으로 Rankine(1857)의 토압, Terzaghi and Peck(1967)의 토압을 적용한 경우 예측수평변위가 실측수평변위보다 작게 발생한 반면에 Tschebotarioff(1973)의 토압을 적용한 경우에는 예측수평변위가 실측수평변위보다 상당히 크게 발생하고 있다. Tschebotarioff(1973)의 토압 분포가 상부 10% 지점에서부터 크게 작용하고 있으며 전 주동토압의 크기가 다른 토압들보다 커서 흙막이벽 상부에서 예측된 수평변위가 다른 토압에 비해 실측치보다 상당히 크게 발생한 것으로 사료된다. 그리고 이들 토압으로 예측된 수평변위가 실측된 수평변위와 다른 변형거동을 보이는 것은 Rankine(1857)의 토압의 경우, 흙막이벽과 변형거동이 다른 옹벽을 대상으로 흙의 소성평형 상태에서 구한 이론토압으로 굴착단계별 흙막이벽의 변형에 따른 토압의 변화가 고려되지 않은 것이 원인이라 사료된다. 또한 Terzaghi and Peck(1967)의 토압, Tschebotarioff(1973)의 토압은 사질토지반에서 버팀보로 지지된 흙막이 굴착현장에서 버팀보의 하중으로 얻은 경험토압이며 연성벽체에 작용하는 토압으로 본 사례 현장과 같이 암반층이 포함된 다층지반의 토질특성이 고려되지 않은 토압 분포이기 때문이라 사료된다.

한편 연성벽체에 앵커지지시 작용하는 홍원표·윤중만(1995a)의 토압을 적용할 경우 우리나라와 같은 다층지반에서는 흙막이벽의 종류에 관계없이 흙막이벽의 예측수평변위와 실측수평변위가 비교적 잘 일치하는 경향을 보이고 있다. 특히 비교적 흙막이벽의 강성이 작은 SCW 흙막이벽보다는 강성이 큰 CIP 흙막이벽과 지중연속벽에서 예측변위량과 실측변위량이 더욱 잘 일치하고 있다. 이는 흙막이벽의 강성이 작은 SCW 흙막이의 경우 홍원표·윤중만(1995a)의 토압 적용 시 변위 발생의 양상이 상부에서 크게 발생하며 중심부와 하부에서 상대적으로 작게 발생하기 때문에 정확한 측방토압의 전달이 이루어지지 않은 것으로 사료된다. 이와 같이 다른 토압들을 적용한 경우보다 홍원표·윤중만(1995a) 토압으로 산정된 예측수평변위가 실측수평변위와 거의 유사한 변형거동 양상을 보이는 것은 홍원표·윤중만(1995a) 토압은 본 사례 현장과 지층구조가 유사한 암반층이 포함된 다층지반에서 실시된 굴착현장에서 얻은 경험토압으로 암반층에서의 토압감소율을 고려하여 산정된 토압 분포이기 때문이라 사료된다.

본 연구에서는 암반층이 포함된 다층지반에서 역타공법이 적용된 흙막이벽의 변형거동을 정확히 예측하는 데 적합한 토압에 대하여 고찰하여 다음과 같은 결과를 얻을 수 있었다.

① 흙막이벽 설계 프로그램을 이용하여 역타공법이 적용된 흙막이벽의 수평변위를 예측한 결과 프로그램에 적용되는 토압의 종류에 따라 흙막이벽에 발생되는 수평변위는 상당히 큰 차이를 보이고 있다.

② 흙막이벽의 종류에 따라 차이는 있지만 Rankine(1857)의 토압, Terzaghi and Peck (1967)의 토압, Tschebotarioff(1973)의 토압을 적용하여 예측한 수평변위 형상은 현장에서 지중경사계로 측정된 수평변위 형상과 다른 거동을 보이고 있다.

③ 홍원표·윤중만(1995a)의 토압을 적용하여 예측된 흙막이벽의 수평변위는 예측치가 다른 토압들을 적용하여 얻은 예측치보다 실측치에 근접하는 경향을 보이고 있다. 특히 흙

막이벽의 강성이 작은 SCW 흙막이벽보다는 강성이 큰 CIP 흙막이벽과 지중연속벽에서
예측수평변위량과 실측수평변위량이 잘 일치하고 있다.
④ 암반층이 포함된 다층지반에서 Rankine(7527)의 이론토압, Terzaghi and Peck(1967)
및 Tschebotarioff(1973)의 경험토압보다는 암반층에서의 토압감소율이 고려된 홍원표·
윤중만(1995)의 경험토압을 흙막이벽 설계 프로그램에 적용하는 것이 역타공법이 적용
된 흙막이벽의 변형거동을 비교적 정확히 예측할 수 있다.

11.2 지중연속벽 설계 시 측방토압의 적합성 평가

홍원표 연구팀(2012a)[13]은 현재 지중연속벽 설계 시 사용되는 여러 범용해석 프로그램에
Rankin(1857)의 이론토압과 홍원표·윤중만(1995a)[9]의 경험토압을 각각 적용하여 역타공법
에 적용된 지중연속벽의 수평변위를 분석한 바 있다.[12-15] 그리고 이들 해석 프로그램에서 산
정된 예측변위량과 지중경사계로 측정된 실측변위량을 비교·검토하였다. 현재 지중연속벽
설계에 적용되는 해석 프로그램에는 Rankine(1857)의 토압이 주로 적용되고 있다. 검토 결
과, 지중연속벽의 예측수평변위는 적용되는 토압에 따라 상당히 큰 차이를 나타내고 있다.
Rankine의 토압을 적용하여 산정된 예측수평변위 형상은 실측 결과와 큰 차이를 보이고 있으
며 벽체의 하부에서 예측치가 실측치보다 과다하게 산정되었다. 반면, 홍원표·윤중만(1995a)
의 토압을 적용하여 얻은 예측수평변위 형상과 최대수평변위량은 실측 결과와 유사하게 나타
났다. 따라서 역타공법이 적용된 지중연속벽의 설계 시 Rankine(1857)의 토압보다는 홍원표·
윤중만(1995a)의 경험토압을 적용하는 것이 적합함을 알 수 있다.

11.2.1 개 요

도심지에서 구조물 축조 시 토지를 효율적으로 이용하기 위하여 주차시설, 저장시설, 생활
편의시설 등이 지하공간에 설치되고 있다. 이와 같이 지하공간에 구조물을 설치하기 위해서
는 흙막이벽을 사용한 깊은 굴착을 실시하게 된다. 도심지 내에서 지하굴착공사는 대부분 근
접시공으로, 지하매설물이나 인접구조물에 피해를 유발시키는 경우가 자주 발생하게 된다.
근접시공으로 인한 피해를 최소화하기 위해 주로 차수성이 양호하고 강성이 큰 지중연속벽을

적용하여 굴착공사를 실시하고 있다.

최근에는 지중연속벽에 적용 가능한 굴착공법으로 역타공법을 이용하여 지하굴착공사를 실시하는 시공사례가 급증하고 있다. 역타공법은 순타공법에 비해 공기를 단축시킬 수 있는 장점이 있다. 역타공법으로 지하굴착공사를 시공할 경우, 지중연속벽과 굴착지반의 변형거동은 기존의 순타공법을 적용한 경우와는 다른 변형거동을 보일 것이다. 따라서 지중연속벽의 변형거동을 정확하게 예측하기 위해서는 지중연속벽 설계 시 적용하는 토압의 분포 및 크기가 중요한 요소 중에 하나가 될 것이다. 현재 지중연속벽 설계에 이용되고 있는 각종 해석 프로그램에는 Rankine의 토압이 주로 적용되고 있다. 그러나 이들 프로그램 해석 결과는 현장에서 측정된 실측 결과와 차이가 있어 지중연속벽의 변형거동을 정확하게 예측하는 데 어려움이 있다.

따라서 본 연구에서는 역타공법이 적용된 지중연속벽의 변형거동을 정확히 예측하기 위하여 지중연속벽 설계 시 적용하는 토압에 대하여 적합성을 평가하고자 한다. 이를 위하여 지중연속벽 설계 시 사용되는 범용해석 프로그램에 Rankin의 토압과 홍원표·윤중만의 경험토압을 각각 적용하여 벽체의 수평변위를 산정하였다. 그리고 이들 해석 프로그램에서 산정된 예측변위량과 굴착현장에서 측정된 실측변위량을 비교·검토하였다.

11.2.2 흙막이벽의 실측수평변위

(1) 현장 개요

그림 11.10은 본 흙막이벽의 수평변위 예측 대상인 두 개의 지하굴착 사례 현장의 개략적인 주변 상황을 도시한 것이다.[113] 본 두 사례 현장은 서울시 강동구 천호동에 위치한 현장으로, 대규모 건물을 축조하기 위하여 깊은 굴착공사를 실시한 현장이다.

A현장은 지하 7층 지상 22층의 철골콘크리트 아파트를 건설한 현장이다. 지하굴착면적은 그림 11.10(a)에 도시되어 있는 바와 같이 대략 $8,309m^2$(가로 109.9m 세로 75.6m)이며, 최종굴착깊이는 31.65m이다. 한편 B현장은 지하 6층 지상 20층의 철근콘크리트 주상복합건물을 건설한 현장이다. 지하굴착면적은 그림 11.10(b)에 도시되어 있는 바와 같이 대략 $5,775m^2$(가로 90.95m 세로 63.5m)이며, 최종굴착깊이는 25.0m이다.

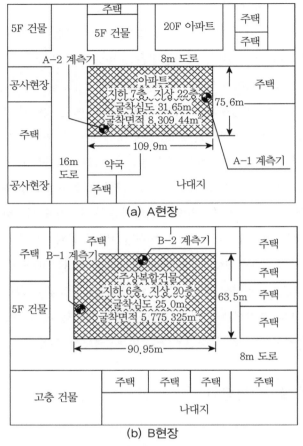

(a) A현장

(b) B현장

그림 11.10 현장 주변 상황 개략도[13]

(2) 지반특성

그림 11.11은 A현장 지하굴착단면 중 A-1 및 A-2 계측기 설치 위치(그림 11.10(a) 참조)의 지층구조를 나타낸 것이다. 지층은 상부로부터 매립층, 퇴적층, 풍화토, 풍화암, 연암의 순으로 분포되어 있다.

매립층은 과거 부지정리를 위하여 인위적으로 성토한 층으로서 지표로부터 1.3~6.3m의 두께로 분포하고 있다. 하성퇴적층은 매립층 하부에 10.7~18.5m의 두께로 분포하고 있으며, 실트질 점토, 모래 및 모래질 자갈층으로 구성되어 있다. 풍화잔류토층은 기반암이 완전 풍화된 상태로 모래질 자갈층 아래에 3.0~6.8m 두께로 분포하고 있다. 주 구성성분은 실트 섞인 모래이며, N값은 50/28 또는 50/15로 매우 조밀한 상태를 보이고 있다.

풍화암은 기반암이 풍화를 받아 토양화되기 전의 상태로, 모암의 구조 및 조직이 남아 있다. 풍화암층의 두께는 4.0~13.1m 정도이며, N값은 50/15 이상으로 매우 조밀 상태이다. 기반암인 연암층은 편마암(Gneiss)으로 구성되어 있으며, 풍화암층 하부 29.4~31.0m의 깊이에서 분포하고 있다. 절리 및 파쇄의 영향으로 암편상, 조각상 또는 단주의 코어가 회수되어 코어회수율은 불량 또는 매우 불량으로 나타났다.

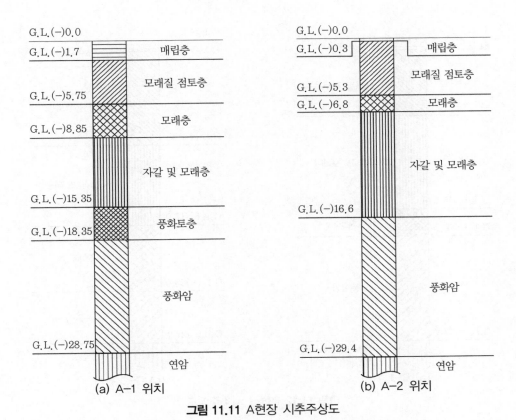

(a) A-1 위치   (b) A-2 위치

그림 11.11 A현장 시추주상도

한편 그림 11.12는 B현장 지하굴착단면 중 B-1 및 B-2 두 위치(그림 11.10(b) 참조)의 지층구조를 나타낸 것으로 A현장과 유사한 지층구조를 보이고 있다.

매립층은 지표로부터 0.0~3.1m의 두께로 분포하고 있다. 하성퇴적층은 매립층 하부 지표하 3.1~17.2m의 깊이에 분포하고 있으며, 성분에 따라 실트질 점토, 모래 및 모래질 자갈층으로 확인되었다. 풍화잔류토층은 기반암이 완전 풍화된 상태로 모래질 자갈층 하부 지표하 17.2~24.0m의 깊이에 분포하고 있다. 주 구성성분은 실트 섞인 모래(세립-조립)이며 N값은

30/30 또는 50/15로 매우 조밀한 상태이다.

  풍화암층은 풍화를 받아 토양화되기 전의 상태로서 모암의 구조 및 조직이 남아 있다. 본 층은 지표하 24~34m의 깊이에 분포하고 있으며 매우 조밀한 상태를 보이고 있다. 기반암인 연암층은 풍화암층 하부 지표면 아래 34~38m의 깊이에 분포하고 있으며 절리 및 파쇄의 영향으로 암편상 조각상 또는 단주의 코어가 회수되었다.

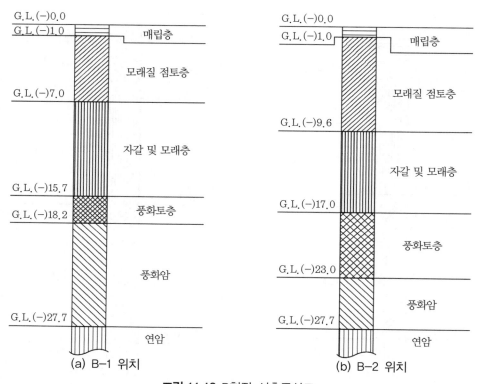

그림 11.12 B현장 시추주상도

(3) 흙막이벽체 구조

  A, B 두 현장에서는 지중연속벽을 지중에 시공한 후, 역타공법으로 지하굴착공사를 실시하였다. A, B현장의 지하층 구조단면도는 그림 11.13과 같다.

  A현장의 흙막이벽의 두께는 800mm이며, 굴착깊이 31.65m, 흙막이벽 근입깊이 1.85m로, 흙막이벽 깊이는 총 33.5m이다. 지하구조물은 지하 7층으로, 지하 3층까지의 층고는 모두 5.4m로 높고, 지하 4과 지하 7층의 층고는 모두 3.75m이며, 지하 5층과 8층의 층고는 각각

3.7m와 3.2m이다.

한편 B현장의 흙막이벽의 두께 800mm 이며, 굴착깊이 25.0m에 근입깊이 2.7m로, 흙막이벽은 총 27.7m 깊이로 설치되어 있다. 지하 6층의 구조물로 지하 1층의 층고는 5.05m, 지하 5층까지의 층고는 모두 3.3m이며, 지하 6층의 층고는 6.75m이다.

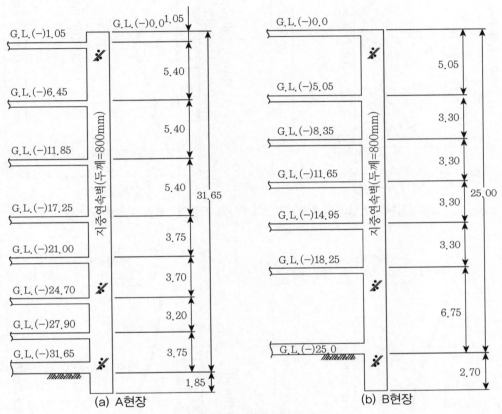

그림 11.13 지하층구조 단면도

(4) 지중연속벽의 수평변위 거동

그림 11.14 및 11.15는 각각 최종굴착단계에서 A현장과 B현장에 설치된 지중경사계로 측정한 지중연속벽의 수평변위를 도시한 그림이다. 이들 그림에서 보는 바와 같이 역타공법을 적용하여 지반굴착을 실시할 경우, 지중연속벽의 수평변위는 벽체의 중간 부근에서 가장 크게 발생하였으며, 지표면 부근과 벽체하부에서는 상대적으로 작게 발생하였다. 특히 지표면 부근에서 측정된 지중연속벽의 수평변위는 A현장과 B현장에서 대략 7mm 이내로 매우 작게 발

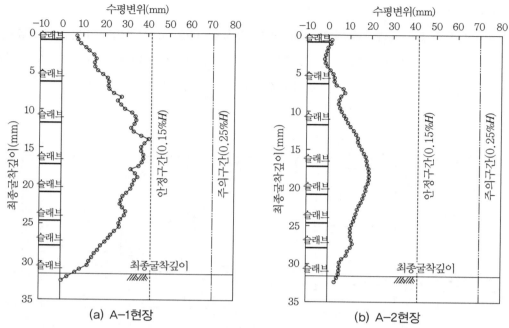

(a) A-1현장   (b) A-2현장

그림 11.14 A현장에서 최종굴착단계에서의 지중연속벽의 수평변위 거동

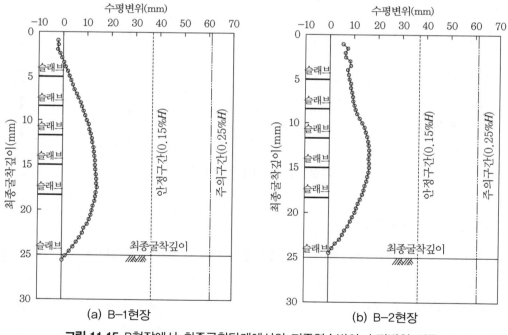

(a) B-1현장   (b) B-2현장

그림 11.15 B현장에서 최종굴착단계에서의 지중연속벽의 수평변위 거동

생하고 있어 역타공법이 적용된 굴착공사에서, 지중연속벽은 벽체의 두부에서 수평변위의 구속효과가 상당히 큰 것을 알 수 있다.

또한 그림 11.14 및 11.15에는 흙막이벽의 안정성을 판단하는 시공관리기준[6]을 함께 도시하였다. 그림에서 알 수 있는 바와 같이 A, B현장에서 측정된 지중연속벽의 최대수평변위는 안정 구간 내에서 발생하고 있다. 즉, 지중연속벽의 최대수평변위량은 굴착깊이의 0.07~0.15% 범위 내에서 발생하고 있어 홍원표·윤중만(1995b)이 제안한 흙막이벽의 시공관리기준치인 굴착깊이의 0.15%, Clough & O'Rourke(1990)[17]이 제안한 0.2%보다 작으므로 역타공법이 적용된 지중연속벽의 안정성은 어느 흙막이벽보다 뛰어나다고 말할 수 있다.

11.2.3 기존 범용해석 프로그램

현재 흙막이벽 설계 시 사용되는 범용해석 프로그램으로 사용되고 있는 SUNEX 프로그램[8] 및 GeoX 프로그램[5]의 두 가지 프로그램을 이용하여 지중연속벽의 수평변위를 산정·예측하였다.

(1) SUNEX 프로그램

SUNEX ver 5.1은 (주)지오그룹이엔지에서 개발한 프로그램으로 굴착단계별 흙막이벽 해석이 가능한 탄소성 프로그램이다.[8] 이 프로그램은 탄소성 보-스프링 모델을 적용하여 흙막이벽의 변위, 전단력, 휨모멘트 및 지보공의 축력을 계산할 수 있게 구성되어 있다.

SUNEX 프로그램에 대한 개략적 설명은 앞의 제11.1.2절에 설명되어 있으므로 그곳을 참조하기로 한다.

(2) GeoX 프로그램

GeoX 프로그램은 마이다스아이티에서 개발한 프로그램으로 탄소성해석과 FEM 해석기법이 적용된 흙막이벽 해석 프로그램이다.[5] 이 프로그램은 반단면 대칭모델만 고려할 수 있었던 종래 탄소성 프로그램의 문제점을 보완하여, 비대칭 전단면모델, 인접구조물의 영향평가, 인접구조물의 침하 등을 해석할 수 있다.

(3) 해석에 적용된 측방토압 및 토질정수

해석에 적용되는 측방토압은 이론토압과 경험토압의 두 가지 토압을 적용해본다. 먼저 이론 토압으로는 Rankine 토압[19]을 적용하고 경험토압은 우리나라와 같은 다층지반을 대상으로 제시된 홍원표·윤중만(1995a)의 경험토압[9]을 적용한다.

그림 11.16은 해석 프로그램에 적용된 측방토압을 나타낸 것이다. 그림 11.16(a)는 현재 지중연속벽 설계 시 사용되는 프로그램에 적용되고 있는 Rankine의 이론토압으로 삼각형 분포이다. 한편 그림 11.16(b)는 홍원표·윤중만(1995a)의 경험토압으로 상하부 대칭의 사다리꼴 모양의 분포를 보이고 있다.

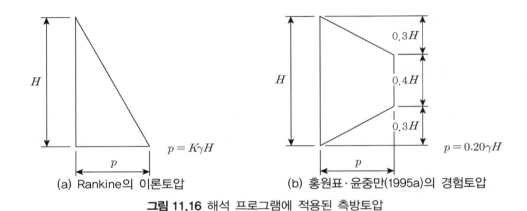

그림 11.16 해석 프로그램에 적용된 측방토압

한편 표 11.1과 표 11.2는 A, B현장에 대한 지중연속벽 설계 시 프로그램에 적용된 각 지층별 토질정수를 나타낸 것이다. 지하수위는 A현장은 G.L.(−)15.4m, B현장은 G.L.(−)15.4m에 있다.

표 11.1 A현장 토질정수[22]

구분	단위중량		점착력 $c(kN/m^2)$	내부마찰각 $\phi(°)$	지반반력계수 $K_s(kN/m^2)$
	$\gamma_t(kN/m^3)$	$\gamma_{sub}(kN/m^3)$			
매립층	18	9	0.0	29	25,100
실트질 점토층	17	8	30.0	0	12,000
모래층	18	9	0.0	32	23,300
모래질 자갈층	19	10	0.0	33	27,100
풍화토층	19	10	0.0	34	32,700
풍화암층	20	11	50.0	35	40,000
연암층	21	12	70.0	38	70,000

$\gamma_t(kN/m^3)$: 습윤단위중량
$\gamma_{sub}(kN/m^3)$: 수중단위중량

표 11.2 B현장 토질정수[4]

구분	단위중량		점착력 $c(kN/m^2)$	내부마찰각 $\phi(°)$	지반반력계수 $K_s(kN/m^2)$
	$\gamma_t(kN/m^3)$	$\gamma_{sub}(kN/m^3)$			
매립층	18	10	0.0	25	17,500
상부퇴적층	17	10	30.0	0	9,000
하부퇴적층(모래, 자갈)	19.5	10	0.0	30	40,000
풍화토층	19.5	10	20.0	33	35,000
풍화암층	20	10.5	50.0	35	55,000
연암층	20.5	11	90.0	40	70,000

$\gamma_t(kN/m^3)$: 습윤단위중량
$\gamma_{sub}(kN/m^3)$: 수중단위중량

11.2.4 범용해석 프로그램에 의한 예측수평변위의 비교

지하굴착현장에서 흙막이벽 배면에 설치된 지중경사계로부터 계측된 벽체의 실측수평변위를 현재 지중연속벽 설계에 주로 사용되고 있는 SUNEX 프로그램과 GeoX 프로그램으로 계산된 예측수평변위와 비교해보도록 한다.

(1) SUNEX 프로그램에 의한 예측

그림 11.17과 그림 11.18은 각각 A현장과 B현장의 지중연속벽 배면에 설치된 지중경사계로 측정된 벽체의 실측수평변위와 SUNEX 프로그램을 사용하여 산정한 예측수평변위를 비교하여 도시한 그림이다.

먼저 그림 11.17에 나타난 바와 같이 Rankine의 토압 적용 시 A현장의 경우에는 지중연속벽의 예측수평변위는 전반적으로 실측치보다 작게 발생하고 있으며 벽체의 최대수평변위량도 실측치보다 작게 발생하는 경향을 보이고 있다.

반면 B현장의 경우에는 그림 11.18에서 보는 바와 같이 지중연속벽 상부에서는 예측치와 실측치가 큰 차이를 보이지 않고 있으나 벽체 하부에서는 예측치가 실측치보다 크게 발생하는 경향을 보이고 있다. 이는 Rankine의 토압이 삼각형 분포로 벽체 상부보다 하부에 큰 토압이 작용하고 있는 것이 원인이라 사료된다. 그리고 전체적인 수평변위 형상은 예측치와 실측치가 상당히 다른 형상을 보이고 있다.

한편 홍원표·윤중만(1995b)의 토압을 적용할 경우에는 지중연속벽의 수평변위는 A-2 위

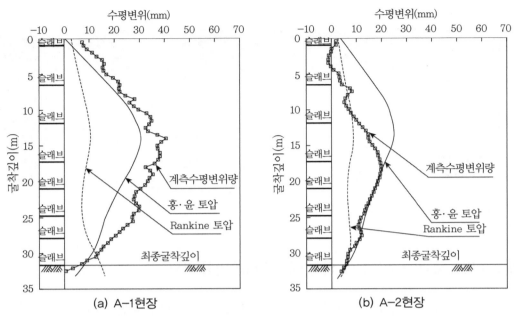

그림 11.17 SUNEX 프로그램으로 산정된 A현장의 예측수평변위와 실측수평변위의 비교

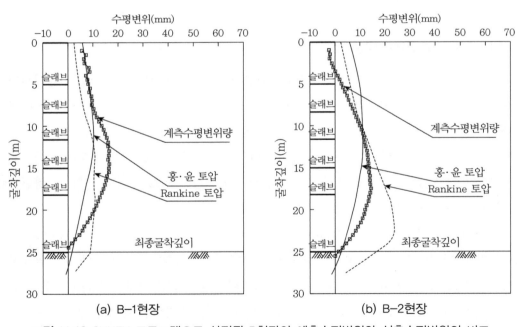

그림 11.18 SUNEX 프로그램으로 산정된 B현장의 예측수평변위와 실측수평변위의 비교

치와 B-2 위치의 상부에서 예측치가 실측치보다 크게 발생하고 있으나 전반적으로 A, B현장 모두 예측치와 실측치가 거의 유사한 형상으로 발생하고 있다.

그리고 전체적인 수평변위 현상은 예측치와 실측치가 상당히 유사한 형상을 보이고 있으며 최대 수평변위량의 크기 및 발생 위치도 예측치와 실측치가 거의 일치하고 있다. 이와 같이 홍원표·윤중만(1995a)의 경험토압을 적용하여 산정된 예측치가 실측치와 비교적 일치하는 것은 홍원표·윤중만의(1995a) 토압은 굴착현장에서 얻은 실측치를 역해석하여 산정한 토압 분포로, 굴착단계별 흙막이벽의 변형으로 인하여 발생되는 토압 분포의 변화를 모두 고려한 토압이기 때문이라 사료된다.

따라서 SUNEX 프로그램을 이용하여 지중연속벽의 설계 시, Rankine의 이론토압보다는 홍원표·윤중만(1995a)의 경험토압을 적용하면 지중연속벽의 수평변위를 비교적 잘 예측할 수 있는 것으로 사료된다.

결국 SUNEX 프로그램은 지중연속벽에 작용하는 측방토압 분포를 합리적으로 선택·적용하면 벽체의 수평변위를 잘 예측할 수 있다.

(2) GeoX 프로그램에 의한 예측

그림 11.19 및 그림 11.20은 각각 A현장과 B현장의 지중연속벽 배면에 설치된 지중경사계 측정된 벽체의 실측수평변위와 GeoX 프로그램을 사용하여 산정한 예측수평변위를 비교하여 도시한 그림이다.

Rankine의 토압 적용 시 그림 11.19 및 그림 11.20에 나타난 바와 같이 A-1 위치를 제외하고는 지중연속벽의 상부에서 중간부까지 벽체의 수평변위의 예측치와 실측치가 어느 정도 일치하고 있으나 벽체의 중간부에서 하부로 갈수록 예측치와 실측치는 큰 차이를 보이고 있다. 그리고 벽체의 수평변위형상, 최대수평변위의 크기 및 발생 위치도 예측치와 실측치는 상당히 다른 경향을 보이고 있다. 특히 B현장의 경우는 그림 11.20에서 보는 바와 같이 벽체 하부에서 예측치가 실측치보다 매우 크게 발생하고 있다. 이는 앞에서 언급한 바와 같이 Rankine의 토압은 하부로 갈수록 증가하는 삼각형 분포이기 때문이라고 사료된다.

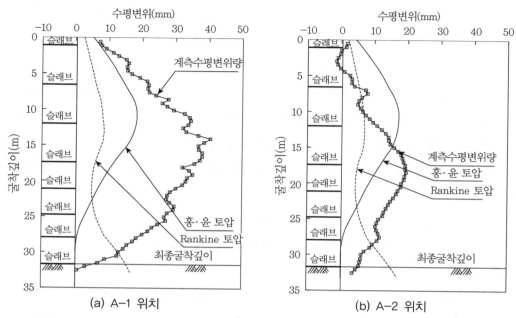

그림 11.19 GeoX 프로그램으로 산정된 A현장의 예측수평변위와 실측수평변위의 비교

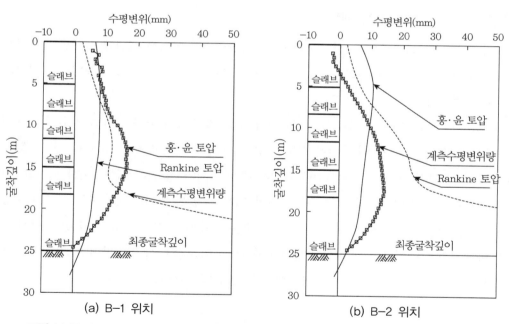

그림 11.20 GeoX 프로그램으로 산정된 B현장의 예측수평변위와 실측수평변위의 비교

한편 홍원표·윤중만(1995a)의 토압을 적용할 경우, 지중연속벽의 수평변위는 A, B현장 모두 벽체 상부에서는 예측치가 실측치와 비슷하거나 크게 발생하고 있으나 하부로 갈수록 예측치가 실측치보다 작게 발생하고 있으며 전체적인 수평변위 형상은 예측치와 실측치가 다소 차이를 보이고 있다. 그리고 최대수평변위량의 발생 위치는 차이는 있지만 A-2 위치, B-2 위치의 경우에는 최대수평변위량은 예측치와 실측치가 거의 유사하게 발생하고 있다.

그러나 전반적으로는 GeoX 프로그램을 적용 시 홍원표·윤중만(1995a)의 경험토압을 적용하여 산정된 수평변위형상 및 최대수평변위의 크기는 실측치와는 다소 차이는 있지만 Rankine의 토압에 의한 것보다 실측치와 더 유사한 경향을 보이고 있다.

(3) 적용 프로그램에 따른 예측수평변위의 비교

앞 절에서 역타공법이 적용된 굴착현장에서, 흙막이벽 해석 프로그램을 이용하여 지중연속벽의 수평변위를 예측하여 실측치와 비교분석한 결과, Rankine의 이론토압보다는 홍원표·윤중만(1995a)의 경험토압을 적용하여 산정된 예측치가 실측치와 더 잘 일치한다는 것을 알 수 있었다. 따라서 본 절에서는 A-1 위치를 대상으로, 해석 프로그램에 홍원표·윤중만(1995a)의 경험토압만을 적용하여 산정된 굴착단계별 지중연속벽의 예측수평변위를 실측수평변위와 비교하여 굴착단계별 홍원표·윤중만 토압(1995a)의 적용성을 검토해보고자 한다.

그림 11.21은 굴착단계별 SUNEX 및 GeoX 해석 프로그램으로 산정된 지중연속벽의 예측수평변위와 현장에서 계측된 실측수평변위를 비교하여 나타낸 것이다. 그림 11.21(a)에서 보는 바와 같이 굴착깊이가 7.45m인 초기 굴착 단계에서 지중연속벽의 수평변위는 SUNEX 및 GeoX 프로그램으로 산정된 예측치가 실측치와 비교적 잘 일치하고 있으며, 특히 SUNEX 프로그램으로 산정된 예측치가 실측치에 더 근접한 것으로 나타났다. 굴착깊이가 18.25m인 중간 굴착단계에서는 그림 11.21(b)에서 보는 바와 같이 GeoX 프로그램으로 산정된 예측수평변위가 실측수평변위와 잘 일치 하고 있다. 반면에 SUNEX 프로그램에 의한 예측치는 실측치를 다소 과다하게 산정되고 있다.

그림 11.21(c)에서 보는 바와 같이 굴착깊이가 25.7m인 후기 굴착단계에서는 SUNEX 프로그램으로 산정된 예측치가 실측치보다 약간 크게 발생하고 있으나, GeoX 프로그램로 산정된 예측치는 실측치보다 약간 작게 발생하고 있다. 즉, 실측수평변위는 이들 두 예측수평변위 사이에 분포하고 있다. 지중연속벽 상부에서는 두 프로그램으로 산정된 예측수평변위가 실측수평변위보다 약간 크게 발생하고 있다. 한편 그림 11.21(d)에서 보는 바와 같이 굴착깊이가

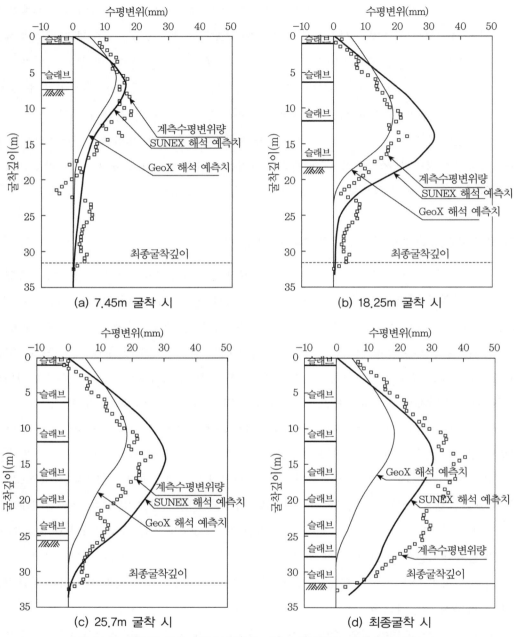

그림 11.21 굴착단계별 지중연속벽의 예측수평변위와 실측수평변위 비교

31.65m인 최종굴착단계에서는 두 프로그램에 의해 산정된 해석치는 실측치보다 모두 작게
발생하고 있다. 본 단계에서는 SUNEX 프로그램으로 산정된 예측치가 GeoX 프로그램에 의

한 해석치보다 실측치에 근접하고 있다. 특히 GeoX 프로그램으로 산정된 예측치는 실측치보다 상당히 작게 발생하고 있다.

각 굴착단계별로 프로그램으로 산정된 벽체의 예측수평변위와 현장에서 지중경사계로 측정된 실측수평변위를 비교 검토한 결과, 중간 굴착단계까지는 GeoX 프로그램으로 예측된 지중연속벽의 수평변위가 실측치와 잘 일치하고 있으나 굴착깊이가 깊어져 최종굴착단계로 이르게 되면 SUNEX 프로그램으로 예측된 지중연속벽의 수평변위가 실측수평변위와 잘 일치하는 경향을 보이고 있다. 굴착단계별로 다소 차이는 있지만 전반적으로 SUNEX 프로그램과 GeoX 프로그램으로 예측된 수평변위 형상은 실측변위형상과 매우 유사한 경향을 보이고 있으며, 예측된 최대수평변위의 크기도 실측치와 비슷한 것을 알 수 있다. 따라서 현재 실무에서 흙막이벽 설계 시 사용되고 있는 SUNEX 프로그램과 GeoX 프로그램에 홍원표·윤중만(1995a) 경험토압을 적용하는 것이 지중연속벽의 변형거동을 예측하는 데 적합하다고 사료된다.

그러나 여기서 적용한 홍원표·윤중만(1995a)의 경험토압은 홍원표(2018)의 고찰[15]에 의하면 평균치에 의한 측방토압일 수 있으므로 이전 서적[15]에서 검토 제안한 최대치의 측방토압을 적용하면 더욱 실측 수평변위를 예측할 수 있을 것으로 생각된다.

11.3 선기초 중간기둥의 지지력

최근 도심지에서의 굴착규모가 대형화, 대심도화됨에 따라 역타공법의 적용이 활발히 이루어지고 있다. 이 중 기둥용 선기초 중간말뚝은 공사방식이나 공사 기간 및 공사비에서 매우 중요한 요소 중 하나이다.

홍원표 연구팀(2006)은 말뚝재하시험을 실시하여 현장타설 선기초 중간기둥의 지지특성을 조사한 바 있다.[11] 또한 재하시험 결과에 의한 지지력을 이론식 및 경험식과 비교하였다. 이때 역타공법에서의 기둥용 중간말뚝은 대부분 중구경의 현장타설말뚝이 적용되고 양호한 암반까지 관입, 설치되는 것이 대부분인 관계로 암반에 적용되는 지지력 산정공식을 이용하여 설계단계에서의 허용지지력을 산정하였다. 암반에 관입된 현장타설말뚝의 지지력 산정 방법은 실제 국내 역타공법 설계 시 많이 적용되는 도로교 설계 기준 및 일축압축 강도시험 결과를 이용한 방법을 적용하였고, 신뢰지수를 매개변수로 하여 그 적용성을 평가하였다.

역타공법은 공사단계별로 선 시공된 구조물의 하중을 지지할 수 있는 기둥을 먼저 시공하고 이를 이용하여 흙막이벽에 작용하는 횡력(토압, 수압, 기타)을 지지할 수 있도록 본바닥구조나 버팀 시스템을 설치하면서 점진적으로 하부로 공사를 진행하는 지하구조물 시공 방법이다. 이러한 역타공법에서는 세 가지 중요한 기본구성요소가 있다. 첫째는 측방토압, 수압 및 연직하중을 지지하기 위한 흙막이벽이고 둘째는 흙막이벽을 지지하기 위한 지지시스템이며 셋째는 지지시스템의 좌굴길이를 제한하고 이에 작용하는 연직하중을 지지하기 위한 선기초 중간기둥이다.

국내에서는 현장타설 선기초 중간기둥을 대부분 양호한 암반층까지 설치하여 암반층의 지지력을 이용하여 안정성을 확보하는 경우가 많으며, 공사 중 및 사용 중 하중에 대해 여러 가지 제반여건을 고려, 기초계획을 수립하고 있다.

본 연구에서는 지하굴착공사에 최근 많이 적용되어지는 역타공법현장의 중간기둥에 대한 양방향재하시험을 실시하여 그 지지특성을 분석하고자 한다. 또한 암반에 근입된 현장타설말뚝의 지지력산정 공식과 재하시험 결과를 비교·분석함으로써 지지력 평가 방법의 적용성에 대한 고찰을 수행하고자 한다.

11.3.1 선기초 중간기둥 설치 현장

(1) 현장 개요 및 지층 개요

역타공법 굴착공사현장에 적용되는 현장타설 선기초 중간기둥의 지지력 특성을 규명하기 위한 한 현장의 현황은 표 11.3과 같다.[3]

표 11.3 선기초 역타공법 적용 현장 개요[2]

구분		내용
흙막이공법		• 지중연속벽(T=1,000mm) • Slab 공법＋Earth anchor 지지
굴착면적		• 11,761m^2
굴착깊이		• G.L.(−)23.2~26.4m
지하수위 분포		• 지표하 G.L.(−)13.0~16.4m
사용 재료	지중연속벽	• 두께 : T=1,000mm • 콘크리트 강도 : 280kg/cm^2
	현장타설말뚝(P.R.D)	• 직경 : 800mm • 콘크리트 강도 : 350kg/cm^2 이상

본 현장의 지층 분포 상태는 지표로부터 매립층, 퇴적층(실트, 모래, 점토, 모래·자갈), 풍화토, 풍화암, 연암, 경암 순으로 이루어져 있다. 양방향 선단재하시험 지역의 시추조사, 현장시험 및 실내시험을 토대로 지층 상태를 정리하면 그림 11.22와 같다.

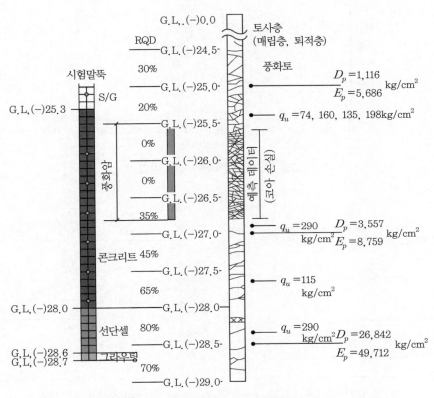

그림 11.22 말뚝재하시험 위치의 지층조건

(2) 말뚝재하시험 결과

선기초 중간기둥에 대한 양방향 재하시험은 선단 및 두부의 변위를 관찰하면서 재하중을 4주기 14단계로 가하며 수행하였다. 시험하중과 시간의 관계는 그림 11.23과 같다.

한편 그림 11.24는 양방향 재하시험 결과 파악된 선단재하에 따른 선단침하거동 및 말뚝의 주면마찰력에 따른 침하거동을 나타내고 있다.

말뚝은 작용하중에 따라 지속적으로 선단에서 침하하는 곡선을 나타내고 있으며, 그림 11.24(a)에서 보는 비와 같이 최대작용하중 1,050t에서 선단침하량은 25.8mm로 발생하였고, 말뚝주면에서의 상향변위량은 그림 11.24(b)에서 보는 바와 같이 1.72mm 발생되었으며, 말

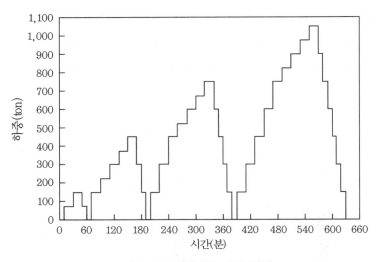

그림 11.23 시험하중 재하 방법

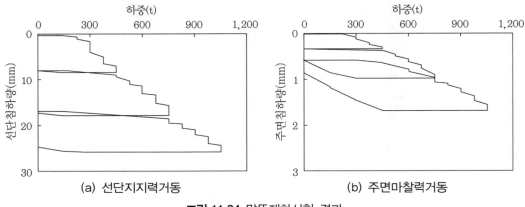

| (a) 선단지지력거동 | (b) 주면마찰력거동 |

그림 11.24 말뚝재하시험 결과

뚝두부의 변위량은 0.47mm로 나타났다.

통상적인 현장타설말뚝의 침하기준인 1inch(=2.54cm) 침하 시의 하중을 그림 11.24(a)의 선단지지력거동도에서 구하면 1,033t으로 나타났으며, 선단셀 하부 지지판의 직경이 650mm (면적 0.3319m²)인 점을 고려하면, 말뚝선단에서의 단위지지력은 식 (11.3)과 같이 구할 수 있다.

$$\frac{P_f}{A_f} = \frac{1,033.5t}{0.3319m^2} = 3,114.8t/m^2 \tag{11.3}$$

그림 11.25는 하중단계별 축하중 분포를 도시한 그림이다. 축하중은 현장타설말뚝 속에 배근할 때 철근에 부착한 변형률계로 말뚝재하시험 시 측정한 변형률로부터 산정한 값이다. 말뚝 두부에 하중을 재하할 때 말뚝의 축하중은 변형률계가 설치된 사이의 변형률 변화를 측정하여 축하중의 전이현상을 구할 수 있다.

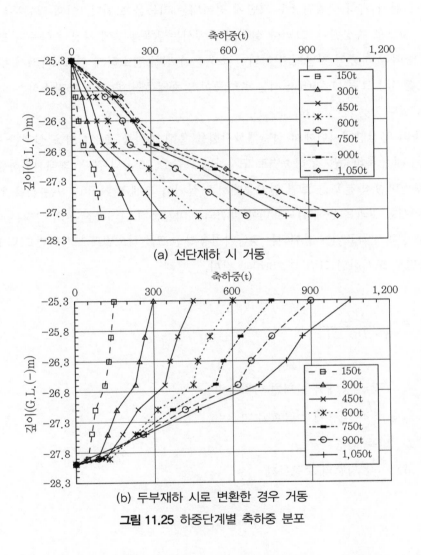

(a) 선단재하 시 거동

(b) 두부재하 시로 변환한 경우 거동

그림 11.25 하중단계별 축하중 분포

그림 11.25(a)는 말뚝선단에서 양방향재하시험시 측정된 값이다. 즉, 말뚝선단에서 말뚝에 양방향으로 재하여 측정된 하중과 변위의 상관 거동이다. 그러나 이 결과는 하중을 말뚝선단에서 상방향으로 재하하여 구한 값이므로 실제 하중은 말뚝두부에서 하방향 재하하므로 실제

상황과 같지 않다. 따라서 그림 11.25(b)에 그림 11.25(a)의 선단재하 거동 결과를 두부재하 시의 하중-침하 거동으로 변환하여 도시하였다.

선단재하 시 말뚝의 축하중은 말뚝선단에서부터 지반에 전이되어 소멸되었다. 이로 인한 결과로 축하중은 최종하중인 1,050t이 재하되었을 때까지 말뚝재하중의 크기에 따라 상방향 말뚝길이에 걸쳐 거의 선형적으로 지반에 전이되는 거동을 보인다. 이때 말뚝두부에는 축하중이 없는 것으로 측정된다. 그러나 실제 말뚝에서는 말뚝두부에 가장 축하중이 크고 하방향 말뚝길이에 따라 하중이 지반에 전이되어 축하중이 점차 감소하게 된다. 따라서 두부재하 거동으로 변환시킨 그림 11.25(b)에서는 축하중이 말뚝의 하방향 길이로 감소하는 축하중 분포를 보이고 있다.

즉, 말뚝의 양방향재시험에서 선단재하시험을 통해 축하중 측정실험을 실시한 결과, 말뚝 깊이별로 구해진 축하중을 각 하중별로 도시하면 그림 11.25(a)와 같다. 최대시험하중인 1,050t 일 때의 주면마찰력 분포를 보면 연암층에서 마찰력이 크게 발휘되고 있는 것을 알 수 있다.

하중전이시험 결과를 통해 말뚝표면에 발휘되는 마찰응력(단위마찰력)의 산정은 식 (11.4)와 같고, 이를 통해 말뚝표면에 발휘되는 평균마찰응력 분포를 심도별로 도시하면 그림 11.26(a)와 같고 지층별로 도시하면 그림 11.26(b)와 같다.

$$f_{si} = \frac{\Delta Q_{si}}{\pi \cdot D \cdot \Delta L_i} \tag{11.4}$$

여기서, f_{si} : 각 지층에서 발휘된 마찰응력

ΔQ_{si} : 각 지층에서 발휘된 마찰력

D : 말뚝 직경

ΔL_i : 각 지층의 토층두께

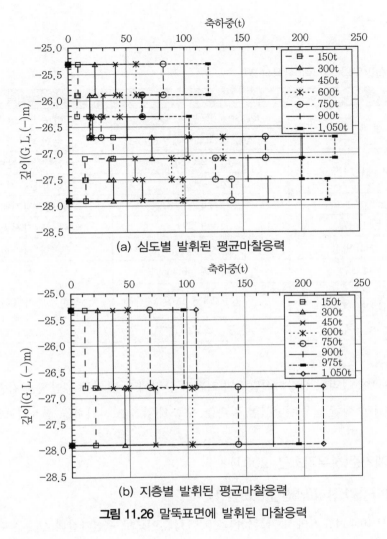

(a) 심도별 발휘된 평균마찰응력

(b) 지층별 발휘된 평균마찰응력

그림 11.26 말뚝표면에 발휘된 마찰응력

11.3.2 예측지지력과 말뚝재하시험 결과의 비교

제11.3.2절에서는 암반에 근입된 현장타설말뚝의 지지력산정을 위해 국내에서 적용되고 있는 방법을 이용하여 지지력을 산정하고 산정된 결과와 말뚝재하시험 결과를 비교·분석한다.

암반에 근입된 현장타설말뚝의 지지력산정은 대부분 암의 일축압축강도를 이용하고, 각 나라별 및 지역별로 경험적으로 확인된 값에 근거하여 각 지역별, 풍화도별, 암종별 각종 관계식을 제안하고 있다.

말뚝재하시험 결과와 비교, 분석을 위해 적용한 현장타설말뚝 지지력 관계식을 정리하면

표 11.4와 같다.[2,15]

표 11.4 현장타설말뚝의 지지력 산정식[2,15]

기준	관계식	지지력
도로교 설계기준[2]	$Q_{SR} = \pi B_r D_r (0.144 q_{SR})$	극한주면마찰력(psi)
	$Q_{BR} = N_{ms} \cdot C_o \cdot A_B$	극한선단지지력
C.F.E.M(캐나다)[16]	$f_i = 2.1\sqrt{q_u}$	극한주면마찰력(psi)
	$q_a = K_{sp} q_u$	허용선단지지력
Teng(1962)	$q_a = 1/5 \sim 1/8 f_c$	허용선단지지력(t/m²)
Rowe 등(1987)	$q_u = 0.27 f_c$	극한선단지지력(t/m²)
Zhang 등(1998)	$q_u = 4.83 f_c^{0.51}$	극한선단지지력(MPa)
Rowe 등(1987)	$f_{su} = 4.757 \sim 6.365 f_c^{1/2}$	
Horvath & Kenney NAVFAC DM-7[18]	$f_{su} = 2.3 \sim 3.0 f_c^{1/2}$	극한주면마찰력(t/m²)
Rosenberg et al.(1987)	$f_{su} = 3.729 f_c^{0.51}$	

다음은 표 11.4에 정리된 현장타설말뚝의 지지력 산정에 관한 각종 제안식을 김종호(2006)[2]가 제3 현장에서 수행한 말뚝재하시험 결과를 예로 대입하여 지지력을 평가해보았다.

(1) 도로교 설계기준(하부기초편, 2001)[3]

① 허용주면마찰력 산정(안전율 3.0 적용)

$Q_{SR} = \pi B_r D_r (0.144 q_{SR})$에서 마찰응력은 $0.144 q_{SR}$이므로 주면마찰력 Q_{SR}은 다음과 같다.

$$Q_{SR} = 0.144 \times 160 = 23.04\mathrm{psi} = 16.2\mathrm{t/m^2}$$

$$Q_{sa} = \frac{16.2}{3} = 5.40\mathrm{t/m^2}$$

여기서, B_r : 말뚝 근입부의 직경(=0.8m)

$\quad\quad\quad D_r$: 말뚝 근입부의 길이(=2.1m), 연암층

$\quad\quad\quad q_{SR}$: 근입부와 암반접촉면에서의 극한주면마찰력

$\quad\quad\quad$암석 일축압축강도($\sigma_c = 232\mathrm{kg/cm^2} = 3,299.8\mathrm{psi}$)

콘크리트 압축강도($\sigma_c = 350\text{kg}/\text{cm}^2 = 4{,}978.1\text{psi}$)

$q_{SR} = 160\text{psi}$

② 허용선단지지력(안전율 3.0 적용)

$Q_{SR} = N_{ms}\,C_o\,A_B$에서 선단지지력은 $Q_{SR} = N_{ms}\,C_0$

$$Q_{SR} = 0.081 \times 2{,}320 = 187.9\text{t}/\text{m}^2$$

$$Q_{sa} = \frac{187.9}{3} = 62.6\text{t}/\text{m}^2$$

여기서, N_{ms} : 암석의 극한지지력 평가 계수(편마암 E군이고 보통 RQD 63.2%이면 $N_{ms} = 0.081$)[2]

$\quad\quad C_0 = 232\text{kg}/\text{cm}^2$

$\quad\quad A_B$: 말뚝선단면적($= 0.5024\text{m}^2$)

(2) Canadian Geotechnical Society(1985) C.F.E.M.[16]

① 허용주면마찰력 산정(안전율 3.0 적용)

$$f_i = 2.1\sqrt{q_u} = 2.1\sqrt{3{,}299.8} = 120.6\text{psi} = 84.8\text{t}/\text{m}^2$$

$$f_a = \frac{84.8}{3} = 28.3\text{t}/\text{m}^2$$

여기서, q_u : 암의 일축압축강도와 콘크리트 강도 중 작은 값 적용

$\quad\quad (\sigma_c = 232\text{kg}/\text{cm}^2 = 3{,}299.8\text{psi})$

② 허용선단지지력(안전율 3.0 적용)

$$q_a = K_{sp}\,q_u = 0.1 \times 2{,}320 = 232\text{t}/\text{m}^2$$

여기서, q_a : 허용선단지지력(t/m^2)

경험계수 $K_{sp} = \dfrac{9 + \dfrac{3C_s}{B_b}}{10(1 + 300\,\delta/C_s)^{0.5}}$ (안전율 3을 포함)(여기서는 표 11.5로 적용)

q_u : 암코어의 평균일축압축강도(232kg/cm^2)

C_s : 절리의 간격(>3.0m)

δ : 개별절리의 두께

B_b : 근입부의 직경(80cm)

표 11.5 안전율 3을 포함한 경험계수 K_{sp}의 값

불연속면 간격	K_{sp}	간격(m)
비교적 좁음	0.1	0.3~1
넓음	0.25	1~3
매우 넓음	0.4	>3

(3) 암석강도시험을 통한 지지력 산정

① 허용선단지지력 산정(안전율 3.0 적용)-연암

제안식	지지력(t/m^2)		비고
	극한지지력	허용지지력	
Teng(1962)	–	464.0	$q_a = 1/5 f_c$
	–	290.0	$q_a = 1/8 f_c$
Rowe et al.(1987)	626.4	208.8	$q_a = 0.27 f_c$
Zhang et al.(1998)	2,416.7	805.5	$q_a = 4.83 f_c^{0.51}$

암석 일축압축강도＝232kg/cm^2＝2,320t/m^2 적용

② 허용주면마찰력(안전율 3.0 적용)-연암

제안식	지지력(t/m²)		비고
	극한지지력	허용지지력	
Rowe et al.(1987)	229.1	76.4	$f_{su} = 4.757 f_c^{1/2}$
	306.6	102.2	$f_{su} = 6.365 f_c^{1/2}$
Horvath & Kenny NAVFAC DM-7	110.8	36.9	$f_{su} = 2.3 f_c^{1/2}$
	144.5	48.2	$f_{su} = 3.0 f_c^{1/2}$
Rosenberg(1987)	194.1	64.7	$f_{su} = 3.729 f_c^{0.51}$

암석 일축압축강도＝232kg/cm²＝2,320t/m²적 용

표 11.6과 표 11.7은 각종 제안식에 의한 말뚝의 허용선단지지력과 허용주면마찰력을 각각 정리한 표로서, 말뚝재하시험에 의한 실측치와 함께 정리하였다.

표 11.6 말뚝의 허용선단지지력

제안식	허용선단지지력(tong/m²)
도로교 설계기준	62.6
C.F.E.M	232.0
Teng(FS＝1/5)	464.0
Teng(FS＝1/8)	290.0
Rowe et al.	208.8
Zhang et al.	805.5
말뚝재하시험	1,557.4

표 11.7 말뚝의 허용주면마찰력

제안식	허용주면마찰력(t/m²)
도로교 설계기준	5.40
C.F.E.M	28.3
Rowe et al.(1)	76.4
Rowe et al.(2)	102.2
DM-7(1)	36.9
DM-7(2)	48.2
Rosenberg et al.	64.7
말뚝재하시험	72.4

우선 선단지지력의 경우 표 11.6에서 보는 바와 같이 제안식에 의한 허용선단지지력은 실제 말뚝재하시험 결과보다 작아 허용선단지지력을 과소평가하는 것으로 나타났으며, 한편 허용 주면마찰력의 경우도 표 11.7에서 보는 바와 같이 Rowe et al.(1987)을 제외하고는 모두 주면 마찰력을 과소평가하는 것으로 나타났다.

11.3.3 지지력 산정식의 적용성

여러 지지력 산정식의 적용성을 고찰하기 위해 각각의 산정법에 의한 허용지지력을 말뚝재 하시험에서 측정된 허용지지력으로 나누어 신뢰지수로 평가하였다. 신뢰지수는 1.0을 기준으 로 지지력의 과대, 과소평가 여부를 나타낼 수 있는 파라메타이다.[2]

먼저, 선단지지력에 관한 그림 11.27(a)를 살펴보면, 선단지지력 산정 결과가 말뚝재하시험 결과에 못 미치는 보수적인 결과를 나타내고 있다.

한편 주면마찰력의 경우는 그림 11.27(b)에서 보는 바와 같이 주면마찰력 산정 결과가 말뚝 재하시험 결과보다 크게 평가되는 값들이 일부 나타났다. 이는 주면마찰력에 대해서는 예측 식의 적용에 더욱 주의를 기울여야 되는 이유가 될 수 있다. 과소설계는 구조물의 안전에 직접 적으로 영향을 주기 때문이다.

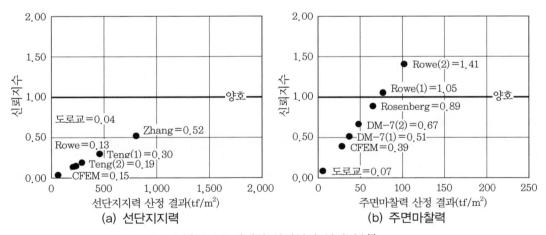

그림 11.27 지지력 산정식의 신뢰지수[2]
(김종호(2006)[2]가 제3현장에서 수행한 말뚝재하시험 결과 활용)

참고문헌

1. 강철중(2013), Top-Down 공법에 적용된 지중연속벽의 측방토압과 변위거동, 중앙대학교 대학원 박사학위논문.

2. 김종호(2006), Top Down 공사현장에 적용되는 현장타설 선기초 중간기둥의 지지력에 관한 고찰, 중앙대학교 대학원 석사학위논문.

3. 대한토목학회 (2001), 도로교설계기준 해설(하부구조편), 제5장.

4. (주)동일기술공사(1997), "천호 제5구역 재개발사업 최종감리보고서".

5. (주)마이다스아이티(2007), "midas GeoX".

6. 윤중만(1997), 흙막이 굴착지반의 측방토압과 변형거동, 중앙대학교 대학원, 박사학위논문.

7. 이문구(2006), 지중연속벽을 이용한 지하굴착 시 주변 지반의 거동, 중앙대학교 대학원, 박사학위논문.

8. (주)지오그룹 이엔지(2008), "SUNEX 사용법 설명서".

9. 홍원표·윤중만(1995a), "지하굴착 시 앵커지지 흙막이벽에 작용하는 측방토압", 한국지반공학회지, 11(1), pp.63~77.

10. 홍원표·윤중만(1995b), "지하굴착 시 앵커지지 흙막이벽 안정성에 관한 연구", 대한토목학회논문집, 15(4), pp.991~1002.

11. 홍원표·김종호·이재호(2006), "Top Down 현장에 적용되는 선기초 중간기둥의 지지특성", 중앙대학교 기술과학연구소 논문집, 제36권, pp.17~22.

12. 홍원표·강철중·이재호(2007), "Top Down 공법 적용 시 지중연속벽의 설계에 적합한 측방토압", 방재연구소논문집, 제1집, pp.1~6.

13. 홍원표·강철중·윤중만(2012a), "Top-Down 공법이 적용된 지중연속벽의 설계 시 측방토압의 적합성 평가", 한국토목섬유학회논문집, 제11권, 제1호, pp.11~21.

14. 홍원표·강철중·윤중만(2012b), "Top-Down 공법이 적용된 흙막이벽의 역해석을 이용한 거동분석", 대한지질공학회논문지, 제22권, 제1호, pp.39~48.

15. 홍원표(2018), 흙막이말뚝, 도서출판 씨아이알, pp.67~91.

16. Canadian Geotechnical Society(1985), Canadian Foundation Engineering Manual, 2nd Ed., Canadian Geotechnical Society Technical Committee on Foundations.

17. Clough, G.W. and O'Rourke, T.D.(1990), "Construction induced movements of insitu walls", Design and Performance of Earth Retaining Structures, Geotechnical Special Publication, No.25, ASCE, pp.439~470.

18. NAVFAC DESIGN MANUAL(1982), pp.7.2-85~7.2-116.

19. Rankine, W.M.J., 1857, On Stability on Loose Earth, Philosophic Transactions of Royal Society, London, Part I , pp.9~27.

20. Terzaghi, K. and Peck, R.B.(1967), Soil Mechanics in Engineering Practice, 2nd Edition, John Wiley and Sons, New York, pp.394~413.

21. Tschebotarioff, G.P.(1973), Foundations, Retaining and Earth Structure, McGraw-Hill, New York, pp.415~457.

22. (주)덕성알파이엔지(2004), "대우베네시티 신축공사 흙막이 설계보고서".

주변 지반의 변형거동 및 안전성

12 주변 지반의 변형거동 및 안전성

12.1 굴착에 따른 주변 지반의 변형

도심지에서 지하굴착공사를 실시하면 주변 지반이 변형되고 이로 인하여 주변 지반에 여러 가지 바람직하지 않은 영향을 미치게 되며 그 결과 주변에서는 심각한 피해가 발생하게 된다. 이와 같은 지하굴착에 따른 주변영향을 미리 예측하여 잘 대처하지 못하면 인접건물에는 균열이 발생하고 심한 경우는 인접건물의 붕괴사고까지도 발생한다.[9]

지하굴착에 따른 붕괴사고는 공사현장의 피해뿐만 아니라 인접구조물이나 지하매설물들이 손상을 입게 된다. 도시생활이 발달하면서 점점 더 지하매설물이 다양하고 복잡하여져서 지하매설물에 피해가 발생하면 도시기능이 마비된다. 더욱이 이런 사례가 최근 빈번히 발생하고 있다. 이와 같은 인접구조물의 손상은 많은 민원 문제를 야기하며, 공사 지연, 공사비 증가 등의 여러 문제를 연속적으로 불러일으킨다.

이와 같이 지하굴착으로 인한 주변 지반의 변형은 지금까지 국내외 여러 학자들에 의해 연구되고 있다. 지하굴착에 따른 주변 지반의 거동에 관한 대표적 연구로는 Peck(1969)[23,24]과 Cording and O'Rourke(1977)[14]의 연구를 들 수 있다. 이들 연구에서는 Chicago 및 Washington D.C. 지역에서의 지반굴착 시 계측한 다양한 지표침하량을 조사 및 분석하였다. Goldberg et al.(1976)[17]과 Clough & O'Rourke(1990)[13]도 다양한 현장조건에서 발생한 지표침하 특성을 제시하였다.

그 밖에 Mueller(2000),[22] Laefer(2001)[20]는 흙막이벽체 및 널말뚝 흙막이벽체로 구성된 모형실험을 실시하였으며, Ghahreman(2004),[16] Jardine et al.(1986),[19] Clough et al.(1989)[12] 등은 다양한 수치해석을 실시하여 지반굴착에 따른 지반변형을 조사하였다.

그러나 이와 같은 수치해석에서 특히 고려되어야 할 사항은 지반매질의 구성모델이다. 왜냐하면 흙막이벽체에서의 변위는 주로 토압이나 벽체의 강성에 관련되어 있어 어떤 종류의 구성모델을 쓰던 벽체변위는 큰 차이를 나타내지 않으나, 지상구조물의 거동에 직접적인 영향을 미치는 지표변위는 지반매질의 구성모델에 따라 매우 큰 차이를 나타내기 때문이다.

수치해석은 설계단계에서 지반거동을 미리 예측하거나 또는 다양한 변수들에 대해 민감도해석을 위해 편리하게 사용될 수 있으나, 수치해석 그 자체가 많은 제약들을 가지고 있다. 가령 매우 복잡한 지질 및 경계조건이나 전반적인 시공 순서, 작업자의 숙련도 등은 수치해석상 고려하기 어려우며, 또한 수치해석을 위해 사용되는 입력변수들은 대부분 소규모 실내실험 등에 의해서 결정되기 때문에 현장 물성치와는 다소 차이가 있다.

따라서 이와 같은 수치해석상의 제약조건에 의한 부족한 점을 보완하기 위해 현장관찰이나 대형모형실험으로부터 얻어진 자료들로부터 현실적인 규정을 마련하고 이 규정을 안전하게 이용하고 있다.

12.1.1 주변 지반의 변형거동

저자는 과거 30년 동안 우리나라에서 실시된 각종 도심지 지하굴착공사가 주변에 끼친 영향으로 신축공사현장 측과 인접건물주 및 주민 사이에 마찰이 발생한 경우를 수없이 보았다.[4,6,7] 이들 사례 중에는 지하굴착공사 진행 중 붕괴사고가 발생한 경우도 수차례 있었으며[1,5] 흙막이벽배면 지역의 지하매설물이 파손되어 주민들에게 불편을 끼친 사례도 있었다.[2,5]

도심지 지하굴착 공사 시 항상 주의가 요구되고 있으나, 현재 지하굴착 공사 시 현장 안전관리 방안 및 인접시설물에 대한 피해 저감 방안으로는 계측을 통한 피해 여부 감시, 흙막이벽이나 앵커 등을 사용한 수평변위 방지 등의 대책 위주로 수행되고 있어, 근본적인 사고를 방지하기 위한 예방방재 개념의 지하지반굴착공사 안전관리가 필요한 것으로 판단된다.

주성호(2012)[3]는 우리나라에서 시공된 흙막이굴착현장 중 시공불량으로 판단된 14개소 현장을 대상으로 흙막이벽 과다수평변위의 주된 원인을 분류한 결과, 흙막이벽 과다수평변위의 원인은 과잉굴착(36%), 흙막이벽 지지시스템 불량(24%), 근입심도 부족(24%), 과다배면침하(12%), 히빙 및 보일링(4%) 순으로 나타났다. 이 분석 결과에 의하면 흙막이벽의 과다수평변위의 원인으로는 과잉굴착과 흙막이벽 지지시스템 부족이 전체 60%를 차지하고 있음을 알 수 있다.

전체 60%를 차지하는 과잉굴착과 흙막이벽 지지시스템 불량은 시공 시 단계별로 과다굴착을 실시한 경우에 발생하였으며, 전체적으로 대심도 굴착의 경우보다는 버팀재를 늦게 설치하였거나 버팀재 없이 굴착을 하다가 가시설의 변위가 발생한 경우인 것으로 나타났다.

한편 Cording(1984)[15]은 버팀보지지 흙막이굴착 시 발생하는 지반변형의 주요원인으로 ① 지반과 흙막이벽 사이의 상호작용, ② 흙막이벽의 침하, ③ 흙막이벽을 통해서 유실되는 토사의 세 가지를 지적하였다.

굴착 주변 지반의 변형은 굴착에 따라 흙막이벽이 변형되는 것에 의해 발생되는 것만이 아니고 지하수위 저하에 따른 흙막이벽 배면지반의 압밀, 압축에 따라서도 발생한다. 또한 지반변형은 시공관리의 정도 여하에 따라서 현저히 변화하는 것이고 흙막이말뚝 타설 시 뒤채움 상태, 지보공 및 흙막이말뚝의 철거 방법, 시공속도, 굴착 순서 등에 영향을 받는다.

따라서 주변 지반의 변형이 문제가 되는 경우에는 흙막이공의 설계·계획 시에 현장의 시공조건을 충분히 파악하여 이것을 설계에 반영시키는 것이 필요하고 동시에 설계의 취지에 적합한 시공을 해야 한다.

그림 12.1은 굴착에 따른 주변 지반의 변형 상태를 개략적으로 도시한 그림이다. 먼저 흙막이벽이 굴착면 측으로 변형하므로 흙막이벽 배면지표면에 침하가 발생하고, 굴착이 진행될 때 흙막이벽 근입부가 굴착면 측으로 밀려 굴착저면에 융기가 발생하게 된다.

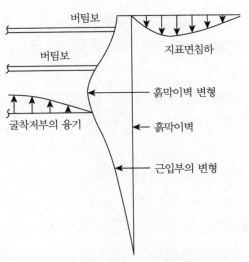

그림 12.1 주변 지반의 변형 상태 개략도

굴착에 따른 지반의 응력 변화 상태를 나타내면 그림 12.2와 같다. 먼저 흙막이벽 배면지반의 응력은 연직방향의 상재하중은 변화되지 않으므로 연직응력은 변하지 않은 채 수평방향으로는 굴착으로 인한 응력 해방으로 수평응력은 감소한다. 따라서 지반은 수평방향으로 신장(extention) 상태가 된다. 한편 굴착면 측 지반(굴착저면 이하의 지반)은 연직방향으로 상재하중이 순차적으로 굴착과 동시에 감소하여 연직응력은 감소하고, 흙막이벽의 근입부가 굴착면 측으로 변형되어 굴착저부가 융기되는 것에 의해 수평방향으로는 압축응력을 받는 상태가 된다. 따라서 지반은 연직방향으로 신장(extention) 상태가 된다. 이 응력 변화의 정도가 굴착에 따른 주변 지반의 변형의 크기를 좌우한다.

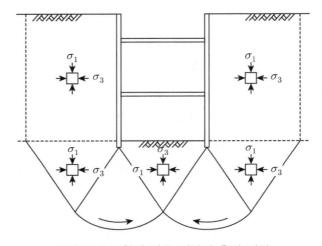

그림 12.2 굴착에 따른 지반의 응력 변화

Tomlinson(1986)[27]은 연약지반에서의 지표면 침하량은 흙막이벽의 최대수평변위량과 대략 같거나 약간 크고, 단단한 점토지반에서의 최대침하량은 최대수평변위의 33~100% 정도로 발생한다고 하였다. 특히 앵커로 지지된 흙막이벽에서는 경사진 앵커의 인장력의 수직성분에 의하여 지표면 침하가 유발된다고 하였다. 이는 Cording(1984)이 버팀보지지 흙막이굴착 시 발생하는 지반변형의 세 가지 원인 중 두 번째 원인에 해당한다.[15]

Clough & O'Rourke(1990)[13]는 그림 12.3과 같이 최대침하량은 벽체의 종류에 관계없이 대부분 굴착깊이의 0.5% 이내라고 하였으며 평균적으로 굴착깊이의 0.15%가 된다고 하였다. 또한 최대침하량이 굴착깊이의 0.5%보다 큰 경우도 있는데 이것은 가설 지지구조가 잘못 설치되었거나 지하수 등이 굴착 부분 내측으로 유입되는 경우 등이라고 하였다.

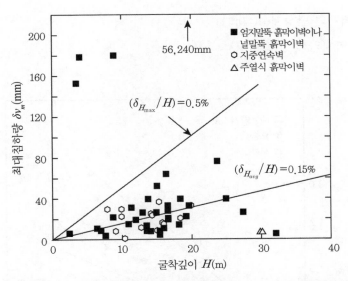

그림 12.3 견고한 점토, 잔류토 및 모래 지반에서의 지표면 최대침하량[13]

한편 Mana & Clough(1981)[21]는 흙막이벽의 최대변위량과 배면지반의 최대침하량의 관계를 그림 12.4와 같이 제시하였다. 이 그림에서 최대침하량은 흙막이벽의 최대변위량의 0.5~1.0배 사이에 분포하고 있다.

杉本(1986)[30]은 그림 12.5와 같이 굴착계수(α_c)를 이용하여 흙막이벽의 규모, 흙막이벽 종류 및 지보공의 선행지지력 유무를 고려한 굴착배면지반의 최대침하량 예측 방법을 제안하였다. 여기서 굴착계수α_c는 식 (12.1)과 같다.

$$\alpha_c = \frac{B_E H}{\beta_D D} \tag{12.1}$$

여기서, B_E : 굴착폭(m)

H : 최종굴착깊이(m)

D : 근입장(m)

I : 벽체의 단면2차모멘트(m^4)

β_D : 근입계수($\sqrt[4]{E_s/EI}$ (m^{-1}))

$\overline{E_s}$: 근입부 지반탄성계수의 평균치(t/m^2)

E = 벽체의 탄성계수(t/m^2)

EI = 벽체의 강성$(t \cdot m^2)$

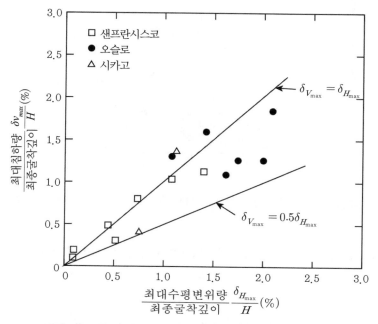

그림 12.4 흙막이벽의 최대변위량과 최대침하량의 관계[21]

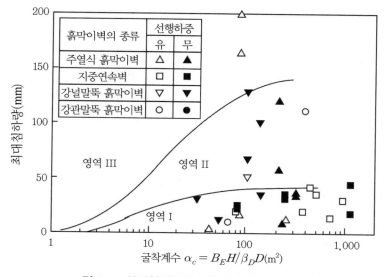

그림 12.5 최대침하량과 굴착계수 α_c의 관계[30]

杉本(1994)[31]는 굴착에 따른 흙막이벽 배면지반의 지표면최대침하량과 침하범위에 영향을 미치는 요인에 대하여 기여 순서를 정량적으로 분류하였다. 이 분석 결과에 의하면 최대침하량과 침하영향범위에 영향을 미치는 주요인으로는 흙막이벽의 종류, 근입부지반의 강도, 굴착규모(굴착깊이, 굴착폭), 배수의 유무에 있다고 하였다.

川村(1978)[29]는 그림 12.6과 같이 흙막이벽의 변형면적(S_T)과 지반의 침하면적(S_S)과의 관계를 실측치를 토대로 하여 나타내었다. 그림에서 주변 지반의 침하특성은 $S_S ≒ S_T$가 되고, 히빙이 발생하지 않는 굴착현장에서는 흙막이벽의 변형된 만큼 주변 지반이 침하하고 있는 것이 된다.

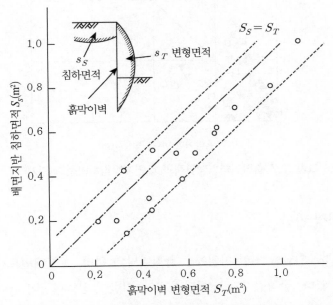

그림 12.6 흙막이벽변형면적과 배면지반침하면적의 관계[28]

그러나 岡原, 平井(1995)[28]는 점토층에서 압밀침하나 흙막이벽 하단부의 회전변형으로 굴착저면에 히빙이 발생하는 경우는 그림 12.7에서 보는 바와 같이 굴착배면지반의 침하량이 더크게 발생하여 흙막이벽의 변형면적과 배면지반의 침하면적에는 $S_S = S_T$의 관계가 성립하지 않게 된다. 또한 흙막이벽에 선행하중을 도입하지 않은 경우가 선행하중을 도입한 경우보다 $S_S = S_T$ 관계에 더 근접하는 것으로 나타나고 있다.

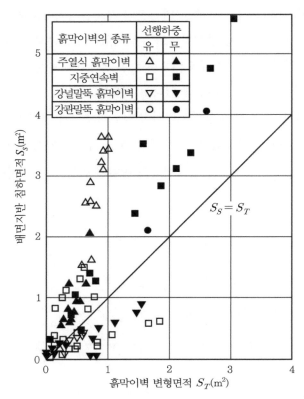

흙막이벽의 종류	선행하중	
	유	무
주열식 흙막이벽	△	▲
지중연속벽	□	■
강널말뚝 흙막이벽	▽	▼
강관말뚝 흙막이벽	○	●

그림 12.7 흙막이벽변형면적과 배면지반침하면적의 관계[28]

12.1.2 굴착안정성 판단

지반변형은 위에서 언급한 원인 이외에도 굴착바닥의 히빙, 굴착배면토사의 압축 등에 의해서도 발생할 수 있다. 굴착공사가 진행되면 주변 지반에 침하현상이 나타나게 된다. 이로 인하여 노면의 균열 및 함몰, 공공매설물의 파손, 인접구조물의 침하 등이 나타나므로 충분히 주의하지 않으면 안 된다. 이와 같은 침하는 굴착에 따른 지반의 변형에 의한 것과 배수로 인한 지하수위 저하에 따른 압밀 및 진동에 의한 압축현상에 기인하는 두 가지로 대별할 수 있다.

그 밖에도 지반의 변형에 의한 침하 요인으로는 다음과 같은 사항을 들 수 있다.

① 흙막이벽의 변형(버팀보이완이나 압축변형, 띠장의 변형 포함)
② 지반의 이완이나 토사의 유출
③ 굴착저면의 히빙

다음으로 배수나 지하수위의 저하에 따른 침하는 사질토지반이나 과압밀의 홍적점성토지반에서는 문제되는 경우가 적으나 주로 부식토가 두껍게 퇴적된 지반이나 압밀이 끝나지 않은 점토 혹은 정규압밀점토지반의 경우에 문제가 된다. 특히 부식토 등 유기질 혹은 탈수에 의한 수축이 매우 커서 공사장에서 150m 떨어진 건물에 까지도 영향이 미쳐 균열이 발생하거나 기둥이 경사지는 예도 있다.

그림 12.8은 Peck(1969)[24]의 계측 결과를 정리하여 굴착공사에 따른 주변 지반의 침하량 (혹은 이동에 의한 침하+배수에 의한 침하)과 굴착깊이의 관계를 나타내어 침하영향범위를 조사하였다.

우선 굴착지반의 전단강도와 굴착깊이의 관계로부터 안정계수(stability factor) N_s를 식 (12.2)와 같이 정의한다.

$$N_s = \frac{\gamma H}{c} \tag{12.2}$$

이 안정계수는 Taylor가 사면안정에 적용시킨 식의 역수의 형태이다. 흙막이 굴착지반에 적용시킨 점에서 Taylor의 안정수와는 다른 의미를 가진다. 따라서 이 굴착지반의 안정계수는 토압, 히빙, 주변 지반 침하와 관련시켜 사용할 수 있는 지수이다.

Peck(1969)[24]은 식 (11.2)의 점착력 c를 지반의 비배수전단강도 c_u로 바꾸어 식 (12.3)과 같이 N_s를 정의하였다.

$$N_s = \frac{\gamma H}{c_u} \tag{12.3}$$

여기서, N_s : 굴착지반 전체의 안정계수(stability factor)

c_u : 지반의 비배수전단강도(굴착 배면토 및 저면부에 파괴면이 미치는 범위까지의 흙에 대한 대표치로 결정)

굴착에 따른 점토의 전단강도의 저하와 토압의 증대로 인한 굴착 전체의 안전성은 다음과 같이 판단할 수 있다.

① $N_s < 4$: Terzaghi & Peck(1967)[26]의 측압계수 $K(= 1 - m\dfrac{4c_u}{\gamma H})$에 $m = 1$로 하면 $K < 0$ 이 되어 토압이 작용하지 않을 것으로 나타나나 실제는 토압이 $(0.2 \sim 0.4)\gamma H$의 크기로 작용한다.

② $N_s = 4 \sim 6$: 탄성적인 성질이 탁월한 지반이 소성역으로 이동하는 경우이다.

③ $N_s = 6 \sim 8$: 소성역이 굴착저면에 달하여 소성평형 상태가 되어 버팀보의 축력을 정하기 위한 경험적 토압 분포가 잘 맞는 듯하나 변위가 소성역으로 되어 지표면의 침하가 커진다. $N_s = 6 \sim 8$이고 굴착저면 이하에 연약지층이 계속되고 있으면 파괴면이 굴착저면 이하에서 발생하게 되어 토압이 매우 증대된다. 따라서 이 경우의 m은 1 이하의 값을 취함이 좋다. Mexico와 Oslo에서는 $m = 0.4$를 적용하여 현장 실측치와 잘 맞은 예도 있다.[24]

굴착계획에서는 말뚝이나 버팀보의 계산에 앞서 현재의 지반강도로 굴착이 가능한가 여부를 위에서 설명한 판단기준으로 검토하여 볼 필요가 있다. 만약 부족하다면 지반의 강도나 그 밖의 굴착 방법을 검토할 필요가 있다.

12.1.3 배면지반침하량 산정법

흙막이벽 변형에 따른 굴착배면지반의 침하량을 산정하는 방법으로는 현장 계측치를 토대로 한 경험적 방법과 흙막이구조물와 주변 지반을 일체로 하여 유한요소법으로 해석하는 수치해석 등이 있다. 그러나 굴착배면지반의 침하는 토질특성, 흙막이공의 강성, 굴착규모, 시공기술 등에 크게 의존하므로 정량적으로 규명하기가 매우 힘들다.

(1) Caspe(1966)의 방법

Caspe(1966)[10]는 점성토지반에 대하여 흙막이벽의 변위와 지반의 포아슨비를 사용하여 배면지반의 침하량을 추정하였으며 Bowles(1996)[41]은 이 방법을 약간 수정하여 좀 더 간편한 방법을 제시하였다. 이 방법은 각종 해석법이나 현장에서 측정된 흙막이벽의 변위량만으로 굴착배면지반의 침하량을 쉽게 산정할 수 있다. 지표면 침하면적이 흙막이벽의 변형면적과 같다고 가정하고 굴착깊이로부터 침하영향범위 및 배면지반의 거리별 침하량을 계산한다. 굴착배면지반의 침하영향범위, 최대침하량은 식 (12.4)~(12.6)으로 산정된다. 그리고 흙막이벽으로부터의 거리x에서의 침하량S_x은 침하곡선을 포물선으로 가정하고 식 (12.7)로 구한다.

$$D_s = (H + H_p)\tan\left(45° - \frac{\phi}{2}\right) \tag{12.4}$$

$$H_p = 0.5B_E\tan\left(45° - \frac{\phi}{2}\right) \tag{12.5}$$

$$S_w = \frac{4\delta_h}{D_s} \tag{12.6}$$

$$S_x = S_w\left(\frac{D_s - x}{D_s}\right)^2 \tag{12.7}$$

여기서, H : 최종굴착깊이(m)

B_E : 굴착폭(m)

S_w : 흙막이벽 위치에서의 침하량(배면지반의 최대침하량)

δ_h : 흙막이벽체의 수평변위

D_s : 침하영향범위

S_x : 흙막이벽에서 배면지반의 거리별 침하량

x : 흙막이벽에서 수평거리

(2) Peck(1969)의 방법

Peck(1969)[24]은 엄지말뚝(H말뚝) 흙막이벽이나 널말뚝 흙막이벽이 설치된 지반의 굴착으로 인하여 발생된 지반침하량에 대하여 많은 실측 결과를 토대로 배면지반의 침하특성을 그림 12.8과 같이 나타내었다. 굴착 대상 지반은 연약한 지반으로부터 사질토지반까지 굴차깊이가 6~23m인 것이 포함되어 있지만 이들을 지반특성이나 시공 상태로 구분하여 세 영역으로 나타내었다.

그림을 보면 굴착배면지반의 침하량과 침하영향범위는 지반특성과 흙막이벽의 강성에 크게 영향을 받고 있는 것을 알 수 있다. 특히 침하가 크게 발생하는 현장조건에서는 침하의 영향범위가 굴착깊이의 4~5배의 거리까지 미치는 것과 최대침하가 발생하는 위치는 흙막이벽 배면으로부터 굴착깊이의 1/2 거리에 있고 그 크기는 2~3% 정도에 해당되는 것을 알 수 있다.

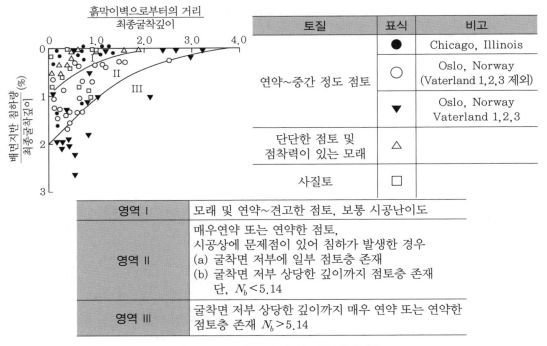

토질	표식	비고
연약~중간 정도 점토	●	Chicago, Illinois
	○	Oslo, Norway (Vaterland 1,2,3 제외)
	▼	Oslo, Norway Vaterland 1,2,3
단단한 점토 및 점착력이 있는 모래	△	
사질토	□	

영역 I	모래 및 연약~견고한 점토, 보통 시공난이도
영역 II	매우연약 또는 연약한 점토, 시공상에 문제점이 있어 침하가 발생한 경우 (a) 굴착면 저부에 일부 점토층 존재 (b) 굴착면 저부 상당한 깊이까지 점토층 존재 　단, $N_b < 5.14$
영역 III	굴착면 저부 상당한 깊이까지 매우 연약 또는 연약한 점토층 존재 $N_b > 5.14$

그림 12.8 Peck(1969)의 지표면 침하량[24]

(3) Clough & O'Rourke(1990)의 방법

Clough & O'Rourke(1990)[13]는 굴착에 따른 배면지반의 거리별 침하량을 현장 계측 결과 및 유한요소법으로 구하여 모래지반, 견고한 점토지반 및 연약 또는 중간 정도의 점토지반의 침하량 추정 방법을 그림 12.9와 같이 제안하였다. 먼저 (a) 모래지반에서는 흙막이벽 배변지반의 침하량이 선형적으로 감소하는 것으로 가정하고, (b) 단단 또는 매우 견고한 점토지반에서도 배면지반의 침하량이 선형적으로 감소하는 것으로 가정한다. 그러나 (c) 연약 또는 중간 정도의 점토지반에서는 거리별 침하량이 사다리꼴로서 $0 \leq D_s/H \leq 0.75$의 범위 내에서 최대침하량이 발생하고 $0.75 \leq D_s/H \leq 2.0$의 범위에서는 침하량이 선형적으로 감소하도록 제안하였다.

한편 사질토지반($c = 0$지반)에서의 굴착으로 인한 흙막이 배면지반의 최대침하량 및 침하 영향범위는 Bauer의 산정법에 의해 그림 12.10과 같이 산정하도록 하였다. 여기서 r_0는 사질토지반의 침하비로 상대밀도 D_r과의 관계로 식 (12.8)로 구한다.

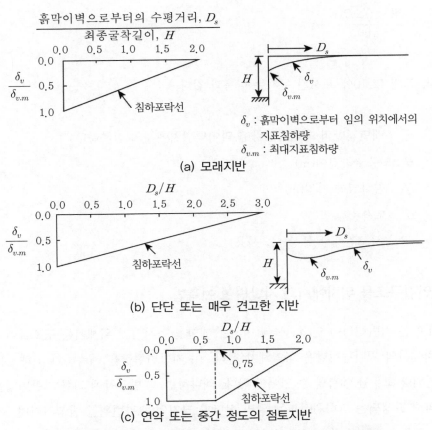

흙막이벽으로부터의 수평거리, D_s
──────────────────────
최종굴착길이, H

δ_v : 흙막이벽으로부터 임의 위치에서의
지표침하량
$\delta_{v.m}$: 최대지표침하량

(a) 모래지반

D_s/H

침하포락선

(b) 단단 또는 매우 견고한 지반

D_s/H

0.75

침하포락선

(c) 연약 또는 중간 정도의 점토지반

그림 12.9 Clough & O'Rourke[13]에 의한 지표면 침하량 산정법

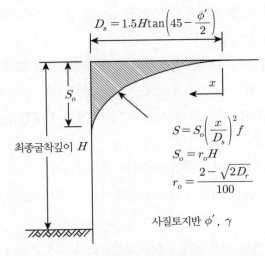

$$D_s = 1.5H\tan\left(45 - \frac{\phi'}{2}\right)$$

S_o

x

최종굴착깊이 H

$$S = S_o\left(\frac{x}{D_s}\right)^2 f$$

$$S_o = r_o H$$

$$r_o = \frac{2 - \sqrt{2D_r}}{100}$$

사질토지반 ϕ', γ

그림 12.10 Bauer의 산정법에 의한 사질토지반의 침하량 산정법

$$r_0 = \frac{2 - \sqrt{2D_r}}{100} \tag{12.8}$$

여기서, 그림 12.10에 표시된 문자는 다음과 같다.

S_w : 배면지반의 최대침하량(흙막이벽위치에서의 침하량)

H : 최종굴착깊이(m)

D_S : 침하영향 거리(m)

H' : 토사층깊이

f : 공사조건계수(통상 1을 사용)

12.1.4 인접구조물 위치에서의 지반변형 예측법

굴착에 따른 지반변형이 인접건물에 미치는 영향을 조사하기 위해서는 구조물이 위치하고 있는 위치에서의 지반변형량을 파악해야 한다. 이 지반변형량을 예측하기 위해서는 침하량 및 수평변위량 모두를 예측할 수 있어야 한다. 왜냐하면, 지반굴착에 의한 지반변형은 구조물 자중에 의해 발생되는 침하현상과는 달리 상당한 크기의 수평변위를 발생시키며, 이러한 수평변위는 인접건물의 변형을 증가시키는 중요한 요소가 되기 때문이다.[9]

관련되는 현장에서 지반변형 예측에 대한 아무런 자료가 없을 때는 기존의 유사한 현장조건에서 관측된 계측 결과, 대형 모형실험 결과 및 신뢰성 있는 수치해석 결과를 종합적으로 분석하여 지표변위가 예측되어야 한다.

지반굴착면으로부터의 거리에 따른 지표침하 및 수평지반변위 분포 형상에 대한 연구는 아직 미흡하며, 좀 더 많은 연구와 현장 계측이 필요한 실정이다. 그럼에도 불구하고 인접구조물에 가장 손상을 많이 끼치는 아래로 불룩한 지반침하 형태에 대해서는 포물선변위곡선을 근사적으로 이용할 수 있다.

보통의 모래지반에서 지표면의 침하영향거리는 굴착깊이의 약 2배 정도이고, 지표면 침하부피량(V_S)은 굴착면의 지반손실량(V_L)보다 일반적으로 작으며, 그 비는 약 1/2~3/4의 범위에 있다.

이에 비해 점토지반에서의 지표면의 침하영향거리는 모래지반보다 큰 굴착깊이의 약 3배 정도이고, 지표면 침하부피량(V_S)은 지반손실량(V_L)과 유사한 값을 가진다. 만약 연약점토가 매우 깊이 분포되어 있다면 침하영향거리는 더 증가할 수 있다.

굴착면에서 발생하는 지반손실량(V_L)은 굴착깊이와 지반 및 벽체의 강성을 고려한 그림 12.11을 이용해서 구할 수 있고, 이를 이용하여 지표면 침하량의 부피가 상기 경험적인 방법에 의해서 결정될 수 있다. 지표면의 침하형상이 포물선이라고 가정하면 최대침하량(δ_{V_m})은 $V_S = 1/3\delta_{V_m} \times D_x$(여기서, D_x =침하 발생 거리)로부터 쉽게 구할 수 있다.

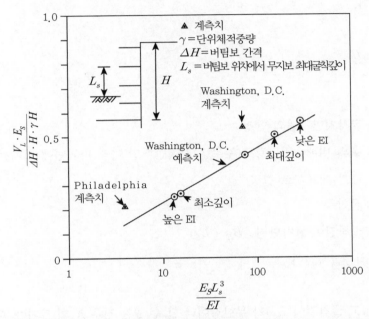

그림 12.11 흙막이벽체면에서의 지반손실량과 지반/벽체 상대강성비의 관계[15]

이와 같은 방법으로 최대침하량이 결정되고 나면 최대수평변위량은 앞 절에서 언급한 벽체 변위 형상을 고려해 결정될 수 있다. 상기와 같은 방법으로 인접구조물이 위치하는 곳에서의 지반침하와 수평변위가 결정되면 인접구조물의 손상도는 상기 결정된 지반 변위값과 지반/구조물 상호작용을 고려하여 예측할 수 있다. 이에 대해서는 참고문헌[42]의 제10장에서 자세히 설명하였으므로 참조하도록 한다.

지반굴착에 따른 인접지반의 침하 및 수평변위 패턴은 지반조건과 시공조건에 따라 다소 차이가 있으므로 지속적인 현장 계측 및 관찰을 통한 체계적인 분석이 필요하며, 지반굴착으로 인해 발생된 지반변형이 인접구조물에 미치는 영향을 조사하기 위해서는 최종굴착 후 형성된 지반변위가 아닌 굴착단계에 따라 형성된 지반의 진행성 변위를 고려해야 한다.

12.2 굴착저면지반의 히빙에 대한 안정성

Peck(1969)[24]은 식 (12.3)과 같은 N_s와 별도로 굴착저면지반의 안정수 N_b를 식 (12.9)와 같이 정의하였다.

$$N_b = \frac{\gamma H}{c_{ub}} \tag{12.9}$$

여기서, N_b : 굴착지반저면의 안정수

c_{ub} : 흙의 비배수전단강도(주로 굴착지반저면 아래 파괴면에 미치는 범위의 흙에 대한 대표치로 결정)

B_E : 굴착폭

L_E : 굴착길이(굴착단면 : $B_E \times L_E$)

H : 최종굴착깊이

상재하중이 없고 굴착길이(L_E)가 무한장이라 할 수 있는 경우 N_b의 크기에 따라 다음과 같이 판단할 수 있다.

① $N_b < 3.14$: 굴착지반저면의 상방향 변위는 거의 탄성적이며 그 변위량은 적다.
② $N_b = 3.14$: 탄성역이 굴착지반저면으로부터 확대되기 시작한다.
③ $N_b = 3.14 \sim 5.14 (= \pi + 2)$: 굴착지반 바닥에서 지반융기량이 현저하게 된다.
④ $N_b = 5.14 (= \pi + 2)$: 한계안정수 N_{cb}가 되어 극한 상태에 도달하며 굴착지반저면은 저면파괴 혹은 히빙에 의하여 계속적으로 지반융기가 발생한다. 굴착깊이에 비하여 굴착평면형상의 크기가 작으면(주로 건축현장, $H \gg B_E$ 또는 L_E) N_{cb}는 5.14 대신 6.5~7.5를 적용하는 것이 좋다.

12.2.1 히빙안전율

히빙이란 연약한 점성토 지반을 굴착할 때 굴착배면의 토괴중량이 굴착저면 이하의 지반지 지력보다 크게 되어 지반 내의 흙이 변형하여 굴착저면이 융기하는 현상을 말한다. 히빙파괴 에 대한 안전성을 검토하는 방법은 일반적으로 흙막이벽 배면측 지반과 굴착저면 하부 지반의 지지력과의 관계로부터 구하는 방법 및 임의의 활동면을 가정하여 활동면에 따른 전단저항모 멘트와 활동모멘트와의 관계로부터 구하는 방법이 있다.

현제 지지력에 입각한 검토 방법으로는 Bjerrum & Eide(1956) 방법,[33] Terzaghi & Peck (1967) 방법,[26] Tchebotarioff(1973) 방법[32]이 있으며 모멘트평형에 의한 방법으로는 일본건 축기초구조설계기준(1974)[35]과 일본도로협회방법(1977)[36]이 있다. 그 밖에도 Peck(1969)[24] 의 안정수에 의한 판정법이 있다.

(1) Terzaghi & Peck(1967) 방법

Terzaghi & Peck(1967) 방법[26]에서는 그림 12.12에 도시된 바와 같이 굴착길이 L_E가 굴착 폭 B_E에 비하여 상당히 큰 굴착현장을 2차원해석, 즉 평면변형률 상태 해석을 실시하였다. 이 방법에서는 활동면이 원형(굴착바닥 하부지반속)과 평면(흙막이벽 배면부)으로 구성되어 있다고 가정하고 안전성을 검토한다. 점토지반 굴착저면에서의 히빙에 대한 안전율 F_h는 그 림 12.12(a)에서와 같이 굴착저면 하부지반 속에 발생할 소성영역에 대하여 점토지반의 극한 지지력 q_u와 전제하중 P_v의 비로 산정한다.[25,26]

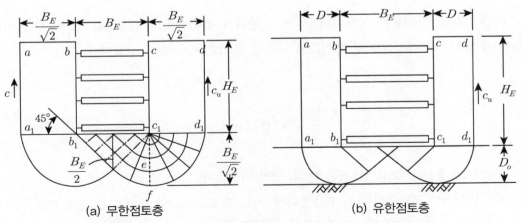

(a) 무한점토층   (b) 유한점토층

그림 12.12 Terzaghi & Peck(1967)의 히빙안전율 산정개념도[26]

여기서 점토지반의 극한지지응력 q_u는 식 (12.10)과 같다.

$$q_u = 5.7\, c_u \qquad (12.10)$$

여기서, q_u : 점토지반의 극한지지력(t/m²)

　　　　c_u : 점토지반의 비배수전단강도(t/m²)

한편 전체 하중 P_v는 그림 12.12(a)에서 보는 바와 같이 흙막이벽 배면지반의 abb_1a_1 부분 혹은 cdd_1c_1 부분의 자중에 aa_1 면 혹은 dd_1 면에 작용하는 저항력 $c_u H_E$와 상재하중 $qB_E/\sqrt{2}$ 을 고려하면 식 (12.11)과 같이 구해진다.

$$P_v = \frac{\gamma H_E B_E}{\sqrt{2}} - c_u H_E + q\frac{B_E}{\sqrt{2}} \qquad (12.11)$$

여기서, P_v : 배면지반의 a_1b_1 면 혹은 c_1d_1 면 상에 작용하는 하중(t)

　　　　γ : 점토지반의 단위체적중량(t/m³)

　　　　H_E : 굴착깊이(m)

　　　　B_E : 굴착폭(m)

　　　　q : 상재하중(t/m²)

히빙에 대한 안전율은 굴착저면에서의 저항력과 활동력의 비로 구하므로 식 (12.10)과 (12.11)로부터 두 힘의 단위를 통일시켜 구하면 식 (12.12)와 같이 구해진다.

$$F_h = \frac{q_u}{P_v} = \frac{5.7c_u}{(\gamma H_E + q) - \sqrt{2}\,c_u H_E / B_E} \qquad (12.12)$$

식 (12.12)에 대한 소요안전율은 1.5로 제안되어 있다.

만약 굴착저면 점토층의 깊이가 유한하면, 즉 그림 12.12(b)와 같이 얕은 곳에 견고한 지층 이나 모래층이 있는 경우는 식 (12.12)의 $B_E/\sqrt{2}$ 대신 D_o를 대입한 식 (12.13)을 적용하여야 한다.

$$F_h = \frac{q_u}{P_v} = \frac{5.7c_u}{(\gamma H_E + q) - c_u H_E / D_o} \tag{12.13}$$

여기서 D_o : 굴착저면에서 견고한 지층까지의 깊이(m)

(2) Tchebotarioff(1973) 방법

Terzaghi & Peck(1967) 방법과 같이 원형활동면을 가정하고 굴착배면의 토괴중량과 지반의 지지력을 비교한다[32] 굴착면적이 비교적 작은 현장에서의 히빙안전율을 구할 때 적용할 수 있는 방법이다. 이 방법에서는 굴착규모를 고려하여 히빙안전율을 구하는 특징이 있다. 즉, 그림 12.13에서 보는 바와 같이 우선 굴착저면 지반에 견고한 지층의 깊이 D_o를 굴착폭 B_E에 대비하여 두 가지로 구분한다. 즉, 견고한 지층의 깊이 D_o가 굴착폭 B_E보다 작은 경우와 큰 경우를 각각 그림 12.13(a)와 그림 12.13(b)와 같이 구분한다.

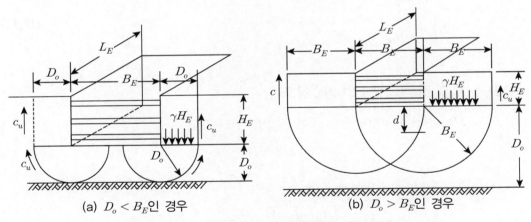

(a) $D_o < B_E$인 경우   (b) $D_o > B_E$인 경우

그림 12.13 Tchebotarioff의 히빙안전율 산정개념도

① $D_o < B_E$인 경우(그림 12.13(a) 참조)

우선 견고한 지층의 깊이 D_o가 굴착폭 B_E보다 작은 경우는 굴착길이 L_E의 크기에 따라 점토지반 굴착저면에서의 히빙에 대한 안전율 F_h는 식 (12.14)~(12.16)으로 산정한다.

ⓐ $L_E \leq D_o$인 경우 히빙안전율 F_h는 식 (12.14)와 같다.

$$F_h = \frac{5.14c_u\left(1 + 0.44\dfrac{D_o}{L_E}\right)}{H\left[\gamma - 2c_u\left(\dfrac{1}{2D_o} + \dfrac{1}{L_E}\right)\right]}$$

(12.14)

ⓑ $D_o < L_E < 2D_o$인 경우 히빙안전율 F_h는 식 (12.15)와 같다.

$$F_h = \frac{5.14c_u\left(1 + 0.44\dfrac{2D_o - L_E}{L_E}\right)}{H\left[\gamma - 2c_u\left(\dfrac{1}{2D_o} + \dfrac{2D_o - L_E}{D_o L_E}\right)\right]}$$

(12.15)

ⓒ $2D_o \leq L_E$인 경우 히빙안전율 F_h는 식 (12.16)과 같다.

$$F_h = \frac{5.14c_u}{H\left[\gamma - \dfrac{c_u}{B_E}\right]}$$

(12.16)

② $D_o > B_E$인 경우(그림 12.13(b) 참조)

ⓐ $L_E > 2B_E$인 경우 히빙안전율 F_h는 식 (12.17)과 같다.

$$F_h = \frac{5.14c_u\left(1 + 0.44\dfrac{2B_E - L_E}{L_E}\right)}{H\left[\gamma - 2c_u\left(\dfrac{1}{2B_E} + \dfrac{2B_E - L_E}{B_E L_E}\right)\right]}$$

(12.17)

ⓑ $L_E \leq 2B_E$인 경우 히빙안전율 F_h는 식 (12.18)과 같다.

$$F_h = \frac{5.14c_u}{H\left[\gamma - \dfrac{c_u}{B_E}\right]}$$

$$(12.18)$$

(3) Bjerrum & Eide(1956) 방법

점토지반 굴착저면에서의 히빙에 대한 안전율 F_h 는 식 (12.19)로 산정한다.[33]

$$F_h = N_c \frac{c_u}{\gamma H + q}$$

$$(12.19)$$

여기서, N_c : Skempton의 지지력계수이며 그림 12.14를 사용한다.

이 방법에 의한 소요안전율은 1.3이다.

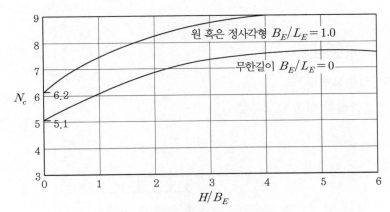

그림 12.14 Skempton의 지지력계수[34]

(4) Peck의 방법

점토지반 굴착저면에서의 히빙에 대한 안전율 F_h 는 식 (12.20)으로 산정한다.[24]

$$F_h = \frac{N_{cb}}{N_b}$$

$$(12.20)$$

여기서, N_b : 굴착지반저면의 안정수이고 $N_b = \dfrac{\gamma H + q}{c_u}$

N_{cb} : 한계안전수로 굴착깊이에 비하여 굴착평면형상의 크기가 작으면(주로 건축 현장, $H \gg B_E$ 또는 L_E) N_{cb}는 5.14 대신 6.5~7.5를 적용하는 것이 좋다.

(5) 모멘트균형에 의한 방법

그림 12.15와 같이 최하단 버팀보 위치를 활동면의 중심점으로 하여 토괴의 중량에 의한 활동모멘트와 활동면을 따라 발생하는 지반전단강도에 의한 저항모멘트의 균형으로부터 히빙에 관한 안정을 검토한다.[35]

$$F_h = \frac{M_r}{M_d} = \frac{x' \displaystyle\int_0^{x/2+\alpha} c_u (x' d\theta)}{W \dfrac{x'}{2}} \quad \left(\alpha < \frac{\pi}{2}\right) \tag{12.21}$$

여기서, M_r : 저항모멘트(tm)

M_d : 활동모멘트(tm)

W : 흙막이벽 배면 토괴중량(t)

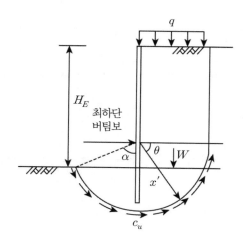

그림 12.15 일본건축기초설계기준[35]

굴착저면에서 상당한 깊이까지 지층이 일정한 경우에 안전율은 다음과 같다.

$$F_h = \frac{M_r}{M_d} = \frac{x'\left(\frac{\pi}{2} + \alpha\right)x' c_u}{(\gamma h + q)x'\dfrac{x'}{2}} = \frac{(\pi + 2\alpha)c_u}{\gamma h + q} \tag{12.22}$$

12.2.2 히빙안전율과 흙막이벽의 수평변위의 관계

(1) 굴착저면의 강도

그림 12.16은 버팀보와 앵커의 복합지지 강널말뚝 흙막이벽으로 시공된 구간의 시추조사 시 표준관입시험 결과를 토대로 굴착저면에서의 N치와 최대수평변위와의 관계를 나타낸 그림이다.[8] 종축에는 최대수평변위를 최종굴착깊이로 나누어서 백분율로 나타내었으며, 횡축에는 굴착저면지반에서의 N치를 표시하였다.

그림에서 보는 바와 같이 굴착저면에서의 N치가 감소함에 따라 강널말뚝 흙막이벽의 최대수평변위는 증가함을 알 수 있다. 특히 N치가 약 10 이하일 경우 흙막이벽의 최대수평변위는 급격하게 증가하는 경향을 보이고 있다.

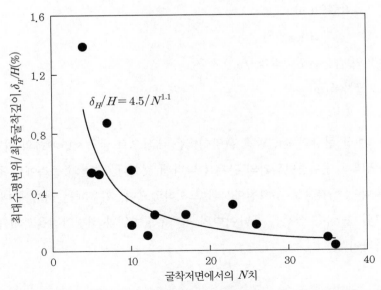

그림 12.16 굴착저면에서의 N치와 복합지지 흙막이벽의 최대수평변위와의 관계[8]

이들 결과를 토대로 굴착저면에서의 N치와 굴착깊이에 따른 최대수평변위의 상관관계를 회귀분석을 통하여 식 (12.23)과 같이 제안할 수 있다. 따라서 연약지반상 강널말뚝 흙막이벽의 굴착저면에 대한 N치를 이용하여 흙막이벽의 최대수평변위를 예측할 수 있다.

$$\frac{\delta_{\max}}{H}(\%) = \frac{4.5}{N^{1.1}} \tag{12.23}$$

(2) 히빙에 대한 안정성

Terzaghi(1943)는 연약지반 흙막이굴착 시 굴착저면에서의 히빙에 대한 안정성을 얕은기초의 지지력 이론을 적용하여 제안한 바 있다.[25,26] 상재하중 q가 없을 경우 Terzaghi(1943)에 의해 제안된 굴착저면에서의 히빙에 대한 안전율(F_h)의 식 (12.12)는 (12.24)와 같이 나타낼 수 있다.[25]

$$F_s = \frac{1}{H_E}\frac{5.7c}{\gamma - \dfrac{c}{B_E\sqrt{2}}} \tag{12.24}$$

여기서, H_E : 굴착깊이(m)
c : 흙의 점착력(kg/m^2)
γ : 흙의 습윤단위중량(kg/m^3)
B_E : 굴착폭(m)

그림 12.17은 대상 현장의 강널말뚝 흙막이벽을 대상으로 굴착저면에서의 히빙에 대한 안전율과 흙막이벽의 최대수평변위와의 관계를 나타낸 것이다. 그림의 종축에는 최대수평변위를 굴착깊이로 나눈 백분율로 무차원화시켜 도시하였으며, 횡축에는 히빙에 대한 안전율을 도시하였다. 그림 중 굵은 실선은 흙막이벽의 최대수평변위와 히빙안전율과의 관계 중 상한선을 도시한 결과이다.

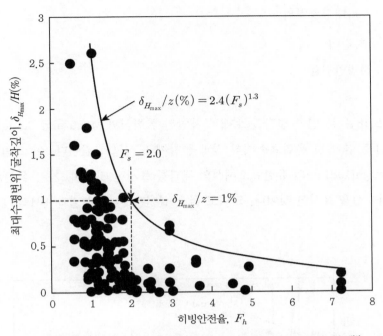

그림 12.17 히빙안전율과 흙막이벽의 최대수평변위와의 관계[8]

앞서 설명한 바와 같이 Peck(1969)은 굴착지반의 안정수가 3.14 이상이면 굴착저면에서 소성역이 확대되기 시작하여 지반융기가 현저하게 된다고 하였다. 그리고 대상 현장의 경우 굴착지반의 안정수가 3.14 이상이 되면 흙막이벽의 최대수평변위는 굴착깊이의 1.0%가 되는 것으로 나타났다. 따라서 대상 현장에서는 최대수평변위가 굴착깊이의 1.0%에 해당하는 히빙의 안전율을 그림 중 굵은 실선에서 산정하여 이를 히빙의 안정기준으로 제안하는 것이 바람직하다. 그림에서 보는 바와 같이 최대수평변위가 굴착깊이의 1.0%일 때 히빙의 안전율은 2.0이 되며, 히빙의 안전율이 2.0 이하일 경우 흙막이벽의 수평변위는 크게 증가하고 있는 것으로 나타났다. 따라서 국내 연약지반 강널말뚝 흙막이벽의 경우 히빙에 대한 안전율은 2.0으로 제안할 수 있으며, 히빙에 대한 안전율이 2.0 이상 되어야 흙막이벽의 최대수평변위에 대한 안정성이 확보된다고 할 수 있다. 또한 히빙안전율과 흙막이벽의 최대수평변위와의 상관관계를 나타내면 식 (12.25)와 같이 나타낼 수 있다.

$$\frac{\delta_{H_{max}}}{z}(\%) = \frac{2.4}{(F_s)^{1.3}} \tag{12.25}$$

여기서, $\delta_{H_{\max}}$: 최대수평변위

　　　　z : 굴착깊이

　　　　F_s : 히빙안전율

한편 그림 12.18은 본 연구 결과를 토대로 제안된 실험식과 Mana and Clough(1981)[21]에 의해 제안된 실측 결과 및 유한요소해석 결과를 함께 도시한 그림이다. 이 그림에서 점선은 Mana and Clough(1981)[21]의 유한요소해석의 결과를 표시한 것이며, 가는 실선은 실측 결과의 상한선과 하한선을 표시한 것이다. 그리고 굵은 실선은 본 연구 결과에서의 제안식을 표시한 것이다.

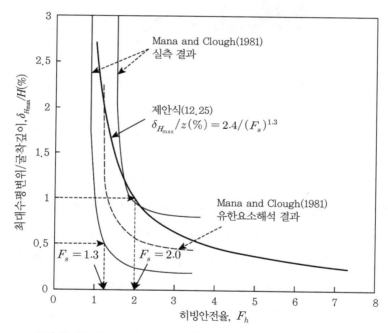

그림 12.18 Mana and Clough(1981)의 히빙안전율과 비교[8]

Mana and Clough(1981)는 예민비가 2~8 정도의 연약~중간 점토지반에서 최대수평변위가 굴착깊이의 0.5%일 때 히빙에 대한 안전율이 약 1.3이며, 히빙안전율이 1.3 이하일 경우에 흙막이벽의 최대수평변위가 급속하게 증가한다고 설명한 바 있다. 그러나 앞서 제안한 바와 같이 최대수평변위가 굴착깊이의 1.0%일 때 히빙의 안전율은 2.0이 되며, 히빙안전율이 2.0

이하일 경우 흙막이벽의 수평변위는 크게 증가함을 알 수 있다. 따라서 Mana and Clough (1981)의 히빙안전율 1.3을 국내에 적용하는 것은 적합하지 않은 것으로 나타나므로 우리나라 연약지반의 경우는 히빙안전율을 2.0으로 정함이 바람직하다.

(3) 히빙안전율과 최대수평변위

Clough · Hansen & Mana(1979)[11] 및 Mana & Clough(1981)[21] 등에 의해서도 굴착저면의 히빙에 대한 안전율을 이용하여 흙막이벽의 변위를 예측하는 연구가 진행된 바 있다. 특히 Mana & Clough(1981)는 실측치와 해석치 모두 흙막이벽의 최대변위량과 히빙에 대한 안전 율 사이에 그림 12.19와 같은 관계가 성립한다고 하였다. 더욱이 유한요소법에 의한 parametric study를 실시하여 벽강성, 버팀보강성, 지표면으로부터 견고한 지층까지의 점토층의 두께, 굴착폭, 버팀보의 선행하중 등 흙막이벽의 변형에 관계되는 보정계수를 산정하였다.

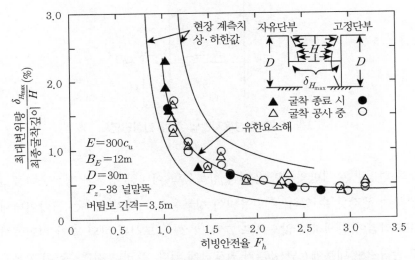

그림 12.19 히빙에 대한 안전율과 흙막이벽의 최대변위량의 관계[21]

12.2.3 굴착지반의 융기량 산정해석

히빙이란 연약한 점성토지반을 굴착하는 경우에 그림 12.20에서 보는 바와 같이 굴착바닥 이 굴착면 위로 부풀어 오르는 융기현상을 말한다. 연약점토는 굴착이 진행될 때 흙막이벽체 의 하부 굴착바닥인근에서 흙막이벽체의 수평변위가 가장 크게 발생하고 이어서 굴착바닥이 부풀어 오르는 히빙이 발생함을 알 수 있었다. 이때 연약지반은 크리프 특성에 따라 양측의 널 말뚝 사이를 유동하는 거동을 보인다.

히빙에 대하여는 앞에서 설명한 바와 같이 히빙파괴가 일어나는 한계 상태에 대한 안전율을 산정하는 방법이 주로 설명되고 있다. 그러나 굴착바닥에서 어느 정도로 굴착바닥이 부풀어 오를 것인가를 파악하는 것은 굴착의 안전 측면에서 아주 중요한 일이다. 굴착지반의 히빙량은 현장에서 계측으로 파악하기가 쉽지가 않다. 왜냐하면 공사 중에는 굴착바닥이 융기하여도 연이어 곧 굴착이 실시되기 때문에 굴착토사에서 융기량을 구분하기가 용이하지 않다. 따라서 사전에 굴착바닥의 히빙량을 산정할 필요가 있다.

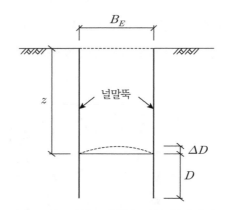

그림 12.20 점성토지반의 히빙 현상단면도

굴착바닥의 히빙량은 지반의 전단응력이 항복응력 이내일 경우와 항복응력을 초과하였을 경우로 구분하여 생각할 수 있다. 전단응력이 항복응력 이내일 경우는 흙막이벽체의 근입부 벽면에서 미끄러짐이 발생하지 않으므로 그림 12.20에 도시된 바와 같이 벽면에서의 융기량은 0이 되고 굴착지반 내부에서만 융기가 발생하게 된다. 그러나 전단응력이 항복응력을 초과하게 되면 흙막이벽체의 근입부 벽면에서 미끄러짐이 발생하고 양쪽 흙막이벽 사이 점토지반은 두 널판 사이의 채널을 흐르듯 유동이 발생할 것이다.

따라서 굴착지반의 융기량은 전단응력의 크기에 따라 두 가지 방법으로 산정함이 옳다. 먼저 전단응력이 항복응력 이내일 경우는 굴착지반을 비선형탄성체로 가정하여 쌍곡선모델을 적용한다. 굴착할 점토지반의 삼축압축시험을 실시하여 응력-변형률 사이의 거동을 보면 점토는 선형거동과는 다른 비선형거동을 보인다. 이는 흙이 탄소성체인 관계로 탄성변형 이외에 소성변형이 발생하기 때문이다. 이러한 흙의 비선형거동을 취급하는 방법 중 하나인 Duncan & Chang(1970) 모델[38]을 적용하여 굴착지반의 융기량을 산정한다.[37]

다음으로 전단응력이 항복응력을 초과할 경우의 유동현상은 레오로지 이론 중 Bingham 모델[40]을 적용한다. 유동현상을 나타내는 모델로는 Newton 모델이 일반적으로 활용되나 이는 항복응력을 고려하지 않고 전단응력이 발생하는 초기부터 유동이 발생할 경우에 적합하다. 그러나 Bingham 모델은 항복응력까지는 유동이 발생하지 않고 그 이후에 유동이 발생되는 경우에 적용할 수 있는 모델이다.[40]

(1) 비선형탄성해석(Hyperbolic 모델)

① 쌍곡선 형태의 응력-변형률 곡선

흙의 비선형 탄성모델은 삼축시험 등의 역학시험으로 얻어진 응력-변형률 곡선을 쌍곡선 형태로 가정하여 제안된 모델이다. Konder(1963)[39]는 점토 및 모래의 비선형 응력-변형률거동을 그림 12.21과 같은 쌍곡선 형태로 근사시킬 수 있음을 제시하였고 그림 12.21과 같이 좌표변환을 통해 직선식으로 표현하였다. 그림 12.21은 2차원 응력-변형률 공간상에서 좌표의 원점을 지나고 식 (12.26)으로 표현되는 두 개의 점근선을 가지는 정방형 쌍곡선이다.

$$\epsilon + \alpha = 0$$
$$\sigma - \beta = 0 \tag{12.26}$$

여기서 σ는 축차응력$(\sigma_1 - \sigma_3)$이고 ϵ은 축변형률이다.

쌍곡선 식은 다음과 같이 쓸 수 있다.

$$\epsilon\sigma - \beta\epsilon + \alpha\sigma = 0 \tag{12.27}$$

여기서 K를 식 (12.28)과 같이 ϵ과 σ의 비로 놓고 식 (12.27)의 양벽을 σ로 나누면 식 (12.29)가 구해진다.

$$K = \epsilon/\sigma \tag{12.28}$$
$$\epsilon - \beta K + \alpha = 0 \tag{12.29}$$

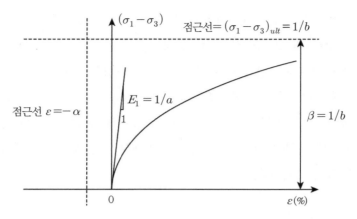

그림 12.21 쌍곡선 형태의 응력-변형률 곡선

식 (12.29)에서 K가 ϵ의 함수로 표시된다면 직선식이 된다. 이 직선식은 그림 12.21의 쌍곡선의 수직 점근선$(-\alpha, 0)$에서 변형률축과 교차하는 선이다. 이 식의 기울기의 역수 $(d\epsilon/dK)$는 수평점근선의 높이 β값이 된다. 식 (12.27)을 σ로 나누고 다시 정리하면 다음과 같다.

$$\epsilon/\sigma = a + b\epsilon \tag{12.30}$$

여기서, $a = \alpha/\beta, b = 1/\beta$

그림 12.22는 식 (12.30)을 ϵ/σ와 ϵ의 선형식 형태로 나타낸 결과이다. 식 (12.30)을 응력의 항으로 정리하면 식 (12.31)과 같다.

$$\sigma = \epsilon/(a + b\epsilon) \tag{12.31}$$

식 (12.31)의 응력σ를 축차주응력$(\sigma_1 - \sigma_3)$으로 표현하면 식 (12.32)과 같은 형태로 다시 쓸 수 있다.

$$\frac{\epsilon}{(\sigma_1 - \sigma_3)} = a + b\epsilon \tag{12.32}$$

그림 12.22에 도시된 바와 같이 a와 b는 ϵ과 $\epsilon/(\sigma_1 - \sigma_3)$을 축으로 하는 직선의 절편과 기울기로 나타난다.

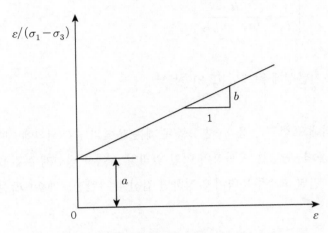

그림 12.22 좌표변환한 쌍곡선 형태의 응력-변형률 곡선

유한범위 내에서의 값들은 $(\sigma_1 - \sigma_3)$의 점근선 아래에 존재하고 계수 R_f를 사용하여 압축강도와 점근선의 관계를 다음과 같이 나타낼 수 있다.

$$(\sigma_1 - \sigma_3)_f = R_f(\sigma_1 - \sigma_3)_u \tag{12.33}$$

여기서, $(\sigma_1 - \sigma_3)_f$: 압축강도 또는 파괴 시의 주응력차

$(\sigma_1 - \sigma_3)_u$: 주응력차의 점근선값

따라서 R_f는 식 (12.34)로 표현되는 파괴비율이 되며 일반적으로 0.75~1.0 사이의 값을 갖는다.[39]

$$R_f = \frac{(\sigma_1 - \sigma_3)_f}{(\sigma_1 - \sigma_3)_u} \tag{12.34}$$

정수 a와 b를 초기탄성계수와 압축강도의 형태로 표현하여 식 (12.31)을 다시 쓰면 식

(12.35)가 된다.

$$(\sigma_1 - \sigma_3) = \cfrac{\epsilon}{\left[\cfrac{1}{E_i} + \cfrac{R_f \epsilon}{(\sigma_1 - \sigma_3)_f}\right]} \qquad (12.35)$$

여기서, E_i : 초기탄성계수(그림 12.21 참조)

식 (12.35)에 의해 표현되는 응력-변형률 관계는 응력의 증분해석에 매우 편리하게 적용될 수 있는데, 이는 응력-변형률 곡선상의 어떤 임의의 점에서 접선계수 값을 결정하는 것이 가능하기 때문이다. 만일 최소주응력이 일정하면 접선계수(탄젠트계수) E_t는 다음과 같이 표현될 수 있다.

$$E_t = \frac{\partial(\sigma_1 - \sigma_3)}{\partial \epsilon} \qquad (12.36)$$

따라서 식 (12.35)를 미분하면 접선계수에 대하여 다음과 같은 식을 얻을 수 있다.

$$E_t = \cfrac{\cfrac{1}{E_i}}{\left[\cfrac{1}{E_i} + \cfrac{R_f \epsilon}{(\sigma_1 - \sigma_3)_f}\right]} \qquad (12.37)$$

여기서, E_i : 초기탄성계수

식 (12.37)에 (12.34)를 대입하여 정리하면 변형률 ϵ은 식 (12.38)과 같이 된다.

$$\epsilon = \cfrac{(\sigma_1 - \sigma_3)}{E_i \left[1 - \cfrac{R_f(\sigma_1 - \sigma_3)}{(\sigma_1 - \sigma_3)_f}\right]^2} \qquad (12.38)$$

$$E_t = (1 - R_f S)^2 E_i \qquad (12.39)$$

여기서 S는 식 (12.40)로 표현되는 응력수준이다.

$$S = \frac{(\sigma_1 - \sigma_3)}{(\sigma_1 - \sigma_3)_f} \tag{12.40}$$

② 지반융기량 산정식

Duncan & Chang(1970)[38]은 Konder(1963)[39]의 쌍곡선모델을 흙의 역학적 거동에 적용하여 응력과 변형률 사이 곡선을 좌표변환을 통해 직선식으로 표현함으로써 유한요소해석법에 의한 지반변형해석 등에 활용하였다. Duncan & Chang(1970)[38] 이론을 굴착지반 융기현상해석에 도입하는 데 다음 사항을 가정한다.

- 굴착 시 발생하는 지반융기현상은 굴착에 의한 토사중량의 해방에 기인한다.
- 연약점토는 항복응력 τ_y를 가진다.
- 굴착면의 좌·우측 경계면에서 활동(sliding)이 발생하지 않는다.
- 연약점토는 정규압밀점토인 경우로 한다.
- 흙막이벽은 널말뚝이나 지중연속벽과 같은 연속벽의 경우로 취급한다(그림 11.20 참조).

흙막이벽면에서의 전단응력이 항복응력을 초과하지 않은 경우 굴착지반의 융기현상 개략도는 그림 12.23과 같다. 여기서 $2B$는 굴착폭, z는 굴착깊이, D_o는 굴착바닥에서 흙막이벽의 근입길이이다. 그리고 ϵ_x는 굴착폭의 중심에서부터 x 거리의 위치에서의 지반융기변형률이며 $\Delta p'$은 지반굴착으로 인해 굴착바닥에서의 해방응력이다.

전단응력 τ와 최대, 최소주응력 σ_1, σ_3의 관계는 식 (12.41) 및 (12.42)과 같다. 즉, 식 (12.41)는 지반이 파괴 상태에 도달하기 전의 전단응력을 나타낸 것으로 최대, 최소 주응력차를 반으로 나눈 값이다. 그리고 식 (12.42)은 파괴 시 지반의 전단응력을 나타낸 것으로 식 (12.41)와 같이 최대, 최소 주응력차를 반으로 나눈 값으로 Tresca의 파괴규준을 적용하였다.

$$\tau = \frac{1}{2}(\sigma_1 - \sigma_3) \tag{12.41}$$

$$\tau_f = \frac{1}{2}(\sigma_1 - \sigma_3)_f \tag{12.42}$$

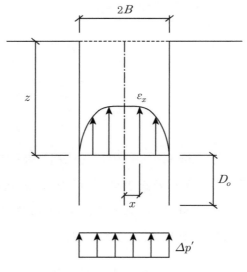

그림 12.23 굴착지반융기 개략도

식 (12.41)을 미분하면 식 (12.43)이 된다.

$$d\tau = \frac{1}{2}d(\sigma_1 - \sigma_3) \tag{12.43}$$

접선계수 E_t는 식 (12.39), (12.36) 및 (12.43)을 연립하면 다음과 같이 된다.

$$E_t = (1 - R_f S)^2 E_i = \frac{d(\sigma_1 - \sigma_3)}{d\epsilon} = \frac{2d\tau}{d\epsilon} \tag{12.44}$$

응력수준 S는 식 (12.41)과 (12.42)를 (12.40)에 대입하면 식 (12.45)가 구해진다.

$$\frac{(\sigma_1 - \sigma_3)}{(\sigma_1 - \sigma_3)_f} = \frac{\tau}{\tau_f} \tag{12.45}$$

식 (12.44)에 (12.45)를 대입하여 E_t로 정리하면 식 (12.46)이 구해진다.

$$E_t = \left(1 - R_f S\right)^2 E_i \qquad (12.46)$$

$$= \left(1 - R_f \frac{(\sigma_1 - \sigma_3)}{(\sigma_1 - \sigma_3)_f}\right)^2 E_i$$

$$= \left(1 - R_f \frac{\tau}{\tau_f}\right)^2 E_i$$

굴착면 아래 지반에서의 전단응력 분포를 그림 12.24와 같이 선형 분포로 하면 양단의 흙막이벽에서 활동이 없는 경우 굴착부 중심축에서 임의거리 x에서의 전단응력은 식 (12.47)과 같이 표현할 수 있다.

$$\tau = \frac{x \Delta p'}{D_o} \qquad (12.47)$$

식 (12.47)을 x에 대하여 미분하고 정리하면 식 (12.48)이 된다.

$$dx = \frac{D_o}{\Delta p'} d\tau \qquad (12.48)$$

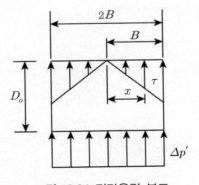

그림 12.24 전단응력 분포

식 (12.46)에 (12.47)을 대입하여 정리하면 식 (12.49)를 얻을 수 있다.

$$E_t = \left(1 - R_f \frac{x \Delta p'}{\tau_f D_o}\right)^2 E_i \qquad (12.49)$$

식 (12.44)와 (12.49)를 연립하면 식 (12.50)이 얻어진다.

$$\frac{2d\tau}{d\epsilon} = \left(1 - R_f \frac{x \Delta p'}{\tau_f D_o}\right)^2 E_i \qquad (12.50)$$

식 (12.50)을 $d\tau$항으로 정리하면 식 (12.51)이 된다.

$$d\tau = \frac{1}{2}\left(1 - \frac{R_f \Delta p'}{\tau_f D_o} x\right)^2 E_i dx \qquad (12.51)$$

식 (12.48)을 (12.51)에 대입하여 식 (12.52)를 구한다.

$$dx = \frac{D_o E_i}{2 \Delta p'}\left(1 - \frac{R_f \Delta p'}{\tau_f D_o} x\right)^2 d\epsilon \qquad (12.52)$$

이 식을 $d\epsilon$항으로 정리하면 식 (12.53)과 같다.

$$d\epsilon = \frac{\alpha}{D_o\left(1 - \dfrac{\beta}{D_o} x\right)} dx \qquad (12.53)$$

여기서 α와 β는 식 (12.54)와 같이 정한다.

$$\alpha = \frac{2 \Delta p'}{E_i} \qquad (12.54a)$$

$$\beta = \frac{R_f \Delta p'}{\tau_f} \qquad (12.54b)$$

식 (12.53)을 적분하여 식 (12.55)를 구할 수 있다.

$$\epsilon_x = \frac{\alpha}{\beta} - \frac{\alpha}{\beta\left(1 - \dfrac{\beta}{D_o}x\right)} + C_1$$

(12.55)

여기서 C_1은 적분상수이며 x가 B일 때 흙막이벽면에서의 ϵ_x가 0인 경계조건을 적용하여 구하고 이를 다시 식 (12.55)에 대입하면 식 (12.56)이 구해진다.

$$\epsilon_x = \frac{\alpha}{\beta\left(1 - \dfrac{\beta}{D_o}B\right)} - \frac{\alpha}{\beta\left(1 - \dfrac{\beta}{D_o}x\right)}$$

(12.56)

이 식을 적용하면 굴착바닥 중심축에서 임의거리 x되는 위치에서의 지반변형률을 산정할 수 있다. 지반융기량 u_x는 식 (12.56)의 지반변형률 ϵ_x로부터 식 (12.57)과 같이 구한다.

$$u_x = \epsilon_x D_o$$

(12.57)

굴착작업 중 지반융기현상을 방지하기 위해 흙막이벽을 굴착바닥보다 깊게 근입시킨다. 이때 필요한 최소한의 근입깊이는 식 (12.56)으로부터 구할 수 있다. 이 최소 근입깊이는 식 (12.56)의 분모가 0이 되어서는 안 되므로 다음 조건에 해당하면 안 된다.

$$1 - \frac{\beta}{D_o}B = 0$$

(12.58)

이 식으로부터 근입깊이 D_o를 구하면 다음과 같다.

$$D_o = \beta B = \frac{R_f \Delta p'}{\tau_f}B$$

(12.59)

만약 R_f가 1이면 흙막이벽의 근입깊이 D_o는 다음과 같이 구해진다.

$$D_o = \frac{\Delta p'}{\tau_f} B \tag{12.60}$$

따라서 근입깊이가 식 (12.60)으로 구한 값보다 긴 경우만 식 (12.56)을 적용할 수 있다.

③ 지반융기량 산정예

그림 12.26과 같은 단면에 대하여 Hyperbolic 모델을 적용하여 굴착지반의 융기량을 산정하여 본다. 이 현장은 해안 연약지반에 조성된 해안매립지이다. 이 해성점토의 물성은 표 12.1에 정리된 소성 상태와 압축성을 가지는 점토이다. 통일분류법(USCS)으로 분류해보면 CL로 분류되었다. 이 해성점토의 단위중량은 표 12.2에 정리된 바와 같이 1.56~1.88g/cm³ 범위에 있으며 평균 1.76g/cm³로 나타났다. 간극비는 0.805~1.335 범위에 있으며 평균 0.973으로 나타났다. 또한 선행압밀응력은 0.14~1.7kg/m² 범위에 있으며 평균 0.95kg/m²이고 압축지수는 0.15~0.97(평균 0.32) 범위에 있다.

표 12.1 대상 해성점토의 물성

자연함수비 $w(\%)$	비중 G_s	Atterberg		채분석			흙분류 (통일분류법)
		$LL(\%)$	$PI(\%)$	0.005mm채(%)	#200(%)	#4(%)	
30.2	2.67	33.3	15.9	17	97.2	99.6	CL

표 12.2 대상 해성점토의 압밀특성

	단위중량(g/cm³)	간극비	선행압밀하중(kg/m²)	압축지수
범위	1.56~1.88	0.805~1.335	0.14~1.7	0.15~0.97
평균	1.76	0.973	0.95	0.32

그림 12.25는 구속압을 1.5kg/m²으로 한 삼축압축시험 결과이다. 축변형률과 축차주응력의 관계를 도시하였다. 첨두응력 시의 축차주응력은 3.2kg/m²이며 이때의 변형률은 11.37%이다.

한편 이 굴착현장의 굴착폭은 그림 12.26의 굴착단면도에 도시한 바와 같이 $2B_E$는 6m이고 굴착깊이 z는 10m, 널말뚝 흙막이벽의 근입깊이 D_o은 5m이다.

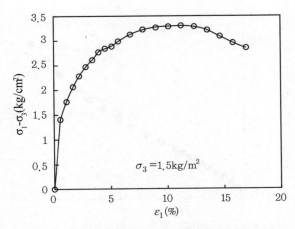

그림 12.25 삼축압축시험 결과(응력-변형률 거동)

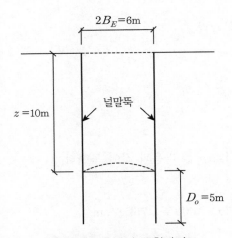

그림 12.26 흙막이 굴착단면도

그림 12.25의 응력-변형률 거동을 쌍곡선으로 가정하여 $\dfrac{\epsilon_1}{(\sigma_1 - \sigma_3)}$ 과 ϵ_1 으로 좌표변환을 하여 그림 12.22 형태로 다시 정리하면 그림 12.27과 같다. 이 그림에 의하면 계수 a는 0.0017이 되고 계수 b는 0.31이 된다. 따라서 초기탄성계수 E_i와 축차주응력의 점근선 $(\sigma_1 - \sigma_3)_u$는 다음과 같다.

$$E_i = \frac{1}{a} = 588.24 \text{kg/cm}^2, \quad (\sigma_1 - \sigma_3)_u = \frac{1}{b} = 3.2 \text{kg/cm}^2$$

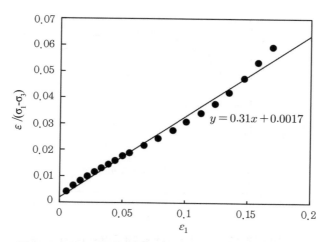

그림 12.27 좌표변환된 쌍곡선 형태의 응력-변형률 거동

파괴응력비 R_f는 다음과 같다.

$$R_f = \frac{(\sigma_1 - \sigma_3)_f}{(\sigma_1 - \sigma_3)_u} = \frac{3.2}{3.2} = 1$$

굴착바닥에서의 해방응력 $\Delta p'$는 다음과 같이 구한다.

$$\Delta p' = \gamma_t z = 0.00176 \times 1000 = 1.76 \text{kg/cm}^2$$

파괴 시의 전단응력 τ_f는 다음과 같다.

$$\tau_f = \frac{1}{2}(\sigma_1 - \sigma_3)_f = 1.6 \text{kg/cm}^2$$

계수 α와 β는 식 (12.54)로 구한다.

$$\alpha = \frac{2\Delta p'}{E_i} = \frac{2 \times 1.76}{588.24} = 0.00598$$

$$\beta = \frac{R_f \Delta p'}{\tau_f} = \frac{1 \times 1.76}{1.6} = 1.1$$

굴착바닥 중심축에서 임의거리 x 되는 위치에서의 지반변형률 ϵ_x 는 식 (12.56)으로부터 다음과 같이 구한다.

$$\epsilon_x = \frac{\alpha}{\beta\left(1 - \dfrac{\beta}{D_o}B\right)} - \frac{\alpha}{\beta\left(1 - \dfrac{\beta}{D_o}x\right)} = \frac{0.00598}{1.1\left(1 - \dfrac{1.1}{5} \times 3\right)} - \frac{0.00598}{1.1\left(1 - \dfrac{1.1}{5} \times x\right)}$$

$$= 0.016 - \frac{0.00544}{(1 - 0.22x)}$$

굴착바닥에서의 융기량 u_x 는 식 (12.57)을 적용하여 다음과 같이 산정할 수 있다.

$$u_x = \epsilon_x D_o = 5\epsilon_x$$

이 식에 굴착바닥 중심축에서의 거리를 대입하여 변형률과 융기량을 구하여 정리하면 표 12.3과 같다. 표 12.3을 도면으로 도시하면 그림 12.28과 같다.

표 12.3 굴착바닥에서의 변형률과 융기량

굴착바닥위치 x(m)	변형률 ϵ_x	바닥융기량 u_x(cm)
0(굴착바닥 중심축)	0.0100	5.00
0.5	0.0099	4.95
1.0	0.0090	4.50
1.5	0.0079	3.95
2.0	0.0063	3.15
2.5	0.0039	1.95
3.0(흙막이벽면)	0	0

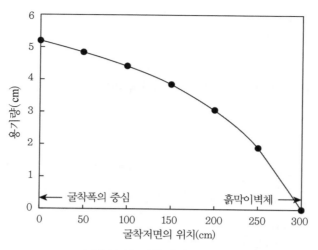

그림 12.28 굴착바닥의 융기량

(2) 점탄성해석(Bingham 모델)

점토지반은 점성을 포함하고 있어 유동특성을 해석하기 위해서는 레오로지(Rheology)이론을 종종 도입한다. 특히 항복응력을 초과하는 점토의 시간의존성 거동을 표현하기 위해서는 Bingham 모델을 적용할 수 있다. 따라서 점성토지반에서의 지반굴착으로 인하여 발생하는 히빙현상은 점성토의 유동현상의 일종이므로 레오로지이론 중의 Bingham 모델을 적용하여 해석할 수 있다.

① 점토의 유동거동의 기본이론

그림 12.29는 점성물체의 유동성을 도시한 그림이다. 일정한 응력이 작용하고 있는 상태에서 변형률이 계속 증가하며 t_1시간 후 응력을 제거하여도 그 시각에서의 변형률(ϵ_1, ϵ_2 혹은 ϵ_3)은 전혀 회복하지 못하고 영구변형률로 남아 있게 된다. 여기서 변형률의 시간적 증가량이 일정한 경우, 즉 변형속도가 변하지 않는 균일흐름(uniform flow)에서는 응력과 변형속도 사이에 일정한 함수관계가 성립하게 된다. 이런 흐름을 Newton 유동이라 하며 다음과 같이 표현한다.

$$\sigma = \eta \frac{d\epsilon}{dt}$$

(12.61)

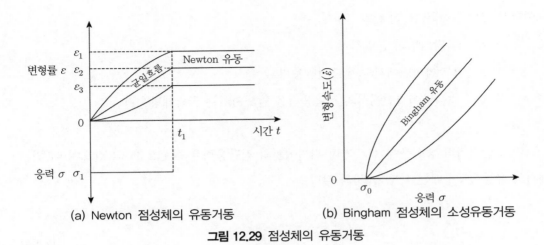

(a) Newton 점성체의 유동거동   (b) Bingham 점성체의 소성유동거동

그림 12.29 점성체의 유동거동

한편 동일물질이라도 응력의 범위에 따라 탄성과 유동성의 양쪽 성질을 나타내는 소성의 경우가 있다. 즉, 응력이 적은 경우는 탄성을 보이나 어느 응력(항복치) 이상에서는 유동성을 보이게 된다. 항복치 σ_0 이상의 응력에서 유동성이 균일흐름(uniform flow)인 경우는 그림 12.29(b)과 같은 소성유동의 관계가 되며 레오로지방정식은 식 (12.62)와 같이 표현된다. 이런 흐름을 Bingham 유동이라 한다.

$$\frac{d\epsilon}{dt} = \frac{1}{\eta}(\sigma - \sigma_0) \tag{12.62}$$

② 지반융기량 산정식

점토를 점성유동체로 취급하여 굴착점토지반의 유동거동을 해석하는 데 그림 11.29(b)에 도시된 Bingham 모델을 적용할 수 있다. 왜냐하면 굴착토사의 해방응력에 의하여 유발되는 전단응력이 항복치를 초과하지 않을 때는 유동이 발생되지 않다가 항복응력을 초과해야 비로소 유동이 발생되므로 Bingham 모델을 적용하기에 적합하다. 단, Bingham 모델을 도입하는 데는 앞에서 설명한 Hyperbolic 모델을 적용할 때와 동일한 사항을 가정한다.

먼저 흙막이벽면에서의 항복전단응력을 발생시키는 해방응력 $\Delta p'_0$은 식 (12.63)과 같다.

$$\Delta p'_0 = \frac{\tau_y D_o}{B} \tag{12.63}$$

여기서, B : 굴착폭 B_E의 1/2

D_o : 흙막이벽의 근입길이

τ_y : 흙막이벽면에서의 항복전단응력

$\Delta p'_0$: 흙막이벽면에서의 전단응력을 발생시키는 굴착해방응력

그리고 굴착바닥 중심축에서 x 거리 위치에서의 전단응력은 식 (12.64)와 같으며 이 위치에서의 유동속도구배는 식 (12.65)와 같다.

$$\tau = x\frac{\Delta p'}{D_o} \tag{12.64}$$

$$\frac{dv}{dx} = -\frac{1}{\eta}\left(\tau - \tau_y\right) \tag{12.65}$$

여기서, η : 점성계수

식 (12.65)에 식 (12.64)를 대입하여 정리하면 식 (12.66)이 된다.

$$\frac{dv}{dx} = -\frac{1}{\eta}\left(x\frac{\Delta p'}{D_o} - \tau_y\right) \tag{12.66}$$

이 식을 적분하고 그림 12.30에서의 속도 분포도에서 보는 바와 같이 $x = B$일 때 $v = 0$인 경계조건으로 적분상수를 구해 다시 정리하면 식 (12.67)이 구해진다.

$$v_x = -\frac{1}{\eta}\left(\frac{\Delta p'}{2D_o}x^2 - \tau_y x - \frac{\Delta p'}{2D_o}B^2 + \tau_y B\right) \tag{12.67}$$

점토의 유동이 발생될 때 그림 12.30(a)와 (b)에 도시한 바와 같이 유동속도가 굴착바닥 전체에 걸쳐 어떻게 변화하는가에 따라 두 가지로 구분할 수 있다. Bingham계에서는 전단응력이 항복치 이하이면 유동속도구배 $dv/dx = 0$이 되므로 움직이지 않는 부분이 생긴다. 즉, 굴착바닥지반 내의 속도구배는 Newton계 유동에서는 그림 12.30(a)와 같다. 이런 경우는 주로

굴착폭이 좁을 때 해당된다. 그러나 Bingham계 유동에서는 그림 12.30(b)에 도시된 바와 같이 거리 x_0 이하의 부분에서는 속도구배가 없이 플러그모양으로 유동한다. 이를 플러그흐름 (plug flow)라 한다. 이런 경우는 주로 굴착폭이 넓을 때 해당된다. 플러그흐름 범위의 거리 x_0는 식 (12.66)에서 $dv/dx = 0$되는 위치로 구하면 식 (12.68)이 된다.

$$x_0 = \frac{\tau_y D_o}{\Delta p'} \tag{12.68}$$

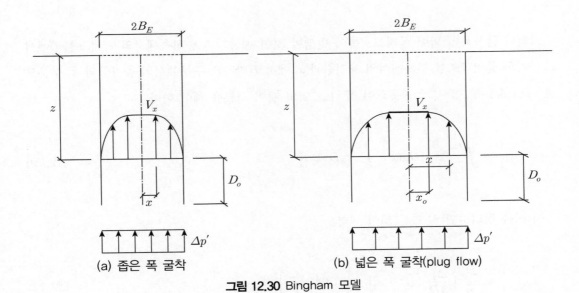

(a) 좁은 폭 굴착   (b) 넓은 폭 굴착(plug flow)

그림 12.30 Bingham 모델

따라서 플러그흐름이 발생될 경우 $x < x_0$인 플러그흐름 영역에서는 유동속도구배가 0이고, 유동속도가 일정한 $v(x_0)$는 식 (12.69)와 같으며 이때 $B > x > x_0$ 영역에서의 속도구배는 식 (12.67)이 된다.

$$v(x_0) = -\frac{1}{\eta}\left(\frac{\Delta p'}{2D_o}x_0^2 - \tau_y x_0 - \frac{\Delta p'}{2D_o}B^2 + \tau_y B\right) \tag{12.69}$$

굴착바닥에서 단위시간당 부풀어 오르는 융기량 V/t는 식 (12.70)과 같이 된다.

$$\frac{V}{t} = \int_0^B v_x \, dA \qquad (12.70)$$

여기서 면적 dA는 $D_o dx$가 된다. 만약 굴착폭이 좁아 플러그흐름이 발생하지 않을 경우의 굴착융기량은 식 (12.70)의 적분을 실시하여 식 (12.71)과 같이 구한다.

$$\frac{V}{t} = \frac{D_o}{\eta} \left[\frac{\Delta p'}{3D_o} B^3 - \frac{\tau_y}{2} B^2 \right] \qquad (12.71)$$

그러나 굴착폭이 넓어 플러그흐름이 발생할 것이 예상되면 중심축에서의 거리 x를 0에서 x_0까지의 플러그흐름 부분에서의 융기량과 x_0에서 B까지의 부분에서의 융기량의 두 부분으로 나눠 속도 v_x를 각각 적용하여 식 (12.72)와 같이 적분을 해야 한다.

$$\frac{V}{t} = \int_0^{x_0} v(x_0) D_o dx + \int_{x_0}^B v_x D_o dx \qquad (12.72)$$

이 식을 정리하면 식 (12.73)이 된다.

$$\frac{V}{t} = \frac{D_o}{\eta} \left[\frac{\Delta p'}{3D_o} \left(B^3 - x_0^3 \right) - \frac{\tau_y}{2} \left(B^2 - x_0^2 \right) \right] \qquad (12.73)$$

여기서 식 (12.68)로 구한 x_0가 굴착폭의 반에 해당하는 B보다 작으면 플러그흐름은 발생할 수 있다고 판단한다.

한편 굴착바닥 임의의 위치 x에서의 시간 t에서의 융기량 u_x은 다음과 같이 구한다.

$$v_x = \frac{u_x}{t} \qquad (12.74)$$

식 (12.67)와 식 (12.69)로부터 융기량 u_x는 다음과 같이 구할 수 있다.

$$u_x = -\frac{t}{\eta}\left(\frac{\Delta p'}{2D_o}x^2 - \tau_y x - \frac{\Delta p'}{2D_o}B^2 + \tau_y B\right) \quad (x_0 < x < B) \tag{12.75a}$$

$$u_0 = -\frac{t}{\eta}\left(\frac{\Delta p'}{2D_o}x_0^2 - \tau_y x_0 - \frac{\Delta p'}{2D_o}B^2 + \tau_y B\right) \quad (x < x_0) \tag{12.75b}$$

12.3 보일링에 대한 안정성

보일링은 사질토지반에서 흙막이벽 배면의 물이 널말뚝의 선단을 돌아 굴착내부로 배수되는 현상이다. 내부의 흙을 굴착하여 가면 외부와 내부의 수위차가 생기며 이 값이 어느 한계치에 도달할 때 물의 중량이 내부의 흙을 일거에 들어 올리게 되어 모래입자가 분출되고 급격한 지반파괴가 발생한다.[18] 이때 굴착저면지반에 물이 솟아오를 때 가는 모래입자가 함께 올라오면서 물이 끓을 때의 모양을 한다 하여 보일링이라 부른다. 사진 12.1은 굴착현장에서 보일링이 발생한 두 가지 사례를 보여주고 있다. 사진 12.1(a)는 지하철 공사 중 발생한 보일링현상이고 사진 12.1(b)는 건물 신축현장에서 발생한 보일링 사례이다. 보일링에 대한 안전율 F_b는 두 가지 방법으로 구할 수 있다.

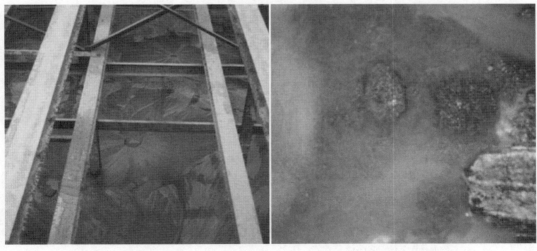

(a) 지하철 건설 현장   (b) 건물 신축 현장

사진 12.1 보일링 사례

(1) Terzaghi의 방법

보일링을 일으키는 힘은 그림 12.31에 도시한 과잉수압이고 여기에 저항하는 힘은 흙의 중량이다. 그림 12.31(a)는 널말뚝 배면 지하수위가 배면 지표면아래 존재할 경우이고 그림 12.31(b)는 널말뚝배면 수위가 지표면보다 높은 경우이다. 과잉수압과 흙의 중량을 고려하는 범위는 널말뚝 근입장의 반에 해당하는 폭($D_o/2$)의 범위로 한다.

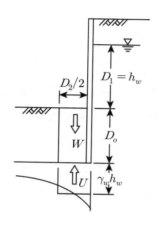 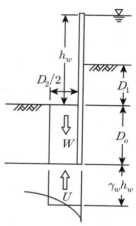

(a) 배면수위가 지표면 아래 있는 경우   (b) 배면수위가 지표면 위에 있는 경우

그림 12.31 보일링 과잉수압과 흙의 중량 저항력

보일링에 대한 안전율은 과잉수압과 저항력의 비로 식 (12.76)과 같이 구한다.

$$F_b = \frac{W'}{U} = \frac{\gamma' D_o^2/2}{\gamma_w h_a D_o/2} = \frac{\gamma' D_o}{\gamma_w h_a} \qquad (12.76)$$

여기서, F_b : 보일링에 대한 안전율

U : 과잉수압(t/m^2)

W' : 흙의 중량(t/m^2)

D_o : 널말뚝의 근입장(m)

γ' : 흙의 유효단위체적중량(t/m^3)

γ_w : 물의 단위체적중량(t/m^3)

h_w : 널말뚝 앞뒤의 수두차(m)

h_a : 평균과잉수압 산정 시 유효수두(m)

h_a는 통상 $h_w/2$로 정한다. 따라서 식 (12.76)은 (12.77)과 같이 된다.

$$F_b = \frac{2\gamma' D_o}{\gamma_w h_w}$$ (12.77)

Hong, Im & Kim(1993)은 상용 프로그램 SEEP로 유선망을 구하여 간극수압 U와 저항력 W'를 구하여 보일링에 대한 안전율을 산정하였다.[18]

(2) 한계동수구배의 방법

$D_1 = h_w$인 경우(그림 12.31(a) 참조)

$$F_b = \frac{\gamma' (D_1 + 2D_o)}{\gamma_w D_1}$$ (12.78)

$D_1 < h_w$인 경우(그림 12.31(b) 참조)

$$F_b = \frac{\gamma' (D_1 + 2D_o)}{\gamma_w h_w}$$ (12.79)

12.4 근입장 계산

흙막이 말뚝 혹은 흙막이벽은 근입부의 토압 및 수압에 대하여 충분히 안전한 깊이까지 도달하도록 근입장을 결정해야 한다.

우선 근입부에 작용하는 토압으로는 흙막이배면 측에 작용하는 주동토압과 굴착 측에 작용하는 수동토압 및 말뚝의 저항력을 생각할 수 있다. 소요 근입장은 굴착 완료 혹은 최하단 버팀보 설치 직전의 상태에서 이들 토압에 의한 모멘트평형이 되도록 결정한다. 이때 모멘트의 중심은 최하단 버팀보의 위치 혹은 최하단보다 한 단 위의 버팀보 위치로 취한다.

즉, 그림 12.32에서 활동모멘트와 저항모멘트가 일치하도록 식 (12.80)을 정한다.

$$M_P = M_A \tag{12.80}$$

여기서, M_P : 수동토압에 의한 저항모멘트

M_A : 주동토압에 의한 활동모멘트

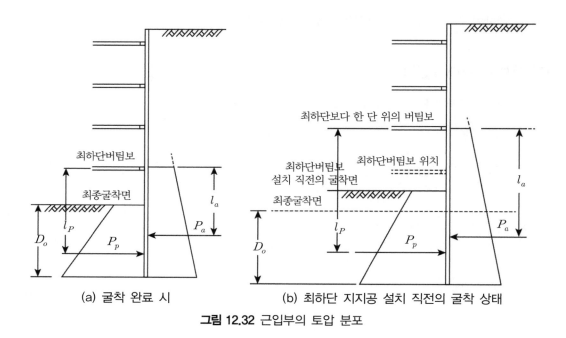

(a) 굴착 완료 시   (b) 최하단 지지공 설치 직전의 굴착 상태

그림 12.32 근입부의 토압 분포

이들 모멘트를 대입하면 식 (12.81)이 구해진다.

$$l_P P_p = l_A P_A \tag{12.81}$$

식 (12.81)이 성립하도록 근입장 D_o를 구하면 된다. 단, 식 (12.81)에 적용하는 주동토압과 수동토압은 Coulomb 토압, Rankine 토압 등에 의해 산출된다.

여기서 설계 시에 주의해야 할 점은 흙막이공 부재단면 설계 시와 근입장 설계 시에 적용하는 토압이 다르다는 점이다. 즉, 흙막이공 부재단면 설계 시는 Terzaghi & Peck 등의 연성벽에 작용하는 경험토압을 적용하나 근입장 설계 시는 강성벽에 작용하는 고전토압을 적용한다. 이 점이 좀 모순된 것 같이 생각될 수 있으나 이는 굴착 구간에서의 흙막이벽은 변위영향이 큰 반면에 근입부는 상대적으로 변위 영향이 적어 강체변형을 가정할 수 있기 때문이다.

또한 수동토압과 주동토압을 산정할 때 널말뚝의 경우는 벽체가 연속되어 있어 문제가 없으나 엄지말뚝의 경우는 근입부의 말뚝 부분이 연결되어 있지 않아 어느 만큼의 폭을 고려할 것인가 정해야 한다. 이에 대한 참고자료는 지반의 표준관입저항치 N값에 따라 표 12.4와 같이 정할 수 있다.

단, 최소근입장은 1m로 한다.

표 12.4 근입장 산정 시 토압 작용폭

지반 상태	사질토	$N>80$	$80>N>50$	$50>N>30$	$30>N>10$	$N<10$
	점성토	–	–	$N>8$	$8>N>4$	$N<4$
토압작용폭		H말뚝 간격 폭	H말뚝 간격의 1/2	H말뚝 플랜지 폭의 3배	H말뚝 플랜지 폭의 2배	H말뚝 플랜지 폭

참고문헌

1. 강병희·홍원표·최정범(1989), "유니온센터 오피스텔 신축공사 지하굴착에 따른 인접건물의 안전성 검토 연구보고서", 대한토목학회.

2. 백영식·홍원표·채영수(1990), "한국노인복지 보건의료센타 신축공사장 배면도로 및 매설물 파손에 대한 연구보고서", 대한토질공학회.

3. 주성호(2012), 버팀보지지 흙막이굴착현장에서의 안정성에 관한 연구, 중앙대학교 건설대학원 석사학위논문.

4. 홍원표·김명모(1985), "재개발지역(서린제1지구) 굴착공사에 따른 주변 건물의 안전성 검토 및 대책 연구보고서." 대한토목학회.

5. 홍원표(1991), "안산 롯데프라자 신축 공사 시 발생한 붕괴사고사례", 중앙대학교 건설대학원 지반굴착론 강의노트.

6. 홍원표·이리형·최정범·박종관(1994), "동아빌라트 지하굴착공사에 따른 인접 건물의 안정성검토 연구 보고서", 대한토목학회.

7. 홍원표(2003), "미주아파트 재건축을 위한 근접지하굴착공사가 주변 건물의 안정성에 미치는 영향 보고서", 중앙대학교.

8. 홍원표·김동욱·송영석(2005), "강널말뚝 흙막이벽으로 시공된 굴착연약지반의 안정성", 한국지반공학회회 논문집, 제21권, 제1호, pp.5~14.

9. Boscardin, M.D. and Cording, E.J.(1989), "Building response to excavation induced settlement", Journal of Geotechnical Engineering, ASCE, nVol.115, No.1, pp.1~21.

10. Caspe, M.S.(1966), "Surface settlement adjacent to braced open cut", Jour, SMFD, ASCE, Vol.92, SM4, pp.51~59.

11. Clough, G.W., Hansen, L.A. and Mana, A.I.(1979), "Prediction of supported excavation movements under marginal stability condition in clay", Proc. 3rd Int. Conf. on Numerical Methods in Geomechanics, Vol.4, pp.1485~1502.

12. Clough, G.W., Smith, E.M., and Sweeney, B.P.(1989), "Movement control of excavation support systems by iterative design", Proc., ASCE Conf. on Found. Engr., Evanston, Ill., pp.869~884.

13. Clough, G.W. & O'Rourke, T.D.(1990), "Construction induced movements of insitu walls", Design and Performance of Earth Retaining Structures, Geotechnical Special Publication, No.25, ASCE, pp.439~470.

14. Cording. E.J. and O'Rouke, T.D.(1977), "Excavation, Ground movements and their influence

on buildings", Seminar presented at ASCE Anual Convention.

15. Cording, E. J.(1984), "Use of empirical data for braced excavations and tunnels in soil, Lecture Series", Chicago ASCE, Chicago, IL.

16. Ghahreman, B.(2004), "Analysis of ground and building response around deep excavation in sand", Ph.D Dissertation, University of Illinois at Urbana-Champaign.

17. Goldberg, D.T.. Jaworski, W.E. and Gordon, M.D.(1976), "Lateral support systems and underpinning", Report FHWA-RD-75-128, Vol.1, Fedral Highway Administration, Washington D.C.

18. Hong, W.P., Im, S.B. & Kim, H.T.(1993), "Treatments of groungwater in excavation works for the subway construction", Proc., 11th Southeast Asian Geotechnical Conference, 4-8 May, 1993, Singapore, pp.721~725.

19. Jardine, R.J., Potts, D.M., Fourie, A.B. and Burland, J.B.(1986), "Studies of the influence of nonlinear stress strain characteristics in soil structure interaction", Geotechnique, Vol.36, No.3, pp.377~396.

20. Laefer, D.F.(2001), "Prediction and assessment of ground movement and building damage induced by adjacent excavation", Ph.D Dissertation, University of Illinois at Urbana-Champaign.

21. Mana, A. I. and Clough, G.W.(1981), "Prediction of Movements for Braced Cuts in Clay", Jour. of G.E. Div., ASCE, Vol.107, No.GT6, pp.759~777.

22. Mueller, C.G.(2000), "Laod and deformation response of tieback walls", Ph.D Dissertation, University of Illinois at Urbana-Champaign.

23. Peck, R.B.(1943), "Earth pressure measurements in open cuts", Trans., ASCE, Vol.108, pp.1008~1058.

24. Peck, R.B.(1969), "Deep Excavations and Tunnelling in Soft Ground", Proc., 7th ICSMFE, State-of-the Art Volume, pp.225~290.

25. Terzaghi, K.(1943), Theoretical Soik Mechanics, New York, Wiley.

26. Terzaghi, K. and Peck, R.B.(1967), Soil Mechanics in Engineering practice, 2nd Ed., John Wiley and Sons, New York.

27. Tomlinson, M.J.(1986), Foundation Design and Construction, 5th edition, Longman imprint.

28. 岡原美知夫, 平井正哉(1995), "掘削と周辺地盤の変状；土留め掘削の周辺地盤の変状." 土と基礎, Vol.43, No.5, pp.61~68.

29. 川村國夫(1978), "施工中の觀測結果と掘削規模の關係", 第33回土木學會年次學術講演會槪要集, 第3部.

30. 杉本陸男(1986), "開削工事に伴う地表面最大沈下量の豫測に關する研究", 土木學會論文集, 第373号, VI-5,

pp.249~261.

31. 杉本陸男(1994), "土留め工事における地盤變狀の要因と對策", 基礎工, Vol. 22, No.2, pp.61~66.

32. Tschebotarioff, G.P.(1973), "Foundations, Retaining and Earth Structure", McGraw-Hill, New York, pp.415~457, McGraw-Hill, New York.

33. Bjerrum, L. and Eide, O.(1956), "Stability of strutted excavations in clay", Geotechnique, Vol.6, No.1, pp.32~47.

34. Skempton, A.W.(1951), "The bearing capacity of clays", Proc., Building Research Congress, Vol.1, pp.180~189.

35. 日本建築學會(1974), 建築基礎構造設計基準·同解說, 東京, pp.400~403.

36. 日本道路協會(1977), 道路土工擁壁·カルバト·假設構造物工指針, 東京, pp.179~183.

37. 정영석(2001), 연약점성토지반 굴착 시 굴착저면의 융기현상에 관한 연구, 중앙대학교대학원 석사학위 논문.

38. Duncan, J.M. and Chang, C.Y.(1970), "Nonlinear analysis of stress and strain in soils", Jour. SMFD, ASCE, Vol.96, No.SM5, pp.1629~1653.

39. Konder, R.I.(1963), "Hyperbolic stress-strain response, cohesive soils", Jour. SMFD, ASCE, Vol.89, No.SM1, pp.115~143.

40. 後藤康平·平井西夫·花井哲也(1975), レオロジーとその応用, 共立出版柱式會社, 東京, pp.59~72.

41. Bowles, J.E.(1996), Foundation Analysis and Design, 5th Ed., McGraw-Hill, pp.644~681.

42. 홍원표(2018), 흙막이말뚝, 도서출판 씨아이알.

■ 찾아보기

흙막이굴착

초판인쇄 2020년 10월 15일
초판발행 2020년 10월 22일

저　　자 홍원표
펴 낸 이 김성배
펴 낸 곳 도서출판 씨아이알

책임편집 박영지
디 자 인 윤지환, 박영지
제작책임 김문갑

등록번호 제2-3285호
등 록 일 2001년 3월 19일
주　　소 (04626) 서울특별시 중구 필동로8길 43(예장동 1-151)
전화번호 02-2275-8603(대표)
팩스번호 02-2265-9394
홈페이지 www.circom.co.kr

I S B N 979-11-5610-795-8 (94530)
　　　　　979-11-5610-792-7 (세트)
정　　가 28,000원